디지털 정글에서
살아남는 법 1

디지털 정글에서 살아남는 법

1

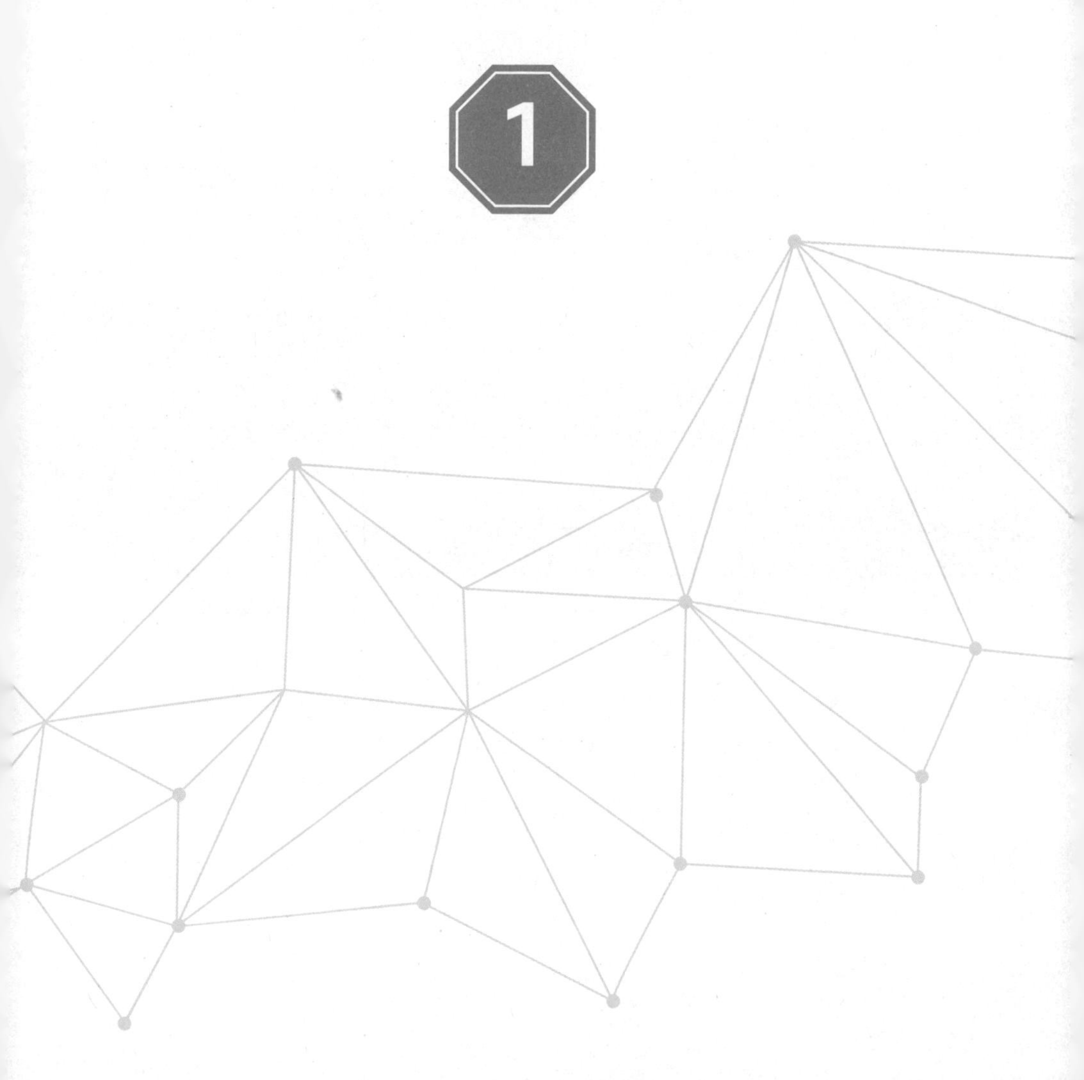

서문

미래를 위한 **준비**를 시작하며

'준비된 미래'란 무엇인가?

"우리 인간이 장기적인 계획을 세운다는 것은 미래를 관리하는 능력이 있다는 것을 의미합니다. 그런데 이 능력은 이 지구상에서 완전히 새로우면서도 생소하기까지 한 것으로, 오직 인간의 두뇌 속에만 존재합니다. '미래'라는 것은 바로 인간이 진화하면서 발명한 발명품인 것입니다. 그리고 이 발명품은 매우 소중하지만 망가지기가 아주 쉽습니다. 그러므로 우리는 모든 과학 기술을 동원해 미래를 지켜내야 합니다."

영국의 저명한 생물학자인 리처드 도킨스[1]가 한 말입니다. 이처럼

1) 리처드 도킨스(Richard Dawkins)는 진화론의 강력한 지지자로서 유명한 저서 『이기적 유전자(The Selfish Gene)』를 통해 개인 수준에서의 유전자의 역할과 진화의 원리를 설명하였습니다. 특히 인간의 유전자(gene)와 같이 '번식'하면서 세대를 이어 전해져오는 문화 구성 요소인 '밈(Meme)' 개념을 처음 제창했습니다. 요즘 온라인 상에서 많이 사용되는 '인터넷 밈'의 어원이긴 하지만 의미는 차이가 있습니다.

미래를 생각하는 것은 인간이 생존하고 번영하기 위해 타고난 능력입니다. 실제로 이 능력은 인간이 태어나 3~5세만 되어도 이미 나타나기 시작합니다.[2] 꼬맹이 때부터 과거와 미래라는 시간의 흐름을 알고, 미래를 관리하기 시작하는 것입니다. 어린이집을 다니는 아이가 내일 어린이집에 가져갈 준비물을 챙기는 것, 몇 밤 자면 할머니가 오시는지 계산하는 것 등등이 그 싹입니다. 그러나 미래는 한편으로는 인간의 이기적이고 무분별한 탐욕 추구로 망가지기 쉬울 뿐만아니라, 다른 한편으로는 불확실성과 복잡성으로 가득 차 있어서 개인은 물론, 조직 차원에서도 계획하기가 어렵습니다. 여기서 필요한 것이 빅데이터 분석을 통한 과학적인 예측입니다. 미래를 예측하고 가능한 시나리오들을 짜내 이리저리 궁리해 보는 것은 우리가 어떠한 선택을 할 때 효과적으로 판단하고 결정할 수 있게 해 줍니다. 이를 통해 미래에 대한 불확실성을 최소화하고 더 나은 결과를 얻을 수 있습니다.

미래를 예측하기 위해서는 먼저 우리가 당면하고 있거나 미래에 맞닥뜨리게 될 문제들에 대해 알아야 합니다. 현재 일어나고 있는 일 가운데 우리의 미래 삶에 영향을 미칠 중요한 이슈는 어떤 것들이 있을까요? 미래에 영향을 미치는 이슈는 한둘이 아닐 테고, 사람마다 유형이나 중요도도 다를 것입니다. 그러나 각 사람에게 거의 공통적인 이슈이면서도 리스트의 가장 위에 놓이게 되는 것은 '변화'일 것입니다. 지극히 개인적인 것들을 빼고 나면, 나와 내 가족이 살아가는 터전인

---

2) 토마스 슈덴도프(Thomas Suddendorf) & 제니 버스비(Janie Busby), 「미래를 고려한 의사결정(Making Decisions with the Future in Mind)」, 2004

세상이 변하는 것, 그리고 그 변화가 나의 의지와 상관없이 내 삶의 미래를 바꾸는 것, 그것보다 중요한 이슈가 또 있을까요?

우리에게 변화라는 굵직한 이슈를 던지고 있는 것은 지금 밀려오고 있는 4차 산업혁명의 물결입니다. 뒤에서 자세히 다루겠지만 4차 산업혁명은 이전의 1차·2차·3차 산업혁명[3]과는 여러 면에서 결을 달리합니다. 일단 진행 속도 면에서 압도적이어서 사람들을 혼란스럽게 만듭니다. 4차 산업혁명은 1차적으로 디지털 기술과 통신 기술이 산업의 변화를 견인하기 때문에 확산 속도가 빠를 수 밖에 없습니다. 과거 세 차례 산업혁명은 주로 하드웨어 기술을 중심으로 이루어져 발전속도가 더뎠습니다. 예를 들어, 20세기 중반에서 21세기 초까지 컴퓨터와 인터넷을 중심으로 일어난 3차 산업혁명은 컴퓨터 하드웨어 개발과 인터넷 선로 가설 등 아무래도 시간이 많이 소요되는 인프라 구축이 필요했습니다. 4차 산업혁명은 주로 5G와 같이 빠른 속도의 통신 기술과 인공지능과 같은 소프트웨어 및 데이터 처리 기술이 중심이 됨으로써 기술 개발과 채택 속도에 장애물이 거의 없습니다. 정보가 빛의 속도로 전파되도록 만드는 인터넷과 고급 통신 기술이 지역적 한계나 거리의 장벽마저 없애면서 순식간에 전세계적으로 새로운 기술이 퍼져나

3) 1차 산업혁명은 18세기 말부터 19세기 초까지 유럽에서 일어난 산업혁명으로, 기계와 기계 작동에 의존하는 산업화가 시작되었습니다. 수작업에 의존하던 생산 방식이 대규모 기계 생산 방식으로 바뀌었으며, 기계공학, 철강, 석유 등의 발전이 중요한 역할을 했습니다. 2차 산업혁명은 19세기 말부터 20세기 초까지 유럽과 미국에서 일어난 산업혁명으로, 전기와 내연기관을 이용한 산업화가 주요한 특징입니다. 전기 및 석유 기술의 발전에 따라 대량 생산이 가능해지면서, 교통, 통신, 철도 등 다양한 분야에서 혁신이 이루어졌습니다. 3차 산업혁명은 20세기 중반부터 21세기 초까지 컴퓨터와 인터넷을 중심으로 일어난 산업혁명입니다. 전자기기의 개발과 컴퓨터 기술의 발전으로 자동화와 데이터 기술의 도입이 가속화되었으며, 디지털 기술의 보급과 함께 정보와 통신 기술이 발전하였습니다.

가도록 했습니다. 게다가 산업과 사회에 영향을 미치는 대부분의 최신 기술들은 3차 산업혁명기를 거치면서 분야별로 개별적으로 발전해온 첨단 기술들을 융합함으로써 구현되는 것들이므로 이 역시 변화의 속도를 가속시키는 요인으로 작용합니다.

또한, 빅데이터 산업이 기하급수적으로 성장하고 인공지능과 머신러닝의 열풍이 산업 전반을 휩쓸면서 혁신과 새로운 기술의 채택 속도를 한층 가속시키고 있습니다. 여기에 플랫폼 경제와 같은 새로운 비즈니스 모델을 탄생시킨 것도 한몫하고 있습니다. 세계의 각국 정부와 산업계 모두 4차 산업혁명의 잠재력을 인식하고 있으며, 그 덕분에 고급 기술의 연구 개발에 대한 투자가 증가하였습니다. 이처럼 다양한 분야의 기술 융합, 데이터 산업의 급속 성장, 새로운 비즈니스 모델, 정부 및 산업계의 고급 기술 개발에 대한 투자 증가와 같은 요소들로 인해 4차 산업혁명은 이전의 산업혁명들 보다 훨씬 빠른 속도로 확산되고 있는 것입니다.[4)]

우리의 상식을 훌쩍 뛰어넘는 이런 압도적인 속도는 개인과 기업에게 변화에 적응할 수 있는 시간을 주지 않기 때문에 혼란스러운 것입니다. 리허설 없이 실전에 돌입해야 하는 낭패감이라고 할 수 있습니다. 그렇다고 빠른 진행 속도가 도전만 안기는 것은 아닙니다. 적응이 빠르면 빠를수록 그만큼 새로운 기회를 찾고 발전 가능성을 높일 수

---

4) 산업혁명의 진행 속도도 기술의 발전에 영향을 받습니다. 그래서 기술이 더 발전한 산업혁명일수록 진행 속도가 빨라지는 경향이 있습니다. 예를 들면, 1차 산업혁명이 완성되는 데는 100년 가까운 시간이 걸렸지만 3차 산업혁명이 시작되어 4차 산업혁명에게 바톤을 넘기기까지는 불과 30년 정도 밖에 걸리지 않았습니다.

있는 이점도 있습니다. 각국 정부들이 관련 산업을 발전시키기 위해 두 팔을 걷어붙이고 적극 지원하는 이유입니다. 4차 산업혁명에서 이루어지는 경쟁은 속도전입니다. 그리고 여기서 요구되는 가장 큰 덕목이 바로 민첩성을 뜻하는 '애자일(agile)'[5] 입니다.

이전의 산업혁명들은 기계를 중심으로 기존의 물리적 체계에서 산업화를 이루어냈습니다. 하지만 4차 산업혁명은 물리적인 시스템과 디지털 기술을 융합시키면서 새로운 가치를 창출합니다. 즉, 인터넷, 인공지능, 빅데이터, 사물인터넷 등의 기술들이 발전하면서 상호 연결되어 새로운 비즈니스 모델과 서비스를 창출하고, 기존 산업의 변화를 이끌어내는 것입니다. 이와 함께 빅데이터나 인공지능 기술 등 디지털 데이터가 산업의 핵심 자원으로 부상합니다. 빅데이터는 수많은 신흥 비즈니스 모델의 토대가 되면서 산업 전반의 생산성 향상에도 크게 기여합니다.

또 디지털화와 융합은 개인 맞춤형 서비스를 가능하게 함으로써 제조·생산 중심의 경제 구조를 고객 중심의 서비스 경제로 전환시켜 이전과는 확연히 달라진 가치사슬을 형성시킵니다. 전에는 제품의 생산과 판매 과정을 일련의 직선적인 단계로 이해하면서 선형적 가치사슬을 구축해 왔습니다. 가치의 흐름이 원자재 구매, 제품 생산, 유통 및 판매, 고객에게 제품 전달이라는 직선적인 경로를 통해 이루어졌습니다. 이러한 선형적 가치사슬은 효율성과 생산성을 추구하는 데에는 적

5) 신속하게 변화하는 비즈니스 환경에 빠르고 유연하게 적응하도록 설계된 조직인 애자일(agile) 조직이 기업과 조직에서 큰 관심을 받고 있습니다. 애자일 조직은 변화에 대한 빠른 대응과 지속적인 학습, 개선을 중요시하며, 고객의 요구와 기대에 맞추어 제품과 서비스를 제공하는 데 중점을 두고 있습니다.

합했습니다. 그러나 소비자의 다양한 요구에 능동적으로 대응하면서 개인 맞춤형 서비스와 경험을 제공하는 데는 한계가 있었습니다.

최신의 첨단 기술들이 결합되고 디지털 기술이 덧붙여지면서 고객의 다양한 데이터를 수집하고 분석할 수 있게 되고, 이 덕분에 개인 맞춤형 서비스 개발에 혁신이 일어납니다. 수집된 데이터를 분석해 개인의 취향과 선호도, 구매 패턴 등을 파악하면 개인 맞춤형 서비스 제공이 가능해지기 때문입니다. 이를 통해 고객의 만족도를 높이고 새로운 가치를 창출할 수 있습니다. 더구나 디지털 기술을 통해 인공지능 및 자동화 기술이 발전함에 따라, 맞춤형 서비스 제공을 위한 고객 요구 대응, 물류 및 리드 타임 최적화[6] 등 다양한 고객 서비스를 자동화할 수 있게 됩니다. 이는 비용과 시간을 줄이면서 고객 서비스 품질을 높여 줍니다.

이러한 4차 산업혁명이 초래하는 속도전과 산업 및 사회 전반의 구조 변화는 기업들과 개인에게 도전과 기회를 동시에 가져다줍니다. 기업은 경쟁에서 밀리지 않기 위해 빠른 속도로 기술 역량을 강화해야 합니다. 이를 위해서는 지속적인 연구 개발과 근로자들의 교육·훈련, 혁신적인 비즈니스 모델 개발 등 다양한 전략적 대응이 필요합니다. 그 중 급속히 발전하는 기술을 신속하게 받아들일 수 있도록 기술 친화적이고 애자일(agile)한 인재들을 확보하는 것이 가장 중요한 과제 가운

6) 리드 타임(lead time)은 상품이 생산되어 출고될 때까지 걸리는 시간을 말합니다. 즉, 원자재의 발주 및 수령, 생산, 검사 등의 과정을 거쳐 제품이 출고될 때까지의 시간입니다. 리드 타임이 길어지면 재고가 쌓일 수 있고, 고객에게 배송이 늦어질 수 있는 등 다양한 문제가 발생합니다. 따라서 기업들은 리드 타임을 최소화하여 재고를 관리하고, 고객 서비스 품질을 향상시키려고 노력합니다.

데 하나입니다. 역량과 전문성에 대한 요구사항이 변화하면서 개인들에게도 역량 강화를 위한 꾸준한 자기 계발이 요구됩니다. 디지털 기술과 데이터 분석, 인공지능 등의 기술에 대한 이해와 스킬을 길러야 합니다. 문제 해결, 협업, 창의성 등의 소프트 스킬도 중요합니다.

한편, 이러한 산업 구조와 사회의 변화는 민첩한 기업에게는 새로운 기회로 다가올 수 있습니다. 남보다 빨리 새로운 비즈니스 모델과 서비스를 개발함으로써 기존 시장을 선도하거나 새로운 시장을 개척할 수 있습니다. 협업과 네트워킹을 통해 시너지를 창출하면서 비용 절감과 혁신을 동시에 이룰 수도 있습니다. 산업 구조의 변화로 인해 새로운 수요와 성장 동력이 생겨나기 때문에 민첩한 기업은 경쟁력을 강화할 수 있습니다. 이러한 이점은 개인에게도 동일하게 적용됩니다. 새로운 기술과 변화된 노동시장 환경에 빠르게 적응하는 인재는 생산성을 극대화할 수 있으므로 전보다 훨씬 나은 위치를 점하게 될 것입니다.

4차 산업혁명의 또 다른 특징은 '초자동화'입니다. 초자동화란 기업이 인공지능(AI), 머신러닝(ML), 로봇공학, 자동화 도구, 프로세스 자동화 및 자동 운영 기술 등을 활용하여 비즈니스 프로세스 및 업무를 자동화하고 최적화하는 것을 말합니다. 목적은 비즈니스 프로세스의 효율성과 생산성을 향상시키고, 인간 작업자의 업무 영역을 줄이는 것입니다. 초자동화가 진행될수록 노동시장에는 지각변동이 일어납니다. 기존의 일자리가 파괴되면서 사라지거나 재정의 되고, 새로운 일자리들이 생겨납니다. 글로벌 컨설팅 회사인 맥킨지(McKinsey)의 연구에 따르면 60%의 직업에서 약 30%의 업무가 자동화될 수 있다고 합니다. 만약 새로운 일자리가 생기지 않는다면 대체로 근로자 5명 가운데 1명은 지금의 일자리를 빼앗긴다는 결론이 나옵니다. 일자리를 잃게 되는 사람들은 주로 단순 서비스업과 같이 일상적이고 반복적이며 예측 가능한 직업을 가지고 있는 사람들입니다.[7] 이와 함께 인공지능이 점차 인간의 사고영역까지 넘보면서 중간 계층에 속하는 사무직들을 대상으로 자동화 범위를 넓혀가고 있습니다. 그런데 그런 인공지능이 침범하기 어려운 분야가 있습니다. 인간 고유의 능력인 창의성이 필요한 직업입니다. 창의력이 뛰어난 사람은 일자리를 놓고 인공지능과 경쟁하는 것이 아니라 인공지능을 창의적으로 활용해 생산성을 극대화함으로써 자신의 일자리를 되레 굳건히 할 수 있습니다. 이런 사람들에게 있어서 4차 산업혁명이 만들어내는 디지털 정글은 전혀 위협적이지 않은, 흥미로운 모험으로 가득한 신세계일 뿐입니다.[8]

모든 경제 주체들에게 있어 4차 산업혁명이 가져오는 미래는 불확실성이 가장 큰 특징인데, 적신(赤身)[9] 하나로 살아가는 개인에게는 그 불확실성이 훨씬 크게 다가올 수밖에 없습니다. 이런 불확실성을 줄이기 위해서는 미래를 예측하고, 가능성 있어 보이는 다양한 시나리오에 맞춰 민첩하게 적응할 수 있는 준비를 갖춰야 합니다. 적응력과 민첩성, 그것은 4차산업혁명 시대에 모든 근로자들에게 가장 요구되는 기술입니다. 우리에게 '준비된 미래'란 바로 이 기술들을 함양하는 것입니다.

7) 이 책 제4장에서 자세히 다룹니다.

8) 창의성에 관해서는 이 책 제3장에서 꼼꼼히 짚어봅니다.

9) 세상에 홀로 맞서는 단독자라는 의미로 '맨몸뚱이'라 표현해 봅니다. 원래 '적신'은 벌거벗은 몸을 말합니다.

이 책의 구성에 대하여

이 책은 총 5개의 장으로 이루어져 있습니다. 4차 산업혁명은 현재 우리가 살고 있는 시대의 핵심 개념입니다. 그래서 제1장 4차 산업혁명의 이해에서는 미래 준비를 위한 본격적인 논의를 진행하기에 앞서 4차 산업혁명이 무엇인지, 왜 중요하고 문제가 되는지, 앞으로 우리의 미래에 어떤 영향을 미치게 될지를 살펴봅니다. 4차 산업혁명은 디지털 기술과 물리적 시스템의 융합으로 이루어진 산업 혁신입니다. 기존의 산업혁명과는 달리 이번 혁명은 인공지능, 사물인터넷, 자동화 등 다양한 기술의 결합과 융합을 특징으로 합니다. 이렇게 발전한 기술은 우리의 삶과 사회 구조에 혁신적인 변화를 가져오고 있습니다. 그리고 우리의 일상과 경제에도 막대한 영향을 미치고 있습니다. 이러한 혁신은 기업의 생산 방식, 일자리의 변화, 사회 구조의 재편 등을 초래할 것으로 전망되며, 기존의 산업과 국가 경제 간의 경쟁력도 현저히 바뀌게 될 것입니다. 또 4차 산업혁명이 미래에 어떻게 진행될지 예측도 해봅니다.

제2장에서는 4차 산업혁명 시대의 주요 기술들에 대해 살펴봅니다. 가장 중요한 기술로 평가되는 인공지능, 빅데이터, 사물인터넷, 웹3.0 그리고 블록체인 기술에 대해 좀 더 많은 지면을 할애했습니다. 먼저, 인공지능 부분에서 인공지능의 개요와 튜링테스트의 유효성, 그리고 머신러닝 및 딥러닝의 차이와 원리를 이해합니다. 그 뒤로 생성형 인공지능의 활용 사례와 각각의 위험성에 대해 살펴보며, 인공지능의 발전

과 가사 노동 해방 등 다양한 측면을 조명합니다. 빅데이터와 사물인터넷 분야에서는 각각의 개념, 활용 기술, 중요한 이유, 그리고 미래 일자리에 관한 내용도 짚어봅니다. 또 웹 3.0에 대해 소개하고, 웹 3.0이 메타버스와 NFT, 블록체인과 어떤 관계가 있는지도 알아봅니다. 블록체인 기술은 웹3.0의 한 분야이긴 하지만 앞으로 분산형 인터넷 발전에 중추적인 역할을 할 것이므로, 별도의 절(節)로 뽑아 조금 더 깊이 살펴봅니다. 블록체인은 특히 암호화폐와 같은 새로운 분산금융 개념과 밀접하게 연결돼 있어서 이 부분에 대해서도 별도로 고찰합니다.

이어 그밖의 기술들에서는 스마트폰과 같은 현재의 기기들을 비전(vision) 차원에서 혁신할 차세대 비전인 가상현실(VR)과 증강현실(AR)을 포함하여 자율주행차, 드론, 3D 프린팅, 사이버 보안, 양자 컴퓨팅, 클라우드 컴퓨팅, 디지털 트윈에 대해 다룹니다. 가상현실, 증강현실과 관련해서는 이들 기술의 개념을 이해하고, 응용분야와 향후 어떤 형태로 발전해 나갈지 조명해 봅니다. 이와 함께 이 분야의 다크호스인 메타버스에서도 조금 깊이 있게 조명합니다.

자율주행차는 하나의 독자적인 기술이 아니라 '라이다'라는 센서를 중심으로 카메라, 레이다, 음파탐지기, 5G 통신 기술 등의 첨단 기술들이 자동차에 적용돼 만들어지는 응용 기술이라고 할 수 있습니다. 그러나 자율주행차가 우리 사회에 미칠 영향이 크기 때문에 중요한 기술로 다뤄야 합니다. 그래서 자율주행차의 개념, 개발 현황, 라이다 센서와 같은 핵심 기술들, 그리고 자율주행차의 규제 문제와 사회적 영향에 대한 내용을 짚어봅니다. 드론 기술도 자율주행차와 마찬가지로 응용 기술이지만 거의 모든 사업에 활용되면서 높은 존재가치를 증명해내고 있습니다. 그래서 드론 기술의 활용성과 관련 산업, 전망까지 두루 짚어보며, 3D 프린팅 기술의 작동 원리와 활용 범위, 미래에 대해서도 살펴봅니다.

우리 사회가 점점 디지털 세상으로 전환돼 감에 따라 사이버 보안의 중요성은 날로 커지고 있지만 개인의 입장에서는 그다지 관심을 갖지 않는 경우가 많습니다. 이러한 안일한 생각에 경각심을 불어넣고, 개인의 디지털 전환에도 도움이 되고자 암호화폐와의 관계, 그리고 비밀번호 관리 방법과 패스키(Passkeys) 기술 등을 중심으로 살펴봅니다.

4차 산업혁명의 중심이자 가장 특징적인 기술로 많은 사람들이 주저하지 않고 인공지능을 꼽습니다. 그러나 인공지능이 고급화되기 위해서는 엄청난 컴퓨팅 능력이 필요합니다. 이미 슈퍼컴퓨터라는 막강한 컴퓨터 파워를 자랑하는 기기도 있지만, 그것으로도 턱없이 부족합니다. 그 대안이 바로 꿈의 컴퓨터라고 할 수 있는 양자 컴퓨터입니다. 양자 컴퓨팅은 양자물리학의 이론을 응용해서 만들어지는 기술이므로 이해하기가 몹시 어렵습니다. 원리를 속속들이 알아가는 것이 일반인들에게는 거의 불가능하므로, 개념과 실현 가능성, 그로 인한 영향, 그리고 미래에 대한 전망 등에 대해 개략적으로 살펴봅니다. 이와 함께 4차 산업혁명의 단초를 제공했다고도 할 수 있는 클라우드 컴퓨팅과, 여기에 인공지능이 결합돼 만들어지는 인지 클라우드 컴퓨팅의 개념, 발전 현황, 미래의 전망에 대해 조망해 봅니다.

디지털 트윈은 현실 세계를 디지털 가상 세계로 거울을 보듯 완전히 똑같게 복제하는 기술입니다. 물리적 대상의 실시간 데이터와 행동을 디지털 모델인 디지털 트윈에 반영함으로써, 현실 세계와 디지털 세계 사이의 연결을 구축합니다. 이를 통해 대상이 되는 물리적 개체에 대해 미리 성능을 시뮬레이션해 본다거나 작동을 최적화할 수 있어서 거의 모든 산업 분야로 활용범위를 넓혀가고 있습니다. 사물인터넷의 성장과 함께 그 중요성과 비중이 계속 증가하고 있는 이 기술에 대해 자세히 살펴봅니다.

이외에도 통신기술, 로봇공학, 바이오테크, 재료공학, 센서기술, 나노테크 등 훨씬 더 많은 기술들이 4차 산업혁명을 이끌어 가고 있습니다. 그러나 이 책의 추구하는 바가 이러한 기술을 습득하는 데 있는 것이 아니라, 개념을 이해하고 우리 삶과 사회에 미치게 될 영향을 예측해서 미래를 대비하는 데 있는 것인 만큼, 그 외의 기술들은 다루지 않기로 했습니다.[10] 물론 책이라는 매체가 주는 지면의 한계도 있습니다. 4차 산업혁명 시대에는 이런 다양한 기술들이 중요한 역할을 하고 있으며, 기술들의 발전과 활용이 생활과 사회 변화의 원동력이 됩니다. 이러한 기술들을 깊이 이해하고 경험하는 것이 4차 산업혁명 시대에 살아남는 데 필수적인 요소로 작용한다고 할 것입니다. 우리 모두가 이 장에서 다루는 기술들을 전반적으로 학습하고 이해함으로써 미래를 좇아가는 데 급급해 할 것이 아니라 미래의 흐름에 앞설 수 있길 기대해 봅니다.

제3장에서는 제2장을 통해 익힌 4차 산업혁명 기술에 대한 이해를

10) 이들 기술에 대해서는 필자가 운영하는 블로그 imioim.com에 등록된 글들을 참조하세요.

바탕으로 이들 기술이 만들어가는 미래 세상에 의미 있게 적응하고 생존하는 데 필요한 역량을 강화하는 방법에 대해 살펴봅니다. 앞에서도 강조했듯이 여기서 필요한 가장 중요한 능력은 디지털 역량과 창의성입니다. 디지털 역량이 무엇인지와 왜 중요한지 알아보고 어떻게 하면 효과적으로 디지털 역량을 강화해서 4차 산업혁명의 필수 관문이라고 할 수 있는 디지털 전환을 이뤄낼 수 있는지 강구해 봅니다. 이와 함께 인공지능 중심으로 변화되는 세상에서 인간으로서 존립하기 위해 가장 핵심적인 재능이라고 할 수 있는 창의성에 대해 논의합니다. 창의성과 그에 기반한 문제해결 능력은 인공지능이 쉽게 넘보기 어려운 인간 고유의 재능입니다. 그러므로 우리가 인공지능에 휘둘릴 것이 아니라 인공지능을 일 잘하고 똑똑한 도구로 삼기 위해서는 창의성을 길러야 합니다. 이 장에서는 이러한 창의성의 의미를 깊이 있게 탐구하고, 각자의 창의성이 어느 정도 수준인지 평가하며, 더 창의적인 사고력을 갖는 데 필요한 창의력 향상 기법들에 대해 살펴봅니다. 또 이제는 누구나 다 사용하지만 자기 일에 큰 도움은 받지 못하는 챗GPT와 같은 생성형 인공지능을 효과적으로 부리는 방법에 대해서도 알아봅니다.

우리 인간이 살아가는 데 가장 중요한 방편은 일자리입니다. 4차 산업혁명이 인간에게 무한한 편익과 풍요를 약속한다고 해도 경제력을 유지할 수 있는 일자리가 없다면 얼마나 참담한 삶이 되겠습니까? 제4장은 혁신 기술의 발전과 자동화, 초자동화가 몰고 올 미래의 일자리 변화에 대해 집중 조명해 보고, 거센 변화의 물결에도 휩쓸리지 않고 중심을 잡는 방법을 모색해 봅니다. 인공지능이 범용 인공지능으로 진화하면서 로봇이라는 몸체를 얻어 인간형 범용 로봇 등장하는 순간 산업은 이들 중심으로 돌아가게 될 것입니다. 이런 산업환경에서 우리 인간이 설자리는 어디일까요? 그렇다고 세계의 중심이 돼야 할 인간이 마땅히 누려야 할 자리를 기계에 내주고 유랑하는 삶을 살 수는 없는 일입니다. 물론 이 문제는 이 책이 바라보는 미래보다 훨씬 더 먼 미래에 일어날 일이긴 합니다만, 시작이 반이라고, 그 시작은 바로 지금부터입니다. 인공지능이 벌써 범용 인공지능으로 탈바꿈하고 있고, 로봇과도 연결되기 시작했습니다. 범용 인공지능의 무서움은 자기 학습에 있습니다. 이전의 인공지능은, 인간이 아기에게 딱딱한 음식은 씹어서 입에 넣어 준 것처럼, 그렇게 잘 다듬어진 데이터셋으로 일일이 학습을 시켰지만, 범용 인공지능은 그 단계를 뛰어넘어 스스로 학습을 할 수 있으므로 진화의 속도가 상상을 초월합니다. 그러므로 너무 미래의 일이라고 단정하는 것은 큰 오류를 범하게 될 위험이 있습니다. 이러한 예견되는 미래에 대비해 우리의 설 자리인 일자리를 어떻게 확보하고 보전할 것인가에 대해 이 장에서 좀 넓고 깊게 파헤쳐 전략과 대안을 마련해 봅니다.

마지막으로 제5장에서는 긱 경제(gig economy)[11]와 긱워커(gig worker)에 대해 다룹니다. 이들 용어에 대해서는 생소한 독자들이 많을 것인데, 우리나라에서는 긱워커의 한 부분인 플랫폼 근로자들에 대

---

11) 긱 경제(gig economy)란, 노동자들이 임시적이고 유연한 일자리를 구하는 현대 경제 체제를 말합니다. 이러한 일자리는 일반적인 정규직이 아닌, 프리랜서나 계약직 직원들이 단기 프로젝트나 개별 과제를 수행하는 형태로 진행됩니다.

한 노동관계법 상의 '근로자성'[12] 인정 여부 논쟁이 노동계와 정치권을 중심으로 불타오르며, 라스트마일 배달원[13]들만 집중 조명하는 통에 긱(gig) 개념에 익숙해 질 틈이 없었던 탓입니다. 그런데 4차 산업혁명은 직업과 일자리를 조각조각 분해하여 자동화에 맞는 부분을 찾아내 자동화하고, 남는 일거리에 대해서는 정규직 보다는 임시직이나 프리랜서 같은 인재들에게 맡기는 형태로 나아가고 있습니다. 그래서 긱 경제는 미래의 일자리와 관련해 중심 경제로 자리를 잡게 될 전망입니다. 이처럼 중요한 개념임에도 불구하고 우리 사회는 이 부분을 소홀히 다루는 경향이 있습니다. 이에 이 책에서는 제5장의 지면을 빌어 긱 경제와 긱워커에 대해 심층 탐구하고, 이러한 미래의 일자리 경향과 이에 대응하는 개인별 전략 등을 모색해 봅니다. 긱 경제의 대강을 이해하고 나면, 역으로 기술이 미래에 어떻게 발전해 갈 것인지와 미래 사회가 어떤 식으로 변모해 갈지 간접적으로 이해하는 데 도움을 받을 수 있습니다. 긱 경제는 4차 산업혁명의 결과물인 동시에 기술의 발전을 부채질하여 새로운 차원으로 끌어올리는 동인이기도 합니다. 이러한 관점에 대해서는 긱 개념과 흐름, 전개 양상을 이해한다면 공감하

---

12) 노동관계법상 '근로자성'이란, 노동자와 사용자 사이에 존재하는 법률상 근로관계를 결정하는 기준입니다. 근로자성 판단의 핵심 요소는 근로기준, 경제 의존성, 표준 근로 시간입니다. 근로자성이 인정되면 해당 노동자는 노동법상의 근로자로 분류되어 보호 규정과 복지 혜택을 받을 수 있습니다.

13) 라스트 마일 딜리버리(last mile delivery)라고 하며, 상품이 최종 소비자에게 배달되는 마지막 구간의 운송 과정을 의미합니다. 쿠팡맨, 배달의민족 라이더 등이 여기에 포함됩니다. 전체 배송 과정에서 비용과 시간이 가장 많이 소요되는 부분입니다. 라스트 마일 배송은 효율적인 배송 서비스를 제공하기 위해 물류 기업들이 주요 관심사로 삼고 있는 영역으로, 드론, 자율주행 차량, 로봇 등 기술적 혁신을 통해 해결책을 찾고 있습니다. 이러한 라스트 마일 배송 개선은 소비자 만족도를 높이고, 배송 속도 및 비용 절감에 큰 역할을 합니다.

게 될 것입니다.

4차 산업혁명 시대에 홀로 세상을 대적하는 삶을 살아야 하는 우리에게 비장의 무기는 미래를 예측하고, 다가올 도전에 대비하며, 새로운 비상을 준비할 줄 아는 지혜와 삶의 자세라 할 것입니다. 이 책은 이런 지혜로 미래의 삶을 개척해 나가려는 사람들을 위해 4차 산업혁명이 쏟아내는 넘쳐나는 기술과 미래 예측, 다양한 방법론, 각양의 담론을 두루 살펴 꼭 필요해 보이는 것들만 따로 간추리고 커스터마이징한 디지털 정글 탐험 매뉴얼입니다.

C O N T E N T S

1권

C O N T E N T S

C O N T E N T S

2권

C O N T E N T S

PART 1

4차 산업혁명의 이해

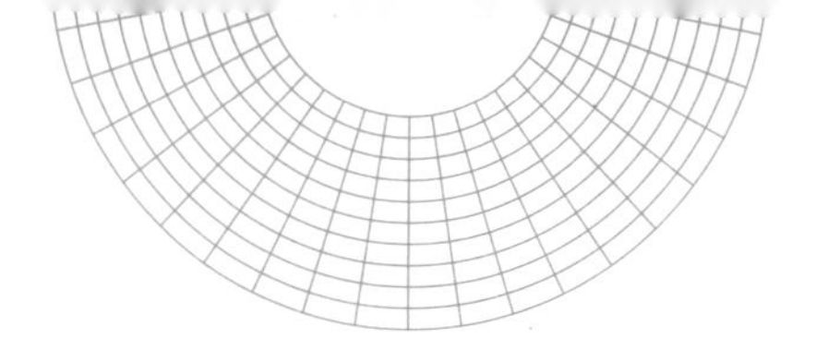

PART 1

4차 산업혁명의 **이해**

1 4차 산업혁명의 개념과 특징

우리의 삶을 파고드는 4차 산업혁명

"효과적인 인공지능을 성공적으로 만들어내는 것은 우리의 문명사에서 가장 큰 사건이 될 수도 있습니다. 하지만 자칫하면 최악이 될 수도 있습니다. 우리가 인공지능으로부터 무한한 도움을 받을지, 아니면 무시당하고 차별당하고 멸망당할지 지금으로서는 알 수 없습니다. 우리가 잠재적인 위험에 대비하고 피하는 방법을 배우지 않으면, 인공지능은 우리 문명에서 최악의 사건으로 기록될 수 있습니다. 무시무시한 자율 무기와 같은 위험천만한 기계를 만들어낼 수 있으며, 소수의 사람들이 다수의 사람들을 탄압하는 새로운 방법을 가져올 수도 있습니다. 우리 경제에도 큰 혼란을 일으킬 수 있습니다."

- 스티븐 호킹 (영국의 이론물리학자)

현대 사회에서 우리는 속도와 변화의 시대를 살아가고 있습니다. 기술의 발전과 혁신은 우리의 삶을 빠르게 바꾸고 있으며, 이 변화의 한복판에 4차 산업혁명이 있습니다. 그러나 우리는 이런 변화가 우리 삶에 직접적인 충격을 주기 전에는 우리 주변에서 어떻게 일어나고 있는지 잘 인식하지 못합니다. 실제로 4차 산업혁명은 우리의 삶에 이미 깊은 영향을 미치고 있는데도 그렇습니다.

산업혁명 하면 우리 머리에 떠오르는 것은 대체로 증기기관 발명에 의해 인간의 노동력이 기계로 대체되는 인류 역사상 초대형 사건으로 학교에서 중요하게 배웠던 1차 산업혁명입니다. 그도 그럴 것이 과거에는 인간들이 인간의 노동력을 대신하도록 만든 기술이라고는 소나 말과 같은 짐승의 힘을 빌어 밭을 갈고 방아를 찧는 일과 흐르는 물의 힘을 이용해서 물레방아를 돌리는 정도에 불과했습니다. 그런데 증기기관은 그 힘의 세기와 사용범위가 예전과 비교할 수 없을 정도로 획기적이었습니다. 기계로 인해 생산력이 대폭 상승하면서 산업의 규모가 확장되었고, 새로운 산업 분야가 탄생했습니다.

이후에도 전기, 자동화와 컴퓨터, 디지털화와 인터넷 등을 기반으로 한 2차, 3차 산업혁명이 차례로 일어났지만, 이들 산업혁명은 주로 생산성 향상과 생산 방식의 변화에 초점을 맞추었습니다. 기계는 물리적으로 세팅되어 있는 순서에 따라 작동되며 끊임없는 반복 작업으로 대량 생산에 기여했습니다. 기계가 스스로 작동하거나 판단을 통해 작업에 임하는 것은 불가능했습니다. 기계는 기계, 사람은 사람이라는 두 영역의 경계가 명확했습니다.

하지만 4차 산업혁명은 이전의 산업혁명들과는 근본적으로 다른 특징을 갖고 있습니다. 가장 큰 차이점이라고 하면 이번 산업혁명은 디지털 기술과 인공지능, 로봇공학, 자동화 등의 융합으로 인간과 기계의 경계가 모호해지고 있다는 것입니다. 예전에는 기계와 사람의 역할이 분명히 구분되어 있었지만, 지금은 기계가 사람의 역할을 수행하고, 사람과 기계가 함께 작업하며 상호작용하는 경우가 많아졌습니다.

인공지능 기술은 기계에 학습과 의사결정 능력을 부여하여 사람과 유사한 지능을 구현할 수 있게 되었습니다. 이제는 인공지능이 인간이 일상적으로 사용하는 자연어 이해, 음성 인식, 이미지 분석 등 다양한 작업을 수행하며 사람의 역할을 대신하거나 보조합니다. 자율주행차와 같은 자동화 기술은 운전을 자동으로 수행하고, 인간의 개입 없이 차량을 안전하게 운영할 수 있게 되었습니다. 또한, 스마트 홈과 같은 기술은 가전제품과 인터넷을 연결하여 집안을 자동으로 제어하고, 편리한 생활 환경을 제공합니다.

이러한 변화로 인해 우리는 이전에는 상상도 할 수 없었던 혁신적인 일상생활을 경험하고 있습니다. 우리의 가정에서는 음성 비서가 우리의 명령을 이해하고 수행하는 기능을 갖춘 스마트 스피커가 등장했습니다. 우리의 손 안에서는 스마트폰을 통해 어디서나 필요한 정보에 접근하고, 쇼핑을 할 수 있습니다. 또한, 인공지능 기반의 의료 진단 시스템은 빠르고 정확한 진단을 제공하여 의료 현장에서의 의사 결정을 지원합니다. 우리는 머지않아 이런 인공지능 의료 진단 시스템과 자율주행차와 같은 혁신적인 기술을 통해 편리하고 안전한 삶을 누리게 될 것입니다. 스마트 홈과 스마트 시티 등의 발전으로 우리의 일상은 더욱 효율적이고 지능적인 환경으로 변화하고 있습니다.

이처럼 4차 산업혁명은 기계와 인간의 상호작용을 통해 우리의 삶과 산업 분야에 혁신과 변화를 가져오고 있습니다. 이는 단순히 생산성을 높이는 것을 넘어서 우리의 일상생활과 사회 구조에 영향을 미치고 있으며, 미래에는 인간과 기계의 융합이 더욱 심화될 것으로 예상됩니다. 이러한 변화는 우리가 생각하지 못했던 새로운 직업과 경제 구조를 형성하며, 사회 전반에 긍정적인 영향을 미치고 있습니다. 4차 산업혁명은 우리의 삶을 깊이 바꾸고 있으며, 우리는 적극적으로 이러한 변화에 적응하고 혜택을 누리는 방법을 찾아야 합니다.

4차 산업혁명을 이전의 산업혁명들에 빗대어 말한다면 데이터는 4차 산업혁명의 연료이며, 인공지능은 그 엔진입니다. 이 엔진을 놀리지 않고 잘 사용하는 것이 4차 산업혁명 시대의 경쟁력입니다.

4차 산업혁명의 의미와 역사

"지금 진행 중인 변화와 혁신을 이전의 세 차례 산업혁명들과는 근본적으로 다른 네 번째 산업혁명이라고 불러야 하는 이유가 있습니다. 그것은 바로 변화의 속도, 변화의 범위, 그리고 시스템 영향력입니다. 현재의 혁신은 역사적으로 전례가 없이 빠르게 진행되고 있습니다. 이전 산업혁명들과 비교해 볼 때 거의 기하급수적인 속도로 진화하고 있다고 해야 합니다. 게다가 이번 혁명은 거의 모든 산업과 국가에 영향을 미치고 있습니다. 또한, 이러한 변화의 깊이와 폭 역시 상상을 초월할 만큼 깊고 넓어서 생산과 경영, 국가와 사회 전체 시스템에 큰 변화를 가져오게 될 것이 틀림없습니다."

2016년 세계경제포럼[1)]의 클라우스 슈왑(Klaus Schwab) 회장은 '4차 산업혁명'이라는 말을 처음 개념화하면서 지금 진행되고 있는 변화와 혁신을 네 번째 산업혁명이라고 불러야 하는 이유에 대해 이렇게 설명했습니다. 그의 설명을 좀 더 들어보겠습니다.

"스마트폰과 같은 모바일 기기로 연결된 수십억 명의 사람들이 이전에는 꿈도 꾸지 못한 일 처리 능력, 클라우드와 같은 저장공간, 모든 지식에 대한 접근 능력을 갖추게 되면서 그 가능성은 무한대로 확장되고 있습니다. 그리고 이러한 가능성은 인공지능, 로봇공학, 사물인터넷, 자율주행차, 3D 프린팅, 나노기술, 생물공학, 재료과학, 에너지 저장, 양자 컴퓨팅과 같은 분야의 새로운 기술 혁신에 의해 기하급수적으로 늘어나게 될 것입니다.

이미 인공지능은 우리 주변에서 널리 사용되고 있습니다. 자율주행차와 드론에서부터 가상 비서와 번역, 투자를 담당하는 소프트웨어까지 다양한 분야에서 인공지능의 발전이 이루어지고 있습니다. 최근 몇 년 동안 컴퓨팅 파워의 기하급수적인 증가와 천문학적인 방대한 양의 데이터 가용성에 의해 인공지능 기술은 상당한 진전을 이루었습니다. 인공지능은 새로운 약물 개발에 사용되는 소프트웨어, 문화적 관심사

1) 세계경제포럼(WEF, World Economic Forum)은 1971년에 클라우스 슈왑(Klaus Schwab)이 창립한 국제 비영리 경제 단체입니다. 이 단체는 정치적·경제적·사회적 이슈를 논의하고 협력을 추진하는 행사를 개최하여 세계 경제에 큰 영향을 미칩니다. 가장 유명한 행사로는 매년 스위스 다보스에서 열리는 '다보스 포럼'이 있습니다.

를 예측하는 알고리즘 등 다양한 분야에서 성과를 내고 있습니다. 또한, 디지털 제조 기술은 생물학적 세계와 일상적으로 상호작용하고 있습니다. 공학자, 설계사, 건축가들은 컴퓨테이셔널 설계[2], 3차원 프린팅, 재료공학, 합성생물학[3]을 결합하여 미생물과 우리 몸, 우리가 소비하는 제품, 심지어 우리가 사는 건축물 등의 요소들이 서로 공생할 수 있는 시스템을 만들어가고 있습니다."

세계적인 컨설팅 기업인 맥킨지[4]의 연구에 따르면 2014년 이전까지만 해도 구글 검색 엔진으로 4차 산업혁명을 의미하는 '산업 4.0'을 검색하면 검색 결과에 단 한 건도 나오지 않았지만, 2019년이 되자 설문조사에 응한 기업들 가운데 68%가 산업 4.0을 전략 수립에 최우선 과제로 삼고 있다고 답했습니다. 그리고 70%는 이미 새로운 기술을 시험하고 있거나 도입하고 있다고 밝혔습니다. 이처럼 4차 산업혁명은 이전의 3차례에 걸친 산업혁명과는 근본적으로 다른 양상으로 진행되고 있습니다. 그 때문에 우리의 삶은 정신을 차리기 힘들 만큼 빠른 변화의 소용돌이 속으로 빨려 들어가고 있는 것입니다. 그래서 슈왑 회장도 "인류 역사상 이렇게 큰 희망과 잠재적 위험을

---

2) 컴퓨테이셔널 설계(computational design)는 디자인과 데이터를 동시에 다루는 설계 방식입니다. 컴퓨터의 힘을 빌리지 않는다면 일일이 손으로 해야 하는 작업을, 4차 산업혁명이 낳고 있는 강력한 컴퓨팅 파워와 데이터를 이용해서 쉽고, 다양하고, 빠르고, 지속 가능하게 설계하는 것을 의미합니다.

3) 합성생물학은 현재까지 알려진 생명 정보와 생물 구성요소 및 시스템을 바탕으로 기존 생물 구성요소 및 시스템을 모방하여 변형하거나, 기존에 존재하지 않던 생물 구성요소와 시스템을 설계, 구축하는 학문입니다. 타이어, 차체 등의 부품을 기반으로 자동차를 제조하듯, 합성생물학은 공학적 개념을 도입하여 '표준화된' 생물학적 부품을 이용하여 새로운 생물 구성요소 및 생물 시스템 자체를 합성하는 분야입니다. 〈출처 : 미생물학백과〉

4) 맥킨지(McKinsey & Company)는 세계적인 경영 컨설팅 기업으로, 전 세계적으로 기업, 정부, 그리고 비영리 기구들에 다양한 분야의 경영 전략 컨설팅 서비스를 제공하고 있습니다.

동시에 안고 있던 시기는 없었다."라고 강조하고 있습니다.

잠시 산업혁명의 역사를 살펴보자면, 이전의 1차, 2차, 3차 산업혁명은 각각의 시기에 혁신적인 기술의 도입과 생산 방식의 변화를 특징으로 했습니다. 4차 산업혁명이 가능하기까지의 역사는 증기기관의 발명으로부터 시작된 1차 산업혁명에서부터 디지털 변화 그리고 첨단기술의 융합에 이르기까지 발전을 거듭해온 생산 방식의 진화 과정입니다. 먼저 1차 산업혁명(1760~1850)은 증기기관의 발명으로 기계가 인간의 노동력을 대체하고 대량 생산이 가능해지는 시대였습니다. 이전에는 사람이나 가축의 힘을 이용하고 부분적으로 풍력과 수력을 이용했기 때문에 생산되는 물품과 생산성은 보잘것없었습니다. 그러던 것이 증기기관이라는 자동 기계를 이용하게 됨으로써 생산력이 급격히 향상되면서 다양한 상품을 더 낮은 비용으로 더 많이 생산하게 됐습니다. 그 덕에 인류의 삶의 질도 급속도로 향상됐습니다. 특히 섬유 산업과 교통이 산업화되면서 크게 변화했습니다. 석탄과 같은 연료원이 개발돼 기계를 안정적으로 사용할 수 있게 만들어줌으로써 기계를 이용한 제조의 개념이 빠르게 확산되었습니다. 기계는 생산을 더 빠르고 쉽게 할 수 있게 해 주었고, 이를 통해 모든 종류의 새로운 혁신과 기술들이 가능해졌습니다.

2차 산업혁명(1865~1914)은 전기의 상용화와 자동화 기술의 발전을 특징으로 하며, 산업에서의 대량 생산과 생산성 향상을 이뤄냈습니다. 역사학자들은 가끔 이 산업혁명을 영국, 독일, 미국에서 일어난 '기술혁명'이라고 표현합니다. 이 시기에는 무엇보다도 발전된 전기 기술을 바탕으로 새로운 기술 시스템들이 도입되었으며, 이를 통해 생산성이 크게 향상되고 기계는 점점 더 정교해졌습니다.

혹자는 1915년부터 1960년 사이의 기간을 혁신이 급진적으로 진행되지 않았다는 이유로 산업혁명에서 배제하기도 합니다. 즉, 일종의 산업혁명 휴지기로 설명하는 것입니다. 이 기간은 두 차례의 세계 대전으로 특징지어지는 시기입니다. 그리고 이 두 세계 대전은 에너지 수요의 폭증으로 이어져 이후 에너지 패권을 두고 세계가 경쟁하는 시대를 열었습니다. 그러나 이 기간에도 기술 혁신은 계속됐습니다. 제1차 세계대전에서 항공기에 대한 연구가 가속화가 되고, 제2차 세계대전에서는 로켓 기술, 향상된 라디오 기술, 개선된 플라스틱 및 핵 기술이 개발되었습니다. 그러나 이들 기술 혁신은 주로 2차 산업혁명의 본래 기술들이 좀 더 빠르게 산업 발전을 견인하는 정도에 머물렀습니다.

3차 산업혁명은 1960년 무렵 컴퓨터 등장으로 개막되었습니다. 컴퓨터와 디지털 기술의 도입 덕분에 정보화 시대가 열렸고, 정보와 통신 기술의 발전으로 생산과 소비의 패러다임이 변화했습니다. 이 초기 컴퓨터들은 크기가 무척 큰데다 다루기도 힘들었지만 컴퓨팅 파워는 지금의 컴퓨팅 기기들에 비하면 초라하기 짝이 없는 수준이었습니다. 그렇게 허접하긴 했어도 컴퓨터 기술이 없는 세상은 상상하기 어려운 오늘날의 세상을 만드는 데 기초를 놓았다고 할 수 있습니다. 3차 산업혁명은 전자와 정보기술의 활용으로 생산에서의 자동화를 더욱 발전시켰습니다. 인터넷 접속, 연결성, 그리고 재생 에너지 덕분에 제조 및 자동화가 상당히 발전했습니다. 시간이 흐를수록 조립라인에 더 많은 자동화 시스템이 도입되어 인간의 업무를 대체했습니다.[5] 자동화 시스템이 구축되어 있음에도 불구하고 여전히 인간의 입력 작업과 인간의 개입에 의존했습니다.

이제는 4차 산업혁명입니다. 이 새로운 산업혁명의 가장 큰 특징은 디지털 기술과 인공지능, 로봇공학, 자동화 등의 융합을 통해 인간과 기계를 뒤섞어, 생산과 생활, 사회적 상호작용 등 모든 측면에서 혁신적인 변화를 가져온다는 점입니다. 이를 통해 우리의 일상생활과 사회구조는 근본적인 변화를 겪고 있으며, 기존의 경제 모델과 직업 구조에도 큰 영향을 미치고 있습니다.

인공지능 기술은 기계가 사고하고 판단하는 능력을 갖게 하며, 자율주행차와 같은 혁신적인 기술은 우리의 일상생활을 크게 바꾸고 있습니다. 예를 들어, 스마트폰에 있는 음성 인식 기능을 이용해 음성으로 명령을 내릴 수 있고, 가정에서는 음성 비서 기술을 통해 일상적인 작업을 자동화할 수 있게 되었습니다. 또한, 인공지능은 의료 진단 분야에서도 활용되어 정확한 진단과 치료를 돕고 있습니다.

4차 산업혁명은 새로운 비즈니스 모델의 등장도 가능하게 하고 있습니다. 예를 들어, 공유 경제 플랫폼은 개인들 간의 자원 공유를 통해 경제적 가치를 창출하고, 인터넷 기반의 서비스는 소비자와 생산자 간의 직접적인 연결을 제공합니다. 이러한 비즈니스 모델은 전통적인

5) 이때 자동화 구현에 널리 사용되던 장치가 PLC(프로그래머블 로직 컨트롤러)였습니다. PLC는 일반적으로 제어 및 모니터링 작업을 수행하며 여러 산업용 기계 및 프로세스에 채택되었습니다. 안정성, 내구성 및 긴 수명으로 유명하며, 광범위한 온도, 습기, 진동 등 다양한 환경 조건에서 작동할 수 있도록 설계되었습니다. 이러한 기능은 산업적 특성과 자동화에 필요한 요구 사항을 충족시켜 주었기 때문에 제조업을 포함한 여러 산업분야에서 많은 활용돼 오고 있습니다.

산업 구조를 변화시키고 새로운 경제 생태계를 형성하고 있습니다.

또한, 4차 산업혁명은 글로벌 경제 구조에도 큰 영향을 미치고 있습니다. 디지털 기술과 인터넷의 발달로 인해 전 세계가 더욱 밀접하게 연결되고, 정보와 자본의 유출·유입이 증가하고 있습니다. 이는 글로벌 경제의 경쟁과 협력 구조를 변화시키며, 새로운 경제적 파워 및 리더십의 등장을 불러오고 있습니다.

이에 따라 4차 산업혁명은 지식과 기술의 중요성을 더욱 부각시키면서, 세상을 창의적인 사고와 문제해결능력, 협업과 소통의 역량이 중요해지는 시대로 진입시키고 있습니다. 기존의 산업 구조와 직업 모델이 변화하고, 새로운 직업과 기술 요구 사항이 등장하면서 교육과 전문 기술 개발에 대한 필요성이 증가하고 있습니다. 4차 산업혁명은 우리에게 불확실성과 여러 가지 도전적인 과제를 안겨주고 있지만, 동시에 큰 가능성과 창의적인 발전의 기회를 제공하고 있습니다. 이를 통해 우리는 더욱 혁신적이고 지속 가능한 사회를 구축하며, 인류의 발전과 번영에 기여할 수 있을 것입니다.

2 4차 산업혁명의 영향력과 파급효과

4차산업혁명의 영향력

앞에서 살펴본 대로 4차 산업혁명은 디지털화, 자동화, 인공지능, 로봇공학, 빅데이터, 사물인터넷(IoT), 블록체인 등의 혁신적인 기술들이 상호 연결되고 융합되어 새로운 패러다임을 형성하는 혁명적인 시대를 의미합니다. 이러한 기술의 발전은 우리의 생활, 경제, 사회 구조, 산업 구조 등에 혁명적인 변화를 가져오고 있습니다.

우선, 4차 산업혁명은 기존 산업과 서비스 분야에 혁신과 변화를 불러일으키고 있습니다. 인공지능 기술과 로봇공학의 발전으로 인해 기계가 사고하고 학습하는 능력을 갖추게 되어 기계와 로봇이 인간의 역할을 보완하거나 심지어 대체하는 일이 증가하고 있습니다.

데이터의 수집과 분석이 가능해진 빅데이터 기술은 기업과 정부 등이 데이터를 통해 효율적인 의사결정을 내리고 새로운 가치를 창출할 수 있도록 지원합니다. 사물인터넷 기술은 사물들이 서로 연결되고 정보를 교환할 수 있는 환경을 조성하여 효율적인 생산과 서비스 제공을 가능하게 합니다. 블록체인 기술은 탈중앙화와 보안성을 강화하여 거래와 정보 전달의 신뢰성을 제고하고, 새로운 비즈니스 모델을 창출할 수 있게 합니다.

이러한 4차 산업혁명의 영향은 경제 구조와 산업 구조를 변화시키고 있습니다. 기존 산업의 생산과 공급체계가 변화하고, 새로운 비즈니스 모델과 산업 생태계가 형성되고 있습니다. 또한, 일자리의 형태와 성격도 변하고 있습니다. 일부 노동력은 자동화와 로봇화로 대체되고 있지만, 동시에 새로운 직업과 일자리가 등장하고 있습니다. 기존의 기술과 지식에 의존하는 일자리보다는 창의적인 사고와 문제해결능력, 인간적인 소통과 협력 능력을 기반으로 하는 일자리가 더욱 중요해지고 있습니다.

4차 산업혁명은 사회 구조와 생활 방식에도 큰 변화를 가져옵니다. 인터넷과 스마트 기기의 보급으로 인해 우리의 생활은 디지털화되고 인터넷에 연결된 스마트한 환경에서 이루어지게 되었습니다. 스마트시티 개념이 확산되어 생활의 편의성과 효율성이 증가하고, 에너지 관리, 교통 체계, 안전 등 다양한 측면에서 혁신이 이루어지고 있습니다.

또한, 4차 산업혁명은 국가 간 경쟁력과 경제 구조의 재조정을 야기하고 있습니다. 선진국들은 기술과 혁신에 대한 경쟁을 벌이며 경제 성장을 도모하고 있으며, 이에 따라 기존의 경제 구조가 변화하고 새로운 산업으로 무게 중심이 옮겨가고 있습니다.

4차 산업혁명은 긍정적인 영향도 가지고 있습니다. 일례로 의료 분야에서는 인공지능과 빅데이터를 활용하여 진단과 치료 과정을 개선하고, 개인 맞춤형 의료 서비스를 제공할 수 있게 되었습니다. 교육 분야에서는 온라인 학습 플랫폼과 양방향 교육 방식을 통해 개인 맞춤형 교육이 가능해졌습니다.

하지만 4차 산업혁명은 동시에 위험과 도전과제도 불러일으키고 있습니다. 인간의 역할이 자동화되는 과정에서 일자리의 감소와 사회적 격차의 확대가 우려되며, 개인 정보 보호와 사이버 보안 문제도 심각한 과제로 대두되고 있습니다. 또한, 기술의 발전 속도가 너무 빠르게 진행되어 이에 대한 이해와 대응 능력이 부족한 상황도 존재합니다. 개인과 기업의 입장에서는 경쟁력이 기술적 역량과 혁신적 아이디어에 의해 좌우되기 때문에 그 어느 때보다도 적극적인 기술 개발과 혁신이 요구됩니다.

4차산업혁명의 경제적 파급효과

4차 산업혁명이 우리 사회에 미치는 경제적 영향력은 막대합니다. 새로운 기술과 혁신을 통해 생산성이 향상되고, 없던 시장과 산업이 새로 형성됨으로써 경제 성장을 견인합니다. 자동화와 로봇 기술의 도입은 생산과 제조 분야에서 노동 생산성을 향상시키고 경제적 효율성을 증가시킵니다. 또, 인공지능과 빅데이터 분석을 통한 데이터 기반의 비즈니스 모델은 새로운 수익 창출과 경쟁 우위를 가져옵니다. 이러한 효과를 요소별로 살펴보겠습니다.

◆ 생산성 향상

자동화와 로봇 기술의 도입으로 생산성이 향상됩니다. 산업 현장에서 로봇이 인간 노동자를 대체하고, 자동화된 생산 시스템이 도입돼 작업 속도와 정확성이 향상됩니다. 이는 생산량의 증가와 생산 비용의 절감으로 이어지며, 기업의 경쟁력을 향상시킵니다. 특히 인공지능과 생성형 인공지능의 도입은 생산성의 향상에 크게 기여하고 있습니다. 골드만 삭스(Goldman Sachs)의 최근 보고서에 따르면, 이 기술을 기반으로 한 애플리케이션들로 인해 약 3억 개의 정규직 일자리가 대체될 수 있다고 합니다. 동시에 수백 개의 새로운 직종이 새로 생기며, 10년 동안 세계 생산성이 연평균 약 7% 증가할 것으로 예측됩니다. 미국 국립경제연구소(NBER)의 한 연구에 따르면, 고객 지원 담당 직원들이 생성형 인공지능인 GPT AI 도구를 사용하면 생산성이 거의 14% 증가한다고 합니다.

◈ **새로운 시장과 산업의 형성**

4차 산업혁명은 새로운 시장과 산업을 만들어내고 있습니다. 슈왑은 "물리적, 디지털, 생물학적 영역 사이의 경계를 흐리게 하는 기술의 융합"이 새로운 시장과 성장 기회를 창출할 것이라고 언급했습니다. 이 말은 이전에는 서로 분리돼 발전해 오던 기술들이 서로 융합·결합하면서 새로운 제품이나 새로운 서비스를 창출한다는 것을 의미합니다. 인공지능, 빅데이터, 사물인터넷 등의 기술을 기반으로 한 디지털 서비스 및 제품이 등장하면서 새로운 수요와 시장이 형성되고 있는 것입니다. 이에 따라 신흥 기업들이 등장하고 성장하면서 새로운 일자리가 창출되고 있습니다.

◈ **경제 규모의 증가**

4차 산업혁명은 경제 규모를 증가시킵니다. 디지털 경제의 성장은 전 세계적인 규모로 확장되고 있으며, 전자상거래, 인터넷 광고, 클라우드 컴퓨팅 등의 분야에서 어마어마한 규모의 거래가 이루어지면서 막대한 수익이 창출되고 있습니다. 이는 GDP와 총생산량을 높이는 데 이바지함으로써 경제 성장을 견인합니다.

◈ **기술 기반의 혁신적 비즈니스 모델**

4차 산업혁명은 새로운 비즈니스 모델을 혁신적으로 발전시킵니다. 데이터 기반의 비즈니스 모델, 플랫폼 경제, 공유 경제, 구독경제 등이 등장하면서 기존의 비즈니스 모델과 경제 구조를 변화시키고 있습니다. 이는 기업의 수익 모델과 가치 창출을 새롭게 정립하고 경쟁력을 확보하는 요소로 작용합니다. 예컨대, 데이터 기반의 비즈니스 모델은 개인의 데이터를 수집하고 분석하여 맞춤형 제품과 서비스를 제공하는 기업들을 등장시키고 있습니다. 이를 통해 소비자들은 개인화된 경험을 누리고, 기업은 더욱 정확한 마케팅과 예측을 통해 수익을 창출할 수 있습니다.

◈ 글로벌 경제 효과

4차 산업혁명은 글로벌 경제에도 큰 영향을 미칩니다. 기술의 발전과 디지털화는 국가 간 경쟁력의 변화를 가져오고, 새로운 경제 동력과 중심지를 형성시킬 수 있습니다. 특히, 인공지능, 빅데이터, 사물인터넷 등의 기술을 활용한 글로벌 기업들은 경제적 영향력과 시장 점유율을 확대시키며, 국가 간 경제적 불균형과 파급효과를 가져오게 됩니다.

4차 산업혁명은 이러한 경제적 파급효과로 기업과 국가의 경제에 긍정적인 영향을 미치고 있으며, 경제적인 성장과 발전의 주요 동력 중 하나로 인정받고 있습니다.

구독경제와 서비스형 비즈니스 모델(XaaS)

4차 산업혁명은 소비자의 소비 패턴을 변화시키며 기업의 비즈니스 모델에 영향을 미치고 있습니다. 소비자 입장에서 보면, 인터넷과 통신 기술의 발달로 웹상에서의 정보 접근이 용이해지면서 제품이나 서비스에 대한 평가 및 정보를 쉽게 찾을 수 있게 되었습니다. 그러자 소비자들은 개인화된 경험과 편리성을 추구하고, 소유보다는 사용에 대한 가치를 더 높게 인식하기 시작했습니다. 게다가 경제 불황, 글로벌 금융 위기 등의 영향으로 소비자들은 더욱 합리적이고 경제적인 소비 방식을 취하게 되었습니다. 이렇게 4차 산업혁명 기술의 발전과 경제 상황이 소비자들의 기대와 소비 형태를 변화시킴에 따라 기업도 변화해 가는 소비자들의 요구에 부응할 수밖에 없게 되었습니다. 이미 인터넷, 클라우드 컴퓨팅, 모바일 기기 등 디지털 기술이 충분히 발전했기 때문에 기업들은 비용 효율적인 비즈니스 모델로 전환하면서 서비스 범위를 빠르게 확장시킬 수 있습니다. 특히 클라우드 컴퓨팅의 성장으로 서비스 제공 업체와 소비자가 연결된 상태를 유지할 수 있게 되었는데, 이와 같은 변화된 소비자의 요구와 고객 경험 환경은 소비자들의 가장 합리적인 소비형태라고 할 수 있는 구독경제를 형성하고 확산시키고 있습니다.

구독경제는 기업이 소비자와 장기적인 관계를 맺으며, 제품이나 서비스를 정기적으로 제공하는 비즈니스 모델을 의미합니다. 고객들은 일정 기간 동안 구독을 유지하며, 원하는 제품이나 서비스를 편리하게 이용할 수 있습니다. 이와 같은 구독경제 모델은 주로 월 단위, 연 단위로 제공되며, 고객은 이러한 기간 동안 서비스 이용료를 지불하고 제품이나 서비스의 접근 권한을 얻게 됩니다. 4차 산업혁명의 영향으로 구독경제는 급속하게 확산되고 있으며, 다양한 산업에서 크게 성장하고 있습니다. 미디어 및 엔터테인먼트, 소프트웨어 및 애플리케이션, 온라인 교육, 미용, 건강, 그리고 음식 서비스와 같은 다양한 분야에서 구독 기반 모델이 활성화되고 있습니다.

구독경제가 이처럼 급성장하는 데는 구독경제가 주는 여러 가지 이점 덕분입니다. 소비자들은 원하는 제품이나 서비스를 복잡한 이용 절차 없이 쉽고 편리하게 이용할 수 있습니다. 구독 갱신 및 취소도 손쉽게 처리할 수 있습니다. 고객들은 필요한 만큼만 서비스를 사용하며, 필요 없는 경우 비용을 절감할 수 있습니다. 이렇게 되면 전체적으로 서비스 전환 비용이 저렴해집니다. 또 원하는 모든 제품이나 서비스에 대해 다양한 구독 옵션을 통해 자신의 소비 패턴에 맞는 선택을 할 수 있습니다. 서비스를 제공하는 기업도 고객의 소비 패턴을 분석하여 개인화된 경험을 제공할 수 있게 되었으며, 이를 통해 고객의 브랜드 충성도를 높일 수 있습니다. 제품 소비를 과다하게 촉진하지 않기 때문에 구독경제는 지속 가능한 경제 모델로 인식되고 있습니다.

구독경제는 최근 들어 특히 각광을 받고 있지만, 그 역사는 꽤 오래됐습니다. 이미 구독경제 모델의 시초는 17세기 후반부터 18세기 초기에 유럽에서 시작되었습니다. 신문, 잡지, 책 등 출판물의 구독 방식이 등장했으며, 이는 인쇄 분야에서 확산되어 갔습니다. 19세기 후반부터는 기술 발전으로 인해 구독경제 모델이 더욱 발전했습니다. 텔레그래프, 전화, 라디오 등 대중적인 미디어 산업에서 구독 모델이 적용되었습니다. 20세기 중반에는 기술의 발전과 함께 구독 모델이 기업 부문으로 확장되고, 서비스 부문에서도 발전했습니다. 이때부터 부동산과 자동차 등의 업종에서도 구독 모델이 도입됩니다. 2000년대 이후 인터넷과 스마트폰의 보급 확산으로 구독 모델이 더욱 중요해졌습니다. 멜론(Melon), 넷플릭스(Netflix) 등의 기업들이 구독경제 모델을 적용하면서 완전한 대중화가 이루어졌습니다.

현재 구독경제 모델은 인터넷, 모바일, 클라우드 컴퓨팅 등의 기술 발전과 함께 점차 확대되고 있습니다. 기업들이 구독경제 비즈니스 모델을 적용하면서, 기존의 전통적인 상품 판매 방식과는 달리 구독자들과 연결된 관계를 유지하며 소비자들에게 제품을 사지 않고도 사용할 수 있는 서비스를 제공할 수 있게 되었습니다. 이러한 변화를 통해 기업은 소비자 인식에 반응하며, 소비자는 제품이나 서비스를 구독할 수 있는 새로운 방식을 만날 수 있게 되었습니다. 구독경제의 발전은 기업에게 상품과 서비스의 변화에 빠르게 대처하면서 고객 관리를 혁신할 수 있는 기회를 제공합니다. 이를 통해 기업과 고객 모두가 서로에게 편리하고 가치 있는 경제를 만들 수 있습니다.

구독경제가 확산되자 특히 기술 산업 분야에서 '제품을 서비스 형태로 제공'한다는 의미를 지니는 XaaS(Anything-as-a-Service)라는 새로운 형태의 비즈니스 모델이 생겨났습니다. 우리말로 표현하자면 '서비스형 비즈니스 모델'이라고 할 수 있습니다. XaaS는 다양한 IT 서비스, 제품, 소프트웨어, 플랫폼, 프로세스를 클라우드 기반 솔루션으로 제공하는 방식으로, 고객이 필요한 만큼만 사용하고, 사용한 만큼만 비용을 지불하는 구독 또는 일회성 요금 기반 모델입니다. 전 세계적으로 점점 더 많은 기업들이 이러한 서비스형 비즈니스 모델을 채택하고 있습니다. 한마디로 XaaS는 구독경제 모델에 근거한 현대적인 서비스 제공 방식이라고 할 수 있습니다. 둘 사이의 가장 큰 차이점은 서비스 분야로, 구독경제 모델은 음악 스트리밍, 동영상 서비스, 짐 멤버십(gym membership) 등 일반적으로 광범위한 분야의 서비스를 제공하고 있는 반면, XaaS는 인프라, 플랫폼, 소프트웨어 등 4차 산업혁명 기술과 관련한 제품이나 서비스를 주로 제공합니다. 그외에도 XaaS는 구독 기간이 훨씬 더 유연하고, 서비스 관리도 실시간으로 이루지는 등 구독경제에 비해 더 민첩하게 서비스가 이루어진다는 차이가 있습니다.

XaaS 비즈니스 모델은 물건이나 서비스의 소유권을 사고파는 전통적인 소유권 기반의 비즈니스 모델에서 소유권이 아닌 사용권을 기반으로 하는 서비스를 제공하는 모델로 공급자-고객 간의 관계를 변화시키는 신흥 비즈니스 모델입니다. 이러한 변화는 사회가 '상품 중심 및 고객 중심'에서 '서비스 중심'으로 이동하고 있는 추세를 반영하고 있습니다. 이 새로운 '서비스 중심' 개념은 고객을 초점으로 하여 가치 창출이 이루어지고 있음을 나타냅니다. 이에 따라 기업은 '가치 창출자'가 아니라 '가치 촉진자'가 되어 소비자에게 제품을 공급하고, 소비자가 제품을 사용하는 가운데 가치가 창출되도록 촉진하는 역할을 합니다.

구매·리스와의 차이점

제품 소유권 구매와 제품 구독 사이에는 상당한 차이가 있습니다. 전통적인 거래는 고객이 제품을 구매하면 그 후부터는 판매자가 법률에 따라 필요한 무료 또는 유료의 A/S만 제공하면 됩니다. 그러나 XaaS 구독 방식은 제품을 임대차하는 방식이기 때문에 대여기간 동안 지속적으로 고객과 교류하며 서비스를 제공하게 됩니다. 리스 방식과 서비스형 모델 사이에도 차이가 있습니다. 주된 차이점은 계약 기간입니다. 리스 계약을 체결할 때 고객은 사전에 합의된 기간 동안 제품을 사용하는 것에 동의합니다. 고객이 제품을 더 이상 사용하고 싶지 않게 되면 남은 기간에 해당하는 비용을 전액 지불하거나 또는 위약금을 물어야 합니다. 반면에 서비스형 모델을 통한 구독 계약은 기간에 있어서 매우 유연하여 대부분 월 단위로 이루어집니다. 계약상의 차이점 외에도, 고객은 사용한 만큼만 지불하고 사용이 끝나면 제품을 공급 업체에게 반환하기 때문에 제품은 폐쇄루프[6]내에서 처리됩니다. 필요할 경우 제품은 수리 및 재포장(리퍼비싱)되어 새로운 사용자에게 제공됩니다. 이런 특징 덕분에 제품 제조 수량이 줄어들고, 생산된 제품은 폐쇄루프 내에서 수명이 끝날 때까지 재사용됩니다. 그 결과 기업의 생태발자국[7]을 줄여주기 때문에 훨씬 지속 가능한 제조 과정으로 이어지게 됩니다.

◆ 서비스형 비즈니스 모델의 종류

서비스형 비즈니스 모델이 가능하기 위해서는 서비스를 제공하는 프로세스가 웹과 같은 온라인으로 이루어지는 등 일상적인 업무를 인

---

6) 폐쇄루프(closed loop)는 원자재, 생산, 소비, 폐기물 처리 등 제품의 전체 생애주기를 포괄하는 지속 가능한 경제 시스템을 의미합니다. 이 시스템에서는 폐기물은 새로운 제품이나 자원으로 재활용되어, 자원의 효율적 활용과 환경 오염 감소를 통한 지속 가능한 성장이 가능합니다. 즉, 소비와 폐기물 처리 과정에서 발생한 자원 소실을 최소화하며, 새로운 생산 과정에 해당 자원을 재활용하여 환경 부담을 줄이는 것이 폐쇄루프의 목표입니다.

7) 생태발자국(ecological footprint, 또는 환경발자국)은 인간의 활동에 따른 자원 소비와 환경 영향을 척도로 나타내는 지표입니다. 이것은 개인, 지역, 국가 또는 전 세계 차원에서 사용되며, 자원 사용량, 폐기물 처리, 그리고 탄소 배출 등과 같은 환경에 미치는 영향을 나타냅니다. 인간이 지구상의 제한된 자원들을 얼마나 빠르게 소비하는지 분석하는 도구로 활용되어, 지속 가능한 미래에 대해 올바른 의사결정을 할 수 있도록 도와줍니다.

간의 개입 없이 운영할 수 있도록 자동화되어야 하고, 소비자의 다양한 선택이 가능하도록 서비스의 양과 질을 조절할 수 있어야 합니다. 이러한 조건을 만족시킬 수 있다면 어떠한 제품이나 서비스도 모두 XaaS 비즈니스 모델의 대상이 될 수 있습니다. 주요한 모델 유형을 예로 들어보겠습니다.

- IaaS (Infrastructure-as-a-Service): 기업들은 서버, 스토리지 등 가상 인프라를 제공 받아 필요에 따라 컴퓨팅 자원을 사용합니다. 이를 통해 기업들은 자체적인 인프라를 구축하지 않고, 필요한 만큼만 확장하는 유연한 환경을 제공할 수 있습니다. 아마존 웹서비스(AWS), 마이크로소프트 애저(Azure), 구글 클라우드 플랫폼 등이 여기에 해당합니다.
- PaaS (Platform-as-a-Service): PaaS는 클라우드 기반 개발 및 배포 플랫폼을 제공하여, 개발자들이 소프트웨어 애플리케이션을 구축, 테스트, 배포할 수 있도록 돕습니다. 서버 관리와 인프라 구축에 대한 부담을 줄이며, 개발 과정 곳곳에서 빠르게 프로젝트를 완료할 수 있게 합니다. 구글 앱 엔진(Google App Engine), 마이크로소프트 애저(Microsoft Azure), 헤로쿠(Heroku)[8] 등이 있습니다.
- SaaS (Software-as-a-Service): 웹 브라우저를 통해 액세스할 수 있는 소프트웨어 애플리케이션 구독 서비스입니다. 비싼 소프트웨어를 구매하거나 로컬 컴퓨터에 설치할 필요 없이 원격으로 이용할 수 있어

8) 헤로쿠(Heroku)는 개발자가 웹 애플리케이션을 쉽고 빠르게 개발, 배포, 운영할 수 있도록 지원하는 플랫폼입니다. 여러 프로그래밍 언어를 지원하며(Ruby, Java, Node.js, Python, PHP 등), 이를 통해 개발자들은 다양한 웹 애플리케이션 작성을 원활하게 할 수 있습니다. 또한 다양한 애드온과 통합 서비스를 제공하여, 데이터베이스, 인증, 모니터링, 알림 등의 기능도 쉽게 구축할 수 있습니다. 개발자가 서버 구성, 인프라 관리 등의 부담 없이 주로 애플리케이션 개발에 집중할 수 있도록 하여 개발 생산성을 높입니다.

서, 구입 비용과 소프트웨어 업데이트 및 관리에 대한 부담도 줄어듭니다. 아도비 크리에이티브 클라우드(Adobe Creative Cloud), 세일즈포스(Salesforce), MS 오피스 365, 구글 워크스페이스(Google Workspace) 등의 서비스가 이에 해당합니다.

- CaaS (Communication-as-a-Service): CaaS는 클라우드 기반 통신 기술 및 소프트웨어를 제공해 기업이 쉽게 통신 서비스에 액세스하고 내부 인프라를 구축하지 않고도 커뮤니케이션 플랫폼을 갖출 수 있도록 합니다. 예로는 트윌로(Twilio)[9], 아바야(Avaya), 시스코 시스템(Cisco Systems) 등이 있습니다.

- DaaS (Desktop-as-a-Service): DaaS는 웹 브라우저를 통해 원격 데스크톱 환경에 액세스할 수 있게 해주는 클라우드 기반 서비스입니다. 기업들은 무거운 초기 투자 없이 클라우드 서버에서 호스팅되는 가상 데스크톱 환경을 사용할 수 있어 편리합니다. 이를 통해 기업들은 기기 및 위치에 구애받지 않고 자원에 접근할 수 있으며, 시스템 관리와 보안 강화에 활용할 수 있습니다. VMware Horizon Cloud, 아마존 워크스페이스, 마이크로소프트 에저 버츄얼 데스크톱이 대표적인 예입니다.

- HaaS (Hardware-as-a-Service): HaaS는 기업이 구매하지 않고 일정 기간 동안 사용할 수 있는 하드웨어를 제공하는 서비스 모델입니다. 클라우드 제공 업체 또는 HaaS 업체에서 원격처리 및 유지보수를 담당하

---

9) 트윌로(Twilio)는 개발자들이 웹 애플리케이션과 모바일 애플리케이션에서 통신 기능 스택을 쉽게 구현할 수 있도록 음성 통화, SMS 메시징, 비디오 채팅 그리고 푸시 알림과 같은 통신 기능을 API 형태로 제공합니다. 개발자들은 이 API를 이용해 애플리케이션 및 시스템에 통신 서비스를 내장하거나 통합할 수 있습니다. 트윌로의 확장성 있는 기능과 다양한 통신 도구로 인해 전화, 메시지, 이메일 등의 다양한 채널을 통한 고객 케어 솔루션과 마케팅 전략을 구현하기 용이합니다. 이를 통해 기업들은 실시간으로 고객들과 소통하고 사용자 경험을 개선할 수 있습니다.

며, 이를 통해 기업들은 초기 비용과 지속적인 업그레이드, 유지보수에 대한 부담을 줄일 수 있습니다. HaaS는 서버, 스토리지, 네트워크 장치 등 다양한 형태의 하드웨어를 포함합니다. 이러한 서비스는 보통 IaaS와 함께 제공되곤 합니다. 아마존 웹서비스, 구글 클라우드, 마이크로소프트 에저가 대표적인 서비스입니다.

- MaaS(Mobility-as-a-Service)는 다양한 교통 수단을 하나의 플랫폼으로 통합하고, 발권, 스케줄링, 경로 안내를 제공하는 기술 기반 서비스입니다. 공공 및 민간 교통사업자의 협력을 통해 대중교통 뿐만 아니라 UAM과 같은 도심항공교통, 자동차 공유, 자전거 대여 등 교통서비스를 통합적으로 관리하고 제공하는 비즈니스 모델입니다. MaaS는 사용자에게 맞춤형 여행 솔루션을 제공하며 도시 교통 체계 효율성을 향상시키고 차량 소유의 필요성을 줄여줍니다. 월별 또는 연간 이용료를 기반으로 하여, 구독자들은 선택적으로 이용할 수 있습니다. 주요 예로는 윔(Whim)[10)]과 우버(Uber) 등을 들 수 있습니다.

◈ 서비스형 비즈니스 모델의 장점

서비스형 비즈니스 모델은 고객이 사전 투자를 하지 않아도 되므로 프리미엄 제품에 적용이 용이합니다. 그리고 공급업체에게는 예측 가능하고 지속 가능한 수익을 창출하게 해줍니다. 볼보자동차의 구독 서

10) 윔(Whim)은 핀란드 기업인 마스 글로벌(MaaS Global)이 개발한 모바일 MaaS 어플입니다. 이 앱은 사용자의 이동을 위한 다양한 교통 수단을 하나의 플랫폼에서 접근할 수 있도록 해줍니다. 택시, 신규 모빌리티 서비스(공유 자전거, 전기 스쿠터 등), 대중 교통(버스, 기차, 트램) 등을 통합하여 사용자들의 교통수단 선택의 폭을 넓혀 주고, 원활한 교통생활 경험을 제공합니다. 윔에는 이동을 위한 요금 결제, 티켓 예약, 빠른 경로 안내 및 최적화된 이동 방법 제공 등 여러 기능이 포함돼 있습니다. 사용자들은 월간 구독 요금을 지불하거나 이용한 만큼만 지불하는 페이-애즈-유-고(Pay-as-you-go) 모델을 선택할 수 있습니다. 현재 유럽, 북미 지역 등에서 서비스를 하고 있습니다.

비스를 예로 들면, 고급 모델의 자동차를 구입하는 데는 큰 비용이 들어가지만, 'Care by Volvo'라는 구독 서비스를 이용하면 비싼 돈을 주고 차를 사지 않고도 볼보의 고급 자동차를 사용할 수 있습니다. 이러한 구독 서비스는 고객층을 획기적으로 넓혀주기 때문에 기업의 입장에서도 더 많은 수익을 창출할 수 있습니다.

둘째는, 지속적인 피드백이 가능해집니다. 고객은 제품 사용 중 매 단계마다 서비스를 받으므로, 서비스 공급업체와 지속적인 연결이 필요합니다. 이를 통해 공급 업체는 가치 창출을 개선하고 제품 및 서비스를 향상시키는 데 필수적인 소중한 데이터를 얻을 수 있습니다.

셋째, 고객 충성도를 높일 수 있습니다. 기업은 고객이 제품을 사용하는 동안 지속적인 피드백 루프에 기반하여 고객 경험을 개선해 나갈 수 있습니다. 그렇게 되면 고객이 더 나은 서비스를 받을 수 있게 되어 고객 충성도가 향상되고, '고객 생애 가치(customer lifetime value)'[11]를 높일 수 있습니다.

산업 구조의 변화

4차 산업혁명은 기존 산업 구조를 혁신적으로 변화시킵니다. 디지털 기술의 발전으로 전통적인 산업의 경계가 흐려지고 새로운 산업 분야가 등장하고 있습니다. 전통적인 산업은 디지털화와 융합을 통해 새

11) 고객 생애 가치(Customer Lifetime Value, 줄여서 CLV 또는 LTV)는 한 고객이 기업에게 가져다 주는 총체적인 이익을 추정한 지표입니다. 이것은 고객이 처음 구매를 시작한 시점부터 계속되는 모든 거래에서 발생하는 이익을 합산한 값입니다. 고객 생애 가치를 분석함으로써 기업은 개별 고객의 가치를 파악하고, 효과적인 마케팅 전략을 계획할 수 있습니다.

로운 비즈니스 모델을 개발하고 경쟁력을 확보하고 있습니다. 자율주행차 산업의 경우 자동차 제조업체뿐만 아니라 소프트웨어 기업, 인공지능 기업, 센서 기술 기업 등 다양한 업계의 기업들이 협력하여 새로운 생태계를 형성하고 있습니다. 이러한 변화는 기업들의 경쟁력을 증가시키고 새로운 일자리와 창출을 이끌어내는 긍정적인 역할을 합니다.

산업 구조의 변화가 일어나는 양상을 부문별로 살펴보겠습니다.

◆ 디지털화와 자동화

디지털화와 자동화는 4차 산업혁명이 가져오는 산업 구조의 혁신적 변화 중 가장 중요한 요소입니다. 이들은 기업들이 기존의 비즈니스 모델과 업무 방식을 변화시키고 생산성을 향상시키는 데에 큰 역할을 합니다.

먼저, 디지털화[12)]는 아날로그 데이터와 프로세스를 디지털 형태로 변환하는 과정을 의미합니다. 기업들은 기존의 종이 문서, 수작업 프로세스, 물리적인 자산 등을 디지털 형태로 전환(전산화)하고 데이터베이스, 클라우드 서비스, 전자 문서 등을 활용(디지털화)합니다. 이를 통해 기업은 데이터의 저장, 관리, 분석이 용이해지며, 실시간으로 업

---

12) 영어에서 digitization(디지타이제이션, 전산화)와 digitalization(디지털라이제이션, 디지털화)은 둘 다 디지털로 변환하는 과정을 의미하지만, 그 뜻은 서로 다르기 때문에 구분할 필요가 있습니다. 디지타이제이션은 물리적인 것을 디지털 형태로 변환하는 과정을 의미합니다. 예를 들어, 종이 문서를 스캔하여 디지털 형태로 저장하는 것이 디지타이제이션입니다. 이는 정보에 접근하기 쉽고 공유하기 편리하게 만들어줍니다. 반면, 디지털라이제이션은 비즈니스 및 사회적 프로세스를 디지털 환경으로 바꾸는 것을 의미합니다. 예를 들어, 종이 기반의 업무를 전자문서로 대체하거나, 전자상거래를 도입하는 것이 디지털라이제이션입니다. 이는 생산성 향상과 혁신을 가져다줍니다. 이처럼 둘은 의미와 역할이 완전히 다르기 때문에 구분해야 할 필요가 있을 때는 digitization은 '전산화'로, digitalization은 '디지털화'로 표기하는 것이 합당해 보입니다. 한편, digital tranformation은 비즈니스 프로세스 뿐만아니라 비즈니스 모델까지도 바꾸는 것을 의미하는데, 우리 말로는 주로 '디지털 전환' 또는 '디지털 변혁'으로 표기합니다.

무와 고객 요구를 파악하고 대응할 수 있습니다. 또한, 디지털화는 기업의 경영 환경을 개선하고 혁신적인 서비스 및 비즈니스 모델을 구축하는 데 기반이 됩니다.

디지털화는 기업들에게 다양한 이점을 제공합니다. 첫째, 비용과 시간을 절감할 수 있습니다. 종이 문서의 디지털화는 보관 및 관리 비용을 줄이고, 검색과 공유를 용이하게 합니다. 둘째, 실시간 데이터와 분석을 통해 신속한 의사결정이 가능해집니다. 기업은 고객 행동 데이터, 시장 동향, 생산 공정 데이터 등을 실시간으로 수집하고 분석하여 최적의 전략을 수립할 수 있습니다. 셋째, 고객과의 상호작용을 강화할 수 있습니다. 디지털 플랫폼과 소셜 미디어를 활용하여 고객과의 소통과 참여를 증진시키고 맞춤형 서비스를 제공할 수 있습니다.

한편, 자동화는 기업의 업무 프로세스를 기계나 컴퓨터 시스템에 의해 자동으로 수행되도록 하는 것을 의미합니다. 로봇공학, 인공지능, 자동화 소프트웨어 등의 기술을 활용하여 기업은 생산 공정, 업무 처리, 고객 서비스 등을 자동화할 수 있습니다. 이를 통해 인간의 오류와 반복적이고 지루한 작업을 최소화하게 해 줍니다. 자동화는 다음과 같은 이점을 제공합니다.

- **생산성의 향상**: 자동화는 작업의 효율성과 정확성을 향상시킵니다. 기계나 로봇에 의한 자동화는 반복적이고 예측 가능한 작업을 수행하며, 인간의 한계와 오류를 줄일 수 있습니다. 이로써 생산성이 증가하고 고품질의 제품과 서비스를 제공할 수 있습니다. 또한, 자동화를 통해 작업 시

간을 단축시킬 수 있어 생산량을 늘리거나 업무 처리 시간을 단축시킬 수 있습니다.

- **비용 절감**: 자동화는 인건비를 절감하는 데 도움을 줍니다. 기계와 로봇이 일부 작업을 대체하면 인건비를 줄일 수 있습니다. 또한, 자동화에 따른 효율성과 생산성 향상은 비용 관리를 개선할 수 있습니다. 장기적으로는 자동화 시스템의 운영으로 인한 비용 절감 효과가 초기 투자 비용을 상쇄하게 되므로 비용을 절감할 수 있습니다.
- **안전성 향상**: 위험한 작업을 기계나 로봇이 수행함으로써 작업자들은 위험 요소와 접촉하는 일을 최소화할 수 있습니다. 이는 작업자들의 안전을 도모하고 사고 발생 가능성을 줄여줍니다.
- **유연성과 확장성**: 기계나 로봇을 사용하면 작업의 유연성을 높일 수 있습니다. 작업을 다양한 조건에 맞게 조정하고 적응시킬 수 있으며, 생산량을 필요에 따라 조절할 수 있습니다. 또한, 자동화 시스템은 확장이 가능하므로 비즈니스의 성장과 변화에 대응할 수 있습니다.

하지만 자동화는 많은 작업에서 기계가 인간을 대체하는 것을 의미하기 때문에 일자리에 변화를 일으키고 사회적 문제를 발생시킵니다. 이에 따라 사회적 대응과 전문성의 필요성이 증가하게 됩니다. 이에 대해서는 뒤에서 자세히 다루기로 하겠습니다.

◆ 융합과 통합

융합과 통합은 4차 산업혁명이 가져오는 산업 구조의 혁신적 변화 중에서 중요한 개념입니다. 융합과 통합은 기존 산업 구조를 혁신하고 새로운 비즈니스 모델과 서비스를 창출하는 데 중요한 역할을 합니다.

융합은 다양한 기술, 산업 및 업무 영역 간의 경계가 무너지면서 서로 유기적으로 결합하는 현상을 말합니다. 다양한 기술이 상호작용하고 결합함으로써 새로운 가치를 창출합니다. 비근한 예로 인공지능과 로봇공학의 융합은 스마트 로봇을 가능하게 하여 자동화된 작업을 수행할 수 있게 합니다. 또, 사물인터넷과 빅데이터의 융합은 다양한 기기와 센서를 연결하여 실시간으로 데이터를 수집하고 분석하여 새로운 시야와 통찰력을 제공할 수 있습니다. 이렇게 다양한 기술들이 상호작용하고 융합함으로써 새로운 비즈니스 모델과 서비스가 탄생하고 기존 산업 구조가 혁신됩니다.

통합은 기존에 분리되어 있던 부분들이 하나로 통합되어 동작하거나 협업하는 것을 말합니다. 이전에 분리되어 있던 부분들이 통합되어 협업하고 함께 동작함으로써 새로운 가치를 창출합니다. 그리하여 기업들이 혁신적인 제품과 서비스를 개발하고 경쟁력을 강화하는 데 있어 중요한 역할을 합니다. 기존의 분리된 시스템들은 독립적으로 운영되었으며, 각각의 시스템은 특정한 기능이나 업무에 집중되어 있었습니다. 그러나 4차 산업혁명은 이러한 경향을 변화시키고, 시스템들이 상호 연동되고, 데이터와 정보를 공유하고 협업하는 새로운 형태의 생태계를 형성해 가고 있습니다.

융합과 통합은 새로운 비즈니스 모델의 등장을 촉진합니다. 예전에는 기업들이 한 가지 산업 분야에 집중하여 경쟁했지만, 4차 산업혁명은 다양한 산업 간의 융합과 통합을 통해 새로운 비즈니스 모델이 등장하고 있습니다. 이러한 비즈니스 모델은 기존 산업의 경쟁 구도를 바꾸며, 새로운 가치를 창출하고 시장을 선도할 수 있는 경쟁 우위를 가져옵니다. 은행과 기술 기업이 협력하여 핀테크 서비스를 제공하는 것이 하나의 좋은 예입니다.

애플은 모바일 기기와 결제 기술을 융합하여 애플 페이(Apple Pay)를 개발하였습니다. 애플 페이는 아이폰이나 애플 워치를 이용하여 간편하고 안전하게 결제할 수 있도록 하는 서비스입니다. 이렇게 애플은 NFC 기술과 사용자 정보 보호를 위한 암호화 기술을 결합하여 새로운 결제 생태계를 형성했습니다.

하나금융과 삼성전자는 금융과 IT 융합을 기반으로 한 초협력을 통해 급변하는 금융산업 생태계에 선제적으로 대응하고 미래 고객 기반 확대를 위한 인프라 공동 구성 및 신규 서비스 제공에 협력하고 있습니다. 양사가 보유한 인프라, 기술 경쟁력을 바탕으로 단기적으로는 혁신적인 신규 디지털 서비스와 상품 개발 및 공동 마케팅을 진행하고, 중장기적으로는 블록체인, NFT를 활용한 비즈니스 모델을 발굴해 갈 것입니다.

융합과 통합은 한편으로는 협업과 협력을 중요하게 여깁니다. 다양한 산업과 기업들이 융합과 통합을 통해 함께 협업하고 협력하는 것이 산업 구조의 변화를 가져오면서, 동시에 성공의 핵심 요소가 되고 있습니다. 이를 위해 기업들은 자사의 역량을 보완하기 위해 다른 기업들과 협력하고 파트너십을 구축하는 것이 중요해졌습니다. 예를 들어, 자동차 제조업체는 소프트웨어 기업과 협력하여 자율주행 기술을 개발함으로써 새로운 산업과 서비스를 창출해내고 있습니다. 구글의 자율주행차 자회사인 웨이모(Waymo)는 크라이슬러, 재규어 등 자동차 제조사와 협업하여 자율주행 기술과 운송 서비스를 융합함으로써 혁신적인 자율주행 택시 서비스를 개발하였습니다. 웨이모는 자율주행차 기술을 개발하고, 알파벳(Alphabet Inc.)사는 다양한 인공지능 기술과 데이터를 활용하여 스마트 시티에서의 자율주행 운송 서비스를 제공하고 있습니다.

또 전통적인 소매업체가 온라인 플랫폼과 협업하여 새로운 유통 방식을 창출하는 사례도 있습니다. 미국의 전통적인 소매업체 월마트(Walmart)와 인도의 온라인 마켓플레이스 플립카트(Flipkart)의 협업이 대표적이라고 하겠습니다. 이들은 2018년에 월마트가 플립카트의 주요 주주로 합류하면서 협력관계를 구축하였습니다. 이 협업은 두 기업의 강점을 결합하여 새로운 유통 방식을 창출하는 데 초점을 맞추었습니다. 월마트는 전통적인 오프라인 소매망과 고객들에게 널리 알려진 브랜드를 보유하고 있었고, 플립카트는 온라인 플랫폼과 기술적인 전문성을 갖추고 있었습니다. 이 협업을 통해 월마트는 온라인 시장으로의 진출과 디지털 전환을 강화하였습니다. 플립카트의 온라인 플랫폼과 기술을 활용하여 월마트는 고객들에게 더 다양한 상품 선택과 편리한 쇼핑 경험을 제공할 수 있게 되었습니다. 또한, 월마트와 플립카트는 물류 네트워크의 협업을 통해 배송 속도를 개선하고, 데이터와 인공지능을 활용하여 고객들에게 맞춤형 추천 서비스를 제공하였습니다. 이를 통해 소매 업계에서 온라인과 오프라인을 융합한 혁신적인 유통 모델을 구축하였습니다.

이러한 융합과 통합이 이루어지고 있는 사례는 무수히 많습니다. 다양한 산업 간의 융합과 통합으로 인해 새로운 비즈니스 생태계가 형성되며, 기업들은 새로운 시장과 고객에 접근하여 성장할 수 있습니다. 융합과 통합은 산업 구조의 변화를 가속화시킵니다. 예전에는 서로 다른 산업 간의 경계가 명확했지만, 이제는 디지털화와 자동화 기술의 발전으로 산업 간의 경계가 모호해지고 있습니다. IBM은 인공지능 기술인 IBM 왓슨(Watson)과 의료 분야를 통합하여 혁신적인 의료 서비스를 제공하고 있습니다. IBM 왓슨 헬스는 의료 데이터 분석과 인공지능 기반 진단 도구를 결합하여, 의료진이 빠르고 정확한 진단을 가능하게 하고, 개인 맞춤형 치료를 제공할 수 있도록 도와주고 있습니다.

전통적인 제조업과 정보기술이 융합한 스마트 팩토리 구축도 광범위하게 진행되고 있습니다. 삼성전자는 디지털 트윈[13]기술을 활용하여 자사의 스마트 팩토리를 구축하고 있습니다. 디지털 트윈은 실제 공장의 생산 과정을 가상으로 모델링하여 데이터를 수집하고 분석함으로써 생산성을 향상시키는 기술입니다. 이를 통해 생산 과정의 모니터링, 예측 및 최적화를 가능하게 하여 효율적인 운영을 실현할 수 있습니다. 예를 들어, 모바일 디스플레이 제조 공정에서 디지털 트윈을 활용하여 생산 데이터를 실시간으로 수집하고 분석함으로써 생산 라인의

13) 디지털 트윈(digital twin)은 현실 세계에 있는 물체를 거울에 비추는 것처럼 모방해 가상세계에 그대로 구현하는 기술입니다. 2장에서 자세히 다룹니다.

효율성을 최적화하고 불량률을 줄일 수 있습니다. 또한, 디지털 트윈을 기반으로 한 예측 유지보수를 통해 고장을 사전에 예방하고, 유지보수 작업을 효율적으로 수행할 수 있습니다. 이와 같이 삼성전자는 전통적인 제조업과 정보기술의 융합을 통해 스마트 팩토리를 구축하여 생산 프로세스의 효율성과 생산품의 품질을 향상시키고 있습니다. 이를 통해 생산 비용의 절감과 경쟁력 강화를 이루어내고 있습니다.

카카오헬스케어는 의료와 디지털 기술의 융합을 통해 디지털 헬스케어를 발전시키는 서비스로, 사용자들에게 건강 관리와 의료 서비스를 제공합니다. 모바일을 기반으로 환자의 생애주기를 반영한 의료 서비스를 제공하는 '버추얼 케어(Virtual Care)'와 병원의 의료 데이터 기술 활용을 지원하는 컴패니언십(Companionship)을 구축하는 '데이터 인에이블러(Data Enabler)'로 구성돼 있습니다. 버추얼 케어에서는 환자와 일반 국민을 대상으로 건강 관리, AI 챗봇 기반의 건강 상담, 병원의 진료를 예약할 수 있는 시스템, 만성질환 관리 등의 기능을 지원합니다. 데이터 인에이블러는 병원·연구기관·스타트업·정부 등의 데이터 수요 기관들에게 의료 데이터의 표준화, 가명화·비식별화[14], 데이터 보완, 활용·분석 등의 서비스를 제공합니다. 즉, 헬스케어 데이터가 공유 및 활용될 수 있도록 테크 브릿지(Tech Bridge) 역할을 수행하는 것입니다.

융합과 통합은 혁신적인 제품과 서비스의 개발을 가능하게 합니다.

14) 가명화(anonymization)는 개인 정보 보호를 위해 데이터에서 개인 식별 정보를 제거하거나 바꾸는 것입니다. 비식별화(pseudonymization)는 개인 정보를 완전히 제거하지 않고, 가명 처리를 한 후에 데이터 연구 및 분석을 위해서 필요한 최소한의 식별 정보를 유지하는 것입니다.

다양한 기술과 산업 간의 융합과 통합은 새로운 아이디어와 혁신적인 제품, 서비스의 개발을 촉진합니다. 여기에는 인공지능과 의료 기술이 융합하여 개인 맞춤형 치료 서비스를 제공하거나, 가상현실과 교육 기술이 융합하여 현실감 넘치는 학습 경험을 제공하는 등의 혁신적인 사례가 있습니다. 이러한 혁신적인 제품과 서비스는 기업의 경쟁력을 향상시키고 새로운 시장을 창출할 수 있는 기회를 제공합니다. 또 기업들이 공동 연구 개발을 통해 기술을 공유하고 협업하는 오픈 이노베이션 모델이 확산하고 있습니다. 나아가 산업 클러스터와 협력 네트워크를 구축하여 기업들이 상호 협력하고 지역 경제 생태계를 형성하는 경우도 있습니다. 이러한 협력과 공동 창작을 통해 기업은 자사의 경쟁력을 강화하고 혁신적인 제품과 서비스를 개발할 수 있습니다.

융합과 통합은 업무 프로세스의 효율성과 생산성을 향상시킵니다. 기존의 업무 프로세스는 다양한 부서나 단계로 나뉘어 있어서 커뮤니케이션과 협업이 어려운 경우가 많았습니다. 그러나 융합과 통합은 다양한 업무 영역을 하나로 통합하여 업무 프로세스를 간소화하고 효율적으로 관리할 수 있게 합니다. 예를 들어, 디지털화와 자동화 기술을 활용하여 기업 내의 업무를 자동화하고 데이터를 실시간으로 공유함으로써 의사결정 속도를 높이고 업무 효율을 향상시킬 수 있습니다. 이를 통해 기업은 생산성을 높이고, 비용을 절감하며, 더욱 경쟁력 있는 비즈니스를 수행할 수 있습니다.

융합과 통합은 다양한 기술, 산업, 기업 및 개인들이 상호작용하고 협력하여 혁신적인 생태계를 형성합니다. 이러한 생태계는 새로운 아이디어와 기술의 발전, 창업 기회의 확대 등을 통해 경제적인 성장과 발전을 이루어내며, 새로운 비즈니스 모델과 서비스의 등장을 촉진합니다. 일례로 스타트업과 대기업이 협력하여 창업 생태계를 조성하고, 기술 개발자와 비즈니스 전문가가 함께하는 협업 공간이 생겨나기도 합니다. 이러한 혁신적인 생태계는 다양한 창업과 혁신을 유발하고, 경제 성장을 촉진하는 역할을 합니다.

이처럼 융합과 통합은 4차 산업혁명이 가져오는 산업 구조의 혁신적 변화를 주도하면서 새로운 가치 창출을 바탕으로 새로운 경제 생태계를 형성합니다. 이에 따라 기업들은 산업 간 협업을 강화하고 혁신적인 비즈니스 모델과 서비스를 개발해야 합니다. 개인들은 다양한 분야의 지식과 역량을 갖추어 융합과 통합에 적극적으로 참여할 수 있는 전문성을 갖추어야 합니다. 이를 통해 4차 산업혁명의 시대에 새로운 가능성을 탐색하고 혁신적인 비즈니스 모델과 서비스를 창출할 수 있습니다.

◆ 서비스 중심 경제

4차 산업혁명은 서비스 중심 경제로의 변화를 주도하고 있습니다. 이는 기존의 제조·생산 중심의 경제 구조에서 고객 중심의 서비스 경제로 전환된다는 것을 의미합니다. 앞서 살펴본 XaaS도 이런 트렌드의 한 측면입니다. 서비스 중심 경제는 다양한 측면에서 혁신과 변화를 가져옵니다. 첫째, 고객 중심의 서비스 제공을 강조합니다. 기업들은 제품의 단순한 판매에서 벗어나고, 고객의 다양한 요구와 가치를 충족시키는 맞춤형 서비스를 제공하려고 합니다. 이를 통해 고객 경험을 개선하고 고객의 충성도를 높일 수 있습니다. 둘째, 데이터와 기술의 활용이 중요해집니다. 서비스 중심의 경제에서는 고객 데이터를 수집하고 분석하여 개인화된 서비스를 제공하는 것이 핵심입니다. 또한 인공지능, 빅데이터, 사물인터넷 등의 기술을 활용하여 서비스의 자동화와 최적화를 추구합니다. 이를 통해 효율성과 생산성을 향상시키고, 고객에게 더 나은 가치를 제공할 수 있습니다. 셋째, 플랫폼 경제가 부상합니다. 플랫폼은 서비스 제공자와 수요자를 연결하고, 다양한 서비스를 한 곳에서 제공하는 중개 역할을 수행합니다. 이를 통해 고객은 다양한 서비스를 편리하게 이용할 수 있고, 기업은 넓은 고객층에 서비스를 제공할 수 있습니다. 플랫폼 경제는 기업들의 경쟁 구도를 변화시키고, 새로운 비즈니스 모델을 가능하게 합니다. 넷째, 공유 경제가 성장합니다. 공유 경제는 자원과 자산의 공유를 통해 경제 활동을 활발히 하고, 비용을 절감하며, 환경 보호 측면에서도 더욱 친환경적인 방식으로 운영하는 경제 모델을 의미합니다. 숙박 서비스를 제공하는 에어비앤와 같은 플랫폼의 경우 사람들이 자신의 빈 방을 공유하여 소득을 얻을 수 있게 합니다. 이를 통해 자원을 효율적으로 활용하고, 경제적 가치를 창출할 수 있으며, 불필요한 자원 낭비를 최소화할 수 있습니다. 또한 공유 경제는 새로운 비즈니스 기회를 제공하고 경제 활동을 활발히 하도록 함으로써 경제 성장을 촉진합니다.

◆ 가치사슬의 변화

4차 산업혁명은 가치사슬에 혁신적인 변화를 가져옵니다. 기존의 선형적 가치사슬은 제품의 생산과 판매 과정을 일련의 선형적인 단계로 이해했습니다. 그래서 이 모델에서는 가치의 흐름이, 원자재를 구매하고, 생산 과정을 거쳐, 제품을 제조하며, 이후 유통과 판매를 통해 고객에게 제품이 전달되는 단계로 이루어집니다. 이러한 가치사슬은 제품이 일방적으로 생산되어 소비자에게 제공되는 구조로 되어 있으며, 고객의 요구와 선호를 반영하기보다는 생산자의 관점과 제조 및 유통의 효율성에 초점을 둡니다. 선형적 가치사슬은 효율성과 생산성을 추구하는 데에는 적합했습니다. 그러나 이 모델은 소비자의 다양한 요구에 능동적으로 대응하기 어렵고, 개인 맞춤형 서비스와 경험을 제공하는 데 한계가 있었습니다.

4차 산업혁명에 의한 가치사슬 변화는 이러한 선형적 모델을 벗어나 고객 중심의 비즈니스 모델로 전환하는 것을 의미합니다. 즉, 고객의 요구를 이해하고 선호를 반영하여 제품과 서비스를 개발함으로써 고객 경험을 개선하고 가치를 창출하는 것에 초점을 맞춥니다. 이는 기업과 고객 간의 상호작용을 강화하고, 개인화된 서비스와 솔루션을 제공함으로써 더 나은 고객 만족과 경쟁력을 실현하는 것을 목표로 합니다. 그러므로 기존의 선형적인 가치사슬을 벗어나 상호 연결된 생태계 형태의 가치사슬로 진화하게 됩니다. 이에 따라 제품과 서비스의 생산, 유통, 판매, 소비 등 각 단계에서 변화가 발생합니다. 첫째, 생산 단계에서는 디지털화와 자동화 기술을 활용하여 생산 과정을 혁신합니다. 사물인터넷 기기와 센서를 활용하여 생산 공정을 실시간으로 모니터링하고, 데이터를 수집하여 분석합니다. 이를 통해 생산효율성을 향상시키고 고객 요구에 더욱 정확하게 대응할 수 있습니다. 또한 3D 프린팅과 같은 첨단 제조 기술을 도입하여 맞춤형 제품 생산이 가능해집니다. 둘째, 유통 및 판매 단계에서는 온라인 플랫폼과 디지털 기술의 발전으로 전통적인 유통 구조가 혁신됩니다. 인터넷을 통한 직접 판매, 온라인 마켓플레이스, 플랫폼 경제 등이 등장하여 소비자와 생산자 간의 직접적인 연결이 이루어집니다. 이러한 디지털 유통 채널은 제품의 선택과 구매, 배송, 고객 서비스 등을 편리하게 제공하며, 글로벌 시장 진출에도 도움을 줍니다. 셋째, 소비 단계에서는 개인화된 경험과 서비스가 중요해집니다. 인공지능, 빅데이터, 알고리즘 등의 기술을 활용하여 개인의 취향과 선호도에 맞춘 맞춤형 제품과 서비스를 제공합니다. 개인의 데이터를 기반으로 한 개인 맞춤형 마케팅과 개인화된 고객 서비스를 통해 소비자의 만족도를 높이고, 재구매 및 고객 충성도를 증진시킵니다.

기업들은 이러한 가치사슬의 변화로 인해 고객 중심의 비즈니스 모델로 전환하게 됩니다. 제품과 서비스를 개발하고 제공하는 과정에서 소비자의 요구와 선호를 고려하여 맞춤형 제품을 개발하고, 고객 경험을 개선하기 위해 다양한 디지털 기술과 데이터 분석을 활용합니다. 또한 고객과의 긴밀한 관계 구축을 위해 온라인 및 오프라인 채널을 융합하고, 소셜 미디어와 같은 다양한 플랫폼을 활용하여 소비자와의 상호작용을 강화합니다. 이를 통해 고객의 만족도와 충성도를 높이고, 경쟁력을 강화하여 지속적인 성장과 발전을 이루어나갑니다.

산업구조의 변화가 초래하는 도전과 기회

이러한 산업 구조의 변화는 기업들과 개인에게 새로운 기회와 도전을 제공합니다. 기업들은 혁신적인 비즈니스 모델과 파트너십을 통해 경쟁력을 확보하고, 개인들은 디지털 기술과 전문 역량을 강화하여 미래의 산업에 대비해야 합니다. 정부와 교육 기관의 역할도 중요합니다. 산업 구조 변화에 적응하고 혁신을 주 할 수 있는 인재를 양성하는 데에 주력해야 하기 때문입니다.

산업 구조의 변화는 기업들에게 다양한 이점을 제공합니다. 첫째, 새로운 비즈니스 모델과 서비스를 개발하여 시장을 선도할 수 있습니다. 기존 산업과 디지털 기술을 융합한 기업이라면 고객 경험을 개선하고 새로운 수익원을 창출할 수 있습니다. 둘째, 협업과 네트워킹을 통해 기존 경쟁자와 파트너로 협력하여 시너지를 창출할 수 있습니다. 이를 통해 비용 절감과 혁신을 동시에 이룰 수 있습니다. 셋째, 새로운 시장과 고객층을 발굴하여 성장할 수 있습니다. 산업 구조의 변화로 인해 새로운 수요와 성장 동력이 등장하며, 이를 적극적으로 탐색하는 기업은 경쟁력을 강화할 수 있습니다.

산업 구조의 변화는 개인들에게도 영향을 미칩니다. 기존의 역량과 전문성에 대한 요구사항이 변화하므로, 개인들은 지속적인 역량 강화와 학습의 필요성을 인식해야 합니다. 디지털 기술과 데이터 분석, 인공지능 등의 기술에 대한 이해와 스킬은 더욱 중요해지고 있습니다. 문제 해결, 협업, 창의성 등의 소프트 스킬도 중요합니다.

정부와 교육 기관의 역할도 매우 중요합니다. 정부는 산업 구조의 변화에 대한 정책과 지원책을 마련하여 기업들과 개인들이 적응할 수 있도록 도와야 합니다. 교육 기관은 혁신적이고 실용적인 교육 프로그램을 개발하여 디지털 기술과 혁신 역량을 강화하는데 기여해야 합니다. 산업과 교육 간의 긴밀한 협력도 필요합니다. 산업의 요구에 부합하는 교육 프로그램과 인재 양성 시스템을 구축함으로써, 산업구조의 변화에 대비한 인재를 적극적으로 양성할 수 있습니다.

마지막으로, 산업 구조의 변화는 사회 전반에도 영향을 미칩니다. 새로운 산업 분야의 등장과 기존 산업의 변화로 인해 일자리의 형태와 분포가 변화하게 됩니다. 정책 결정자들에게는 고용 정책과 사회적 안정을 고려한 대응이 요구됩니다. 일부 산업 분야의 감소와 노동력의 구조 변화에 따라 재교육, 전환 지원, 사회적 보호망 등이 필요합니다. 또, 디지털 격차와 혁신에 대한 사회적 참여를 고려하여 모든 개인들이 변화에 대한 기회와 혜택을 공정하게 누릴 수 있도록 해야 합니다.

일자리와 노동시장

4차 산업혁명은 일자리와 노동시장에도 큰 변화를 가져옵니다. 4차 산업혁명은 3차 산업혁명이 가져온 컴퓨터, 인터넷, 데이터 기술 등을 파괴적인 기술로 변화시켰습니다. 이 때문에 기업은 변화될 수 밖에 없습니다. 변화된 파괴적 기술은 4가지로 나눠볼 수 있습니다. 첫째는 연결성, 데이터, 그리고 컴퓨팅 파워입니다. 여기에는 클라우드 기술, 인터넷, 블록체인, 센서 기술이 포함됩니다. 둘째는 분석과 지능입니다. 고급 분석 기술, 머신러닝, 인공지능이 있습니다. 셋째는 인간과 기계의 상호작용입니다. 가상현실과 증강현실, 로봇공학과 자동화, 자율주행차 등의 기술이 이 범주에 포함됩니다. 마지막으로, 차세대 엔지니어링입니다. 여기에는 3D 프린팅과 같은 적층 제조 기술, 재생 에너지, 나노 기술 등이 있습니다.

기술은 4차 산업혁명의 전부가 아니라 일부입니다. 왜냐하면 중요한 요소인 인재가 있기 때문입니다. 기업이 이러한 기반 기술들을 채택하여 4차 산업혁명에서 성공하려면 직원들을 업스킬링(upskilling)과 리스킬링(reskilling)[15]으로 재무장시켜야 합니다. 그리고 필요한 곳에는 새로운 인재를 채용해야 합니다. 업스킬링은 직원들이 현재의 일자리를 유지할 수 있도록, 지금의 기술에서 발전한 새 기술을 익히는 것을 말합니다. 그런데 이전 일과는 완전히 다른 자리로 재배치하기 위해 새로운 기술을 익혀야 하는 리스킬링은 모든 근로자에게 다 가능한 것은 아닙니다. 파괴적인 기술들이 일자리 요구 조건을 변화시킴에 따라 리스킬링이 필요한 일자리는 점점 많아집니다. 미국의 경우 기존 직원들을 리스킬링하여 재배치할 수 있는 비율은 62% 정도로 나타났습니다. 웨스턴 디지털(Western Digital)의 데이비드 고에켈러(David Goeckeler) CEO는 리스킬링과 관련해 이렇게 말했습니다.

---

15) **업스킬링(upskilling)**은 기존에 보유하고 있는 직무 기술을 보완하고, 새로운 기술 또는 지식을 습득하여 전문성을 높이는 것입니다. 예를 들어, 디지털 마케팅 전문가가 새로운 마케팅 플랫폼을 습득하여 효율적인 광고 캠페인을 진행하는 등의 업스킬링이 있습니다. **리스킬링(reskilling)**은 기존 직무와는 전혀 다른 새로운 분야의 기술이나 업무를 습득하여 자신의 직업 기술을 보완하거나 전환하는 것입니다. 예를 들어, 전자 제품 제조 업무를 담당하던 직원이 빅데이터 분석 업무를 수행할 수 있는 기술을 습득하여 직무 전환이 가능한 경우가 있습니다. 따라서 업스킬링과 리스킬링은 불확실한 시대에 개인의 경쟁력을 유지하고 향상시키기 위해서 중요한 개념이며, 기업에서도 전체적인 생산성 향상을 위해 꾸준한 교육과 함께 실시해야 할 전략임을 알 수 있습니다.

"직원들을 리스킬링 하는 것은 우리 회사가 더 나아지고 미래를 대비하기 위해서만이 아닙니다. 모든 직원들이 미래에 대비할 수 있도록 하는 것입니다. 그들을 중심에 두고, 활발하게 참여하도록 하며, 재교육 및 역량 강화를 통해 미래에 대한 열정을 불러일으키는 것이 필요합니다."

고용주가 아무리 리스킬링을 중요하게 여긴다 해도 리스킬링에 적합하지 않은 근로자들은 직장에서 밀려날 수밖에 없습니다. 이처럼 자동화와 인공지능 기술의 발전으로 인해 일부 전통적인 직업들은 자동화되거나 대체될 수 있습니다. 기계와 로봇의 등장으로 반복적이고 예측 가능한 작업들은 더욱 효율적으로 수행될 수 있기 때문에 이 분야의 일자리를 기계가 대체함으로써 일자리 감소가 발생할 수 있습니다.

이와는 반대로 4차 산업혁명은 새로운 일자리 창출의 기회를 제공할 수도 있습니다. 디지털 기술과 인터넷의 보급으로 온라인 플랫폼 경제와 혁신적인 서비스 분야가 등장하였으며, 이를 통해 새로운 직업과 일자리가 생성될 수 있는 것입니다. 데이터 분석가, 인공지능 전문가, 가상현실 개발자 등 새로운 분야에서 인재 수요가 늘어나고 있습니다.

또한 노동시장의 구조와 구성이 변화할 것으로 예상됩니다. 4차 산업혁명은 유연한 일자리 형태와 원격 작업의 증가 등을 통해 노동시장의 유연성과 다양성을 높이게 될 것입니다. 이와 함께 기존 직업의 취업 형태도 변화할 수 있으며, 일과 가정생활의 조화, 일자리의 유연성, 자기계발 기회 등에 대한 요구가 증가할 것입니다.

4차 산업혁명은 인력의 역량과 기술 역량에 대한 요구도 변화시키고 있습니다. 디지털 기술과 자동화의 발전으로 디지털 리터러시와 기술적 역량이 더욱 중요해졌습니다.

사회적 영향과 불평등

4차 산업혁명은 사회적인 영향과 불평등을 동반할 것으로 예상됩니다. 기술의 발전과 디지털화는 경제와 생활 방식을 변화시키며, 이로 인해 다양한 사회적 변화가 발생할 수 있습니다.

먼저, 일자리의 변화와 불평등의 증가가 주요한 문제로 떠오릅니다. 위에서 살펴본 바와 마찬가지로 자동화와 인공지능의 도입으로 인해 일부 전통적인 직업은 사라지거나 감소할 수 있으며, 이는 해당 분야의 종사자들에게 직접적인 영향을 미칠 수 있습니다. 또한, 기술적 역량이 요구되는 새로운 직업들이 등장하면서, 기존의 노동시장에서는 적응과 전문성의 필요성이 증가하게 됩니다.

이러한 문제는 동시에 사회적 양극화를 심화시키는 요인으로 작용합니다. 정보와 기술에 대한 접근성과 이해도에는 개인과 지역 간의 격차가 발생할 수 있으며, 이는 사회적 불평등을 더욱 심화시키게 될 것이기 때문입니다. 고급 기술을 요하는 직업에 대한 수요의 증가로 인해 기술과 전문지식을 보유한 개인들은 경제적으로 혜택을 받을 수 있지만, 기술 활용 능력이 부족한 사람들은 일자리의 감소와 경제적 불안에 직면할 수 있습니다. 이로 인해 사회적 양극화가 심화되고, 기존의 경제 구조와 사회 계층 구조를 재생산할 가능성이 있습니다.

디지털 미디어와 온라인 플랫폼의 발달은 정보 격차를 더욱 크게 만들 수 있습니다. 4차 산업혁명은 디지털 기술의 보급과 활용을 전제로 합니다. 디지털 리터러시를 갖추지 못한 개인이나 지역은 기술적으로 뒤처지고, 정보에 접근하는 데 어려움을 겪을 수밖에 없습니다. 이는 디지털 격차와 정보 불균형을 야기하게 될 것입니다. 따라서 4차 산업혁명 시대에서는 사회적 양극화를 완화하고 불평등을 줄이기 위한 정책적인 노력이 필요합니다. 기술 교육과 기술 접근성을 개선하여 개인들이 적절한 기술과 디지털 리터러시를 갖출 수 있도록 지원해야 하며, 디지털 포용을 증진하고 디지털 정보의 폭넓은 공유를 촉진하는 노력이 필요합니다. 또, 사회적으로 취약한 그룹의 이익을 보호하고, 그들이 기술 혜택을 받을 수 있는 기회를 늘리는 것도 중요합니다.

한편, 개인정보 보호와 사이버 보안의 문제가 중요한 이슈로 떠오릅니다. 기술의 발전은 개인정보의 수집과 활용을 증가시키는 경향이 있습니다. 이에 따라 개인정보 보호와 사이버 보안에 대한 중요성이 커지며, 이를 위한 법적인 규제와 개인들이 인식을 높이는 것이 필요합니다.

마지막으로, 사회적 관계와 인간성의 변화도 주목해야 합니다. 디지털 기술의 발전은 개인들 간의 상호작용과 소통 방식을 변화시킵니다. 소셜 미디어를 비롯한 온라인 플랫폼의 확산은 사회적 관계의 형태와 인간성에도 영향을 미칩니다. 개인들은 네트워크를 통해 보다 넓은 사회적 연결성을 경험하고, 정보를 공유하며, 다양한 의견과 관점을 접할 기회가 많아집니다. 그러나 한편으로는 가짜 뉴스, 사이버 괴롭힘, 개인정보 침해 등의 문제도 증가하게 됩니다. 이에 따라 디지털 시대에서의 사회적 관계와 인간성을 적절히 조화시키고, 온라인 공간에서의 안전하고 윤리적인 활동을 지향해야 합니다.

환경과 지속 가능성[16)]

4차 산업혁명이 초래하는 변화는 환경에 대한 도전과 기회를 동시에 제공하며, 지속 가능한 개발과 경제 성장을 위한 새로운 방향을 제시합니다. 먼저, 4차 산업혁명은 에너지 효율성과 자원 관리에 대한 새로운 기회를 제공합니다. 스마트 그리드, 에너지 저장 기술, 재생 에너지 솔루션 등의 발전으로 에너지 효율을 높일 수 있고, 자원의 효율적인 사용과 재활용을 촉진할 수 있습니다. 또한, 산업의 디지털화와 자동화는 생산 과정을 최적화하고 자원 소모를 줄일 수 있도록 해 줍니다. 스마트 팩토리와 자동화 시스템은 공정의 효율성을 높이고 재료와 에너지의 낭비를 줄여줍니다. 이를 통해 환경 부담을 줄이고 지속 가능한 생산 모델을 추구할 수 있습니다.

4차 산업혁명은 환경 모니터링과 보호에도 기여할 수 있습니다. 센서 네트워크, 사물인터넷, 인공지능 등의 기술을 활용하여 대기, 수질, 생태계 등의 환경 데이터를 실시간으로 수집하고 분석할 수 있습니다. 이는 환경 변화의 조기 감지와 관련 정책의 개발에 도움을 줄 수 있습니다. 하지만 4차 산업혁명이 지속 가능성에 영향을 미칠 때 주의해야

16) 기후 위기는 인류가 직면한 가장 큰 위협 중 하나입니다. 기후 위기는 지구 온난화를 가져와 해수면 상승, 기상이변, 생물 다양성 감소 등 다양하고 심각한 문제들을 발생시킵니다. 지속 가능성은 기후 위기를 해결함으로써 인간이 자연과 조화롭게 공존하면서 미래 세대까지 삶의 질을 유지할 수 있도록 하는 것을 말합니다. 기후 위기를 해결하기 위해서는 온실가스 배출을 줄이고, 재생 에너지를 사용하고, 에너지 효율을 높이는 등의 노력이 필요합니다. 2장에서 자세히 살펴봅니다.

할 점도 있습니다. 디지털 기술의 발전은 전자 폐기물을 증가시키고 에너지 소모의 높이는 등의 부정적인 영향을 미칠 수도 있습니다. 이에 대한 관리와 대응책이 필요하며, 기술의 개발과 도입 과정에서 환경적 요소를 고려하는 것이 중요합니다.

따라서 4차 산업혁명 시대에서는 환경 보호와 지속 가능한 발전을 위한 기술과 정책의 개발이 필요합니다. 이러한 노력은 청정 에너지 전환과 친환경적인 생산 및 소비 모델의 촉진을 통해 지속 가능한 환경과 사회를 구축하는 데에 기여할 수 있습니다. 환경 교육과 인식을 증진시켜 개인과 기업의 환경 책임과 역할을 강조하는 것도 중요합니다. 4차 산업혁명의 기술 혁신과 환경 보호는 상호보완적인 목표로 함께 추진되어야 하며, 이를 통해 지구와 인류의 지속 가능한 미래를 모색할 수 있을 것입니다.

개인과 사회의 변화

4차 산업혁명은 개인과 사회의 변화를 불러옵니다. 개인은 이전과는 다른 디지털화된 세계에서의 생활을 경험하게 됩니다. 모바일 기기, 인터넷, 소셜 미디어 등의 보급으로 개인들은 늘어나는 디지털 서비스와 상호작용하며 커뮤니케이션, 정보 접근, 엔터테인먼트, 쇼핑 등을 합니다. 이에 따라 개인들은 디지털 기술과의 상호작용에 대한 능력을 갖추어야 합니다. 디지털 리터러시, 정보 검색 및 평가 능력, 사이버 보안 인식 등이 필요한 역량이 될 것입니다. 인공지능, 자동화, 빅데이터 분석 등의 기술 발전은 일부 전통적인 직업을 파괴할 수 있으며, 따라서 개인은 새로운 직업 기회를 탐색하고 자기 역량을 강화하는 것이 필요합니다.

사회적으로는 기존의 가치와 구조를 다시 생각해 볼 필요가 있습니다. 디지털 시대에 부응하는 새로운 가치와 개념을 수용해야 하기 때문입니다. 4차 산업혁명은 경제 구조와 산업 패러다임을 변화시킬 것으로 예상되며, 이에 대한 조정과 대응이 필요합니다. 기업과 정부는 기존의 비즈니스 모델을 재고하고 디지털 기술과 혁신에 적극적으로 대응하여 경쟁력을 유지하고 성장할 수 있어야 합니다. 사회적인 문제와 불평등의 심화를 방지하기 위해 인공지능의 투명성, 개인 정보 보호, 역량 강화를 위한 교육 및 균형 잡힌 정책 수립도 필요합니다.

4차 산업혁명은 개인과 사회에 쓰나미 같은 변화를 가져올 것으로 예상되며, 이에 대한 이해와 대응은 필수적입니다. 개인은 변화의 속도가 가속화되는 환경에서 적응력을 갖추고, 유연성을 발휘하여 새로운 직업 기회를 탐색하고 혁신적인 아이디어를 추구할 수 있어야 합니다. 이를 통해 4차 산업혁명의 변화를 긍정적으로 수용하고, 자기 자신의 성장과 사회적 기여를 도모할 수 있을 것이며, 이는 급변하는 환경 속에서 살아남는 비법이기도 합니다.

4차 산업혁명의 파급효과는 광범위하고 다양한 영역에 걸쳐 있으며, 개인과 사회의 변화를 가속화시키고 혁신을 이끌어내고 있습니다. 이러한 파급효과에 적극적으로 대응하고, 기회와 도전을 인식하며 발전해 나가는 것이 중요합니다.

3 현재의 기술 트랜드와 미래 예측

4차 산업혁명을 이끄는 기술들

4차 산업혁명 이전에 있었던 세 차례의 산업혁명은 모두 급진적인 기술 혁신으로 이루어졌습니다. 4차 산업혁명을 특징 짓은 기술은 대부분은 3차 산업혁명에서 유래된 것들입니다. 즉, 이전의 산입혁명들처럼 새로운 기술이 폭발적으로 개발됐다기보다 분야별로 개별적으로 발전해 오던 기술들을 사회적 요구에 따라 다양하게 융합하여 혁신적인 응용 기술을 만들어낸 것입니다. 4차 산업혁명 기술로 묘사되고 있는 기술들의 근원과 융합 과정은 다음과 같이 정리해 볼 수 있습니다.

기술 구분	4차산업혁명의 혁신·개념·기술
기술 융합을 통한 혁신	• 자율주행차·분자정보학·나노기술·양자 컴퓨팅·시맨틱 웹[17]·소시오테크[18]
기술이 아닌 혁신 개념	• 인공지능·디지털화 • **기술 그룹화 개념** : 앰비언트 컴퓨팅[19]·융합 기술·기술 융합·기술 통합· 유비쿼터스 컴퓨팅

17) 시맨틱 웹(semantic web)은 웹 상의 정보를 기계가 이해하고 처리할 수 있도록 구조화하여 인터넷의 활용성과 효율성을 높이고자 하는 웹 기술입니다. 2장에서 상세히 다룹니다.

18) 소시오테크(socio-technology)는 사회적 요소와 기술적 요소가 불가분하게 결합된 과정을 연구하는 분야입니다. 이는 사회적인 측면과 기술적인 측면이 포함된 복잡한 시스템에 참여하는 요소들을 설계하는 사회-기술 설계의 중요한 한 부분입니다.

19) 앰비언트 컴퓨팅(ambient computing)은 기술이 우리의 일상 환경에 통합되어, 사용자와의 상호작용이 자연스러워지는 컴퓨팅의 개념입니다. 앰비언트 컴퓨팅의 목표는 디바이스와 인터페이스를 최대한 인간의 자연스러운 행동과 경험에 맞추어 원활한 사용자 경험을 제공하는 것입니다. 앰비언트 컴퓨팅은 멀티센서, 음성 인식, 컴퓨터 비전 및 자연어 처리와 같은 다양한 기술을 활용하여, 고도로 맞춤화되고 개인화된 서비스를 제공합니다. 그 예로는 스마트 홈, 웨어러블 기기, 인공지능 비서와 같은 기술이 있습니다.

기술이 아닌 혁신 개념	• 기타 : 빅뱅파괴[20]·미래형 공장·유전학·유전체학·산업 4.0·제조업 2.0·유틸리티 컴퓨팅[21]
3차 산업혁명에서 유래된 기술	• 중요 기술 : 클라우드 컴퓨팅 ·3D 프린팅·자동화 ·빅데이터·사물인터넷 ·머신러닝 ·로봇공학·가상현실 ·증강현실·혼합현실[22]·센서·블록체인·드론 • 그 밖의 기술 : 3D 그래픽·5G 기술·고급 무선통신 기술·분석/빅데이터 분석·자율 안전 로봇·생명정보학 ·바이오테크·컴퓨터 통합 제조. 가상물리 시스템[23].

이러한 기술들은 사용자의 요구와 환경 변화에 쉽게 적응하며, 자동화된 서비스를 제공하여 효율성과 편의성을 높입니다

20) 빅뱅파괴(big bang disruptions)는 새로운 기술이나 서비스가 매우 빠른 속도로 전통적인 기업이나 산업에 변화와 파괴적인 영향을 미치는 현상을 말합니다. 이러한 변화는 기존 시장에서 견고한 위치를 확보한 기업들도 예상하지 못한 속도로 새로운 경쟁자에게 밀려날 위험에 놓이게 합니다. 빅뱅 파괴는 혁신적인 아이디어와 기술의 발전을 통해 생겨나며, 기존 산업에 큰 도전과 기회를 제공합니다. 이를 극복하고 성공하기 위해서는 기업들은 끊임없이 변화에 적응하고 혁신을 추구해야 합니다.

21) 유틸리티 컴퓨팅(utility computing)은 컴퓨팅 자원을 필요에 따라 사용자에게 제공하고, 사용한 만큼만 비용을 내는 인프라 관리 모델입니다. 이 모델에서는 컴퓨팅 자원을 수요에 따라 유연하게 할당할 수 있으며, 기업이나 개인 사용자는 원하는 서비스를 손쉽게 이용할 수 있습니다. 유틸리티 컴퓨팅은 전기, 수도, 가스 등의 공공 서비스와 유사한 방식으로 동작합니다. 이러한 서비스는 클라우드 컴퓨팅 환경에서 접목되어 널리 사용되며, 기업들이 IT 인프라 구축·관리에 드는 비용과 시간을 절감하고, 더 빠르게 시장에 적응할 수 있게 해줍니다.

22) 혼합현실(MR, mixed reality)은 가상현실(VR, virtual reality)과 증강현실(AR, augmented reality) 기술을 결합한 것으로, 실제 환경과 가상 환경을 유기적으로 연결하여 어떤 요소도 포함될 수 있는 통합된 경험을 제공합니다. 혼합현실에서 사용자는 실제 세계와 상호작용하면서 가상 객체와의 상호작용도 동시에 경험할 수 있습니다. 혼합현실은 우리의 일상생활, 교육, 의료, 엔터테인먼트 등 다양한 분야에서 사용될 수 있으며, 높은 수준의 몰입감과 고도의 상호작용을 제공하는 새로운 기술입니다. 홀로렌즈(HoloLens)와 같은 혼합현실 헤드셋을 사용하여 이러한 경험을 더욱 향상시킬 수 있습니다.

23) 가상물리 시스템(CPS, cyber-physical system,)은 컴퓨팅, 통신, 그리고 제어 기능이 결합된 물리적 시스템을 의미합니다. 실시간으로 데이터를 수집·분석하고 정보를 처리하여 물리적 세계와 상호작용합니다. 이렇게 함으로써 가상물리 시스템은 향상된 성능·효율성·자동화를 가져다줍니다. 이 시스템은 산업 자동화, 자율주행차, 스마트 그리드, 로봇공학, 의료기기 등 다양한 분야에서 활용되며, 이러한 시스템은 사물인터넷과 산업 4.0을 지원하는 주요 기술이 됩니다.

3차 산업혁명에서 유래된 기술	·HTML5[24] ·지능형 기계·로컬 게임 저장[25]·머신러닝 플랫폼·자연어 생성·자연어 처리·로봇 공정 자동화 ·로봇·스마트폰·음성 인식·테크노 재료[26]·가상 음성 비서

디지털화와 인공지능을 기술로 착각하기 쉬운데, 사실은 그렇지 않습니다. 디지털화는 사회학적 개념으로, 지금 사회의 중심에 자리 잡은 디지털 기술 인프라를 중심으로 사회가 변화되는 방식을 지칭합니다. 또 인공지능은 1950년대에 발생한 연구 분야로서 인공 동물과 인공 인간을 만드는 것이 목표입니다. 여기에는 다양한 기술들이 결합되는데, 그 중에서 가장 중요하고 잘 알려진 것이 머신러닝 기술입니다. 이처럼 4차 산업혁명을 이끌고 있는 기술들은 대부분 새로 생겨난 기술이 아니라 연결·결합·융합을 통해 고도의 혁신을 가져와 사회적으로 큰 영향을 미치는 개념이자 아이디어라고 할 수 있습니다. 이러한 많은

24) TML5는 최신 웹 표준 언어로서, 웹사이트에서 비디오, 오디오 등의 멀티미디어를 쉽게 재생하고, 응용 프로그램 통합 같은 기능을 제공하여 웹 경험을 대폭 향상시키는 기술입니다. 웹 개발자들은 HTML5를 사용하여 공유와 호환성이 뛰어난 동적인 웹사이트와 웹 애플리케이션을 구축합니다.

25) 로컬 게임 저장(local game-saving)은 게임의 진행 상황을 플레이어의 로컬 컴퓨터나 기기에 직접 저장하는 것을 의미합니다. 이 방식은 오프라인 게임 플레이에서 주로 사용되며, 게임 진행 상황을 언제든지 불러와 이어서 플레이할 수 있게 해줍니다. 로컬 게임 저장은 인터넷 연결이 불안정하거나 서버에 접속할 수 없는 경우에도 게임을 이어나갈 수 있는 장점이 있으나, 여러 기기 간 진행 상황의 동기화가 어려운 단점을 가지고 있습니다. 반면, 클라우드 기반의 게임 저장은 게임 데이터를 온라인 서버에 저장하여 여러 기기에서 동기화할 수 있는 장점을 가집니다.

26) 테크노 재료(techno-materials)는 과학기술의 발전을 통해 개발된 새로운 종류의 고성능 재료를 의미합니다. 이러한 재료들은 기존의 자연적으로 존재하는 물질이 가진 한계를 극복하고, 향상된 물리적, 화학적 또는 기계적 특성을 가지고 있습니다. 테크노 재료는 다양한 분야에서 활용되며, 공학, 전자, 에너지, 의학 등 다양한 산업 분야에 영향을 미칩니다. 그 예로는 나노 기술을 사용한 재료, 친환경 재료, 스마트 재료, 그래핀, 세라믹 및 복합 재료 등이 있습니다. 이들 테크노 재료는 맞춤형 솔루션 제공, 환경 친화적 성능 향상, 인프라 및 제품의 수명 연장 등 여러 가지 혜택을 주며, 기존 재료로는 사실상 해결할 수 없는 문제들에 적용되어 혁신적인 해결책을 제공합니다.

기술과 응용 기술 가운데 4차 산업혁명을 이끌어가고 있는 가장 영향력 있는 기술들에 대한 자세한 내용은 2장에서 다루기로 합니다.

세계경제포럼의 10대 신기술 보고서 2023

4차 산업혁명 기술의 미래와 트랜드를 조망해 보고자 한다면 4차 산업혁명의 이니셔티브를 쥐고 있는 세계경제포럼의 시각을 살펴보는 것이 좋습니다. 이 부분과 관련하여 세계경제포럼은 최근 「10대 신기술 보고서(Top 10 Emerging Technologies of 2023)」를 발표했습니다. 20개 국가에서 참여한 90여명의 전문가들이 연구한 결과물입니다.

세계경제포럼이 설립자이자 4차 산업혁명이라는 개념을 최초로 제안한 클라우스 슈왑 회장은 인류가 "본질적으로 누구이며 세상을 어떻게 볼 것인가"에 대해 깊이 생각해야 한다고 말했습니다. 이 조언에 걸맞게 세계경제포럼에서 내놓은 「10대 신기술 보고서」는 이러한 깊이 있는 생각을 통해 인간의 삶과 세상을 개선해 나가야 한다는 의지가 짙게 깔려 있습니다. 이 보고서가 소개하는 주요 혁신 동력은 글로벌 차원에서의 연결 가속화, 인공지능의 부상, 그리고 물리적·생물학적·디지털 세계의 결합입니다.

10대 신기술 중 몇 가지는 데이터·빅데이터와 컴퓨팅을 활용하여 인류의 건강을 증진하는 방향으로 나아가고 있습니다. 인공지능이 보건 분야에 접목돼 의료의 발전을 가져오고, 특히 의료 서비스가 취약한 지역의 환자들에게 혜택을 주고 있습니다. 또한 자유롭게 구부러지는 배터리가 등장하면서 웨어러블 의료기기, 생체 센서를 가능케 하는 웨어러블 기술, 구부러지는 디스플레이 등이 개발되고 있습니다. 수백만 개의 세포와 동시에 상호작용할 수 있는 차세대 전자 신경기기도 있습니다. 건강·의료 관련 기술 외에도 팬데믹 이후에 정신 건강에 관한 이슈가 부각되면서 메타버스에서 공유되는 가상공간이 글로벌 아웃리치[27]를 가능하게 해 정신 치료에도 적극 활용되고 있습니다.

이 보고서에서는 조직 내에서 다양한 세포들이 위치한 공간적인 분포 정보와 각 세포의 분자 정보를 동시에 분석하여, 질병을 이해하고 새로운 치료법과 진단 방법을 개발하는 것을 목표로 하는 첨단 기술인 공간 오믹스(spatial omics)도 소개하고 있습니다. 기존의 유전자 분석이나 바이오 분석 등 분자 수준의 분석 기술에 위치 정보를 추가함으로써, 더욱 정확하고 효과적인 결과를 얻을 수 있습니다. 이를 통해 암 세포나 면역 세포 같은 다양한 세포들의 기능을 이해하고, 개인 맞춤형 의료에 활용할 수 있어서 비상한 주목을 받고 있습니다. 생명의 수수께끼를 풀기 위한 분자 수준의 지도를 의미하는 '세포 아틀라스'[28]를 만드는 것도 이 기술 덕분입니다.

인공지능이 공공분야에 도입됨으로써 질병의 이해와 치료를 넘어 인간의 지식을 큰 폭으로 확장하고, 구현 능력을 크게 향상시키고 있

27) 글로벌 아웃리치(global outreach)는 주어진 목표를 달성하기 위해 다른 나라나 지역의 사람들과 협력하고 소통하는 것을 의미합니다. 주로 국제 개발이나 도움에 관련된 활동에서 많이 사용되며, 문화 교류나 국제 미디어 등에서도 적용될 수 있습니다.

28) 세포 아틀라스(cell atlas)는 동물 및 인간의 세포 지도를 만들어 생물학과 생명과학의 발전에 기여하는 새로운 분야입니다. 동물 또는 인체를 구성하는 모든 세포의 특성과 기능을 규명하는 것이 목표입니다. 원래 아틀라스는 지도책을 일컫는 말로 그리스 신화에 나오는 하늘을 떠받치는 신인 아틀라스가 그 유래입니다.

습니다. 챗GPT, 바드(Bard) 등의 생성형 인공지능 모델은 웹에서 수집한 엄청난 양의 정보를 토대로 사회적·기술적 콘텐츠를 초 단위로 생산해 낼 수 있음을 보여주고 있습니다. 하지만 우리는 슈퍼맨, 슈퍼우먼을 만드는 이러한 기술이 유발하는 사회적 문제들에 대해서 인식하고 대응할 수 있어야 합니다.

이외에도 식물 부착 센서, 지속 가능한 항공 연료, 지속 가능한 컴퓨팅 같은 기술들이 등장하고 있습니다.

지금 새로운 세상을 만들어가고 있는 첨단 기술은 수없이 많습니다. 10대 기술을 선별하기 위해 세계에서 모인 이 프로젝트 참여자들로부터 세계경제포럼이 추천 받은 기술만도 95가지였습니다. 이들 기술 가운데 기술의 고도성 측면에서는 참신성, 적용가능성, 깊이, 혁신능력을 평가 기준으로 하고, 사회적 측면에서는 인간, 지구, 사회[29], 산업, 접근성[30]을 기준으로 하여 최상위 10개 기술을 선정한 것이 10대 기술입니다. 이 기술들은 앞으로 4차 산업혁명이 더욱 무르익어가면서 우리 사회가 어떻게 발전해 갈지 예측하는 데 좋은 인사이트를 제공합니다.

1. 플렉서블 배터리

가벼운 소재로 만들어진 구부러지는 배터리는 구부릴 수 있는 컴퓨터 화면이나 스마트 의류와 같은 꿈을 실현시키는 데 사용됩니다. 휴대용 기기, 유연한 전자제품, 구부러질 수 있는 디스플레이의 급격한 발전으로 인해 이러한 시스템의 유연성에 적합한 배터리가 필요해졌습

29) 이 기준으로는 개인의 삶의 질을 증진시킬 수 있는가를 평가했습니다. 이 기준에 영향을 미치는 요소로는 일자리 창출, 연결성 향상, 여가 시간 확보 등이 있습니다.

30) 평균적인 사람들이 얼마나 접근할 수 있는지를 따지는 기준으로 평등한 접근성을 말합니다.

니다. 표준적이고 전통적인 고형 배터리는 가벼운 재료로 사용하여 쉽게 구부릴 수 있는 얇은 플렉서블 배터리로 대체될 것입니다. 현재 여러 종류의 플렉서블 배터리가 이미 시장에 출시되어 있습니다. 응용 분야는 휴대용 의료기기와 생체 응용 센서에서부터 스마트워치까지 다양합니다. 이러한 장치는 환자의 데이터를 의료 서비스 제공자에게 무선 전송하여 원격으로 환자를 모니터링할 수 있게 해 줍니다. 플렉서블 배터리의 구부리기, 비틀기, 늘이기와 같은 유연성은 웨어러블 기기를 다양화하는 데 큰 역할을 하게 될 것입니다.

◆ 2. 생성형 인공지능(Generative AI)

생성형 인공지능은 인간의 지적 능력 한계를 넓히고 있는 기술입니다. 생성형 인공지능은 여전히 텍스트, 컴퓨터 프로그래밍, 이미지, 음악을 생성하는 데 초점을 맞추고 있지만, 이 기술은 약물 디자인, 건축, 엔지니어링 등에도 적용될 수 있습니다. 과학 연구에서도 이 기술은 실험 설계의 개선과 새로운 이론의 생성에 도움을 줍니다. 최근 개발된 인공지능 알고리즘 가운데는 수학 공식을 일반적인 영어로 번역하고, 인간 사용자가 머릿속으로 구상하는 형상을 그림으로 옮기는 데 도움을 주는 것들도 있습니다. 하지만 생성형 인공지능이 가져오는 생산성의 증가는 일자리 축소에 대한 우려를 불러일으키고 있습니다.

◆ 3. 지속 가능한 항공 연료

지속 가능한 항공연료(SAF)는 바이오 연료나 다른 자원에 생산되며, 항공 산업이 넷제로[31]로 전환하는 데 중요한 역할을 합니다. 현재 항공산업이 배출하는 연간 이산화탄소량은 전 세계 이산화탄소 배출의 23%를 차지하고 있으며, 지속 가능한 항공 연료로는 전 세계 항공 연료 수요의 1%도 감당하지 못하고 있는 실정입니다. 지속 가능한 항공연료를 생산하기 위해서는 약 300~400개의 SAF 공장이 필요합니다. 미국 재료시험협회(ASTM)[32]는 기존의 석유 기반 항공연료와 최대 50%까지 혼합할 수 있는 9가지 SAF를 승인했습니다. 대체로 농생물 기반 연료, 폐기물 기반 연료, 동식물 기름, 유전자 조작된 박테리아 등의 대체 연료입니다.

4. 디자이너 페이지

디자이너 페이지(designer phage)는 특정 종류의 박테리아만 선택적으로 감염시키는 바이러스입니다. 이들은 미생물 연관 질환 치료에 획기적인 돌파구를 마련할 것이며, 인간과 동식물의 건강을 위한 미생물 공학을 혁신할 수 있습니다. 한 유기체에서 서식하는 미생물 집단을 미생물 군집(microbiome)이라고 합니다. 인체 내부와 외부

31) 넷제로(Net Zero)는 온실가스 배출량을 최소화하고, 남은 배출량을 상쇄하는 것을 의미하며, 기후 변화를 완화하기 위한 중요한 전략입니다. 개인이나 회사, 단체가 자신들이 배출한 만큼의 온실가스(탄소)를 다시 흡수해 실질 배출량(net)을 '0(zero)'으로 만드는 것입니다. 온실가스 배출량을 계산해서 배출량만큼을 상쇄하기 위해 나무를 심거나 석탄·석유 같은 화석연료 발전소를 대체할 에너지 시설에 투자하거나 자발적 감축실적(KCER)을 구매함으로써 상쇄하는 방식입니다.

32) 미국 재료시험협회(ASTM, American Society for Testing and Materials)는 1898년 설립된 미국의 국제적인 비영리 규격화 기구입니다. ASTM은 과학 및 엔지니어링 분야에서 사용되는 재료, 제품, 시스템 및 서비스에 대한 관련 기술 규격 및 표준을 개발하고 유지하며, 이러한 표준을 국제적으로 인정받도록 향상시킵니다. ASTM 표준은 전 세계 다양한 산업 분야에서 널리 사용되며, 제품 및 서비스 품질, 안전 및 지속 가능성을 고려한 혁신적인 비즈니스 솔루션을 제공합니다. 현재 ASTM에는 12,000개 이상의 표준 개발위원회에 전 세계 140개국에서 30,000명 이상의 위원이 참여하여 활동하고 있습니다.

에 살고 있는 미생물 수는 인체의 세포 수와 같거나 더 많을 수도 있습니다. 디자이너 페이지를 사용하여 미생물 군집 관련 질환을 치료하는 예로 용혈성 요독증후군(HUS)이라는 치명적인 희귀 질환을 들 수 있습니다. HUS는 혈관 내에 혈전이 만들어지면서 혈액의 흐름을 방해하고 적혈구를 파괴시켜 신장 기능을 저하시키는 급성신손상을 가져옵니다.

5. 정신 건강을 위한 메타버스

정신건강을 위한 메타버스는 사람들이 전문적으로 또는 사회적으로 상호작용할 수 있는 디지털 환경으로 구성되는 가상 공유 공간으로, 정신 건강을 다루는 데 활용됩니다. 메타버스로 구축되는 게임 플랫폼은 치료에도 활용될 수 있습니다. 딥웰 테라퓨틱스(DeepWell Therapeutics)사는 우울증과 불안을 치료하기 위해 비디오 게임을 개발하였으며, 영국의 엑스박스(Xbox) 스튜디오 닌자 시어리(Ninja Theory)는 대중적인 게임에 정신 건강 감식 기능을 넣었습니다. 인터페이스 기술이 성장함에 따라 먼 거리에 떨어져 있는 참여자들 간의 사회적·감정적 연결이 더욱 증대될 수 있습니다.

6. 부착형 식물 센서

식물에 부착하는 식물 센서는 현대의 가장 큰 위협 가운데 하나인 식량 안보 문제 해결에 큰 기여를 할 수 있습니다. 유엔 식량농업기구가 추정하는 바로는 2050년에 세계 인구를 모두 먹여 살리자면 세계 식량 생산량이 70% 증가해야 합니다. 부착형 식물 센서는 개별 식물을 모니터링하기 위해 개발된 센서입니다. 이 센서를 통해 온도, 습도, 수분 및 영양분 수준을 확인할 수 있어서, 수확량을 최적화하고 물, 비료, 살충제 사용량을 줄일 수 있으며, 병충해 증상을 조기에 발견할 수 있습니다. 하지만 설치·유지 비용이 높고, 데이터의 해석에 전문 지식이 요구돼 아직 많은 연구와 개발이 필요한 상태입니다.

◆ 7. 공간 오믹스

앞서 간략히 소개한 것처럼 공간 오믹스(spatial omics)는 고급 이미징 기술과 DNA 염기서열 분석을 결합하여 분자 수준에서 생물학적 과정을 매핑하는 기술입니다. 우리 인체는 약 37조 2천억 개의 세포로 이루어져 있습니다. 공간 오믹스를 통해 개발 중인 새로운 세포 지도인 세포 아틀라스는 의료 분야에서 다양한 용도로 활용될 수 있습니다. 하지만 데이터 확보, 처리, 저장 및 표준화된 보고가 과제로 남아 있습니다.

◆ 8. 신경용 플렉서블 전자기술(flexible neural electronics)

신경용 플렉서블 전자기술은 뇌-기계 인터페이스(BMI, Brain-machine interfaces)에 적용돼, 뇌와 통신하는 전극을 사용하여 이미 간질환자 치료와 신경보철(neuroprosthetics)[33]에 사용되고 있습니다. 그러나 고형 재료의 특성 때문에 활용에 제한이 많습니다. 그래서

33) 신경보철(neuroprosthetics)은 손상된 신경 시스템을 복원하거나 대체하기 위해 인공 기기를 사용하는 의료 기술 분야입니다. 이 기술은 중추 및 말초 신경 시스템의 손상으로 인한 운동, 감각 또는 인지 기능 장애를 가진 사람들에게 도움을 줄 수 있습니다. 신경보철은 운동 신경보철과 감각 신경보철이라는 두 가지 주요 범주로 나뉩니다. 운동 신경보철은 운동 장애를 가진 환자의 움직임을 향상시키기 위해 사용됩니다. 이 종류의 신경보철은 보행, 팔 운동 등에 도움을 줍니다. 대표적인 예로는 인공 팔이나 다리와 같은 보철 기기가 있습니다. 감각 신경보철은 신체의 감각 기능을 회복하거나 대체하는 데 사용됩니다. 여기에는 청각 보철이나 시각 보철은 감각 신경보철 같은 것이 있습니다.

연구진은 뇌에 유연하고 부드러운 BMI 인터페이스를 개발해 뇌에 밀착시켜 흉터와 센서 드리프트[34]를 줄일 수 있도록 개발하고 있습니다.

9. 지속 가능한 컴퓨팅

지속 가능한 컴퓨팅은 전력 소비를 최소화하고 환경에 미치는 영향을 줄이는 기술을 활용한 컴퓨팅입니다. 정보검색, 이메일, 메타버스, 인공지능 등 무수히 많은 데이터 기반 컴퓨팅 장비를 설치해 놓은 데이터 센터들은 전 세계 전력 생산량의 약 1%를 소비합니다. 데이터 및 데이터 서비스의 필요성이 증가함에 따라 이 비율 역시 증가할 것으로 예상됩니다. 현재 데이터 센터를 넷제로 에너지 데이터 센터로 바꾸기 위한 노력이 진행되고 있습니다. 그중 하나는 열을 관리하기 위한 액체 냉각 시스템 개발이며, 이 과정에서 발생하는 열을 다른 응용 분야에 활용하는 방안입니다. 이를 통해 낭비되는 에너지를 줄이고 데이터 센터의 에너지 효율을 향상시킬 수 있습니다.

10. 인공지능 기반 헬스케어

인공지능 기반 헬스케어는 건강 관리 시스템을 크게 혁신할 수 있습니다. 인공지능을 활용해 예약, 처방전 관리, 환자 모니터링 등의 작업을 자동화함으로써 의료 기관의 운영 효율성을 높일 수 있으며, 특

---

34) 센서 드리프트(sensor drift)는 센서가 시간에 따라 측정값이 변화하는 현상입니다. 이 현상은 공정 오차, 외부 환경 변화, 장비 마모 등 다양한 원인으로 발생할 수 있습니다. BMI의 경우, 센서 드리프트는 뇌 신호 측정 정확도와 재현성에 영향을 줄 수 있습니다. 이로 인해 데이터 해석에 어려움이 발생하고, 예측 모델의 성능이 저하되고, 환자의 상태에 적절한 대응을 하지 못하게 됩니다. 연구진이 유연하고 부드러운 BMI 인터페이스를 개발하여 뇌에 밀착시키려는 이유는, 센서 드리프트의 영향을 최소화하고 신호 측정의 정확도를 향상시키기 위해서입니다. 이를 통해 더욱 정확한 신호 측정과 처리가 가능해져 BMI 기술의 성능과 안정성을 향상시킬 수 있습니다.

히 환자들이 불편을 겪는 긴 대기시간과 같은 문제를 해결하는 데 도움이 됩니다. 인공지능 알고리즘은 이미지 진단, 유전자 분석 등의 분야에서 전문가의 판단을 보완하거나, 때로는 전문가 이상의 정확성을 제공할 수도 있습니다. 또 환자 개개인의 유전체 정보, 생활 습관 및 의료 기록을 활용하여 맞춤형 치료 계획을 세울 수 있습니다. 국가 차원에서는 대규모 의료 데이터를 분석하여 질병 발생률, 치료 전략의 효과 등에 대한 인사이트를 제공할 수 있습니다. 이를 통해 미래 의료 발전 전략을 기획할 수 있습니다. 인공지능 기반 헬스케어의 도입은 전 세계 건강 관리 시스템의 질을 향상시키고 의료 서비스에 대한 접근성을 개선하는데 크게 기여할 것으로 기대됩니다.

가트너의 10대 전략 기술 트랜드 2023

가트너(Gartner)[35]도 포스트 팬데믹 시대의 향후 3년간 세상을 변화시킬 기술 트랜드를 정리한 「10대 전략 기술 트랜드 2023」이라는 보고서를 내놓았습니다. 세계경제포럼이 인류와 지구가 직면하고 있는 위기에 대응하기 위해 지구의 지속 가능성과 인간의 웰빙이라는 당위적 과제에 초점을 맞춰 기술 트랜드를 분석하고 있는 반면, 가트너는 철저하게 비즈니스 측면에서 미래 기술들을 분석한 것이 특징입니다. 그러므로 가트너의 보고서를 통해서는 기술의 주요 트랜드는 물론

35) 가트너(Gartner)는 1979년 미국에서 설립된 세계적인 연구 및 컨설팅 기관으로, 정보기술(IT), 공급망 관리 및 기업 전략 등 다양한 분야에서 전문적인 인사이트와 컨설팅을 제공합니다. 전 세계 수많은 기업과 기관에 정보기술 연구, 분석, 컨설팅 서비스를 제공하고 있습니다. 가트너의 연구 결과와 컨설팅은 전 세계적으로 인지도가 높습니다.

각 기술이 우리에게 주는 기회와 혜택, 그리고 활용 사례와 구현 방법에 대한 통찰을 얻을 수 있습니다. 가트너가 선정한 10대 기술 트랜드를 살펴보겠습니다. 최신 기술이다 보니 일반인들에게는 생소한 개념이 많을 수 있지만 개략적으로 알아두는 것도 미래를 헤쳐 나가는 데 도움이 되리라 생각합니다.

◆ 1. 디지털 면역 시스템

디지털 면역 시스템(DIS, digital immune system) 은 악성 코드, 스팸 메일, 포위공격, 도스(DoS) 공격[36] 등 디지털 위협으로부터 대응하는 데 사용되는 기술입니다. 이는 다양한 보안 기술을 사용하여 해킹, 바이러스, 악성 소프트웨어 등의 공격으로부터 시스템을 보호하고 안전한 인터넷 환경을 조성하는 것을 목표로 합니다. 이러한 기술은 대다수의 조직에서 채택되어 사용되고 있으며 최신 보안 문제를 극복하는 데 매우 중요한 역할을 합니다. 디지털 면역 시스템이 탄력성을 갖기 위해서는 관측가능성, 인공지능 강화 테스팅, 카오스 엔지니어링, 자동교정[37], 사이트 안전성 증강 엔지니어링[38], 소프트웨어 공급망 보안 등의 기술이 뒷받침돼야 합니다.

---

36) 도스(DoS, 서비스 거부) 공격은 인터넷 서버, 네트워크, 서비스 등이 소비자에게 서비스를 제공하는 데 필요한 자원에 과부하를 걸어 방해할 목적으로 일부러 대량의 가짜 트래픽을 유발하는 공격을 가리킵니다. 이를 통해 해당 시스템이 과부하 상태에 빠져 정상적인 기능을 수행하지 못하게 되고, 사용자들이 제대로 된 서비스를 이용할 수 없게 됩니다. 특히 다수의 컴퓨터를 동원하여 이 공격을 실행하는 경우를 디도스(DDoS, distributed denial of service) 공격이라고 부릅니다.

37) 자동교정(autoremediation)은 엔지니어링 시스템내 장애나 이상 상황이 발생했을 때, 사람의 개입 없이 자동으로 문제를 탐지하고 수정하는 프로세스를 말합니다. 일반적으로 IT 시스템, 소프트웨어 애플리케이션, 네트워크와 같은 분야에서 활용되며, 이를 통해 시스템 운영의 효율성과 안정성을 높일 수 있습니다.

38) 사이트 신뢰성 엔지니어링(SRE, site reliability engineering)은 소프트웨어 개발 및 운영 관리 분야의 기술로, 시스템을 안정적이고 신뢰성 있게 유지하면서 신속한 업데이트와 혁신을 가능하게 합니다.

◆ 2. 응용 관측성 (applied observability)

관측성(observability)이란 기업이나 조직이 기업 전체 시스템에 들어있는 데이터 품질을 종합적으로 이해하는 능력을 말합니다. 관측성 개념은 데이터 엔지니어링 분야에서 급속도로 발전하고 있습니다. 서로 다른 소스에서 데이터를 수집·관리·분석하여 추론을 도출할 수 있는 프레임워크는 정보의 잠재력을 충분히 활용하기 위한 필수 요소입니다. 관측성 개념을 적용하면 적합한 도구와 적절한 실행을 통해 다양한 데이터 원본에서 중요한 정보를 언제 어디서나 쉽게 확인할 수 있습니다. 그렇게 되면 기업은 더 많은 정보를 확보할 수 있고, 보다 명확한 결정을 내릴 수 있으며, 그만큼 데이터 원본을 더 가치 있게 활용할 수 있게 됩니다. 디지털 시대에는 기업이나 조직내 데이터 민주화가 갖는 잠재력을 완벽히 발현시킬 수 있도록 응용 관측성을 적용하는 것이 반드시 필요합니다. 역사적으로, 데이터 접근 및 분석은 일부 개인 또는 팀에게 제한되어 의사 결정 민주화를 방해해왔습니다. 그러나 응용 가능한 관측성을 통해 실시간 비즈니스 인텔리전스[39]에 대한 접근성을 민주화함으로써 이러한 장벽을 제거할 수 있습니다. 이렇게 하면 모든 사용자는 직무나 직위를 초월하여 다양한 데이터에서 유용한 정보를 쉽게 얻을 수 있습니다.

---

39) 비즈니스 인텔리전스(BI, business intelligence)는 기업이 데이터를 수집·분석·통합하여 가치 있는 정보로 전환하는 일련의 프로세스와 기술을 의미합니다. 비즈니스 인텔리전스는 조직의 경영진이 더 효과적인 의사결정을 할 수 있도록 주요 업무 분야에 대한 인사이트를 제공합니다. 비즈니스 인텔리전스의 주요 목표는 빅데이터를 활용한 기업 상태와 업계 동향 분석, 데이터 분석을 통해 성과지표(KPI), 시장 점유율, 고객 만족도 등 정량화, 미래의 시나리오와 결과 예측 및 계획 수립 등입니다. 최근에는 인공지능, 머신러닝, 빅데이터 분석 등 고급 기술이 비즈니스 인텔리전스에 통합되어 조직의 역량을 더욱 강화하고 있으며, 이를 통해 기업들은 더 정확한 예측, 향상된 비즈니스 전략, 충실한 고객 관계 등을 구축할 수 있습니다.

◈ 3. 인공지능 신뢰, 위험 및 보안 관리

인공지능을 채택한 기업들은 예측력을 향상시키고, 프로세스를 자동화하며, 빠르고 정확한 결정을 내릴 수 있게 되었습니다. 그러나, 이러한 인공지능의 능력은 데이터 유출, 조작, 악의적 공격 등의 잠재적인 위험도 내포돼 있습니다. 기업들은 기존의 보안 조치를 넘어서는 기술과 프로세스를 개발하여 인공지능 응용 프로그램과 서비스를 안전하게 보호해야 하고, 사용할 때도 안전과 윤리를 고려해야 합니다. 이를 '인공지능 신뢰, 위험 및 보안 관리(AI TRiSM, AI trust, risk, and security management)'라고 합니다. AI TRiSM은 인공지능 라이프사이클의 다양한 요소들을 모두 포함하는 우산 개념입니다. 이러한 요소들에는 인공지능 응용 프로그램의 개발, 배포 및 지속적인 운영 등이 있습니다.

◈ 4. 산업 클라우드 플랫폼

산업 클라우드 플랫폼(industry cloud platform)은 클라우드 서비스의 한 종류이지만 특정 산업에서 편리하게 사용할 수 있도록 최적화된 서비스라는 점에서 전통적인 클라우드 서비스와 다릅니다. 특정 산업에 필요한 솔루션들을 모아놓은 산업 클라우드 플랫폼은 사용자가 사용하고자 하는 요소를 선택하여 사용할 수 있으며, 특정 산업 분야의 프로세스를 해결하기 위해 구축되었습니다. 여러 회사들이 특정 비즈니스 영역에 집중하면 그들의 잠재적 고객 범위가 좁아지긴 하지만, 심도 있는 솔루션을 제공하게 되어 '수직시장'[40]을 형성하게 됩니

40) 수직시장(vertical market)은 특정한 비즈니스 분야나 산업분야에 집중된 시장을 의미합니다. 이는 연관

다. 이 때문에 산업 클라우드 플랫폼은 '수직시장 B2B 솔루션'이라고 불립니다. 산업 클라우드 플랫폼은 클라우드 컴퓨팅 발전의 다음 단계라고 할 수 있습니다.

◆ 5. 플랫폼 엔지니어링

플랫폼 엔지니어링(patform engineering)은 소프트웨어 엔지니어링 조직에서 사용할 수 있는 도구와 워크플로우를 설계하고 구축하는 기술입니다. 이는 개발자들이 더 나은 환경에서 빠르고 안정적으로 개발할 수 있도록 도와줍니다. 특히, 클라우드 네이티브 환경[41)]에서 소프트웨어를 개발하고 배포하는 것이 일반적으로 많아졌기 때문에, 이에 따른 도구와 기술들이 필요해졌습니다. 이제 일관된 워크플로우와 도구를 통해 소프트웨어 개발 조직에서 개발과 배포를 더욱 효율적이고 안정적으로 수행할 수 있습니다. 또한, 플랫폼 엔지니어링을 사용하여 비즈니스 가치를 신속하게 전달하고, 개발자들의 업무 생산성을 향상시킬 수 있습니다.

◆ 6. 무선 가치 실현

무선 기술은 우리의 삶과 일의 방식을 변형시키며, 앞으로의 영향력을 더욱 확장해갈 전망입니다. 스마트폰부터 사물인터넷 기기에 이르기까지, 무선 기술은 기업들이 생산성과 효율성을 높이고, 혁

성이 높은 회사나 기업이 모여 다른 시장과 구별되는 독특한 특징과 요구사항을 가지고 있는 시장입니다. 의약품 산업, 헬스케어 산업, 기계공학 산업 등이 수직시장의 대표적인 예입니다. 이러한 수직시장에서는 특화된 제품, 서비스, 솔루션 등이 개발되며, 비슷한 요구사항을 가진 기업들 사이에서 경쟁이 이루어집니다.

41) 클라우드 네이티브 환경은 소프트웨어를 구축하고 배포하기 위한 방식 중 하나로, 클라우드 컴퓨팅에서의 개발, 배포, 운영에 최적화된 방식을 의미합니다.

신을 실현할 수 있도록 도와주고 있습니다. 그러나 무선 기술의 가치를 완전히 실현하려면, 기업들은 이러한 솔루션의 잠재력을 극대화하는 전략적 접근 방식을 채택해야 합니다. 이를 위해 무선 가치 실현(wireless-value realization)이 등장했습니다. 무선 가치 실현은 무선 기술을 활용하여 혁신을 이루고, 효율성을 높이며, 생산성을 향상시키는 것입니다. 즉, 무선 기술을 사용해 운영을 간소화하고, 고객 경험을 높이며, 새로운 수익원을 창출하는 것 등을 말합니다. 무선 기술의 가치는 무선 기술을 효과적으로 사용하여 비즈니스 성과를 높이는 데 있습니다.

◆ 7. 슈퍼앱

슈퍼앱(superapp)이란 하나의 플랫폼에서 다양한 기능과 서비스를 제공하는 애플리케이션을 말합니다. 단순히 특정 기능을 수행하는 앱이 아니라, 여러 가지 서비스를 통합하여 제공하는 다기능 앱인 것입니다. 네이버 앱, 카카오 앱, 야놀자 같은 앱이 여기에 포함됩니다. 이러한 앱은 대체로 다양한 메시징, 결제, 광고 서비스를 제공하며, 일반적으로 대형 IT 기업들이 개발합니다. 이들 기업은 대부분의 사용자가 스마트폰을 사용하는 점에 착안하여 다양한 서비스와 기능을 하나의 플랫폼에서 제공하는 슈퍼앱을 통해 사용자 경험을 향상시키려고 합니다.

◆ 8. 적응형 인공지능

적응형 인공지능(adaptive AI)은 일정한 방식으로 동작하지 않고 머신러닝을 통해 변화에 적응하여 자동적으로 결과를 개선하는 능력을 갖춘 인공지능입니다. 이를테면 어떤 시스템이 처음 시작될 때에는 학습 경험이 전혀 없으므로, 예측력이나 결과의 정확도는 낮을 수밖에 없습니다. 그러나 이 시스템이 계속해서 학습을 통해 자체적으로 발전한다면, 예측력이나 결과의 정확도가 향상되게 됩니다. 이렇게 AI 시스템이 스스로 학습하면서 개선되는 과정에서 사용자는 더욱 정확하고 빠르게 결과를 얻을 수 있으며, 확장성과 유연성이 높아지는 장점이 있습니다. 이런 적응형 인공지능은 이미 생활 속에서 빈번하게 사용되고 있으며, 앞으로 더욱 발전할 것으로 예상됩니다. 적용사례 가운데 몇 가지만 예로 들어보겠습니다.

- 추천 시스템 : 개인의 선호도나 검색 기록 등을 분석하여 사용자에게 맞춤형 추천 서비스를 제공할 수 있으며, 그 덕분에 사용자들은 보다 개인 맞춤형 서비스를 더욱 쉽게 이용할 수 있습니다.
- 자율주행차 : 머신러닝 기술을 사용하여 자동차가 주행하면서 얻는 데이터를 분석하여 실시간으로 도로 상황을 판단하고 조정할 수 있습니다.
- 의료 진단 : 환자의 증상과 건강 상태를 모니터링하고 정밀한 진단을 제공하는 데 사용될 수 있습니다. 이를 통해 더욱 정확한 진단과 예방, 치료가 가능해집니다.
- 금융 거래 감지 : 금융 기관들은 적응형 인공지능을 사용하여 금융 거래를 감지하고 분석할 수 있습니다. 사기, 도난, 위조 등의 금융 범죄를 더욱 정확하게 감지하고 방지할 수 있습니다.
- 인터넷 보안 : 활동 패턴을 분석하여 악성 행동을 감지하고 대응하는 보안 시스템을 구축하는 데 활용될 수 있습니다.

◈ 9. 메타버스

메타버스는 가상 세계와 현실 세계를 결합한 공간으로, 다양한 가상현실 기술과 블록체인 기술 등을 활용하여 구축됩니다. 사용자들은 가상의 매체를 통해 다양한 경험과 상호작용을 할 수 있으며, 메타버스 안에서는 다양한 콘텐츠와 서비스가 제공됩니다. 가상 쇼핑몰에서 상품을 구매하거나, 가상 유튜브에서 동영상을 시청하거나, 가상 협업 플랫폼에서 업무를 처리하는 등의 활동이 가능합니다. 메타버스는 앞으로 더욱 중요한 역할을 하게 될 것으로 예상되며, 글로벌 기업들도 이에 투자하며 관심을 기울이고 있습니다.

◈ 10. 지속 가능한 기술

지속 가능한 기술은 IT 서비스의 에너지와 자원 효율성을 증가시키는 솔루션 프레임워크입니다. 추적 가능성 기술[42], 분석 기술, 재생 에너지 등의 기술을 통해 기업의 지속 가능성을 확보합니다. 또한 앱, 소프트웨어, 마켓플레이스 등을 통해 고객이 더욱 지속 가능한 솔루션을 선택할 수 있도록 지원합니다. 지속 가능한 기술에 대한 투자는 운영 성과와 금융 성과를 더욱 크게 향상시켜 새로운 성장 기회를 제공할 수 있습니다. 지속 가능한 기술은 ESG 경영[43]을 가능하게 하는 디

---

42) 추적 가능성(traceability)이란 제품의 생산 및 유통 과정에서 어떻게 생산되어 어디를 거쳐 소비자에게 도달했는지를 추적할 수 있는 능력을 말합니다. 제품의 안전성, 환경문제, 윤리 문제 등에서 중요한 역할을 하며, 이를 추적 가능성 관리(traceability management)라고 합니다.

43) ESG는 환경(environmental), 사회(social), 지배구조(governance)의 약자로, 기업의 사회적 책임경영을 나타내는 개념입니다. 환경 부문에는 기업의 환경 문제 관리와 세부적으로는 기후변화 대응, 친환경 제품 개발 등이 포함됩니다. 사회 부문은 기업이 사회적 책임을 다하는 것으로서 다양한 영역으로 나뉘는데, 가령 노동조건, 인권, 고객, 지역사회 및 공익활동 등이 있습니다. 지배구조는 기업의 소유와 경영 측면을 말하는데, 투명한 경영과 이사회 역할, 자본시장에서의 투자자 보호 등이 포함됩니다. ESG는 기업의

지털 솔루션의 프레임워크입니다.

가트너가 선정한 10대 전략 기술을 살펴봤습니다. 가트너는 S&P500 지수에 포함되어 있는 기업 중 하나이며, 전 세계 기업, 정부, 기관들을 대상으로 포괄적인 정보기술 리서치, 컨설팅, 조언 및 예측 서비스를 제공합니다. 가트너(Gartner)가 전략 기술 동향을 선정하고 발표하는 주된 목적은 기업, 정부, 기관 등에게 미래의 기술 트랜드와 산업 변화에 대한 인사이트를 제공하여 준비와 전략을 수립하는 데 도움을 주기 위함입니다. 가트너의 전략 기술 동향은 산업 전반에서 영향력을 줄 것으로 예상되는 주요 기술과 혁신들을 파악하고 분석한 결과물입니다. 여기에는 디지털 산업 혁신, 인공지능, 메타버스, 데이터 보안, 지속 가능성 등 다양한 현대 기술이 포함됩니다. 이러한 동향 정보는 기술과 시장의 미래 전망을 제공할 뿐만 아니라, 기업들이 현재의 시장 상황을 판단하고 경쟁력을 유지하기 위한 기술 투자와 우선순위 설정에 도움을 줍니다. 이와 마찬가지로 개인의 입장에서도 기술의 발전에 따른 미래 예측과 대응전략 수립에 많은 도움이 됩니다.

미래를 예측한다는 것

미래학자들이 미래를 예견하는 것을 보면 감탄하게 되는데, 그러면서도 정말로 그럴까 하는 궁금증이 들기도 합니다. 그런데 예전과는 달리 이제는 날이 갈수록 기술 발전의 속도가 너무 빨라져 미래를 예측하는 것은 거의 불가능해졌습니다. 그래서 사람들은 이제 더 이상

장기적인 지속 가능한 경영을 위해 중요한 요소로 주목받고 있습니다.

과거처럼 기술을 예측하지 않습니다.

중고등학교 화학시간에 배운 '보일의 법칙'을 기억할 것입니다. 온도와 기체의 입자 수가 변함이 없을 때 그 기체의 부피는 압력에 반비례한다는 기본적인 법칙으로, 로버트 보일이 1676년에 실험을 통해서 발견한 법칙입니다. 보일은 17세기 후반에 활동한 아일랜드 출신의 화학자입니다. 그가 사망한 직후 작은 쪽지가 하나 발견됐는데, 거기에는 미래의 기술 발전에 대한 예측이 요즘 말로 말하면 '희망 사항' 형태로 적혀있었습니다. 그가 메모장에 적어놓은 희망사항은 이런 것들입니다.

- 회춘, 완전하지는 않더라도 적어도 몇 가지는 회춘하기. 예) 새 치아 나기, 머리 새로 나기, 젊었을 때의 머리색 회복 등
- 하늘을 날기
- 오랫동안 잠수해서 필요한 임무 수행하기
- 정확한 경도 측정 방법
- 기억력을 향상시키고 의식을 각성시키며 통증을 완화하고 숙면을 유도하는 약

보일이 생존해 있다면 지금 시대의 치의학 기술과 총천연색의 머리 염색 기술, 스쿠버 다이빙 장비, 잠수함, 비행기와 GPS를 보며 몹시 기뻐할 것입니다. 그리고 틀림없이 환각제를 경험해 보려고 할 것입니다. 이걸 보면 기술 발전이 더딜 때는 미래 예측이 상대적으로 쉬웠던 것 같습니다. 근래에 들어 미래학자들이 기술 발전을 예측하는 것은 확실히 정확도가 떨어집니다. 그것은 아마도 최신 기술이 새로운 영역으로 확장될 것이라는 데 대해 너무 집착하기 때문일 것입니다. 생존해 있는 저명한 미래학자인 레이 커즈웨일(Ray Kurzweil)은 1999년에 예

언하기를, 2019년이 되면 로봇이 사람을 교육시키고, 사람 대신 비즈니스를 하며, 정치적·법적 분쟁의 중재자가 될 것이라고 했습니다.

기술 분야 작가인 에드워드 테너(Edward Tenner)가 쓴 『효율성 파라독스(The Paradox of Efficiency)』라는 책은 빅데이터와 인공지능의 한계에 관해 이야기하고 있습니다. 지금 우리는 기술 발전의 미래를 예측하는 데 따르는 문제와, 미래가 왜 이렇게 느려터진 것처럼 보이는지, 그리고 왜 미래는 우리가 바라는 대로 되지 않는지 이야기하고 있는데, 테너는, 어떤 기술이 세상을 변화시킬지 예측하는 데는 3가지 문제가 있다고 설명합니다. 그 첫째는, 그의 표현에 따르면, '역돌출부(reverse salient) 효과' 문제입니다. 원래 '돌출부(salient)'란 전쟁에서 사용되는 용어로, 전장에서 아군의 진지 가운데 일부가 적진 안쪽으로 파고들어 삐쭉한 돌출부를 형성하는 것을 말합니다. 돌출부는 삼면이 적으로 둘러싸이기 때문에 부대가 그 지역의 점령 상태를 유지하기가 어려워집니다. 우리가 말하는 역돌출부(reverse salient)는 기술의 발전 선상에서 돌출부가 앞으로 형성되는 것이 아니라 뒤로 돌출하는 현상을 말합니다. 즉, 어떤 분야에서 다른 기술들은 다 발전을 잘해 가고 있는데 어느 한 부분의 발전이 정체됨으로써 다른 기술들마저 효과를 발휘하지 못하게 만들어 병목현상을 일으키는 경우를 말합니다. 예를 들면 우리가 아직도 암을 정복하지 못하고, 평균수명 100세에 도달하지 못하며, 청정에너지 분야가 너무 느리게 발전하는 이유에 대한 설명입니다. 이런 기술들은 누구나 빠르게 발전이 이루어질 것이라고 예상하지만 실제로는 훨씬 더디게 이루지는 결과를 가져와 기술의 미래 예측을 빗나가게 만듭니다.

2022년 말에 챗GPT가 등장하면서 휴머노이드 인공지능의 장벽을 무너뜨리는 돌파구처럼 보이지만 테너의 생각은 다릅니다. 그는 챗GPT가 광활한 정보의 바다에서 필요한 정보를 낚아올리는 것 뿐이라고 말합니다. 말하자면 다른 사람들의 생각과 글을 쪼개고, 다지고, 짜집기하는 대규모의 표절꾼이라는 것입니다. 게다가 인공지능은 어떤 결정을 내릴 때, 그 이유를 결코 설명할 수 없는 상황에 맞닥뜨리게 되는 경우 '블랙박스 문제'에 빠지게 됩니다. 그렇기 때문에 비록 챗GPT가 말도 잘하고, 똑똑하기까지 하지만, 우리가 진짜 중요한 일은 맡기지 못하는 이유입니다.

기술의 미래를 예측하는 데 걸림돌이 되는 두 번째 문제는 시장에서 어떤 발명품들은 경쟁 기술을 이기지 못한다는 것입니다. 좋은 예가 하나 있습니다. 아인슈타인과, 또 한 명의 천재 물리학자 레오 실라르드(Leo Szilard)는 1926년에 새로운 종류의 냉장고를 설계했습니다. 이 천재들이 만든 냉장고가 실패할 가능성은 거의 없었습니다. 당시 냉장고에는 유독성 가스가 사용됐는데, 이 가스가 새서 일가족을 몰살시키는 일이 가끔 일어났기 때문에 이 천재들이 만든 냉장고에 대한 수요는 엄청난 상황이었습니다. 아인슈타인-실라르드 냉장고는 전자기장과 액체금속을 압축기로 사용했기 때문에 유독성 가스 문제는 해결할 수 있었습니다. 그런데 문제는 참기 어려운 소음이었습니다. 설상가상으로 1930년대에 들어 과학자들이 가정에서 사용하기 안전한 염화불화탄소를 발견했습니다. 물론 수십 년 후엔 그 가스가 지구의 보호막인 오존층을 파괴한다는 사실이 드러나긴 했습니다.

세번째 문제는 사회적·문화적·심리적인 요인들입니다. 가끔 이 요인들이 미래의 기술에 대한 예측이 실현되는 것을 막기 때문입니다. 대표적인 것이 동물복제 기술입니다. 양이 처음 복제되고 나서 수 년이 흐르자 복제인간이 곧 등장할 것이라는 예측이 봇물을 이뤘습니다. 그렇지만 우리 사회는 복제인간에 대한 생각을 좋게 받아들이지 않았습니다.

이처럼 미래를 예측한다는 것은 어려운 일입니다. 특히 요즘 같이 기술이 급속도로 발전하는 시대에는 더욱 그렇습니다. 그렇다고는 해도 기술은 끊임없이 발전해 가면서 우리 사회를 변화시킬 테고, 그에 따라 우리의 삶도 변해가게 될 것입니다. 그러니 그냥 흘러가는 대로 그대로 두고 볼 수만은 없는 일입니다. 성공적인 삶이란 환경의 변화에 어떻게 적응하느냐에 달린 것이므로 어떻게 하든 예측해서 다가올 변화에 대비하는 것이 필요합니다.

우리를 기다리고 있는 미래

지금까지 우리는 4차 산업혁명이 무엇인지 개략적으로 살펴봤습니다. 그렇다면 4차 산업혁명이 만들어낼 미래 사회는 어떤 모습일까요? 그 가운데 우리 각자의 삶에 가장 큰 영향을 미치게 될 변화는 무엇이며, 우리는 그 변화에 어떻게 준비해야 할까요?

교육부는 4차 산업혁명이 가져올 미래 사회 모습을 4가지로 제시하고 있습니다.[44] 우선 미래 사회는 모든 것이 서로 연결되는 '초연결사회'입니다. 최첨단 스마트 디바이스 덕분에 업무와 사람 간 소통이 더욱 편리해질 것입니다. 거기에다 가상현실, 증강현실 기술이 덧붙여지면서 직접 가보지 않고도 간접 체험이 가능해지고, 원격교육, 재택근무, 원격진료 등의 일상화로 공간 제약이 거의 사라지게 될 것입니다. 하지만 해킹, 사생활 침해 등의 위험은 높아지게 될 것입니다.

두 번째는 인공지능, 빅데이터, ICT 기술의 발달이 가져오는 '초지능화'입니다. 제품 생산 공장들이 '스마트 팩토리'가 되면서 생산력이 급격히 높아지고 행정, 교육 등 모든 분야가 지능화됩니다. 데이터·정보·지식의 축적과 발달 속도는 갈수록 빨라져 우리는 지식과 정보의 홍수 속에서 살게 될 것입니다. 하지만 인스턴트 지식이나 실용적 지식이 봇물을 이루는 대신 깊은 성찰을 필요로 하는 인문학적 지식은 감소할 우려가 있습니다. 스스로 기억하거나 창의적으로 생각해 내기보다 인공지능에 의존하게 됨으로써 기억력, 인지능력 등이 하락하게 될 위험도 있습니다. 또 인공지능에게 일자리와 경제적 주체로서의 지위를 빼앗겨[45] 경제적 어려움과 정체성 위기를 맞을 수도 있습니다.

세 번째는 접속과 공유를 기반으로 하는 '공유경제, 공유사회'입니다. '소유'라는 개념이 중심이 되었던 기존 사회경제의 기본질서가 점차 '접속'과 '공유'라는 개념으로 대체되고 있습니다. 렌탈, 카셰어링, 홈

---

44) 한국과학창의재단 최연구 박사의 칼럼 「4차 산업혁명 시대, 미래 교육 칼럼 제2편」 참조

45) 신고전주의 경제학자인 데이비드 파크스와 마이클 웰먼은 「경제적 합리성과 인공지능」이라는 논문을 통해 인공지능 세계에서 경제 주체로서의 인공지능은 인간 세계에서 인간이 경제 활동을 하는 것보다 훨씬 경제이론에 맞게 행동할 수 있다고 주장했습니다. 이 주제에 대해서는 제2장에서 자세히 다룹니다.

셰어링 등 공유 문화가 확산되면서 굳이 물건을 소유하지 않아도 필요할 때 언제나 편리하게 빌려서 사용할 수 있게 되기 때문입니다. 이런 과정에서 새로운 가치가 창출되므로 공유와 접속, 협력은 새로운 경제 모델인 공유경제를 만들어냅니다. 하지만 변화의 과정에서 '우버'나 '타다'가 기존의 택시기사들 사이에서 이해 충돌이 발생하는 것처럼 이해당사자 간 사회적 갈등과 가치관의 혼란이 발생합니다.

네 번째는 일자리, 산업, 경제 영역에서 일어나는 지각변동입니다. 4차 산업혁명의 핵심기술들 덕분에 자동화와 지능화가 빨라지고 인공지능, 빅데이터 등 4차 산업혁명 관련 일자리는 점점 늘어나고 있습니다. 또 교육 분야의 에듀테크(edutech), 금융 분야의 핀테크(fintech), 부동산 분야의 프롭테크(proptech), 노령인구 분야의 제론테크(gerontech) 등 기존의 전통 산업에 4차 산업혁명 기술이 융합되면서 새로운 기술 기반 산업이 만들어지고 일자리가 창출됩니다. 하지만 기술 혁신과 자동화, 초자동화로 인한 산업구조 개편 등으로 전통적인 산업분야에서 일자리가 감소하고, 이로 인한 고용불안은 사회에 충격을 주게 되어 큰 사회문제를 일으키게 됩니다.

미래 사회는 이렇게 유토피아와 디스토피아, 희망과 절망, 연결과 소외, 풍요와 빈곤이 함께 공존하는 사회가 될 것입니다. 아인슈타인은 인간이 가지고 있던 절대적 시간 관념이 사실은 틀렸다는 것을 상대성 이론으로 증명했습니다. 물론 그 시간은 우리의 마음 밖에서 흐르는 물리적인 시간을 말하는 것이지만, 어찌 보면 물리적 시간과 마찬가지로 마음으로 느끼는 시간 역시 우리의 현재 위치와 마음 상태에 따라 빨라지기도 하고 느려지기도 합니다. 지금 이 순간, 우리의 일상 생활에서 기술로 인한 진화를 살펴보면 몹시 느리고 꾸준하게 진행되고 있는 것처럼 보이지만, 잠시 10년 전이나 20년 전의 과거를 돌아보면 그사이 우리의 삶이 얼마나 빨리 그리고 어떻게 변했는지 알 수 있습니다.

미래의 기술이 우리의 삶에 미치는 영향

우리가 먹고 마시고, 일하고, 사람들과 소통하고, 주변의 세상을 움직이는 방식은 이제 하이브리드로 이루어집니다. 여기서 하이브리드는 물리적(현실) 세계와 디지털(가상) 세계가 서로 융합되어 있는 것을 의미합니다. 우리는 스마트폰을 통해 물리적 세계와 디지털 세계를 동시에 경험할 수 있습니다. 온라인에서 친구를 사귀고, 물리적 세계에서 만나는 친구들과 소통할 수도 있습니다. 이러한 하이브리드 방식은 우리의 삶에 많은 변화를 가져왔고 날이 갈수록 그 변화는 더 커질 것입니다. 변화의 속도 역시 훨씬 더 빨라지게 될 것입니다. 지금 우리가 가장 먼저 해야 할 일은 그 사실을 받아들이는 것이며, 그렇게 함으로써 우리는 더 스마트하고 밝은 미래를 향한 평탄한 길을 발견할 수 있습니다.

우리가 살아가는 도시 환경도 빠르게 변화되고 있습니다. 지난 세 차례의 산업혁명을 거치면서 우리가 망쳐놓은 지구를 되살기 위해 지속 가능성이 모든 개념의 접두어로 자리잡았습니다. 그 덕분에 도시를 계획하고 설계하는 사람들의 접근 방식은 수년 동안 급격히 변화해 왔으며, 더 청정하고 더 푸른 건물들이 도시 생활을 재편하고 있습니다. 건물의 구조를 개선하여 공기 순환을 조절함으로써 에어컨과 같은 에너지 소모가 많은 공조장치 사용을 줄입니다. 건물 외벽에 식물과 재생 에너지를 통합하여 에어컨 사용량과 전력 소비량을 줄이고 있습니다. 건물 외벽에 식물을 심으면 외벽의 온도를 낮추는 효과가 있습니다. 태양광 패널을 설치하면 전기도 생산할 수 있습니다. 이러한 방법으로 건물의 에너지 소비량을 대폭 줄일 수 있습니다. 스마트한 건물은 사람들의 이동 경로를 모니터링하여 동적 표지판을 사용해 이동 경로를 안내하고 방문객 밀도를 관리합니다. 동적 표지판은 사람들의 이동 경로를 보여주고, 방문객 밀도가 너무 많으면 사람들에게 다른 경로로 이동하도록 안내합니다. 이러한 방법으로 건물 내부의 혼잡을 줄이고 안전을 확보할 수 있습니다.

건물 공간의 용도도 빠르게 바뀝니다. 팬데믹을 지나면서 정착된 원격근무가 팬데믹 후에 줄어들지 않고 하이브리드 근무 형태가 늘어나는 추세에 따라 오히려 증가하고 있어서 도심의 많은 건물들이 갈수록 본래의 오피스 기능을 잃어갑니다. 그래서 이 공간들의 용도에 대한 사람들의 사고방식도 변하게 되는 것입니다. 일을 하기 위해 도심으로 모여드는 사람들이 줄어들면서 정부와 기업은 도심지를 리모델링합니다. 건물의 옥상은 채소밭이 되고 일부 실내 공간은 수직농장[46]이 되

46) 수직농장(vertical farming)은 수직 공간을 활용하여 도심이나 인구 밀집 지역에서 농작물을 재배하는 현대적인 농업 방식입니다. 실내 환경에서 진행되어 기후변화에 따른 영향이 최소화되며, 공간 및 자원의 효율적 사용이 가능합니다. 인공조명과 최적화된 온도 및 습도를 제공하여 작물 성장이 빠르고 해충 관리도 쉬워집니다. 생산량은 증가하고 지속 가능한 농업이 가능해집니다.

며, 주차장은 저녁이 되면 커뮤니티 엔터테인먼트 공간이 되고, 거리는 주말에 문화 공간으로 바뀌어 도심 공간에 인간성을 불어넣게 될 것입니다.

도시가 녹색으로 변하는 만큼 우리의 식단도 그렇게 변하게 될 것입니다. 요즘 식품 산업이나 레스토랑, 건강과 다이어트 관련 담론을 보면 녹색 채소와 식물성 메뉴가 주종을 이룹니다. 그렇다고 이런 이야기들이 모두 채식주의자들을 위한 것은 아닙니다. 우리 식단에 진정한 변화가 온다는 것은 육식을 좋아하는 사람들에게 새로운 기술들이 입맛을 변화시키지도 않으면서 차원이 다른 방식으로 음식을 만들어 준다는 것을 의미합니다. 일례로 가축을 키워 도축해서 얻는 고기 대신 공장에서 고기 세포를 배양해서 얻는 배양육[47] 산업이 점차 자리를 잡게 될 것입니다. 가축 사육은 환경오염뿐만 아니라 사육 과정과 도축 과정에서 불거지는 비윤리성이 큰 문제입니다.[48] 배양육 산업이 활성화되면 이런 문제는 말끔히 해소됩니다. 이 분야에서 혁신을 주도하는 것은 정밀 발효 기술로, 가축을 사육하지도 않으면서 미생물 발효를 통해 우유 단백질, 동물성 지방, 콜라겐, 달걀 등의 식품을 만들어내는 최신 기술입니다.[49] 이 기술 덕분에 앞으로 우리의 식탁에는 젖

---

47) 배양육(또는 인공육)은 동물의 세포나 조직을 실험실에서 인공적으로 배양하여 만드는 고기입니다. 이 방식을 이용하면 동물을 도축하지 않고도 충분한 양의 고기를 생산할 수 있습니다. 환경, 동물복지, 지속 가능성 측면에서 긍정적인 평가를 받고 있습니다. 초기 비용과 기술 개발에 대한 과제가 존재하지만, 미래 식량 공급에 대한 해결책으로 주목받고 있습니다. 배양육 시장은 앞으로 급속하게 성장해 나갈 것으로 예상됩니다.

48) 유엔 식량농업기구(FAO)에 따르면 낙농 산업은 전 세계 온실가스 배출량의 4%를 차지합니다. 이는 해운과 항공 산업 배출량을 합친 것보다 많습니다.

49) 정밀 발효 기술 분야의 선두주자인 미국의 식품회사 임파서블 푸드(Impossible Foods)는 이 기술을 사

소 없이 만든 우유와 치즈가 오르게 됩니다.

우리의 교통생활도 지금과는 많이 바뀌게 됩니다. 이미 공공 및 민간 부문에서는 교통을 빠르게 혁신시켜 나가고 있습니다. 전기차 보급 속도가 빨라지고 있으며, 교통 체계를 자동화하는 스마트 기술이 진화를 거듭하면서, 공상과학 소설과 영화에서 나오던 자율주행차가 이제 전시장에 진열되고 있습니다. 호주 모나쉬 대학(Monash University)이 설립한 넷제로 경제자문기관인 기후변화센터(Climateworks Centre)는 2035년이 되면 세계적으로 전기 자동차가 신차 판매의 100%를 차지하게 될 것이라고 예측하고 있습니다. 도심 하늘에서는 드론택시가 도심 도로의 교통정체를 피해 하늘길로 바쁜 승객들을 빠르게 실어 나릅니다. 이 분야에서 앞서가는 나라들은 2024년부터 드론 택시를 상용화해 나가게 되므로, 10년쯤 후에는 세계의 모든 주요 대도시에서는 드론 택시를 흔하게 보게 될 것입니다.

어떻게 보면 미래의 우리 생활은 참으로 편리하고 건강해 보입니다. 그러나 이런 4차 산업혁명이 가져오는 문명의 이점을 모두가 누릴 수 있는 것은 아닙니다. 경제력이 뒷받침되지 않는다면 편리함 속의 불편함과 풍요 속의 빈곤을 경험하게 될 것이기 때문입니다. 각 개인은 삶에 필요한 경제력을 노동력, 즉 일자리를 통해 얻습니다. 일자리 환경은 새로운 기술, 특히 자동화, 온라인 협업 도구, 인공지능 등으로 인

용하여 식품을 생산합니다. 식물성 단백질을 사용하여 고기와 유제품의 맛과 질감을 모방하는데, 이미 맛과 질감이 소고기로 만든 햄버거 패티와 거의 똑같은 비건 버거와 소시지를 만들어 판매하고 있습니다. 이 회사는 정밀 발효 기술을 사용하여 더 많은 식품을 생산할 계획이며, 이는 식품 산업에 혁명을 일으킬 것으로 보입니다.

해 계속해서 변화할 것입니다. 자동차 운전이나 의료 진찰과 같이 예전에는 사람만이 할 수 있었던 많은 일들도 이미 자동화되었거나 앞으로 10년 안에 자동화될 수 있을 것으로 보입니다. 앞서 이야기한 것처럼 자동화는 많은 일자리를 앗아갈 것입니다. 반면에 새로운 기술은 새로운 일자리들을 창출하게 될 테고, 고객과 자영업자를 연결하는 인터넷 기반의 긱(gig) 경제 플랫폼이 발달하면서 노동력의 순환을 가속화 해, 정규직 근로자는 줄어들고 임시직, 프리랜서와 같은 긱워커[50]들이 점점 늘어나게 될 것입니다.

인구의 고령화가 자동화의 채택을 부채질할 것입니다. 우리나라는 향후 20년 동안 생산가능인구가 25% 줄어들면서 고령화가 급속하게 진행될 것으로 예상됩니다.[51] 이에 따라 우리 경제는 노동력을 교체하고 보완하는 방법을 찾기 위해 다른 나라들보다 산업용 로봇에 인공지능을 융합하는 초자동화가 빠르게 진행될 것입니다. 신기술로 인해 창출되는 일자리 수는, 과거의 산업화 역사를 고려하면, 파괴되는 일자리 수를 초과할 것으로 예상됩니다. 세계경제포럼(WEF)의 연구에 따르면, 2025년까지 자동화와 초자동화는 8,500만 개의 기존 일자리를 대체하고 9,700만 개의 새로운 일자리를 창출할 것으로 예상됩니다. 이는 전세계적인 추세를 의미하며, 인구 증가에 따른 일자리 증가도

50) 긱워커(gig worker)는 임시직 근로자로서 정규직 근로자와 달리 고용주와의 고용 관계가 없으며, 주로 단기 프로젝트나 계약에 따라 다양한 종류의 일을 합니다. 긱워커는 유연한 근무 시간이나 더 많은 자유를 누릴 수 있지만, 정규직 근로자보다 임금이나 복지 혜택이 적은 경우가 많습니다. 이 책 제5장에서 자세히 다룹니다.

51) 통계자료에 따르면, 내국인 생산가능인구는 2020년 3,583만 명에서 2040년 2,676만 명으로 감소할 것으로 전망됩니다.

포함돼 있으므로 결코 낙관적인 예측은 아닙니다. 특히 자동화에 취약한 일자리의 경우에는 일자리 파괴로 인해 상당한 어려움을 겪게 될 것입니다. 따라서 보유 기술, 유연성, 인구 증감, 임금 수준, 자동화 취약 여부, 재교육 및 훈련 기회 등 여러 가지 요소들이 개인별로 자동화에 적응할 수 있는지에 영향을 미칠 것입니다. 자동화는 최근 20년 동안 주로 기계조작자, 금속작업자, 사무원과 같은 중간 기술 직업들을 대체해왔습니다. 앞으로는 의사, 변호사, 엔지니어, 대학 교수와 같은 고소득 직업들에도 자동화의 영향이 점점 커질 것입니다. 새로운 일자리는 등장할 수 있지만, 잃어버린 일자리와 창출되는 일자리 사이에 기술적 불일치가 발생할 것으로 예상됩니다. 이러한 불일치로 인해 많은 근로자들은 새로운 일자리를 위해 필요한 기술을 습득해야 하므로 실업 기간이 길어질 수 있으며, 이는 사회적으로 볼 때 부의 재분배를 더욱 둔감하게 만들 수도 있습니다.

어떻게 대비할 것인가?

우리의 시간은 대부분 종이배를 띄워 놓은 개울물처럼 연속적이고 예측 가능하게 흘러갑니다. 하지만 때로는 예기치 못한 불안정성이 발생하고 그에 따른 파괴적인 결과를 초래하기도 합니다. 기술의 발달로 인해 우리 사회의 변화 속도가 빨라짐에 따라 이런 불안정성은 점점 커지고 있습니다. 우리가 종래에 생각하던 방식대로 단선적인 시간 관념을 가지고 미래를 바라보게 되는 경우 실제로 변화하는 속도를 따라잡지 못하기 때문에 더욱 그렇습니다. 그러니까 세상의 변화를 바라보는 우리의 생각과 계산은 선형적인데 반해 4차 산업혁명 기술은 기하급수적으로 발전해 가기 때문에 이해하기 어려운 것입니다. 불과 20년 전만 해도 상상하기 어려웠던 웨어러블 기술, 말하는 인공지능, 3D 프린팅 건축이 이미 우리의 생활이 되고 있습니다. 이제 10년이나 20년 후면 달에 인간 기지를 세우고, 화성에 식민지를 건설하게 될 수도 있습니다. 이런 선형적인 사고와 비선형적인 변화가 딱 맞닥뜨린 또 하나의 대표적인 상황이 팬데믹이었습니다.[52)]

팬데믹 기간에 가장 급변한 분야는 일자리입니다. 사무직 일자리는 수십 년 동안 지식근로자들의 기본적인 근무 형태였으며, 팬데믹 이전까지는 그런 기조를 변화시킬만한 계기는 없었습니다. 그런데 팬데믹을 거치면서 일자리 환경이 급변했습니다. 사회적 거리두기로 원격근무가 이루어지면서 사무직에 대한 근본적인 시험이 이루어진 것입니다. 20년 동안 재택근무를 연구해온 미국 스탠포드대 니콜라스 블룸(Nicholas Bloom) 교수에 따르면, 팬데믹 발생 전인 2019년에는 정규직 일자리 가운데 약 5%가 재택에서 이루어졌습니다. 그런데 이 비율은 코로나 19 발생 초기인 2020년 4월과 5월에 60% 이상으로 급증했습니다. 팬데믹 이전이라면 40년이나 걸리는 일이 하루아침에 일어난 것입니다. 그 이후로 이 비율은 꾸준히 감소하여 지금은 약 27%가 됐고, 앞으로는 2019년 대비 5배 증가한 25% 수준에서 안정될 것이라고 블룸 교수는 예측합니다.

52) 선형 시스템에서는 작은 원인은 작은 결과를 가져오고 큰 원인은 큰 결과를 가져오지만, 비선형 시스템에서는 작은 원인이 큰 결과를 가져올 수도 있고 큰 원인이 작은 결과를 가져올 수도 있습니다. 우리의 현실은 일반적으로 비선형 시스템으로 운영됩니다.

경제학자들은 많은 기업들이 벌써 주 2일은 집에서, 3일은 사무실에서 근무하는 '하이브리드' 근무 모델로 전환했다고 말합니다. 이 모델은 평균 근로자의 생산성을 약간 증가시켰다고 합니다. 하이브리드 근로자는 출퇴근 시간이 줄어 평균적으로 하루에 70분을 절약할 수 있습니다. 절약하는 시간 가운데 30분을 일하는 데 더 사용하기 때문에 그만큼 생산성이 높아지는 것입니다. 이러한 현상을 두고 블룸 교수는 하이브리드가 윈-윈(win-win)하는 모델이라고 말합니다. 미국의 온라인 채용 플랫폼인 집리쿠르터(ZipRecruiter)에 따르면, 신규 일자리의 약 39%가 하이브리드 근무 형태이며, 완전 원격근무 형태도 18%에 이릅니다. 두 가지 비율 모두 팬데믹 이전에 비해 많이 증가했습니다. 앞으로 원격근무가 증가하는 이런 추세는 계속될 것입니다. 물론 모든 근로자가 원격근무를 할 수 있는 것은 아닙니다. 시카고대학의 경제학자인 조나단 딩글(Jonathan Dingel)과 브렌트 네이만(Brent Neiman)이 2020년에 발표한 연구에 따르면 미국의 경우 전체 정규직 일자리 가운데 약 37%는 완전히 집에서 할 수 있는 일들입니다. 특히 기술, 금융, 전문 비즈니스 서비스 분야의 일자리들이 재택근무로 바뀔 가능성이 높습니다.

이처럼 팬데믹이라는 상황이 강요한 원격근무 모델의 시험 결과 문화적 연결성이 단절되고, 불안, 피로, 무관심, 번아웃 등의 부작용도 있긴 했지만, 생산성은 유지되거나 오히려 증가했습니다. 변화하는 속도가 워낙 빠르다 보니 각 부분을 정밀하게 분석해 내는 것은 어렵습니다. 팬데믹의 기간이 예상을 뛰어넘어 2년 이상 지속되면서 많은 기업이 글로벌 차원에서 인재를 구하고, 하이브리드 방식의 인력 관리 환경을 형성하기에 충분한 시간이 되었습니다. 이제 기업들은 지역 인재 시장을 넘어 글로벌 인재 시장을 이용할 수 있게 됐습니다. 이런 변화는 전 세계 10억 명의 사무직 근로자들에게 기술에 따른 기회의 균등화를 가능하게 해 줍니다. 한마디로 기술은 최고의 인재들에게 최고의 기회를 제공하게 된 것입니다.

우리 인간의 평균 수명은 계속해서 증가해왔습니다. 더욱이 4차 산업혁명의 주요 기술 가운데 하나인 바이오테크는 눈부신 발전을 거듭해 가며, 인간의 노화를 늦추고, 건강을 증진시키며, 수명을 연장해 가고 있습니다. 인류의 역사를 돌아보면 요즘의 바이오테크 기술에 새삼 놀라게 될 것입니다. 노년학자인 케일럽 핀치(Caleb Finch) 교수는 고대 그리스와 로마 시대의 인간 평균 수명은 20~35세 정도라고 추정했습니다. 이 수치는 15세기가 될 때까지 큰 변화가 없었습니다. 비위생적인 생활 환경과 의료 서비스를 이용할 수 없었던 대다수 사람은 기대수명이 35세를 넘기 어려웠기 때문입니다.

16세기에서 19세기까지는 유럽 전역의 평균수명은 30세~40세 정도로 조금 높아졌습니다. 19세기에 들어오면서 위생과 건강 관리가 개선되고, 예방접종이 생겨나고, 깨끗한 수돗물을 사용하고, 영양 섭취가 나아지면서 수명이 크게 연장되기 시작했습니다. 오늘날에는 대부분의 선진국은 75세의 기대수명을 자랑합니다. 우리나라는 평균 수명이 1955년에 50세가 채 되지 않았는데, 지금은 84세로 세계 최상위권에 속해 있습니다. 인류가 고대하던 수명연장의 꿈이 이루어졌다고 할까요? 지금 이 책을 읽는 독자라면 100세 시대를 살게 될 가능성이 매우 큽니다. 급속한 기술 발전으로 이렇게 수명이 늘어나면서 우리가 미래를 준비하는 일이 훨씬 중요하고 복잡해졌습니다. 얼마 전까지만 해도 고등학교나 대학교를 졸업하고 직장에 들어가서 30여 년 근무하면 퇴직을 맞이하게 되고, 퇴직자로서 자연스럽게 일선에서 물러나 퇴직금(연금)과 저축으로 노후 자금을 삼아 길어야 20여 년의 노후를 보내는 단조로운 삶을 살았습니다.

그런데 이런 단선적인 노후 패턴은 이제 사라졌다고 봐야 합니다. 노후가 길어지면 상당히 복잡한 문제가 생깁니다. 우선 이전에 비해 노후 자금이 훨씬 많이 들어갑니다. 100세 이상 살 확률이 급속히 높아지고 있어서 노후를 생각할 때는 60세 이후로도 40년을 더 산다고 계산해야 합니다. 그리고 60세는 이제 은퇴하기에는 너무 건강하고 젊은 나이입니다. 그렇다고 직장에서 퇴직 연한을 늘려줄 것을 기대하기도 어려운 상황입니다. 70대, 심지어 80세까지 꾸준히 일해야 한다고 가정하고 미래를 계획해야 하는데 그렇다면 무엇으로 생업을 삼을 수 있을까요? 삶이 연장되고 근로 기간이 더 길어지고 있는데, 노동시장은 사람을 기다리지 않고 빠른 속도로 변화해 갑니다. 우리가 영위해야 할 삶과 일의 미래를 생각하면, 끊임없이 학습하고 신기술 습득을 위해 재훈련을 하는 것이 얼마나 중요한지 느낌이 옵니다. 20대에 일을 시작한다면 우리의 일은 길면 60년까지도 이어질 수 있습니다. 일의 성격은 계속해서 변해가는 데 반해 성인기 초기에 습득한 지식과 기술만으로는 그 모든 기간과 변화에 대응하기에 턱없이 부족합니다. 더구나 기술 수명이 갈수록 단축되고 있어서 한 번 배운 기술을 써먹을 수 있는 기간 역시 점점 짧아지고 있습니다. 세계경제포럼의 연구에 따르면 2025년까지 근로자 절반은 다시 기술을 습득해야 한다고 합니다. 기술의 내용도 점점 복잡해져서 이제는 기술 자체뿐만 아니라 비판적 사고, 창의적 문제해결능력 등 다양한 스킬을 배워야 합니다. 미래에 재훈련을 받아야 하는 스킬을 구조화·체계화하면 다음 그림과 같습니다.

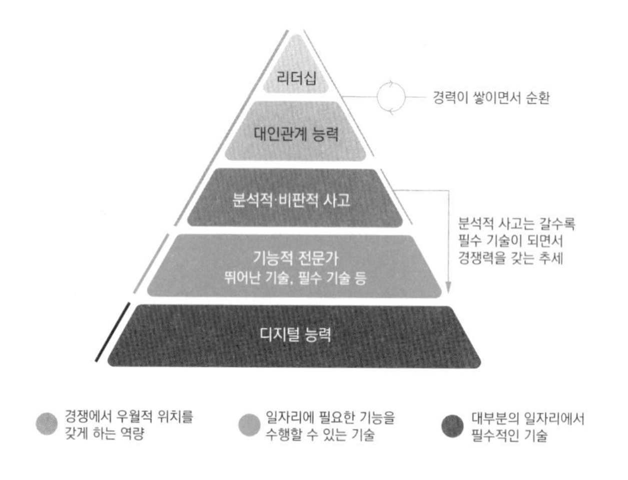

이미 오래전부터 평생학습은 자아실현의 중요한 도구로 여겨져 권장됐습니다. 그런데 파괴적 현실에 직면하게 된 우리에게 평생학습은 자아실현 추구라는 거창한 목적 보다는 당장의 생존을 위해 선택이 아닌 필수가 되고 있습니다. 급속한 혁신 속도는 현재의 전문 기술을 단 몇 년 만에 낡은 것으로 만듭니다. IBM에 따르면 근로자가 보유하고 있는 기술의 반감기[53)]는 약 2년 반 정도입니다. 즉, 지금은 생업으로

53) 기술 반감기(half-life)란 근로자가 보유하고 있는 특정 기술이나 스킬의 유효기간을 의미합니다. 이는 그

삼기에 좋은 기술이라고 해도 2년 반만 지나면 쓸모없는 기술이 된다는 뜻입니다. 그 때문에 새로운 기술을 익히지 않으면 오래지 않아 도태될 수 있다는 압박이 커지고 있습니다.

기술 혁명은 자동화를 가져왔지만, 동시에 하이브리드형 일자리[54]의 성장 기회도 함께 만들어냈습니다. 예를 들어, 프로그래밍과 데이터 분석은 전문 기술을 가진 사람들이나 하던 일이었지만, 지난 몇 년 동안, 전문가가 아닌 일반 근로자들도 훨씬 접근하기 쉬운 일로 바뀌었습니다. 기술이 민주주의화 된다고 해야 할까요? 접근하기 쉬운 새로운 도구들이 만들어지면서 이런 기술들이 '전문가'들만의 영역에서 해방되어 다양한 비즈니스 분야의 근로자들이 일의 효율성을 높이는데 접목되고 있습니다. 전문 기술들이 분석, 설계, 프로젝트 메니지먼트, 마케팅과 같은 전통적인 기술과 결합하여 하이브리드 일자리를 만들어내는 것입니다. 이렇게 해서 '체험 설계자(experience architect)'나 '사용자 경험 설계자(user experience designer)'와 같은 새로운 일자리가 생겨납니다. 이런 일자리에서 일하는 근로자는 전문 기술과 각 산업에 관한 지식뿐만 아니라 문제해결능력과 같은 소프트 스킬을 갖춰야 합니다. 이런 하이브리드 직군에 어울리는 인재가 향후 디지털 경제에서 점차 중요한 위치를 점하게 될 것이므로, 그 수요는 날로 늘어나게 될 것입니다.

기술이 현재의 변화하는 기술 환경에서 얼마나 오래 유용하게 사용될 수 있는지를 나타내는 지표입니다.

54) 하이브리드형 일자리란 기존의 전통적인 직종과 현대의 기술적 전문성을 결합한 직무를 말합니다. 이는 기술 혁신과 자동화로 인해 새로운 직업이 탄생하고, 전문적인 기술뿐만 아니라 분석, 설계, 관리, 마케팅 등의 전통적인 업무 스킬도 함께 요구되는 직무를 의미합니다.

어느 정신과 의사의 말을 빌리면, 우리는 "현재가 이미 사라져 갈 때에야 비로소 현재를 볼 수 있는" 그런 급변하는 시대에 살고 있습니다. 단지 빠르기만 한 것이 아니라 양과 규모 측면에서도 폭발적입니다. 수천 년 전 인류 문명이 시작된 이후 지금까지 이루어진 변화보다 우리의 일생 동안 더 많은 변화를 겪으며 살아야 하기 때문입니다. 느낌대로 말하자면 과거에는 트레드밀에서 1단을 놓고 느릿느릿 걸었지만, 산업혁명이 시작되면서 2단, 3단으로 속도가 빨라지더니 지금은 10단을 넘어 전속력으로 달려도 속도를 따라잡지 못하는 시대가 된 것입니다. 그러니 우리의 일은 오죽하겠습니까? 링크드인(LinkedIn)에 등록된 상위 직군은 몇 년 전만 해도 존재하지 않던 것들이 많습니다. 앞으로 10년, 5년, 심지어 2년 후에 얼마나 많은 생소한 일자리들이 인기를 끌게 될지는 아무도 알 수 없습니다.

인공지능의 발달이 새로운 형태의 변화를 가져오면서 인간 서로가 맺는 관계 형성이 완전히 달라지고 있습니다. 예컨대, 네이버나 다음, 구글과 같은 서치 엔진에 적용되는 알고리즘 편집은 많은 사람을 '필터 버블(filter bubble)'[55] 속에 가두고 있습니다. 우리의 생각에 반대되거나 불편한 감정이 드는 정보는 걸러 버리고 우리가 동의하는 정보들만 보여줍니다. 그래서 더 이상 균형 잡힌 정보를 얻기 어렵습니다. 이런 환경이 왜 문제가 되는가 하면, 4차 산업혁명이 익어갈수록 인공지

55) 필터 버블(Filter Bubble)은 개인이 인터넷을 통해 접하는 정보를 특정한 선호도와 관심사에 맞게 필터링하여 제공하는 현상을 말합니다. 이에 따라 사용자는 자신의 선호도와 관련된 정보만을 접하게 되고, 다양한 의견이나 다른 시각은 접하기 어렵게 됩니다. 필터 버블은 사용자가 선호하는 내용을 계속해서 강화해주기 때문에, 다양한 의견을 듣거나 다른 정보를 접하는 것에 대한 제한이 생길 수 있습니다. 이로 인해 사회적 다양성이 감소하고, 정보의 왜곡이 발생할 수 있습니다.

능이 습득하기 어려운 인간의 소프트 스킬[56]이 미래 세계에서 경쟁이나 협업에 매우 중요해지는데, 그 핵심적인 요소인 공감능력과 EQ(감성지능) 계발을 어렵게 만들기 때문입니다. 그러므로 우리는 네이버나 구글에서 정보를 검색하거나 스마트폰으로 다양한 앱들을 실행할 때, 보이지 않는 인공지능이 뒤에서 정보를 조절하고 있다는 점을 인식할 필요가 있습니다. 이런 폐해를 줄이는 가장 좋은 방법은 사용자들이 인공지능의 원리와 발전 방향에 대해 어느 정도라도 이해하는 것입니다.[57] 게다가 일의 방식이 디지털로 변화될수록 인공지능이 적용되는 분야가 급속히 늘어나게 되고, 그에 따라 우리는 인공지능과 어떤 형태로든 협력할 수밖에 없게 될 것입니다. 그러니 보다 창의적으로 인공지능을 활용하기 위해서라도 인공지능에 대한 지식을 늘려나가야 합니다. 우리는 이러한 기술이 우리의 통제력을 벗어나도록 내버려 두기보다는, 우리의 모든 기술을 뒷받침하는 인공지능에 대해 끊임없이 문제를 제기해야 합니다. 그렇지 않으면 필터 버블이 우리를 더욱 고립시켜 서로 연결하는 능력을 점점 잃게 할 것입니다.

이처럼 이제 우리가 소프트 스킬을 의도적으로 계발하지 않으면 미래의 일자리에 대한 경쟁력이 약화될 수밖에 없습니다. 과거처럼 사람들이 서로 부대끼는 삶 속에서, 우리가 일상생활이나 사회생활을 통해 자연스럽게 소프트 스킬을 습득할 수 있는 환경이 아니기 때문입니다.

---

56) 소프트 스킬(soft skills)은 개인의 인간적인 특성과 태도에 관련된 기술적인 역량을 의미합니다. 이는 사회적 상호작용, 커뮤니케이션, 리더십, 문제 해결, 창의성 등과 같은 능력을 포함합니다. 소프트 스킬은 사회적인 관계 구축, 협업, 조직 내에서의 효과적인 의사소통, 리더십 역할 수행 및 업무 관리 등에 큰 영향을 미칩니다. 소프트 스킬이 기술적인 능력과 함께 조화롭게 발전된다면 개인의 전체적인 성공을 촉진합니다.

57) 인공지능에 관해서는 이 책 제2장에서 자세히 다룹니다.

EQ는 자기 인식과 자기 통제, 낙관성과 유연성이라는 더 큰 문제와 연결되어 있습니다. EQ는 우리에게 끈기, 고난 극복, 만족지연[58]을 다루는 데 큰 역할을 합니다. 직장생활에 접목해 본다면 우리가 피드백을 잘 받아들이고, 도전에 직면하면 끈기 있게 문제를 해결하는 능력을 보여줄 수 있다는 것을 의미합니다. 그러면 상사들은 더 높은 EQ를 가지고 있는 우리가 더 책임감 있게 맡은 임무를 잘 처리할 수 있다고 판단할 것입니다. 이러한 리더십 기술이야말로 직원들 사이에서 강력한 차별화 요소가 됩니다. EQ에 관한 권위 있는 연구에 따르면, EQ가 높을수록 연간 평균 3,000만원을 더 벌 수 있다고 합니다.[59] 그러니 의도적인 연습 없다면 우리는 결국 좌절하거나 정체되고 말 것입니다. 가장 좋은 방법은 시간 나는 대로 부족한 부분을 채우고 새로운 기술을 습득할 수 있는 평생교육입니다.[60]

개인의 미래 역량 개발과 관련하여 충고와 도움을 아끼지 않는 전문가들의 공통된 지침을 간명하게 정리해 보겠습니다. 관심이 있는 사람이라면 염두에 둘만 합니다. 일단 전제는 이렇습니다. 일상적이고 시간이 많이 소요되는 일들은 인공지능 로봇에게 넘어가고, 그 대신 우리는 시간을 더욱 가치 있는 일에 활용할 수 있게 될 것입니다. 이런 전환은 시간이 걸리는데, 우리에겐 일종의 유예기간입니다. 그 시간

58) 만족지연(delayed gratification)은 충동적인 기분이나 감정을 억제하고 즉각적인 행위를 지연하여 자신이 원하는 어떤 목적이나 행동 대신 사회적으로 용납되는 방식으로 바꾸는 고차원적인 능력입니다. 자기 통제의 한 영역이며, 더 큰 결과를 위하여 즉각적인 즐거움, 보상, 욕구를 자발적으로 억제하고 통제하면서 욕구 충족의 지연에 따른 좌절감을 인내하는 능력입니다.

59) 젠 쉬르카니(Jen Shirkani), 『에고 대 EQ(Ego vs. EQ)』, 2014

60) 개인의 역량을 강화하는 방안에 대해서는 3장에서 집중적으로 다룹니다.

동안 우리는 미래 일자리에 대한 수요와 우리가 익혀야 하는 새로운 기술들을 파악하고 필요한 역량을 강화해 나가야 합니다.

먼저, 무엇이 우리의 미래를 위협하는지 확인해야 합니다. 냉철하게 자신의 현재 역량과 위치를 평가해보고[61], 자신이 속해 있는 산업 전체에 대한 가장 심각한 위협이 무엇인지 파악해 봅니다. 여기에는 새로운 시스템이나 소프트웨어 또는 작업 방식이나 기술, 지식 격차를 초래할 수 있는 동향 같은 것들이 있습니다. 이러한 위협을 확인한 후, 새로운 소프트웨어나 시스템에 대한 교육을 받는다거나, 관련 학술지와 보고서를 읽는다거나, 온라인 강의를 수강하고, 이벤트에 참여하는 등 최신 동향을 따라갈 수 있는 방법을 찾습니다.

미래에는 이력서에서 기술 부분이 학위와 같은 교육 이력보다 더 중요해질 것입니다. 원격근무가 계속 진화해 감에 따라 우리가 받은 교육과 습득한 기술을 업그레이드해야 할 시기가 반드시 옵니다. 이때 중요한 것은 하드 스킬이든 소프트 스킬이든 우열을 따지지 않고, 수명이 길어 오래 지속될 수 있는 것과 쉽게 진부해져 소멸되는 것을 구분하는 능력입니다. 각각의 기술들은 반감기에 따라 세 가지 범주로 구분될 수 있습니다.

- **쉽게 파괴되는 기술 (반감기 < 2.5년)** : 특정 소프트웨어에 대한 기술, 특정 기업이나 조직에서만 사용되는 프로토콜 및 정책 등이 여기에 속합니다. 이러한 기술은 직장을 바꾸게 되면 더 이상 사용할 필요가 없게 됩니다.
- **내구성 있는 기술 (2.5년 < 반감기 < 7.5년)** : 특정 분야에 해당하는 프

61) 개인의 역량 평가 도구와 방법에 대해서도 3장에서 자세히 살펴봅니다.

레임워크와 프로세스, 업계에서 주로 사용하는 기술 및 도구, 그리고 직업과 관련된 가장 효율적인 작업 방식 등이 여기에 포함됩니다. 대개 승진하면서 이러한 기술을 업그레이드하게 됩니다.

- **반영구성 기술 (7.5년 < 반감기)** : 우리의 마인드셋과 일의 방식에 대한 튼튼한 밑바탕이 되는 기술들입니다. 이런 기술을 지니고 있으면 승진하거나 이직, 직무 변경 시에도 유리한 위치에 서게 됩니다. 리더십, 시간 관리 능력, 협업 능력과 같은 기술이 좋은 예입니다.

자기 평가는 자신의 목표 설정과 관련해서 전문 기술, 관심 분야, 지식 및 경험을 측정하는 데 도움이 됩니다. 기술 내구성을 기준으로 분류해 보면 특히 유용합니다. 대체로 미래에 갖고 싶은 일자리나 직업에 적합한 내구성 기술과 반영구성 기술을 습득하는 데 집중하는 것이 필요합니다. 리더십과 탁월한 원격 커뮤니케이션 기술은 지금도 중요한 기술이지만 5년 후에도 여전히 그럴 것입니다.

둘째로, 지속적인 학습과 역량 강화가 필요합니다. 4차 산업혁명은 새로운 기술과 디지털화에 기반한 경제와 사회 구조를 형성할 것입니다. 앞으로 몇 년 후에는 지금의 핵심 역량이 불필요하게 될 수도 있습니다. 이에 대처하는 방법은 산업의 변화에 발맞춰 자신의 직업과 관련된 새로운 분야에서 역량을 개발하는 것입니다. 새로운 기술과 도구에 대한 이해와 활용 능력을 키워야 합니다. 개인은 계속해서 역량을 강화하고 새로운 기술을 습득해야 합니다. 온라인 강의, 모바일 애플리케이션, 오픈 소스 자료 등을 활용하여 자기주도적인 학습을 추구해야 합니다. 현재 직업과 미래의 직업을 고려하여 자기 학습을 진행한

다든지 아니면 공식적인 강좌를 수강한다든지 하여 미래의 동향이나 기술에 대한 전문가가 되는 것은 자신의 일이 낡아서 도태되는 것을 막는 가장 확실한 방법입니다.

미래 일자리 세계에서 특히 요구되는 역량은 디지털 능력과 창의력입니다. '디지털 역량(digital competency)'은 디지털 기술을 활용하여 과제 수행, 문제해결, 커뮤니케이션, 정보 관리, 협업, 콘텐츠 생성 및 공유 등의 활동을 수행할 수 있는 능력을 의미합니다. 한마디로 디지털 기기, 소프트웨어, 데이터 분석 등을 이용하여 자신의 업무와 일상생활을 보다 효과적으로 수행하는 능력을 의미합니다. 이러한 디지털 역량을 강화하는 한 가지 방법은 각 개인이 디지털 전환을 성공적으로 이루는 것입니다. '개인별 디지털 전환'은 각 개인이 4차 산업혁명과 디지털 시대에 적응하고 성공하기 위해 개인 차원에서 채택해야 하는 디지털 전환 전략과 능력입니다. 이는 개인이 자신의 역량과 지식을 강화하고 디지털 기술을 효과적으로 활용하여 업무 생산성을 향상시키고 변화에 적응할 수 있도록 하는 것을 목표로 합니다.

우리는 창의적 사고와 혁신성을 중요하게 다뤄야 합니다. 4차 산업혁명은 빠르게 변화하는 환경에서 창의적인 문제 해결과 혁신적인 아이디어를 요구합니다. 창의성은 디지털과 기술적 혁신으로 이어질 수 있는 아이디어를 생성하는 능력입니다. 세계경제포럼에 의하면, 창의적 사고는 4차 산업혁명에서 생존하고 번영하는 데 필요한 가장 중요한 스킬 가운데 하나입니다. 이는 창의성이 혁신을 주도하는 능력을 갖고 있기 때문입니다. 기존의 방식에 얽매이지 않고 새로운 관점에서 문제를 바라보고 창의적인 솔루션을 제시할 수 있는 능력이 중요해집니다. 이를 위해 문제해결능력과 창의성을 키우는 과정을 지속적으로 추구하고, 영감을 얻기 위해 예술, 문학, 과학 등 다양한 분야에 관심을 가져야 합니다.

셋째로, 개인은 변화에 대한 적응력과 유연성을 갖춰야 합니다. 4차 산업혁명은 빠르게 변화하는 기술과 환경에 대한 대응력을 요구합니다. 개인은 새로운 상황과 요구에 민첩하게 대응하며, 변화에 적극적으로 적응하는 능력을 키워야 합니다. 지속적인 학습과 자기 발전, 실패와 실험을 통한 성장으로, 개인은 변화의 파도를 타고 나아갈 수 있을 것입니다. 적응하는 것을 거부하거나 어려워하는 것이야말로 미래에 일자리를 얻거나 유지하는 데 가장 큰 적입니다. 새로운 기술을 배우고 새로운 작업 방식을 채택하는 데 개방적이고 의욕이 넘칠수록 좋습니다. 따라서 익숙한 영역을 벗어나는 일에 대해서도 "네!"라고 말하고, 자신에게로 다가오는 모든 새로운 기회에 개방적이며, 자기 계발에 대한 관심을 항상 유지할 수 있어야 합니다.

마지막으로, 소프트 스킬을 기르는 것이 중요합니다. 기술적인 재능과는 달리, 소프트 스킬은 낡아서 쓸모가 없어지는 경우는 없습니다. 왜냐하면 인공지능이나 '로봇'들은 이를 모방할 수 없기 때문입니다. 소프트 스킬에는 자기 인식, 자기 규제, 공감 능력, 팀워크, 동기부여, 커뮤니케이션, 리더십 및 인간관계 구축과 관련된 스킬, 더 나아가 새로운 인공지능이나 로봇과의 관계 설정 능력 등이 있습니다. 이러한 능력은 동료들과의 커뮤니케이션 방식, 문제해결, 팀 협업, 클라이언트와의 작업 등에 영향을 미칩니다. 이들은 현대 직장에서 가장 강력히 요구되는 기술 가운데 일부입니다. 그리고 미래에는 더욱 필수적인 역할을 할 것입니다. 하버드 비즈니스 리뷰는 2025년까지 중간관리자 업무의 최대 65%가 자동화될 것으로 예측하고 있습니다. 그러므로 소프트 스킬 함양에 초점을 맞추고 최적화한다면, 어떤 자리에 있든 우위를 점할 수 있으며, 다른 일자리를 찾을 때도 다른 사람들과 차별화될 수 있습니다.

소프트 스킬 가운데 특히 협업과 커뮤니케이션 능력이 중요합니다. 4차 산업혁명은 네트워크와 연결성이 중요한 특징입니다. 이에 따라 다양한 사람들과 협업하고 팀워크를 발휘하는 능력이 요구됩니다. 개인은 타인과의 원활한 소통과 협업을 위해 커뮤니케이션 능력을 향상시키고, 다양한 배경과 관점을 가진 사람들과 협력하는 데 적극적으로 참여해야 합니다. 효과적인 커뮤니케이션은 이해 관계의 구축과 의사소통의 원활한 흐름을 가능하게 하며, 상호간의 신뢰와 협력을 촉진합니다. 이를 위해 개인은 자신의 생각과 아이디어를 명확하게 전달하는 능력을 갖추어야 하며, 동시에 다른 사람들의 의견을 경청하고 존중하는 자세를 가져야 합니다. 또한, 다양한 배경과 관점을 가진 사람들과의 협력은 혁신과 창의성을 촉진합니다. 다양한 관점은 문제를 다각도로 접근하고, 새로운 아이디어와 해결책을 발굴하는 데 도움을 줍니다. 이를 위해 개인은 오픈 마인드를 유지하고 편견을 극복하며, 상호간의 차이를 존중하고 긍정적인 토론과 협력을 지향해야 합니다.

에드워드 테너가 지적한 기술 발전의 파라독스는 우리가 미래를 예측하고 이야기하기 어렵게 만드는 요인이기도 합니다. 기술은 우리의 삶과 사회를 변화시키는 데 많은 잠재력을 가지고 있지만, 그 파급 효과와 결과는 예측하기 어렵습니다. 기술의 발전은 우리에게 혁신과 편리함을 제공하면서도 동시에 새로운 문제와 도전을 안겨줍니다. 따라서 우리는 기술 발전을 이해하고 그 영향을 예측하기 위해 교육, 연구, 토론, 협업 등의 다양한 방법을 활용해야 합니다. 이를 통해 우리는 미래의 변화에 대비하고, 긍정적인 영향을 극대화하며 부정적인 영향을 완화할 수 있는 준비를 갖출 수 있을 것입니다.

4차 산업혁명과 무어의 법칙

디지털 혁명을 이야기하면서 '무어의 법칙'을 빼놓는 것은 왠지 골자는 버리고 껍데기만 취하는 듯한 느낌이 듭니다. 무어의 법칙(Moore's Law)은 1965년 인텔 공동 창업자인 고든 무어(Gordon Moore)가 제시한 반도체 산업에 관한 경험적 법칙입니다. 무어는 반도체 칩에 들어있는 트랜지스터 개수가 18개월마다 2배씩 증가할 것이라고 전망했습니다. 트랜지스터 개수의 증가는 컴퓨터의 처리 능력인 컴퓨팅 파워가 증가함을 의미합니다. 트랜지스터는 컴퓨터의 기본 작동 원리를 구현하는 요소로, 이들의 개수가 많아질수록 컴퓨터는 더 많은 데이터를 처리하고 더 복잡한 작업(연산)을 수행할 수 있게 됩니다. 그 결과, 컴퓨팅 파워는 반도체 칩 내 트랜지스터의 개수가 증가하는 것에 비례하여 상승합니다. 이와 같은 컴퓨팅 파워의 증가는 많은 기술 혁신과 산업 발전을 이끌어 왔습니다. 초기 개인용 컴퓨터의 도입부터 스마트폰, 생활 곳곳에 인공지능과 사물인터넷 기술이 퍼져가는 현실까지, 무어의 법칙은 지난 수십 년 동안 컴퓨팅 기술의 근간이 되어 왔습니다.

그러나 전문가들은 최근 몇 년 동안 무어의 법칙이 점점 약화되고 있다고 지적합니다. 이는 반도체 제조 공정의 물리적 한계, 경제적 요소, 에너지 소비 등 여러 가지 이유 때문입니다. 반도체 칩의 트랜지스터 크기를 계속 줄이다 보니, 나노미터 수준에 도달했습니다. 그런데 3~5나노(nm) 공정에 가면 전자끼리의 간섭이 일어나고 열이 많이 나면서 정보를 처리하는 데 방해가 되는 물리적 한계가 나타납니다. 더 이상 크기를 줄일 수 없게 되면 트랜지스터 개수를 늘릴 수 없어 무어의 법칙이 지속되기 어려워집니다. 또 반도체 제조 공정의 복잡성이 증가하면서, 연구 개발 및 제조 비용도 상당히 높아집니다. 이로 인해 트랜지스터 개수를 계속 늘리는 것이 경제적으로 점차 비효율적으로 변해갑니다. 게다가 트랜지스터 개수와 밀도가 계속 증가하면 소비 전력 및 발생하는 열도 상승합니다. 이로 인해 칩 내부의 열 문제와 에너지 효율성 문제가 커지게 되어 기기의 성능에 제한을 받게 됩니다.

무어의 법칙이 더 이상 적용되지 않는다면 이제 컴퓨팅 파워의 개선이나 진화는 더 이상 불가능해지는 것일까요? 물론 그렇지 않습니다. 4차 산업혁명 시대이니까요. 궁(窮)하면 통(通)한다는 이치에 따라 되레 트랜지스터 방식으로는 꿈도 꾸지 못하던 초능력적인 새로운 기술들도 등장할 수 있습니다. 일단 트랜지스터 방식의 물리적 한계를 극복하기 위해 실리콘과는 다른 반도체 핵심 소재를 개발한다거나 고성능, 저전력, 그리고 기존 반도체 원칙과 다른 첨단 기술들이 연구되고 있습니다. 또 한편으로는 대체 기술과 새로운 접근 방식들이 이전 기술들의 한계를 극복하고 컴퓨팅 파워 개선을 지속할 수 있습니다. 다수의 프로세서를 사용하여 동시에 여러 작업을 처리함으로써 연산 속도를 향상시키는 병렬 컴퓨팅, 광학 기술을 응용하여 전자 신호 대신 빛으로 데이터를 전송하고 처리하는 방식의 광학 컴퓨팅, 양자물리학의 특성을 응용하여 양자 비트(큐비트)로 구성되는 양자 컴퓨팅, 기존의 평면적인 칩 구조 대신 여러 층으로 쌓인 것을 이용해 트랜지스터 밀도와 데이터 전송 효율을 개선하는 3D 스태킹 기술 등 다양한 대안 기술들이 현재 컴퓨팅 발전의 선두를 이어받고 있습니다. 이러한 기술들은 무어의 법칙이 지닌 한계를 벗어나 컴퓨팅 파워의 진화를 가능하게 합니다. 즉, 무어의 법칙이 예상하는 것보다 오히려 더 빠르게 컴퓨팅 파워를 향상시킬 수 있는 것입니다. 진리나 다름없던 무어의 법칙도 무력화시키며 거침없이 진화해 가는 것, 그것이 바로 4차 산업혁명의 소름 돋는 '찐' 파워입니다.

다음 장부터는 4차 산업혁명의 핵심 기술을 살펴보고, 우리가 이러한 기술이 만들어가는 파괴적인 미래에 살아남기 위해 어떻게 준비해야 할 것인지 여러 각도에서 조망해 보기로 하겠습니다.

PART 2

4차 산업혁명의 핵심 기술 톺아보기

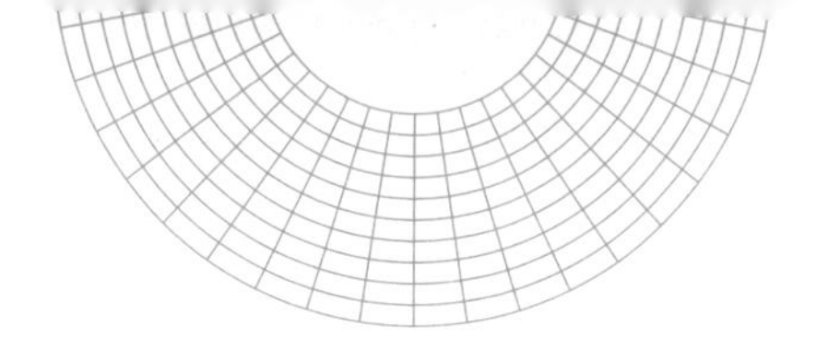

PART 2

4차 산업혁명의 **핵심 기술** 톺아보기[1]

우리가 디지털 역량을 갖추기 위해서는 먼저 4차 산업혁명에서 가장 근간이 되는 기술을 이해할 필요가 있습니다. 그렇게 함으로써 디지털 역량을 강화할 수 있고, 4차 산업혁명이 심화돼 가더라도 흐름을 놓치지 않고 따라잡을 수 있는 능력이 생깁니다. 1장에서 살펴본 대로 4차 산업혁명을 견인하는 기술은 매우 많습니다. 그 가운데 가장 중요한 기술을 몇 가지를 꼽으라고 한다면 단연 인공지능, 빅데이터, 사물인터넷, 웹3.0과 블록체인이라고 하겠습니다. 이 핵심 기술들을 이해함으로써 우리는 더 나은 의사결정을 내릴 수도 있고, 혁신적인 솔루션을 개발할 수도 있으며, 변화하는 업무 환경이나 비즈니스 환경에서

1) '톺아보다'의 사전적 의미는 '샅샅이 훑어가며 살피다'입니다.

성공적으로 적응할 수 있습니다.

그런데 우리가 4차 산업혁명 기술에 관해 이야기하려고 한다면, 그 전에 반드시 짚어야 하는 중요한 이슈가 있습니다. 그것은 바로 기후위기와 지속가능성입니다. 이 이슈는 인류의 생존과도 직결되기 때문에 4차 산업혁명도 지상과제로 삼고 있는 문제입니다. 그러므로 앞으로 있을 모든 기술의 발전과 그로 인한 사회적·경제적 변화는 기후변화를 막아 지구를 지속 가능한 환경으로 되돌리는 것을 최우선 과제로 하므로, 이에 역행하는 기술이나 변화는 용납되지 않습니다. 기술과 사회·경제는 끊임없이 발전해 가지만, 이 발전은 반드시 지속가능성에 근거한 발전이어야 합니다. 그래서 기술의 범주에는 속하지는 않지만 4차 산업혁명의 전개에 가장 중요한 요소가 되고 있는 '에너지'와 '지속가능성'에 대한 이야기부터 시작하겠습니다.

1 에너지와 지속가능성

기후위기[2]와 에너지 문제

세계는 지금 탄소중립을 향하고 있습니다. 탄소중립은 개인, 회사, 단체 등에서 배출한 이산화탄소를 다시 흡수해서 실질적인 배출량

2) '기후위기'와 '기후변화'는 같은 현상을 지칭하는 말이면서도 뉘앙스는 사뭇 다릅니다. '지구온난화'와 함께 이 세 개념은 혼용되고 있지만 최근엔 기후위기라는 말을 더 많이 씁니다. 기후변화라고 말하면 단지 기후가 변한 상황을 설명할 뿐, 그 심각성은 전달하지 못한다는 문제의식에서 비롯된 것입니다. 또 최근의 기후변화가 인류가 초래한 것으로 확인됐으므로, 그 이전 기후변화들과 구분하자는 의도도 내포돼 있습니다.

을 0(Zero)으로 만드는 것을 말합니다. 즉, 배출되는 탄소와 흡수되는 탄소량을 같게 해서 탄소 '순배출이 0'이 되게 하는 것으로, '넷-제로(Net-Zero)'라고도 부릅니다.

UN 산하 기관인 기후변화에 관한 정부간 협의체 IPCC[3]는 2018년 10월 우리나라 인천 송도에서 개최된 제48차 IPCC 총회에서 「지구 온난화 1.5℃ 특별보고서」[4]를 승인하고 2015년 파리협정 채택 시 합의된 1.5℃ 목표에 대한 과학적 근거를 마련했습니다. 지구 기온 상승을 산업혁명 이전 수준에서 1.5℃ 이하로 억제하기로 한 것입니다. 그 후 국제에너지기구(IEA)가 2021년에 「넷제로 2050: 글로벌 에너지 부문 로드맵」을 발표했습니다. 그해 8월는 다시 IPCC가 제6차 평가 보고서를 발표하며 기온 상승을 1.5℃ 이하로 억제하기 위해서는 CO_2 배출을 급격하게 감소시켜야 한다는 점을 강조했습니다. 이러한 목표를 달성하기 위해서는 2030년까지 온실가스 순 배출량을 2019년 대비 43% 감소시켜야 하며, CO_2 배출은 2050년 무렵까지 탄소중립(net-zero)을 달성해야 합니다. 이러한 목표는 2021년에 개최된 제26차 글래스고 회의에서도 재차 강조됐습니다.

이렇게 설정된 2050 탄소중립 시나리오는 2050년까지 세계에서 진행되는 탄소 배출을 최대한으로 줄여 넷제로(net-zero) 또는 탄소중립 상태에 도달하는 시나리오입니다. 탄소중립 시나리오를 달성하기 위해서는 총배출량을 최소로 줄이기 위한 대규모 탄소 저감 조치를 취

---

3) Intergovernmental Panel on Climate Change

4) 2015년 파리협정 채택 시 합의된 1.5℃ 목표의 과학적 근거 마련을 위해 유엔기후변화협약(UNFCCC) 당사국 총회가 IPCC에 공식적으로 요청하여 작성한 것입니다.

해야 합니다. 이를 위해서는 다음과 같은 조치들이 취해져야 합니다.

- 에너지 전환 : 화석연료에서 신·재생에너지로의 전환, 특히 태양광 및 풍력 발전의 증가가 필요합니다. 또한, 에너지 효율성을 향상시켜 에너지 사용을 감소시키는 것도 중요한 요소입니다.
- 교통 및 운송 : 교통수단의 전기화와 친환경 수송 수단의 증가를 통해 교통 부문에서의 탄소 배출을 줄여야 합니다.
- 산업 부문 : 산업 부문에서의 탄소 배출 저감을 위해 최첨단 기술 도입과 생산 과정의 효율성 향상이 중요합니다.
- 건축 및 도시 계획 : 건물의 에너지 효율성을 개선하고 친환경적인 도시 계획을 통해 건축 부문의 탄소 배출을 줄여야 합니다.
- 자연 거점의 보호 및 복원 : 숲의 보호와 복원을 통해 탄소 흡수를 증가시키는 것이 중요합니다. 또한, 지속 가능한 농업 및 토지 관리도 중요한 역할을 합니다.

이 목표를 달성하기 위해서는 무엇보다 에너지 부문 전반에 걸쳐 이산화탄소 배출이 적은 에너지원이 기존의 화석연료를 대체해야 합니다. 석유, 석탄, 천연가스 등 기존의 화석연료를 대체할 수 있는 에너지를 대체에너지 또는 신·재생에너지라고도 합니다. 대체에너지에는 태양, 풍력, 지열, 해양에너지 등 자연에서 얻는 에너지원과 바이오에너지, 수소전지, 폐기물 등 새로운 형태의 에너지원 등이 있습니다. 대체에너지는 오염 물질의 배출이 적어 지속 가능한 에너지로 각광을 받고 있으나, 화석연료에 비해 효율이 떨어지고, 대규모의 설비 투자 등 비용 대비 경제성이 낮다는 단점이 있습니다. 또한 태양, 바람, 지열, 바다 등을 이용하는 경우, 기후나 지형 등 지리적 조건의 영향을 크게 받습니다. 이에 따라 대체에너지의 비중은 세계적으로 매우 낮은 편에 속하나, 지속적인 기술 개발과 보급으로 생산 및 소비 비중이 점차 증가하는 추세입니다.

대체 에너지원 중에서도 바이오에너지와 태양광 에너지 비중이 점차 높아지고 있습니다. IEA에 따르면, 전기화, 에너지 효율성 개선, 행동 변화 등으로 인해 전체 에너지 공급은 2021년부터 2030년까지 10% 감소하게 됩니다. 그렇지만 세계 경제는 그 기간에 거의 30% 이상 성장합니다. 에너지 원단위(原單位) 개선율[5]이 매년 4% 이상 상승하게 됩니다. 또 자동차 분야에서 전기화와 에너지 효율 향상, 행동 변화로 인해 석유는 2030년까지 약 1/5 감소합니다. 2021년 에너지 총소비는 2020년 수준 대비 5.2% 증가했지만, 2030년에는 글로벌 GDP의 빠른 성장에도 불구하고, 에너지 총소비는 2021년 대비 거의 10% 감소합니다. 이 기간에, GDP 대비 에너지 소비 강도[6] 개선은 지난 10년간의 평균보다 2.5배 이상 빨라졌습니다. 이러한 효과가 나타나는 요

---

5) 에너지 원단위(energy intensity)란 국내총생산(GDP) 1천 달러를 생산하는 데 소비되는 에너지의 양을 뜻합니다. 그러므로 에너지 원단위는 에너지 소비 효율을 잘 드러내 주는 지표가 되며, 낮을수록 해당 효율이 높다는 뜻입니다. 여기서는 '에너지 원단위가 개선되는 비율'을 말하므로 에너지 효율이 매년 4% 이상 높아진다는 것을 의미합니다.

6) 에너지 소비 강도(energy consumption intensity)란 GDP나 산업 생산 등의 경제적 활동을 하기 위해서 필요한 총 에너지의 양에 대한 지표입니다. 즉, 단위 GDP당 소비되는 에너지양을 의미하는 것입니다. 예를 들어, 하나의 제품을 생산하는 데 필요한 총 에너지 양이 적으면, 에너지 소비 강도는 낮아지게 됩니다. 즉, 경제적인 활동 수준이나 규모가 같다면, 에너지 소비 강도가 낮을수록 더 효율적이고, 경제적이며, 환경적으로도 요구 사항을 충족시킬 수 있게 됩니다.

인은 화석연료를 대체하는 데서 오는 효율성, 에너지 소비 장치와 건축물에 대한 기술 발전, 전기화로 인한 효율성 증가, 그리고 행동 변화 및 수요 절감입니다.

화석연료는 2021년 에너지 총소비의 60%를 차지했지만, 2030년에는 약 45%로 낮아지고, 2050년이 되면 단 5%만 남게 됩니다. 전기는 최종 에너지 소비에서 '새로운 석유'의 역할을 하게 됩니다. 지금은 에너지 총소비에서 20%를 차지하고 있지만, 2030년에는 30% 약간 못되는 수준으로, 그리고 2050년에는 50% 이상을 차지하게 됩니다. 수소 및 수소 기반 연료는 2030년 이후에 두드러지게 증가하며, 2050년까지는 에너지 총소비의 10%를 차지하게 될 전망입니다. 바이오에너지는 현재부터 2050년까지 약간 증가하면서 대체로 안정적인 상태로 현상 유지될 것으로 보입니다.

이처럼 2050년까지 전기가 전체 최종 에너지 소비의 50% 이상을 차지하게 되는데, 이는 과거 석유가 1973년에 기록한 최종 에너지 소비 점유율 47%보다도 높습니다. 전기 자동차의 효율성은 가솔린 자동차의 3배 이상이며, 자동차 내부의 난방에 사용되는 히트 펌프[7)]의 효율성도 1을 훨씬 넘습니다. 1을 넘는다는 것은 투입되는 전기보다 그 전기로 발열시키는 양이 더 많아진다는 뜻입니다. 이런 방정식이 가능한 이유는 전기차의 난방을 할 때 배터리 소모를 줄이기 위해 배터리

7) 히트펌프는 전기차에 불리한 난방 효율을 극복하기 위해 개발된 기술입니다. 기존의 내연기관 자동차는 엔진에서 발생하는 많은 열에너지를 실내 난방에 활용하면 됐지만, 전기차는 히터를 켜기 위해 별도의 전기에너지(배터리)를 사용해야 합니다. 그러면 난방에 전기가 쓰이는 만큼 전기차 주행거리는 짧아지게 됩니다. 하지만 히트펌프 기술을 활용하면 전기차에서도 난방 시스템을 효율적으로 가동할 수 있어서 배터리 사용을 최소화할 수 있습니다.

전기만 쓰는 것이 아니라 자동차를 구동하면서 생기는 폐열[8]도 함께 이용하기 때문입니다. 요즘 전기차의 히트펌프 효율은 보통 2~5정도 됩니다.

그렇다면 앞으로 2050년 이후가 되면 전기가 모든 에너지 소비의 100%를 차지하게 될까요? 그렇지 않습니다. 현재 시장에 출시된 기술이나 앞으로 몇십 년 동안 상용화 가능성이 있는 기술 가운데는 전기로 구동하는 것이 비효율적인 경우도 있습니다. 에너지 집약적인 산업에서 에너지 수요의 약 절반은 현재 기술로는 전기화하기 어려운 400℃ 이상의 고온 공정을 필요로 합니다. 또 배, 비행기, 대형 트럭도 전기를 이용하기 어려운 분야입니다. 현재로서는 이런 산업에 사용하는 에너지를 전기화하는 것이 매우 어렵지만, 대형 트럭의 경우에는 점차 전기 트럭이 증가하고 있듯이 차차 전기화할 가능성은 있습니다. 또 건물 부문에서는 기존 지역 난방망이 전략적인 자산인 관계로 당장 전기로 교체하기는 어렵기 때문에, 대신 고체 바이오 에너지 등 친환경 에너지원을 사용하여 탄소배출을 줄이고 있습니다. 산업용 연료 가운데도 전기화할 수 없는 부분이 많습니다.

신·재생에너지

탄소중립 2050을 달성하기 위해서는 화석연료 사용을 최대한 억제

---

8) 전기모터, 온보드차저(AC 전원 충전 시 사용되는 DC 변환기), 통합전력제어장치(차량 내 전력을 제어하는 장치) 등에서 발생하는 열을 활용합니다. 하지만 실내 난방에 필요한 열 온도는 40℃ 정도이므로 바로 사용할 수는 없고, 차가워진 냉매를 다시 데우는 과정에서 이 폐열을 활용합니다. 그렇게 하면 히트펌프의 효율도 높이고, 배터리도 식힐 수 있게 됩니다.

하고 친환경 에너지를 사용해야 합니다. 그 해답은 화석연료를 대체할 수 있는 친환경 에너지원인 신·재생에너지에 있습니다. 신·재생에너지는 신에너지와 재생에너지를 합친 말입니다. 일반 사람들은 이 둘을 거의 구분하지 않고 뭉뚱그려 사용합니다. 그러나 엄밀하게는 둘은 완전히 다른 개념입니다.

신에너지	재생에너지	
수소에너지	태양에너지	지열에너지
연료전지	풍력	바이오에너지
석탄 액화·가스화 에너지	수력	폐기물에너지
	해양에너지	

신에너지는 이전에 우리가 쓰던 에너지를 효율성 향상과 탄소 배출 저감을 위해 다른 형태로 변환해서 이용하는 새로운 에너지를 말합니다. 연료 전지, 석탄 액화·가스화 에너지, 수소 에너지가 여기에 포함됩니다. 연료전지나 수소 에너지는 모두 화석연료나 천연가스에서 추출하는 수소를 이용합니다. 다만 수소 추출 시 물을 원료로 하여 전기분해 방식을 이용한다면, 이때의 수소 에너지는 신에너지가 아니라 재생에너지가 됩니다. 수소 에너지에 대해서는 뒤에서 더 자세히 살펴보겠습니다. 수소 에너지가 사용되는 사례 가운데 우리가 가까이서 볼 수 있는 것은 수소차입니다. 현대자동차에서 내놓은 넥쏘(Nexo)가 바로 연료전지를 연료로 사용하는 친환경 자동차입니다.

석탄 액화·가스화 에너지는 잘 알려지지 않아서 생소할 수도 있습니다. 석탄을 그냥 때면 이산화탄소를 포함한 공해 물질이 너무 많이 배출되고 열효율도 낮습니다. 이를 개선하여 열효율도 올리고 청정에너지에 가까워지도록 만드는 일거양득의 효과를 얻기 위해 천연가스처럼 가스로 만들거나, 석유처럼 액화시켜 이동과 보관의 편의를 높인 것이 석탄 액화·가스화 에너지입니다. 석탄은 고생대의 식물들이 약 6,000만 년 동안 퇴적되며 높은 압력과 열에 의해 분해된, 불에 잘 타는 암석입니다. 18세기 말 석탄을 연료로 하는 증기기관이 발명되며 석탄은 산업혁명을 이끄는 견인차 구실을 했습니다. 오늘날에도 전기를 생산하기 위해 발전소에서 가장 많이 사용하는 연료는 바로 석탄입니다. 그 이유는 모든 에너지원 중 석탄의 발전단가가 가장 저렴하고, 매장량도 가장 많으며, 매장 지역이 전 세계에 고르게 분포되어 있기 때문입니다. 그러나 석탄에는 두 가지 치명적인 단점이 있습니다. 첫째, 연소 과정에서 이산화탄소와 황산화물 등의 오염물질을 많이 배출합니다. 둘째, 고체 상태이기 때문에 운반과 처리 과정이 불편합니다. 인류 앞에 탄소중립이라는 시대적, 절대적 과제가 놓여있는 지금 이런 결정적인 단점을 지닌 석탄을 그냥 사용할 수는 없는 노릇입니다. 그래서 석탄을 액화·가스화하는 기술이 필요한 것입니다. 더구나 전 세계적으로 많은 발전소가 석탄을 연료로 사용하기 때문에 다른 청정에너지원이 자리를 잡기 전까지는 어떻게든 이 발전소들을 돌려야 하지만 탄소배출이 너무 심해 큰 문제가 되는 것입니다. 미국의 경우 석탄을 때는 화력발전이 전체 발전량의 거의 절반을 차지합니다. 우리나라도 그와 비슷하게 2021년 기준으로 전체 발전량의 42%를 차지하고 있습니다. 그래서 이 문제를 해결하면서, 이왕이면 열효율까지도 높여볼 심산으로 석탄을 가스화하는 것입니다. '석탄 가스화' 기술은 앞서 언급했던 오염 물질을 많이 배출하는 단점을 극복하는 기술입니다. 석탄은 고체 연료라는 특성으로 인해 완전 연소가 이루어지기 어려워 분진 공해가 많이 발생하고, 유해 성분이 많이 포함돼 있어서 대기오염물질인 질산화물과 황산화물이 많이 발생합니다. 이에 반해 천연가스는 완전 연소가 가능해 분진 공해가 없고, 대기오염물질을 거의 발생시키지 않아서 석탄보다 훨씬 환경친화적인 에너지원입니다. 석탄 가스화 기술은 바로 천연가스의 장점에 착안해 석탄을 천연가스처럼 만드는 기술입니다. 높은 온도와 압력에서 석탄에 산소와 수소를 반응시키면 일산화탄소와 수소가 주성분인 합성가스가 생성되는 것이 기본 원리입니다. 이러한 합성가스는 '석탄가스화 복합발전'을 통해 전기를 생산하는 데 쓰이기도 하고, 수소로 변환되어 연료전지에 사용되기도 하며, 메탄올, 요소 등 다양한 화학 원료를 생산하는 데 사용되기도 합니다.

한편 '석탄 액화' 기술은 석탄을 운반하고 처리하는 것이 어렵다는 단점을 극복하기 위한 기술입니다. 이 단점은 액체 상태인 석유와 비교해 보면 확연히 드러납니다. 석유는 사용하기 편리해 대부분의 교통·운송 수단에 연료로 사용되는 등 활용 범위가 가장 넓은 에너지원입니다. 석유의 이러한 장점에 착안하여 석탄을 액체 연료로 변환하는 기술이 바로 석탄 액화 기술입니다. 석탄 액화 기술에는 높은 온도와 압력에서 석탄이 끊어지게 만든 후 수소를 부착하여 액화시키는 '직접 액화'와 석탄 가스화를 통해 합성가스로 만든 석탄을, 촉매를 통해 액화시키는 '간접 액화'가 있습니다. 직접 액화는 효율성 면에서는 간접 액화보다 뛰어나지만 대기 오염 물질 및 온실가스 배출과 관련해서는 문제가 많습니다. 그러므로 직접 액화 기술을 산업에 배치하는 것은 불가능합니다. 반면 간접 액화를 통해 파생된 일부 합성 연료는 대기 오염 물질 및 온실 가스 배출 면에서 원유에서 파생된 연료보다 성능이 우수합니다. 그래서 산업 일부에서 간접 액화 기술을 채택하는 것은, 비록 완전한 방법은 아니지만, 석탄을 포기하지 않고도 심각한 기후 및 환경 문제에 대응하는 해결책이 될 수 있습니다.

간접 액화 기술은 2단계로 진행됩니다. 먼저 앞서 이야기한 가스화 과정을 거쳐 합성가스를 만듭니다. 그리고는 이 가스를 액체로 만들어 연료로 사용합니다. 액화 과정은 대부분 피셔-트롭시 공정[9]을 통해 이루어지며, 합성가스를 화학적으로 정제하여 황과 질소를 포함한 불순물을 제거하고 휘발유 또는 디젤로 변환합니다. 이 연료에는 황이 없어서 휘발유보다 깨끗하다고 합니다.

다른 재료를 섞지 않고 석탄만으로 액화시킨다면, 그리고 이때 배출되는 공해물질을 따로 포집해 처리하지 않는다면, 석탄 액화 기술은 온실가스 배출 측면에서 일거양득(一擧兩得)이 아니라 설상가상(雪上加霜)이 됩니다. 석탄 자체는 에너지 단위당 탄소 함량이 천연가스보다 거의 두 배, 석유보다 약 20% 더 많습니다. 그러므로 가스화 과정에서 이미 탄소가 마구 배출되는 데다, 이 가스를 연료로 사용하기 위

9) 피셔-트롭시 공정(Fischer-Tropsch process)은 일산화탄소(CO)와 수소(H_2) 또는 수성가스(water gas)의 혼합물을 액체 탄화 수소로 전환하는 공정입니다. 일반적으로 이 화학 반응은 150~300°C의 온도와 수십 기압의 압력에서 금속 촉매가 있을 때 일어납니다. 이 공정은 독일의 화학자 피셔(F. Fisher)와 트롭시(H. Tropsch)가 석탄 가스화에 의한 합성 가스로부터 합성 연료를 제조하는 기술을 개발한 데서 처음 시작되었습니다.

해 태우면 또다시 탄소가 배출돼 하나 마나 한 짓이 되는 것입니다. 석탄 액화 과정에서 방출되는 탄소량은 원유에서 휘발유를 정제할 때보다 두 배나 되기 때문입니다. 다만 가스화 과정에서 나오는 탄소를 대기 중으로 날려 보내지 않고 포집해서 매립과 같은 영구적인 처리를 한다면 이야기가 약간 달라집니다. 미국 에너지기술연구소(NETL)의 연구에 의하면, 석탄 액화·가스화 과정에서 탄소를 포집하면 이 가스의 탄소 배출은 일반 석유보다 5~10% 낮아집니다. 그리고 이 과정에는 배럴당 5달러라는 돈이 듭니다. 그런데 가스화 과정에 바이오매스[10] 가 추가되면 상황이 많이 달라집니다. NEFL은 비식품 원료 바이오매스 30%와 석탄을 함께 가스화하여 액화 연료를 생산하면 2005년 석유를 기준으로 수명 주기 동안 온실가스 배출량이 무려 4,230%나 낮아진다는 연구 결과를 발표했습니다. 그런데 문제가 있습니다. 바이오매스를 사용하는 것이 저렴하지 않다는 것입니다. 미국 과학진흥협회(AAAS)에 따르면, 석탄 액화 정제 공정은 최종적으로 동등한 양의 석유를 정제하는 것보다 3~4배 더 비싸며, 바이오매스를 석탄과 혼합하는 경우 공정은 더 비싸집니다. 다만 가스화 공정을 별개로 진행하지 않고 석탄 가스화 발전소로 만들어 진행하면 일반 석탄 화력 발전소보다 훨씬 효율성이 높아집니다. 즉, 석탄 가스를 연소시켜 발전하면서, 동시에 석탄 가스화 과정에서 나오는 증기도 증기 터빈 발전

10) 바이오매스(biomass)는 에너지로 전용할 수 있거나 특정 공정을 통해 에너지를 생산하는 농작물, 폐기물, 목재, 생물 등을 총칭하는 말입니다. 바이오디젤, 바이오에탄올 등의 바이오연료 및 화학소재의 원료로 활용됩니다. 옥수수와 사탕수수는 1세대, 목재나 볏집 등 목질계는 2세대, 미세조류 등은 3세대로 불립니다.

기를 설치해 발전에 활용하게 되면 높은 효율을 얻을 수 있습니다. 아직 갈 길은 멀어 보이지만 연구자들은 석탄에서 더 많은 전기를 뽑아내는 청정 발전소, 청정 수소 생산, 연료전지 생산 등 다양한 방안을 연구 중입니다. 그러나 이 과정에 아직 숙제가 산더미 같이 쌓여있어서 신에너지 개념은 거의 사용되지 않고 있는 실정입니다. 특히 영어권에서는 신에너지(new energy)라는 말을 재생에너지(renewable energy)나 대체에너지(alternative energy)와 동의어로 사용하고 있을 정도입니다.

한편, 재생에너지는 자연에 있는 에너지원을 이용하는 방법입니다. 여기에 해당하는 에너지원으로는 태양광, 태양열, 풍력, 수력, 지열, 바이오에너지, 해양에너지, 폐기물에너지 등이 있습니다. '재생(renewable)'이란 '쓰고 나면 또다시 생긴다'는 의미입니다. 예를 들어, 태양광과 바람은 써도 써도 소모되지 않고 계속 생깁니다. 이런 재생에너지원은 풍부하게 존재하며, 그것도 바로 우리 주변에 있습니다. 반면에 화석연료인 석탄, 석유, 가스는 수억 년에 걸쳐 형성됐지만 한 번 쓰면 재생이 불가능한 자원입니다.

◆ **태양 에너지**

태양 에너지는 가장 풍부한 에너지 자원 중 하나로, 흐린 날씨에서도 활용할 수 있습니다. 지구가 흡수하는 태양 에너지는 인류가 에너지를 소비하는 양보다 약 10,000배나 더 많습니다. 태양 에너지 기술은 열, 냉방, 자연 채광, 전기 및 연료 등 다양한 용도로 사용됩니다. 태양 에너지 기술은 태양광 패널을 통해, 또는 태양 복사를 한곳으로 모으는 거울을 통해 태양광 에너지를 전기에너지로 변환합니다. 태양 에너지를 활용하는 데 있어서 가장 큰 난관은 비싼 태양광 패널 제조 비용이지만, 이것도 지난 10년 동안 급격히 하락하여 이제는 전기 생산비가 기존의 화석연료에 의한 발전과 거의 동등한 수준에 도달했으며 시간이 흐를수록 오히려 더 저렴해 질 전망입니다. 태양광 패널의 수명은 20~25년입니다.

◆ **풍력 에너지**

풍력 에너지는 육지(onshore) 또는 바다·호수(offshore)에 풍력터빈을 설치하여 바람의 운동 에너지를 전기에너지로 수확하는 에너지원입니다. 풍차에서 보듯이 풍력은 우리 인류가 수천 년 동안 사용해 온 에너지원입니다. 온·오프쇼어 풍력 에너지 기술은 최근 몇 년 동안 비약적으로 발전하여, 터빈을 더 크게 만들고 더 높이 올려 전기 생산을 극대화시켰습니다. 평균 풍속은 지역과 위치에 따라 상당히 다르지만, 대부분의 지역은 풍력 에너지 도입이 가능합니다. 해안가는 풍력 발전이 자리 잡기에 가장 조건을 갖추고 있습니다. 바다는 육지와의 온도 차이 때문에 강력한 바람이 생기는 데다 딱히 장애물도 없어서 풍력 발전에 좋은 환경이 되며, 육상 풍력 발전보다 에너지 효율이 더 높습니다.

풍력 발전은 단점도 있습니다. 해양에 설치할 경우 해양 생태계를 파괴할 우려가 있고, 어민들의 생업도 위협할 수 있습니다. 또 거대한 날개(블레이드)가 돌아가면서 내는 소음 공해도 만만치 않아서 인근 주민들에게 고통을 줍니다. 새들이 날아가다가 날개에 부딪히는 사고도 빈번해, 특히 철새 도래지와 같이 새가 많이 몰리는 곳에 설치하면 생태계에 피해를 입힐 수도 있습니다.

◆ 지열 에너지

지열 에너지는 지구 내부의 열에너지를 활용합니다. 그래서 주로 화산활동이 많거나 온천이 발달한 지역에 주로 설치됩니다. 지열발전은 지하에 있는 고온층으로부터 증기 또는 열수의 형태로 열을 받아들여 발전하는 방식입니다. 지열은 지표면에서 수백 또는 수천 미터 깊이에 있는 고온의 물(온천)이나 암석(마그마) 등이 가지고 있는 에너지입니다. 일반적으로 자연상태에서 지열의 온도는 지하로 100m 깊어질수록 평균 3°C~4°C 가 높아지며 지구의 중심부인 내핵은 6,000°C에 이릅니다. 지열은 지하 수백 미터에서 수천 미터에 있는 지열 저류(저축)층으로부터 시추공을 통해 추출됩니다. 시추공으로부터 고온의 증기를 얻으면 이 증기로 증기터빈을 돌려 발전합니다. 자연적으로 충분히 뜨거우면서 투과성이 좋은 저류층을 '수열 저류층'라고 합니다. 반면 충분히 뜨거우면서 수리자극(hydraulic stimulation)[11]에 의해 개선된 저류층을 '첨단 지열 시스템'이라고 합니다. 수열 저류층에서 전기를 생산하는 기술은 이미 충분히 검증돼 신뢰성을 얻고 있으며, 역사도 100년 이상 됩니다.

---

11) 수리자극은 발전 효율성을 높이기 위해 주입정에서 지하 암반에 물을 주입해 인공적인 틈을 만드는 작업입니다. 2017년 발생한 포항 지진은 진앙 인근 포항지열발전소의 무리한 수리자극으로 인해 발생했다고 알려져 있습니다.

◆ 수력 에너지

수력 에너지는 물이 아래로 흐를 때 낙차에서 생기는 힘을 이용하여 에너지를 얻는 방식입니다. 낙차가 크고 수량이 많을수록 전기를 많이 생산할 수 있으므로, 물의 양과 흐름에 따라 발전의 종류도 달라집니다. 우리가 흔히 보는 수력 발전은 강이나 하천을 가로막아 댐으로 물을 가둔 뒤, 댐의 위와 아래 사이의 낙차를 이용하여 발전하는 저류식 발전(Reservoir hydropower plant)입니다. 댐은 발전뿐만 아니라 상수도, 홍수 조절, 관개용수 등 다른 목적으로도 활용되기 때문에 다목적댐이라고도 합니다. 수로식 발전(run-of-river hydropower plant)은 경사가 급하고 굴곡이 심한 강이나 하천의 굴곡부 상류에서 경사진 직선 수로를 만들고, 그곳으로 흐르는 물줄기의 힘을 이용하여 발전하는 방식입니다. 수력 에너지는 현재 재생에너지를 이용한 전기 부문에서 가장 큰 비중을 차지하고 있습니다. 일반적으로 안정적인 강우 패턴에 의존하지만, 기후변화로 인한 가뭄이나 강우 패턴 변화에 부정적인 영향을 받을 수 있습니다. 그리고 수력 발전을 위해 댐을 설치하면 강과 하천의 자연생태계에 악영향을 미칠 수 있어서 친환경적인 발전이라고 하기 어려운 경우도 있습니다. 이 때문에 소수력 발전(소규모 수력 발전)이 가장 환경친화적이라고 할 수 있는데, 외딴 지역의 지역사회에 적합한 발전 방식입니다. 특히 근래에는 분산발전[12)]이 에너지 시장에서 새로운 대안으로 떠오르고 있어서 수

---

12) 분산발전은 전기가 필요한 지역 근방에 소규모 발전설비를 갖추고 전력을 공급하는 방식입니다. 발전소에서 수요지까지 거리가 가까워 송배전 시설 및 운영 비용을 절감할 수 있고, 광역 정전을 피할 수 있으며, 주민참여를 이끌 수 있어서 최근 신·재생에너지 사업을 중심으로 주목받고 있습니다.

력 에너지 부문에서는 소수력 발전이 성장할 것으로 기대됩니다.

◈ 해양 에너지

해양 에너지 시스템은 파도나 조류와 같은 해수의 운동 에너지를 이용하여 전기나 열을 생산하는 기술입니다. 해양 에너지 시스템 기술은 아직은 초기 단계에 있으며, 여러 형태의 조류용 프로토타입 터빈이 연구 개발 중에 있습니다. 태양 에너지와 마찬가지로 해양 에너지 역시 이론적으로는 우리가 필요로 하는 에너지 요구량을 월등히 넘어섭니다.

◈ 바이오 에너지

바이오 에너지는 나무, 숯, 거름과 같은 다양한 유기 물질인 바이오매스(biomass)를 이용하여 열과 전력을 생산합니다. 대부분의 바이오매스는 주로 개발도상국의 가난한 인구에 의해 주로 농촌 지역에서 요리, 조명 및 난방에 사용됩니다. 현대적인 바이오매스 시스템에는 전용 작물이나 나무, 농업 및 산림에서 나오는 잔여물, 다양한 유기 폐기물 등이 포함됩니다. 바이오매스를 태울 때도 온실가스가 배출되지만, 그 양은 화석연료 보다는 적은 수준입니다. 그러나 바이오 에너지 원료를 확보하기 위해 대규모로 운영하는 플랜테이션은 숲을 파괴하기 때문에 바이오 에너지는 제한적으로 사용되어야 합니다.

재생에너지 발전 용량은 빠른 속도로 증가하고 있습니다. IEA에 따르면, 2025년 초까지 재생에너지는 석탄을 추월하여 가장 큰 발전용 에너지원이 될 것으로 예상됩니다. 전체 전력 공급 중 재생에너지 발전

비중은 2027년까지 10%포인트 증가하여 40%에 육박하게 됩니다. 이 기간에 풍력 발전과 태양광 발전으로 생산되는 전력량은 2배 이상 증가하여, 2027년에는 전체 발전량의 거의 20%를 차지합니다. 수력, 바이오매스, 지열 등의 재생에너지 성장은 정체될 것으로 보이는데, 이러한 발전은 전체 전력 시스템을 통합하는 데 중요한 역할을 하지만 효율성이 떨어지기 때문입니다.

난방 부문을 보면 2027년까지 난방용으로 사용되는 재생에너지는 30% 이상 증가하게 될 것입니다. 그 덕분에 재생에너지를 이용한 난방 비율은 11%에서 14%로 높아지게 될 것입니다. 현재 재생에너지를 이용한 난방은 에너지 위기로 인해 유럽연합을 비롯한 많은 지역에서 인기를 끌고 있습니다. 산업과 건축 분야에서는, 전력 분야에서 재생에너지의 비중이 증가하고 전기를 이용한 난방, 히트 펌프 등이 증가함에 따라 재생에너지에 의한 열 사용이 많이 늘어날 것입니다. 그러나, 아직 재생 열에너지 개발은 화석연료 기반 열 소비를 대체할만한 수준에는 미치지 못하고 있습니다.

그리드 패러티

그리드 패러티(grid parity)란 태양광, 풍력 등 재생에너지 발전 시스템을 통해 전기를 생산하는 비용이 기존의 화석연료를 이용하여 발전하는 데 드는 비용과 같거나 더 저렴해지는 수준에 도달하는 것을 의미합니다. 이는 재생에너지 발전 시스템이 기존의 화석연료 발전 시스템에 대해 경쟁력을 갖게 되는 시점을 나타냅니다. 기존에는 화석연료를 사용하는 발전 방식이 전력 생산에서 주류였지만, 재생에너지의 기술 발전과 인프라 구축에 따라 비용이 많이 감소하고 효율성이 증가하면서 재생에너지 발전 시스템의 경제성이 크게 향상되고 있습니다. 이에 따라 그리드 패리티 시점이 점점 가까워지고 있습니다. 재생에너지의 경제적인 이점을 통해, 그리드 패리티를 달성하게 되면 미래의 전력 생산은 더욱더 환경친화적이며 지속 가능한 방식으로 이루어질 수 있습니다. 그리드 패리티는 재생에너지 산업의 성장을 촉진하고, 탄소 배출을 줄이는 데 도움을 주는 중요한 이정표로 인식되고 있습니다.

한국수출입은행 해외경제연구소의 「2017년 2분기 태양광산업 동향」에 따르면, 유럽 및 미국 등의 선진국에서 태양광 발전은 이미 그리드 패리티에 도달했습니다. 미국의 경우 2017년 1분기 기준 태양광 및 풍력 발전은 석탄발전과 경쟁할 수준으로 단가가 하락했습니다. 영국의 경우 풍력이 가장 저렴한 발전원입니다. 독일과 영국은 가스 및 석탄 발전에 탄소세가 부과되고 있어 신·재생에너지 발전의 경쟁력이 높습니다. 이 연구소가 내놓은 「2020년 1분기 태양광산업 동향」을 살펴보면 2018년을 기점으로 태양광 발전이 그리드패러티에 도달하면서 세계 태양광 시장은 새로운 수요시대에 진입한 것으로 평가되었습니다. 글로벌 수준에서는 태양광산업이 이미 그리드 패러티에 도달한 것입니다.

우리나라는 다른 선진국에 비하면 아직 그리드 패리티를 달성하기엔 거리감이 있습니다. 높은 환경비용, 질 낮은 에너지원 등으로 신·재생에너지 비용이 상대적으로 비싼 상황입니다. 전력거래소의 통계에 따르면 2021년 1kWh당 생산단가는 원자력이 58.4원, 유연탄 93.2원, LNG 111.1원, 양수 122.0원, 태양광의 경우 87.0원, 풍력은 86.0원이었습니다. 정부의 신·재생에너지 확대 정책으로 원자력을 제외한 기존 발전 방식에 비해 태양광과 풍력의 단가가 낮은 것이므로 순수한 의미에서의 그리드 패리티에 도달했다고 볼 수는 없습니다.

스마트 그리드와 에너지 저장 기술의 발전

전기는 무조건 많이 생산하는 것만이 능사는 아닙니다. 생산되는 전기를 우리가 사용하기 위해서는 발전소에서 우리가 생활하는 곳까지 송전선을 설치하여 발전되는 전기를 끌어와야 합니다. 또 생산된 전기를 다 사용하지 못하면 버려야 하기 때문에 나중에 쓸 수 있도록 저장할 수도 있어야 합니다. 이렇게 전기를 사람과 산업이 사용할 수 있도록 전기를 끌어오는 길을 만드는 것을 전력 그리드라고 합니다. '그리드(grid)'는 격자무늬를 의미하는데 원자력발전소, 수력발전소, 화력발전소, 태양광 발전소, 풍력발전소 등 수많은 발전소가 여러 곳에 분산돼 있고, 전기를 써야 하는 곳 역시 수없이 많으므로 이들을 연결하자면 격자 형태를 이룰 수밖에 없으므로 송전선과 전력망 시스템을 그리드라고 하는 것입니다. 이 그리드에 디지털 기술, 센서, 소프트웨어를 사용하여 안정성과 신뢰성을 높이고 유지 비용을 최소화하며, 전기의 수요와 공급도 잘 매치시키도록 만든 것을 특히 '스마트 그리드'라고 합니다.

'스마트 그리드'는 전기 및 정보통신 기술을 활용해 전력망을 지능화·고도화함으로써 고품질의 전력 서비스를 제공하고 에너지 효율을 극대화하는 전력망입니다. 기존의 전력 시스템은 최대 수요량에 맞춰 예비율을 두고 일반적으로 예상 수요보다 15% 정도 많이 생산하도록 설계돼 있습니다. 이 때문에 잉여 전기를 생산하기 위해 연료를 더 확보해야 하고, 각종 발전설비가 추가적으로 필요하며, 버리는 전기량이 많아 에너지 효율도 떨어집니다. 또한 석탄, 석유, 천연가스 등 발전 연료를 태우는 과정에서 이산화탄소 배출량도 늘어납니다. 스마트 그리드를 구축하면 전기를 과생산할 필요가 없으므로 에너지 낭비를 줄이고, 에너지 효율을 향상시킬 수 있습니다. 또 전국 곳곳에 설치된 신·재생에너지 발전소들을 전력 그리드로 연결할 수 있으므로 전력 생산량이 크게 늘어나 에너지 해외 의존도를 감소시킵니다. 이에 더해 기존의 발전설비에 들어가는 화석연료 사용 절감을 통해 온실가스 감소 효과로 지구온난화도 막을 수 있습니다.

스마트 그리드는 또한 전기 생산자와 소비자에게 전기 사용량과 공급량 정보를 제공해 더욱 효율적으로 전기 공급을 관리할 수 있게 해줍니다. 디지털 기술을 이용해 실시간으로 정보를 모아 전력 그리드에서 필요한 전력을 필요한 곳에 적시에 전달하고 불필요한 추가 전력 생산을 막습니다. 이 때문에 스마트 그리드는 '지능형 전력망'으로 불리기도 합니다. 앞으로는 인공지능 기술이 접목돼 전력 배치의 효율화를 더욱더 높이게 될 것입니다. 역으로 이러한 스마트 그리드가 없다면 한여름과 같이 전기 수요가 폭증하는 때는 전기가 부족해서 지역에 따라 대규모 정전 사태인 블랙아웃이 발생할 위험이 크고, 전기 수요가 적을 때는 전기를 쓰지 않아서 낭비하게 됩니다.

탄소중립을 달성하기 위해 청정에너지로 전환하는 것은 전기 수요를 증가시킬 뿐만 아니라 태양광이나 풍력과 같은 변동성이 큰 재생에너지의 광범위한 보급을 필요로 합니다. 여기에 대응하기 위해서는 전력 그리드에 더 스마트한 기능이 접목돼야 합니다. 스마트 그리드 기술은 이러한 그린 에너지 전환을 관리하면서 새로운 전력망 인프라에 대한 비용을 줄이는 데 도움을 줍니다. 또 그리드 내에 설치된 에너지 저장 시설을 적절히 활용하여 전기의 수급을 안정적으로 조절하는 역할을 합니다.

스마트 그리드는 모든 생산자, 그리드 운영자, 최종 사용자 및 전기 시장 이해관계자들의 요구 사항과 능력을 조정하여 가능한 모든 시스템 부문을 효율적으로 운영함으로써 비용 부담과 환경 영향을 최소화하고 시스템 신뢰성, 탄력성, 유연성 및 안정성을 극대화합니다. 대부분의 기술은 이미 성숙 단계에 도달했습니다. 이제는 많은 투자를 유도하여 스마트 그리드의 처리 능력을 높여야 합니다. IEA에 따르면 2050 넷제로 달성을 위해 2030년까지 스마트 그리드에 대한 투자가 이머징 마켓과 개발도상국을 중심으로 2배 이상 증가할 필요가 있다고 합니다.

세계 각국도 스마트 그리드 구축과 확장에 집중하고 있습니다. 미국은 2022년, 105억 달러를 투자하는 그리드 탄력성 혁신 파트너십 프로그램(GRIP, Grid Resilience Innovative Partnership)을 발표했습니다. 2008년 금융위기 이후 노후화된 전력망의 현대화 및 확장, 경기 부양 등을 목적으로 스마트 그리드 실증, 표준화·인증, 인력양성 등에 대규모로 투자했습니다. 이를 통해 구글의 인공지능을 결합한 딥마인드, 테슬라의 태양광과 에너지저장장치를 결합한 서비스, 오라클의 에너지 빅데이터 서비스 등 민간 기업을 중심으로 세계 최고 수준의 스마트 그리드 서비스를 제공하고 있습니다

EU도 2022년 말에 '에너지 시스템 디지털화'라는 EU 행동 계획을 발표했습니다. 2030년까지 유럽 전력망에 약 5,840억 유로(6,330억 달러)를 투자할 것으로 예상되며, 이 중 1,700억 유로(1,840억 달러)는 스마트미터(smart meter)[13] 보급, 그리드 관리 자동화, 디지털 계량 기술 및 현장 운영 개선 등 디지털 전환을 이루는 데 투입됩니다. 이를 통해 2020년대 중반까지 스마트미터 보급률 100%를 달성할 계획이며, 가상발전소(virtual power plant), 국가 간 전력거래(supergrid) 등의 분야에서 스마트 그리드 시장을 선도할 것으로 보입니다.

우리나라 역시 2030년까지 수십조 원의 예산을 투입해 새로운 구조의 스마트 그리드를 구축할 계획입니다. 스마트 그리드 사업은 지난 2008년 정부가 지정한 '국가 8대 신성장동력 사업'에 선정되며 본격화됐습니다. 2016년에는 스마트 그리드 국가 로드맵을 마련했습니다. 2030년 국가 단위 스마트 그리드를 구축하겠다는 계획입니다. 스마트 그리드는 전력 공급 유연성 강화, 스마트한 전력소비 체계 구축, 전력

13) 스마트미터는 전기, 가스, 수도 등의 공공요금을 측정하고 데이터를 수집하는 전자계기입니다. 기존의 전기, 가스, 수도 계량기보다 더 정확한 측정과 데이터 수집이 가능하며, 원격으로 데이터를 확인하고 관리할 수 있는 기능도 제공합니다. 이를 통해 소비 패턴 파악, 지능형 공급관리 등의 효율적인 에너지 관리가 가능해지는 등 다양한 이점이 있습니다.

계통 시스템 디지털화, 마이크로그리드 활성화, 지능형전력망 산업 생태계 구축이라는 5대 주요 과제를 중심으로 연구·개발을 추진하고 있습니다. 기존에 있던 여러 부문에 ICT 기술을 접목한 새로운 구조의 스마트 그리드 상용화 계획입니다. 우리나라는 스마트 그리드 기술을 적용해 송배전망 관리방식을 지능화하고, 전력계통도 실시간으로 운영·제어하는 등 세계 수준의 스마트 그리드 운영 역량을 보유하고 있습니다.

청정에너지로 전환하는 것은 전력 수요가 크게 증가하면서 풍력 및 태양광과 같은 가변적인 재생에너지의 확대를 수반함으로써 전력망에 더 많은 수요가 몰리게 만듭니다. 스마트 그리드 기술은 비용이 많이 드는 새로운 그리드 인프라를 설치할 필요성을 줄이면서 이러한 전환을 관리하는 데 도움을 주며, 전력 그리드를 보다 탄력적이고 안정적으로 만들 수 있습니다.

한편 스마트 그리드 기술은 생산된 전기가 남을 때 이를 저장해 뒀다가 필요할 때 사용할 수 있도록 해 에너지 효율을 높이는 저장 장치를 필요로 합니다. 이러한 장치를 에너지저장장치(ESS: energy storage system)라고 부릅니다. 흔히 에너지 저장 시스템이라고도 하며, 영어 약자인 ESS라고 부릅니다. 에너지저장장치를 이용하면 발전, 송배전 등 단계별 저장이 가능합니다. ESS는 전력 공급자와 소비자가 실시간으로 정보를 교환함으로써 전력을 안정적으로 공급하는 역할을 합니다. 곳곳에 흩어져 있는 신재생 발전소와 결합해 전력을 공급할 수 있으며, 전기 요금이 저렴한 시간대에 전기를 저장했다가 피크타임에 사용할 수 있도록 하여 에너지 사용 효율을 높여줍니다. 블랙아웃이 발생했을 때, 에너지저장장치로 미리 충전해 둔 에너지를 사용하면 일상생활에 큰 문제 없이 전력을 공급받을 수 있습니다.

스마트 그리드 체계에서는 전력망에 소용될 수 있는 정도의 규모를 갖춘 저장장치가 필요합니다. 이런 저장장치를 '그리드용 에너지 저장장치(grid-scale storage)'라고 하며, 전력 그리드에 연결되어 대규모로 에너지를 저장하고 유지합니다. 전력망에 그리드용 에너지 저장장치가 연결되면 재생에너지의 단점이라고 할 수 있는 간헐적이고 변동적인 발전을 보완할 수 있습니다. 즉, 생산이 많이 되는 동안에는 전기를 이 저장장치에 충전해뒀다가 필요할 때 꺼내서 쓸 수 있으므로 전력망의 효율을 획기적으로 개선할 수 있는 것입니다. 이러한 그리드용 저장장치는 단기적인 전기 수급 밸런싱 뿐만 아니라 그리드 안정성 보조, 재생에너지와 같은 지속 가능한 발전원 활용, 장기적인 에너지 저장, 정전 후 그리드 운영 복원과 같은 중요한 시스템 서비스를 제공합니다. 연구원들은 양수발전[14), 회전식 플라이휠(flywheel)[15), 캐패시터(capacitor)[16), 전기 배터리 등 다양한 에너지 저장 시스템을 연구하여 전력 그리드의 운영을 원활하게 하는 데 도움을 주고 있습니다. 지금까지 가장 많이 사용해오던 양수발전은 더 이상 확대가 어려운 상황

14) 양수발전(hydroelectric power)은 전기가 남을 때 전기를 이용하여 저수지의 물을 높은 곳으로 끌어올려 놓았다가 전기가 필요할 때 그물을 아래로 흘려보내면서 다시 전기를 생산하는 방식입니다. 세계적으로 ESS의 90% 이상을 차지합니다. 이 방식은 에너지 저장이 가능하고 발전단가가 저렴하다는 장점이 있지만 환경에 부정적인 영향을 미쳐 추가적인 확대가 어려운 상황입니다.

15) 전기에너지를 플라이휠의 회전 관성에너지로 저장하는 방식입니다. 급속충전이 가능하고 수명이 길지만, 에너지 밀도가 낮고 대기전력 손실이 높은 것이 단점입니다.

16) 콘덴서를 이용하여 에너지를 저장하는 방식입니다.

이므로 빠른 응답 시간, 높은 유연성, 짧은 시공주기 등의 장점이 지니고 있는 전기 배터리가 가장 실현 가능한 옵션으로 떠오르고 있습니다. 그러나 이런 저장장치들을 그리드 규모의 에너지 저장 시스템에 통합할 때는 용량, 수명, 에너지 효율, 전력 밀도, 에너지 밀도[17] 등을 고려해야 합니다.

리튬이온 전지는 에너지 효율성과 밀도가 높고 수명이 길어서 특히 선호되고 있습니다. 현재 전력 그리드 안정화에 주로 사용되는 배터리 기술로, 전기 배터리 시스템 중 77%가 리튬 이온 배터리에 의존하고 있습니다. 그러나 온도가 높아지면 전해액이 마르면서 화재가 발생할 우려가 높다는 단점이 있습니다. 플로우 배터리는 확장 가능성이 크고, 전력 밀도를 저하시키지 않으면서 지속 시간을 늘릴 수 있는 능력을 지니고 있으며, 사용할 수 있는 물질의 범위도 넓어 리튬 이온 배터리에 대한 유망한 대안으로 떠오르고 있습니다. 또 20년 동안 100,000 회 이상의 충전이 가능할 만큼 수명이 길고, 폭발이나 화재의 위험성이 적습니다. 비금속 유기 물질, 바나듐, 아연 등의 대체 재료를 활용하는 새로운 플로우 배터리 기술들이 등장하고 있어서 크게 기대를 모으고 있습니다.

풍력 및 태양광과 같은 재생 에너지원은 간헐성 발전 때문에 효율이 떨어집니다. 그렇다고 이런 불안정한 발전을 보완하자고 전통적인 발전기를 옆에 붙일 수도 없는 노릇입니다. 따라서 빠르게 전력을 밸런

17) 에너지 밀도(energy density)는 단위 부피 또는 단위 무게 당 가지고 있는 에너지의 양을 뜻합니다. 전지나 연료의 효율을 나타내는 지표입니다. 에너지 밀도가 높다면 같은 에너지를 가지고 있으면서도 가볍고 부피가 작은 배터리를 만들 수 있습니다.

싱하기 위해 배터리를 사용하게 됩니다. 배터리는 응답이 빠르고 확장성이 좋아 전력 관리에 매우 적합합니다. 특히 리튬 이온 배터리는 최대 4시간 동안 최대 부하(전기 수요)를 관리하는 데 매우 유용하며, 그런 만큼 발전기를 따로 설치하지 않아도 되므로 가스 발전소를 대체할 수 있습니다. 또한 배터리는 송전망에 유연성을 제공하여 재해 사태 발생시에도 안정적으로 시스템을 운영할 수 있게 해줍니다.

배터리는 전원 백업 시스템을 유지하고 전력망의 안정성을 보장하는 데 중요합니다. 배터리는 어디든 필요한 위치에 적정한 규모로 설치할 수 있어서 전력의 수요와 공급 사이의 균형을 유지하는 데 도움이 됩니다. 배터리 시스템의 배치는 추가 타워나 전선을 설치하지 않고도 송전선로에 설치할 수 있으므로 작업 효율도 높일 수 있습니다. 전력망의 배터리 시스템은 피크 수요 시간에 전기를 공급하고 수요가 적은 시간에는 다시 충전하도록 설계됩니다. 이러한 배터리는 고립된 전력망의 주파수 및 전압의 안정성을 유지하는 데 도움을 줍니다.

수소 경제

"수소는 어느 곳에나 있습니다. 적절하게만 사용되면 고갈되지도 않습니다. 수소는 지구상의 모든 인간들에게 영원한 에너지원이 될 수 있습니다. 그것도 아주 공평하게. 그래서 우리는 수소에너지를 인류 역사상 최초로 누구에게나 제공되는 민주주의적 에너지 체제로 만들 수 있습니다."

2002년 미국의 저명한 작가이자 문명비평가인 제레미 리프킨(Jeremy Rifkin)은 『수소경제(The Hydrogen Economy)』라는 책을 통해서 이렇게 주장했습니다.

제레미 리프킨은 이 책을 통해, '영원한 연료'인 수소를 이용할 수 있도록, 에너지 산업을 재생에너지 인프라로 전환할 것을 제안했습니다. 연료로서의 수소가 갖는 매력은 지구 어디에나 있고, 열량이 매우 높으며, 연소해도 공해가 전혀 없다는 것입니다. 수소는 물, 화석, 생명체를 포함하여 지구상의 거의 모든 것에 들어있습니다. 실제로 우리는 수소를 볼 수도 없고 만질 수도 없지만, 우리가 보고 만지는 모든 것에 들어있는 셈입니다. 또 열량이 높아 로켓 연료와 같은 응용 분야에서 강력한 에너지로 활용됩니다. 게다가 동력을 얻기 위해 연소될 때 타면서 발생하는 가스나 찌꺼기는 오염물질이 아닌 청정한 수증기, 즉 물입니다.

적정 규모로 운영되는 청정 수소 및 수소 기반 연료는, 재생에너지, 탄소 포집, 활용 및 저장 솔루션과 같은 기술과 함께 글로벌 에너지 시스템의 탈탄소 노력에 중심적인 역할을 할 수 있습니다.

아래 표는 국제재생에너지기구(IRENA)가 발표한 자료로, 전세계 수소 수요를 보여주는 차트입니다. G7 회원국들의 2020년 수소 수요량과, 2050년 예상 수요량을 비교하고 있는데, 차트에 나오는 대로 2050년까지 4~7배 증가할 것으로 예상됩니다. IEA에 따르면 2050년까지 이렇게 탄소중립 시나리오의 일환으로 활용되는 수소 및 수소 기반 연료 덕분에 이산화탄소 배출을 최대 600억톤을 줄일 수 있습니다. 이는 총 누적 배출 감소량의 6%에 해당하는 수치입니다.

G7 국가 수소에너지 수요 전망

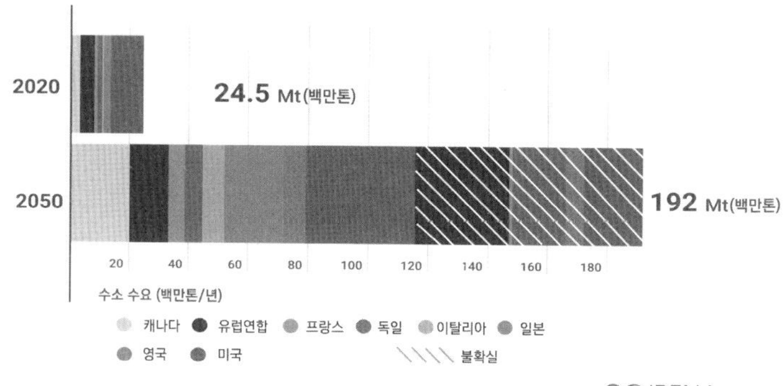

수소가 갖는 장점은 여러 가지가 있지만 가장 큰 장점은 역시 다른 신·재생에너지들을 완벽하게 보완해주는 친환경 에너지라는 것입니다. 풍력, 태양열, 기타 신·재생에너지는 전 세계 에너지 전환에 필수적인 에너지원들입니다. 그러나 이들 에너지원만으로는 전기 수요를 충족시킬 수 없는 부분이 있습니다. 주문형 발전이 필요한 경우나 트럭과 같은 대형 운송 수단, 수소가 꼭 필요한 산업 분야 등입니다. 이런 분야는 수소가 아니면 일반 화석연료를 사용해야 하므로 탄소 배출 저감에 문제가 됩니다.

오늘날 수소의 대부분은 정유와 화학 산업에 사용됩니다. 산업용 수소 수요는 1975년 이후 3배로 증가했으며, 에너지 전환 연료로서의 잠재력으로 볼 때 수요가 기하급수적으로 증가할 것으로 예상됩니다. 포스코그룹의 경우 포스코의 수소환원제철과 포스코에너지의 발전 사업 자체만으로도 대한민국 최대 규모의 수소 수요가 발생하는 기업입니다. 2050년이 되면 포스코가 생산하는 수소 700만 톤 중 포스코 그룹의 내부 수요는 500만 톤에 이를 것으로 예상되며, 이중 수소환원 제철용은 370만 톤, 수소발전용은 130만 톤으로 전망됩니다. 이 수치가 어느 정도인가 하면, 2021년 세계 총 수소 수요량은 9,400만톤이었습니다.

마찬가지로 수소는 해운, 철도, 트럭, 버스와 같이 전기 사용이 어려운 대형운송·교통 부문의 탈탄소화에 도움이 됩니다. 독일에서는 2022년에 처음으로 수소 연료로 구동되는 기차가 운행되기 시작했습니다. 또 국제해사기구(IMO)가 선박 소유주와 운영자에게 부과하는 탄소 배출 규제가 점점 더 엄격해 짐에 따라 해운업 부문에서 청정 수소에 대한 관심이 높아지고 있습니다. 현재 선박에 수소나 수소 기반 연료를 이용하는 시범 사업이 100개 이상 시행되고 있습니다.

일부 중공업 부문에서도 수소 활용을 위한 녹색 전환을 적극적으로 추진하고 있습니다. 철강산업은 공업 부문에서 가장 많은 온실가스를 배출하는 산업으로, 철강산업의 탈탄소가 주요 산업 국가들의 탄소중립 달성의 열쇠입니다. 우리나라의 경우, 철강산업은 2018년 기준으로, 약 1억 100만 톤의 온실가스를 배출했는데, 이는 산업 부문 배출량의 39%, 국내 전체 온실가스 배출량의 13.1%에 해당합니다. 특히 포스코 66.8%와 현대제철 25%의 탄소 배출량은, 철강 부문 전체 배출량의 92%를 차지할 정도로 많습니다.

제철 과정에서 탄소가 많이 배출되는 것은, 고로를 이용한 생산방식과 관련이 깊습니다. 이 방식은 고로에 석탄을 넣고 태워 1,500°C

이상의 고온을 만들어 철광석을 녹인 뒤 철만 뽑아내는 방식입니다. 고로 방식의 생산 과정에서는 일산화탄소가 발생해 철광석에서 산소를 분리시키는 환원반응이 일어나는데, 이때 이산화탄소가 발생하는 것입니다. 그래서 환경단체들은, 철강을 생산할 때 탄소를 많이 발생시키는 고로 방식을 퇴출시키고, 대신 수소환원제철이나 전기로 같은 방식을 확대할 것을 제안해 왔습니다. 수소환원세철은 석탄이 아닌 수소를 환원제로 이용해 철을 제조하는 방식으로, 석탄을 사용할 때보다 온실가스 배출이 줄어듭니다.

스웨덴의 에너지 공급업체인 SSAB와 철광석 생산업체인 LKAB가 합작 설립한 하이브릿(Hybrit)이 새로운 공정을 시범 운영하고 있습니다. 지금까지는 화석 연료로 만든 코크스를 사용해서 철광석 펠릿에서 산소를 추출하고 스폰지 철이라고 불리는 다공성 철 펠릿을 남기는 방식이었습니다. 하이브릿이 시험하는 새로운 방법은 수소 가스를 이용해 산소를 추출합니다. 수소 가스는 화석연료를 사용하지 않고 물을 전기 분해하여 얻습니다. 그런 다음 스폰지 철은 전기 아크 가마로 들어가 최종적으로 강철로 만들어집니다. 이 방식의 제철 공정에서는 오염물질이 없는 수증기만 방출됩니다.

이 회사의 탈탄소 책임자 미카엘 노드랜더는 "이 기술은 익히 알려지긴 했지만 지금까지 연구실에서만 이뤄졌다"며, "이 시범 사업은 실제로 산업현장에서 상용화될 수 있는지 확인하는 것"이라고 말했습니다. 2021년 8월 하이브릿은 첫 번째 목표를 달성했습니다. 자동차 제조업체 볼보에 화석연료를 사용하지 않은 강철을 처음으로 납품한 것입니다. 볼보는 차량 시제품에 이 강철을 사용했습니다. 이런 성과를 기반으로 2026년 완공을 목표로 상용화된 생산 공장도 계획해 두고 있습니다.

2020년과 2021년 사이에 전 세계 수소 수요가 5% 증가한 것은 여러 지역에서 기존 응용 분야와 신규 응용 분야가 모두 전반적으로 증가했다는 것을 의미합니다. 청정 수소는 유럽 26개국의 국가 수소 정책에서 보듯 다양한 국가의 고유한 요구들을 지원하는 강력한 도구가 됩니다. 전기 사용이 어려운 부문에 대한 탈탄소화 능력, 에너지 안보 제공 능력, 지역 간 재생에너지 분배 능력 등 수소의 유연성 덕분에 여러 지역에서 탄소중립의 핵심적인 역할을 수행하는 680여개 프로젝트가 한창 진행 중입니다. 예를 들어, 유럽은 전 세계 수소 투자의 30%를 담당하고 있으며, 북미 지역은 전 세계 저탄소 수소 생산의 80%를 맡고 있습니다. 또 한국과 일본은 전 세계 연료 전지의 50%를 생산하면서 공급망을 지원하고 있습니다.

산업용 수소에는 여러 종류가 있습니다. 무색의 기체이지만, 종류를 구별하기 위해 서로 다른 색상으로 표시합니다. 생산 방식에 따라 연소 시 배출 가스도 달라집니다. 그래서 각각의 색상은 서로 다른 생산 방식을 나타낸다고 보면 됩니다.

그레이 수소는 메탄이 주성분인 천연가스를 개질하기 위해 고온의 수증기를 촉매로 화학반응 시킴으로써 생성되는 수소로, 이 과정에서 이산화탄소가 배출됩니다. 1kg의 수소를 생산하는 데 약 10kg의 이산화탄소가 배출됩니다. 이 수소 추출 방법은 다른 종류의 화석연료를 연소시켜 생성하는 블랙 혹은 브라운 수소 보다는 이산화탄소를 적게 배출합니다.

블루 수소는 그레이 수소와 생산 방식은 동일하지만, 생산 과정 중 발생하는 이산화탄소를 대기로 방출하지 않고 포집 및 저장 기술을 이용해 이산화탄소를 따로 저장합니다. 그레이 수소보다는 이산화탄소 배출이 적어 친환경성이 높고 이산화탄소 포집 및 저장 기술 또한 높은 성숙도와 경쟁력이 확보돼 가장 현실적인 대안으로 주목받고 있습니다. 다만, 이산화탄소를 완전히 제거하지 못해 포집된 이산화탄소를 지하에 영구적으로 저장해야만 '청정 수소'라는 라벨을 붙일 수 있다는 점이 한계입니다.

그린 수소는 물을 전기분해하여 얻어지는 수소로, 태양광 또는 풍력 같은 신·재생에너지를 통해 얻은 전기에너지를 물에 가해 수소와 산소를 생산합니다. 따라서 생산 과정에서 이산화탄소 배출이 전혀 없어 '궁극적인 친환경 수소'라고 불립니다. 인류가 추구하는 미래의 청정에너지원은 바로 이 그린 수소입니다. 각국은 그린 수소 생산과 사용을 장려하기 위해 여러 제도를 구축하고 있습니다. 유럽연합은 블루 수소, 그린 수소 인증 기준을 마련하는 한편, 2016년부터 수소의 친환경성을 인증하는 '수소 원산지 보증제도' 시스템을 구축했습니다. 우리나라는 청정 수소 생산 과정에서 탄소 배출량에 따라 등급을 매기는, 청정수소 인증제도가 2024년부터 시행됩니다.

오늘날 사용되고 있는 수소의 대부분은 화석연료를 사용하여 생성됩니다. IEA는 2021년에 천연가스가 전체 생산량의 약 60%를 차지했으며, 석탄이 약 20%를 차지했다고 지적하고 있습니다. 그린 수소는 현재 전체 수소 생산량의 약 0.1%에 불과하지만 신·재생에너지와 전기분해 비용이 계속 하락함에 따라 비중은 점차 증가하게 될 것입니다. IEA 보고서에 따르면 수소 수요는 앞에서 언급한 대로 2021년에 9,400만 톤에 도달했는데, 이는 코로나19 발생 전인 2019년의 총 9,100만톤에서 조금 증가한 수치로, 전 세계 최종 에너지 소비에서 약 2.5%를 차지합니다. 수소 생산 증가는 대부분 청정하지 않은 원료에서 나온 것이지만 저탄소 수소 프로젝트가 급증할 예정이어서 점차 청정 수소 생산으로 변화될 것입니다. 이와 함께 우크라이나 전쟁으로 인한 에너지 위기 여파로 각국 정부는 미래에 깨끗한 수소를 생산할 수 있는 새로운 천연가스 및 LNG 인프라에 투자하면서 미래를 대비하는 전략을 추구해 가고 있습니다.

현재 진행 중인 프로젝트들이 모두 진행된다면 2030년에는 저탄소 수소 생산량이 연간 1,600~2,400만톤에 이르게 되는데, 이 가운데 블루 수소는 700만톤~1,000만톤, 전기분해를 통해 생산되는 그린 수소는 900~1,400만톤입니다. 그런데 IEA가 펴낸 '글로벌 수소 보고서 2022'에 따르면 수소 연료에 관한 3가지 불확실성, 즉 불투명한 미래의 수소 수요, 일관성 없는 규제 프레임워크, 수소 운송 인프라 부족으로 신규 프로젝트 중 4%만이 진행 중이거나 최종 투자 결정이 내려졌다고 합니다.

2022년에는 전기분해에 제공되는 전기량은 2배 증가하여 8기가와트에 달했습니다. 지금까지 산업계가 발표한 신규 전기분해 프로젝트가 모두 현실화하면, 2030년까지 연간 60기가와트에 이를 것으로 전망됩니다. 그리고 이것이 예정된 전기분해 수소 생산 규모의 증가와 함께 이루어진다면, 2030년 전기분해 비용은 2022년과 비교해 70%까지 하락하게 됩니다. 이 추세는 풍력 및 태양열 발전 분야에서 나타난 급격한 시설 비용 하락과 유사합니다. 이렇게 비용이 하락하면 그만큼 점유율은 높아지게 됩니다.

전체적으로 보면 청정 수소 연료 생산과 사용을 통한 탄소 저감에 큰 진전이 있을 것으로 보이지만, 그런 가운데 우려의 목소리도 들립니다. 청정 수소 생산은 2050년까지 IEA가 목표하고 있는 탄소중립 수준에 도달할 만큼 성장 속도가 빠르지는 않다는 것입니다. 세계 선진국가들 모두 청정 수소 공급을 확대하고 경제적인 가격의 저탄소 수소 수요를 창출할 수 있도록 더 많은 투자와 인센티브를 유인하는 적극적인 조치가 필요한 상황입니다.

그린 택소노미와 RE100

그린 택소노미(Green Taxonomy)는 녹색 산업(Green)과 분류학(Taxonomy)의 합성어로, 환경적으로 지속 가능한 경제 활동의 범위를 정하는 친환경 산업 분류 체계입니다. 탄소중립을 달성하기 위해 어떤 에너지나 사업이 친환경이고 친환경이 아닌지를 구분해 '녹색 프로젝트'의 목록을 만드는 것입니다. 이 목록에 포함되는 산업이라면 금융지원을 좀 더 용이하게 받을 수 있는 혜택이 주어집니다. 유럽연합(EU)은 2020년 6월 그린 택소노미 가이드를 처음 발표했고, 2022년 2

월 택소노미를 확정해 유럽의회에 제출했습니다. EU는 그린 택소노미가 정한 친환경 에너지 사업에 포함되는 업종이라면 금융 지원을 좀 더 쉽게 받을 수 있도록 했습니다. EU 집행위원회는 은행이 그린 택소노미에 부합하는 사업에 대해 우대금리로 대출을 해주는 것 등도 '택소노미 혜택'의 예시로 들기도 했다.

원자력발전과 천연가스를 그린 택소노미에 포함시킬 것인가에 대한 논쟁이 많았습니다. 결과적으로 유럽연합은 원자력발전에 대해 방사성 폐기물 처리 계획이 마련되고 자금과 부지가 확보되면 친환경으로 분류할 수 있다는 내용을 포함시켰습니다. 천연가스 발전은 메탄 유출 등이 문제로 지적되지만, 그린 택소노미에 포함될 수 있게 되었습니다.

우리나라도 2021년에 K-택소노미라는 한국형 녹색 분류 체계를 수립했습니다. K-택소노미는 어떤 경제 활동이 친환경적인지를 규정하는 가이드라인으로 녹색 투자 대상을 선별할 때 활용됩니다. K-택소노미는 탄소중립 사회 및 환경개선에 기여하는 경제 활동인 '녹색부문'과 탄소중립으로 전환하기 위한 중간과정으로서 과도기적으로 필요한 '전환부문' 2가지로 구성돼 있습니다. 녹색 부문에는 재생에너지 생산, 무공해 차량 제조 등 67가지 경제 활동으로 온실가스 감축에 기여하는 활동들이 포함됩니다. 전환 부문은 탄소중립 전환을 위한 한시적인 경제 활동입니다. 대표적으로 액화천연가스(LNG) 생산, 블루 수소 제조, 원자력발전 등이 있습니다.

환경부는 '한국형 녹색채권 발행 이자보전 지원 사업'을 시행하며 한국형 녹색채권에 따른 녹색채권 발행을 시작했습니다. 녹색채권은 사회적책임투자채권(ESG채권)의 한 종류로, 신·재생에너지 등 친환경 프로젝트나 사회기반시설 등에 투자할 자금을 마련하기 위해 발행하는 특수목적 채권입니다. 탄소중립과 환경개선에 기여하는 등 환경부가 발표한 가이드라인 기준을 충족해야만 발행 가능합니다. 정부가 친환경 경제 활동에 인센티브를 제공하는 방식입니다.

한편, RE100[18]은 기업이 사용하는 전력의 100%를 2050년까지 재생에너지로만 충당하겠다는 국제 캠페인입니다. 이 캠페인은 2014년에 더클라이밋 그룹(The Climate Group)과 탄소공개프로젝트(Carbon Disclosure Project)에 의해 시작되었으며, 비즈니스를 통한 지속 가능한 에너지 전환을 촉진하려는 목표를 가지고 있습니다.

참여 회사들은 특정 시점까지 자신들의 전체 전력 소비를 100% 재생 가능 에너지로 전환할 것을 약속합니다. 이는 회사가 직접 재생 에너지를 생산하거나, 재생 에너지 인증서(RECs)를 구매하거나, 재생 에너지를 공급하는 공급자와 계약을 체결함으로써 달성될 수 있습니다.

RE100에 참여하는 회사들은 주로 대형 다국적 기업이지만, 중소기업도 참여하고 있습니다. 우리나라에서도 2020년 국내 최초로 참여한 SK하이닉스에 이어 미래에셋증권, KB금융그룹, LG에너지솔루션, 현대자동차, 기아, 현대모비스, KT, LG이노텍, 삼성전자 등 대기업들이 줄줄이 동참했습니다. 이러한 참여는 기업의 지속 가능한 사업 모델과 브랜드 가치를 높이는 한편, 재생 에너지 시장을 확대하여 기후 변화와 관련된 리스크를 줄이는 데에도 기여합니다.

---

18) RE는 '재생에너지(Renewable Energy)'를 의미합니다.

기업들이 경영상의 어려움에도 불구하고 RE100에 가입해야 하는 이유는 향후 기업의 생존과 직결되기 때문입니다. 유럽과 미국 같은 선진국들은 환경보호를 위한 강력한 규제를 만들고 있습니다. 이들은 앞으로 환경보호를 실천하지 않는 기업들의 제품은 수입이나 구매하지 않으려고 합니다. 또 애플, GM(제너럴모터스)과 같은 글로벌 기업들을 중심으로 RE100 이행을 강제하는 계약구도가 형성되고 있습니다. 그러므로 수출을 해야 하는 기업이라면 RE100에 가입하지 않을 수 없는 것입니다. 이처럼 RE100 캠페인은 기업들에게 탄소 배출을 줄이고 지속 가능한 에너지 사용을 촉진하는 효과적인 방법을 제공하며, 다른 기업과 정부가 이러한 노력에 더 적극적으로 참여하도록 독려합니다.

2050 탄소중립과 소형 모듈형 원자로(SMR)

우리가 숨 쉬는 것부터 먹는 것, 입는 것, 교통수단을 이용해 이동하는 것, 다양한 문명의 이기를 이용하며 일상을 즐기는 것 등 모든 것이 탄소배출 없이 이루어지는 것은 하나도 없습니다. 탄소 배출 없이 생활하라고 한다면 그건 그냥 죽으라는 말과 같습니다. 그만큼 현대문명을 누리며 사는 우리가 탄소를 감축해 넷-제로를 달성하는 것은 극히 어려운 일입니다.

탄소중립을 이루기 위해서는 산업혁명 이래로 화석연료를 태워 이산화탄소를 뿜어내며 동력을 얻는 지금까지의 산업 형태를 송두리째 바꿔야 합니다. 이 말은 탄소 배출 없이 친환경 에너지원을 활용해서 동력을 얻어야 한다는 말입니다. 태양열, 풍력, 조력, 바이오 에너지 등이 그 대안으로 각광을 받고 있지만, 이들 에너지원만으로는 한정된 시간 안에 기후변화를 억제할 만큼 기존의 산업을 친환경 산업으로 변화시키는 것은 불가능에 가깝습니다. 지구 생태계와 인류에 회복 불능의 재앙을 불러일으킬 시한폭탄은 종국을 향해 쉼 없이 째깍입니다. 이대로라면 결말을 예상하는 것은 그리 어렵지 않습니다.

여기서 가장 현실적인 대안으로 떠오른 것이 원자력 발전입니다. 앞서 살펴본 대로 2022년 유럽연합(EU) 의회는 원자력발전을 그린 택소노미에 포함하는 방안을 결의했습니다. 전 세계 기후위기 해결을 주도하고 있는 미국도 원자력을 탈탄소 전기를 생산하는 핵심적인 에너지원으로 보고 있습니다. 그래서 바이든 행정부가 들어서면서 탄소중립 실현을 위해 원자력발전 시장을 확대하는 쪽으로 방향을 잡고, 노후화된 원자력발전소의 수명 연장, 폐쇄된 발전소 재가동, 핵융합 개발 민간 기업 지원 확대 등 원전 산업에 드라이브를 걸고 있습니다.

사실 원자력 발전은 방사능 유출 사고, 핵폐기물 문제 등 부정적인 이미지가 강합니다. 그렇지만 이런 몇 가지 문제만 해결될 수 있다면 인류가 이때껏 발견한 것 중 원자력 만한 탈탄소 에너지원은 달리 없습니다. 원자력은 핵연료를 사용하기 때문에 연료 연소에서 발생하는 배기가스에 탄소가 있을 수 없으니 사실상 탄소 배출이 제로라고 볼 수 있습니다. 게다가 태양광이나 풍력보다 기후 영향을 거의 받지 않아서 가성비가 월등합니다. 이 분야 용어로 '에너지 밀도'가 매우 높다고 말할 수 있습니다. 그러니 탄소중립을 추진하면서 발생하게 되는 전력 공급의 불안정성과 전기 가격 상승 문제를 해결할 수 있는 일거양득의 해결사인 셈입니다.

결국 해답은 '안전한' 원전에 있습니다. 그래서 급부상하고 있는 것이 바로 '소형 모듈형 원자로(SMR, small modular reactor)'라는 신기술입니다. 소형 모듈형 원자로라는 명칭 그대로 전기 출력이 300MW(메가와트)급 이하인 소형 원전을 의미합니다. 출력이 1,000~1,500MW급에 달하는 기존 대형 원전의 3분의 1에서 5분의 1 이하 규모입니다. 국제원자력기구 IAEA는 300MW급 이하를 소형원자로, 700MW급 이하를 중형원자로로 분류합니다. 애초에 SMR은 송전망이 충분하지 않거나 외딴 지역에 소규모 전력을 공급하기 위해 개발됐습니다. 크기를 작게 하기 위해 대형 원전의 핵심 기기인 원자로, 증기발생기, 냉각재 펌프, 가압기 등을 하나의 용기에 넣은 원자로 모듈 형태로 일체화했습니다.

SMR은 원자로 하나에 저장된 핵연료 양이 적어 사고가 나도 방사성 물질에 의한 피해 반경이 넓지 않습니다. 또한, 원자로가 작아 출력이 낮으므로 원자로 냉각에 피동냉각계통을 채택하기 용이합니다. 피동냉각은 별도의 전원 없이 중력 같은 자연의 힘만으로 원전 내부를 냉각할 수 있는 안전 시스템을 말합니다. 그렇게 되면 후쿠시마 사고와 같이 원자로를 냉각시킬 방법이 없어서 원자로가 녹아내리는 사고를 원천적으로 배제할 수 있게 됩니다. 또 대부분의 SMR 구성품을 공장에서 제작·조립한 뒤 현장에서 설치만 하면 되기 때문에 제작 기간이 매우 짧다는 장점도 있습니다. 이런 장점으로 인해서 전 세계적으로

70여 종의 SMR이 개발되고 있으며, 마이크로소프트 창업자인 빌 게이츠도 '투자의 귀재' 워런 버핏과 함께 혁신형 SMR을 개발 중에 있습니다. 또 다른 특징은 기존의 원자력 산업이 국가 주도형 산업이자 대기업 위주였다면, 최근 개발되는 많은 수의 SMR은 민간 주도의 벤처 투자로 출발하여 사업화까지 이어져, 우리가 지금껏 알고 있던 전통적인 핵 에너지 이용의 패러다임을 바꾸고 있다는 점입니다.

SMR의 장점을 모두 구현할 수 있다면, SMR은 탄소 기반의 연료를 사용하지 않는 에너지원 중에 수백 MW를 생산하며 가스 터빈과 같이 유연 운전을 할 수 있는 유일한 기술이 됩니다. SMR은 ESS(에너지 저장 장치)나 수소 생산 기술과 결합하여 발전의 유연성을 더 높일 수 있으며, 전력 생산뿐 아니라 산업 단지에서 필요한 고온 열을 공급할 수도 있습니다. 이런 장점을 활용하면, 소규모 지역에서 전력 자급자족할 수 있는 스마트 그리드(전력망) 시스템인 '마이크로 그리드'나 소규모의 독립된 그리드에서도 SMR을 활용할 수 있게 되어 전통적으로 핵 에너지를 이용할 수 없던 산업 영역이나 지역에서도 핵 에너지 이용이 가능해집니다.

이러니 탄소중립이라는, 발등에 떨어진 불을 어떻게 끌 것이지 고심하고 있는 세계가 SMR에 주목하지 않을 수 없는 것입니다. 전 세계적으로 2030년대 전후 폐쇄될 석탄발전소가 SMR로 대체될 것으로 예상됨에 따라 향후 SMR 시장이 급성장할 것으로 예상되고 있습니다. 이에 원자력 선진국들의 SMR 개발 경쟁이 치열하게 진행되고 있습니다. 미국은 가장 빨리 뉴스케일(NuScale)이라는 SMR의 개발에 성공하여 사업화 중이고, 영국, 캐나다, 러시아 등 원자력 기술을 보유하고 있는 나라들도 개발에 박차를 가하고 있습니다.

우리나라도 발 빠르게 움직이고 있습니다. 2020년 12월 개최된 제9차 원자력진흥위원회에서 혁신형 SMR의 개발을 공식화하고, 2021년 한수원과 한국원자력연구원이 중심이 되어 기본설계를 시작했습니다. 2022년 6월에는 과학기술정보통신부와 산업통상자원부가 공동으로 신청한 '혁신형 SMR 기술개발사업'의 예비타당성조사가 통과되었습니다. 그에 따라 향후 6년간 약 4,000억 원을 투입하여 2028년까지 핵심기술 개발 및 검증, 표준설계를 수행하게 됩니다.

정부가 최근 몇 년간 탈원전 정책을 고수하면서 세계 최고의 기술 수준을 자랑하던 국내 원전 산업 생태계가 붕괴 직전까지 몰렸습니다. 그 사이 한국보다 원자력 기술 수준이 낮았던 중국, 러시아, 인도 같은 국가들이 놀라울 만큼의 기술 진보를 이뤘습니다. 그 때문에 우리의 기술 수준은 2023년 현재 미국·인도·러시아·중국 다음의 세계 5위로 추락하고 말았습니다. 그렇지만 우리나라 원전 산업은 핵심 탈탄소 발전원으로 떠오르는 SMR을 기반으로 회복에 나서고 있습니다. 원전 선진국들이 각축을 벌이고 있는 SMR 시장에서 승부는 경제성으로 판가름 나게 될 것입니다. 이제 대한민국은 원자력 강국으로서의 과거의 저력을 뜀틀 삼아 한국의 모델인 혁신형 SMR 기술로 에너지 안보, 탄소중립, 수출 증대라는 세 마리 토끼를 동시에 잡는 '초격차 원자력 강국'을 향해 힘차게 달려 나가고 있습니다. 윤정일 KAIST 원자력 및 양자공학과 교수는 이렇게 말합니다.

"초격차기술은 남이 넘볼 수 없는 절대적인 기술을 말합니다. 우리나라 원전 산업은 반세기 동안 세계 최고 원자력 공급망을 튼튼하게 갖췄습니다. 하지만 우리가 가지고 있는 사고의 틀은 과거 것이 많습니다. 우리가 준비되어 있는지, 최고 수준 유지할 수 있는지 항상 고민해서 시장의 불확실성을 잠재울 수 있는 기술 산업을 이끌어 가야 합니다."

지속가능성

"인류는 미래 세대에 피해를 주지 않으면서 발전해 갈 능력을 지니고 있습니다. 미래 세대의 몫이기도 한 환경을 보전하면서도 우리의 필요를 충족시키는 발전을 우리는 '지속 가능한 발전'이라고 말합니다. 그러나 비록 절대적인 것은 아니지만, 지속 가능한 발전 개념에는 제한이 있습니다. 인간의 기술과 사회 조직이 환경 자원의 상태를 유지할 수 있어야 한다는 제한과 생물권[19]이 소화해 낼 수 있는 정도까지만 인간의 활동이 이루어져야 한다는 제한입니다. 이런 제한 아래서도 인간의 기술과 사회 조직은 새로운 성장의 시대로 나아갈 수 있습니다.

전 세계가 지속 가능한 발전을 이루려면 지구의 생태학적 여건 내에서 더 부유한 사람들이 에너지 소비 방식을 적절하게 변화시킬 필요가 있습니다. 인구가 빠르게 증가함에 따라 자원 부족 압박이 심해지면서 인류의 생활 수준 향상을 정체시킬 수 있습니다. 따라서 지속 가능한 발전은 인구 규모와 증가율도 고려하면서 생태계의 복원력과 조화를 이루는 것이 중요합니다. 그러므로 지속 가능한 발전은 어떤 고

19) 생물권(biosphere)은 생물이 살 수 있는 지구 표면과 대기권을 말합니다.

정된 상태를 의미하는 것이 아니라 자원 개발, 투자의 방향, 기술 발전 방향, 제도 변화 등에 있어서 현재의 요구뿐만 아니라 미래의 요구에 맞춰 변경해 가는 과정이라고 할 것입니다. 이 과정은 결코 쉽거나 평탄하지 않습니다. 우리는 고통스러운 선택을 해야 합니다. 따라서 최종적으로 지속 가능한 발전은 정치적 의사결정에 달려 있습니다."

유엔의 세계 환경·발전위원회가 1987년 펴낸 「우리의 공통된 미래(Our Common Future)」라는 보고서에서 '지속 가능한 발전'이라는 개념을 제시하며 설명하는 내용입니다. 사람들이 환경 파괴와 기후변화에 대한 우려로 지속가능성을 이야기한 것은 결코 최근의 일이 아닙니다. 저 문서가 나온 지도 벌써 40년을 바라봅니다. 그 사이 환경은 훨씬 더 망가졌고, 기후변화는 온 지구에 기상이변을 가져다주고 있습니다. 우리 인간이 환경 파괴의 위험을 진즉에 알았음에도 아무런 행동도 취하지 않았다는 뜻입니다.

유엔(UN)이 제시한 지속가능성(sustainability)의 정의에서 주목해야 하는 점은 그 범위가 전 지구적 차원이고, 시간적으로도 끝이 없으며, 중단없이 진행되는 과정으로, 공평과 정의를 향한 도덕적 책임이 따른다는 것입니다. 지속가능성은 환경운동과 연관돼 있긴 하지만, 환경에만 초점을 맞추는 것은 잘못된 이해입니다. 지속가능성은 세 가지 측면에 기반합니다. 첫째는 환경적 지속가능성입니다. 환경적으로 지속 가능한 발전을 이루기 위해서는 인류의 소비 속도가 자연의 복원 속도를 초과하지 않아야 합니다. 즉, 인류가 환경 오염을 일으키고 온실 가스를 배출하는 속도가 자연이 그 오염물질들을 처리하는 복원 속도를 초과하지 않아야 합니다. 둘째는 사회적 지속가능성입니다. 이 지속가능성은 보건, 교육, 교통과 같은 인간의 기본적인 필요를 충족하고, 개인적 권리, 근로권, 문화적 권리가 존중되며, 모든 사람이 차별당하지 않도록 보호됨으로써 보건과 문화적 권리가 존중되는 건강한 커뮤니티를 구축할 수 있는 능력입니다. 셋째는 경제적 지속가능성입니다. 전 세계 인간 커뮤니티들이 누군가에게 예속됨이 없이 독립을 유지하며 필요한 자원에 접근할 수 있도록 하는 능력을 말합니다. 즉 모든 사람이 안정적인 생계원을 가지고 있음을 의미합니다.

지속가능성의 세 가지 측면은 서로 상호 의존성을 가지고 있습니다. 즉, 경제적 지속가능성은 사회적 지속가능성에 의존합니다. 사회적 지속가능성이 무너지면 경제적 지속가능성도 성립할 수 없는 것입니다. 또 사회적 지속가능성은 환경적 지속가능성에 의존합니다. 환경적 지속가능성이 사라지면 사회적 지속가능성도 무너지며, 그렇게 되면 경제적 지속가능성 역시 물거품이 되고 마는 것입니다.

지속가능성을 우리의 일상생활에 적용하는 프레임워크 가운데 하나가 **'지속 가능한 발전 목표(SDG)'**입니다. 2015년 유엔의 모든 회원국이 만장일치로 채택한 17개 SDG에는 2030년까지 활력 넘치고 번영하는 공정한 세상을 만들기 위한 행동 계획이 들어 있습니다. 이는 지속가능성을 실용적으로 구현하는 가이드로서, 169개의 명확한 목표와 231개의 측정 가능한 지표로 구성되어 있습니다. 이러한 접근 방식은, 비록 완벽하진 않지만, 모든 행위 주체들에게 지속가능성을 각인시키는 데는 유용한 방법입니다. 그 17가지 행동 계획을 살펴보겠습니다.

1. 빈곤 극복 : 모든 형태의 빈곤 종식과 식량 안전 및 영양 개선 등을 통한 교육·보건 등 삶의 질 향상
2. 기아 극복 : 기아 해소, 식량안보, 지속 가능한 농업발전
3. 보건 및 복지 : 올바른 의료 서비스 및 좋은 건강에 대한 권리를 보장 및 증진
4. 교육 : 교육의 질 개선과 모든 남녀노소의 평등한 교육 기회 보장
5. 성평등 : 성별에 상관없이 모든 사람에게 평등한 권리와 기회 보장
6. 깨끗한 물과 위생 : 깨끗한 물의 안전성을 보장하고 생활환경 정화
7. 에너지 : 신·재생에너지 개발과 에너지 접근 확대로 인간의 삶의 질 향상
8. 경제 성장 : 지속 가능하고 포용적인 경제성장과 일자리 창출
9. 산업과 기후변화 : 지속 가능한 산업과 인프라 구축 및 기후변화 대응
10. 불평등 해소 : 경제·사회·정치 분야에서 모든 사람의 불평등 해소
11. 지속 가능한 도시와 지역 : 지속 가능한 도시와 지역 개발 및 생활환경 개선
12. 지속 가능한 생산과 소비 : 생산과 소비 방식의 변화를 통한 지속가능성 담보
13. 기후위기 대응 : 기후위기 해결을 위한 각국의 적극적인 노력
14. 해양과 수자원 : 해양과 수자원 보호를 위한 국제적 협력
15. 생물다양성 : 생물다양성 보존 및 지속 가능한 이용
16. 평화와 정의 : 평화적·포괄적 사회증진, 공정한 사법제도와 강화된 국제협력을 통한 평화 실현
17. 글로벌 협력 : 이 목표들의 이행 수단 강화와 기업·의회·국가 간의 글로벌 파트너십

에너지의 미래

태양의 맨 안쪽에 자리 잡고 있는 핵은 수소 핵융합 반응이 일어나는 태양의 중심부입니다. 핵융합 반응은 우주에서 가장 가벼운 원자인 수소가 서로 부딪쳐 융합하면서 수소 다음으로 가벼운 원자인 헬륨으로 바뀌는 화학반응입니다. 이제 여기서 수소 원자 2개가 충돌해 헬륨 원자 하나를 만들고는 엄청난 양의 에너지를 뿜어냅니다. 이 에너지의 일부는 광속으로 달려와 지구의 식물들에게 따뜻한 햇볕이 돼 줍니다. 식물들은 이 빛을 이용하여 광합성을 하고 탄수화물을 만듭니다. 지구 생태계는 이렇게 해서 구동되기 시작합니다. 우리가 의존하는 모든 에너지의 근원은 바로 이 햇볕입니다. 석탄과 같은 화석연료도 한때는 광합성을 통해 에너지를 얻은 식물이었습니다. 태양 전지판은 태양광을 흡수하여 전기로 변환합니다. 풍력 발전소와 수력 발전소도 태양열이 육지와 바다를 가열하여 생긴 바람과 비에 의존합니다. 전 세계 햇볕을 단 한 시간만 포집해도 지구를 1년 동안 구동할 수 있는 에너지를 얻을 수 있습니다.

우리가 개발하는 에너지 기술은 태양이 주는 에너지를 최대한 높은 효율로 사용 가능한 형태의 에너지로 바꾸기 위한 것입니다. 태양 전지판은 이미 전 세계 전기 사용량의 3.5% 이상을 생산하는 가장 보편적인 재생에너지 중 하나가 됐습니다. 그러나 아직도 발전의 가능성은 더 남아 있습니다. 현재 태양 전지판의 효율은 20%대입니다. 화석연료를 완전히 대체하기 위해서는 이보다 더 높은 효율이 필요합니다.

풍력 에너지는 이미 세계 전력의 6% 이상을 생산하고 있습니다. 풍력 발전 기술도 더 저렴하고 효율적이며 강력한 발전기를 만들기 위해 끊임없이 발전하고 있습니다. 풍력 발전의 핵심은 바람의 운동 에너지를 잡는 날개에 있는데, 3D 프린팅을 포함한 기술적인 개선으로 날개를 더 길고 가벼운 재료로 제작하여 점점 효율성을 높여가고 있습니다. 또한 날개의 끝에 약간 굽은 팁을 추가하여 약한 바람도 최대한 활용할 수 있도록 하고, 바람의 흐름에 따라 자동으로 날개를 조절할 수 있는 스마트 날개도 개발되어 최적의 성능을 발휘하도록 하고 있습니다. 그 외에도 바람의 방향, 터빈의 구성 등에 관한 다양한 기술이 속속 개발되고 있습니다.

수력 에너지를 이용해 생산되는 전기는 전 세계 전기의 약 17%를 차지합니다. 이미 100년 이상의 역사를 통해 기술과 노하우가 축적돼 있음에도 여전히 개선 중입니다. 이제는 완만한 경사에서도 전기를 생성할 수 있는 기술이 연구되고 있습니다. 예를 들어, 아르키메데스 수력 스크류 시스템은 물이 내려가면서 나선형 스크류를 돌리게 하여 낙차가 낮은 수력으로도 전기를 생산할 수 있는 가능성을 보여주고 있습니다. 또 데이터 수집·분석 기술을 사용하여 효율성도 개선해 나가고 있습니다. 지금 가동되고 있는 수력발전소들 중 많은 시설은 오래된 것들이므로 작동 상황과 성능을 상세히 평가함으로써 잠재적인 문제들을 사전에 예방할 수 있습니다. 수문학적 예측[20], 계절별 수력시스

---

20) 수문학(hydrology)은 지구의 물을 연구하는 과학으로 지표의 하천과 호수 그리고 지하수를 포함하는 물의 흐름과 특성을 취급하는 학문입니다. 수문학적 예측(hydrological forecasting)이란 하천과 호수의 수온, 수위, 유속 등의 데이터를 수집하고 분석해 미래 일정 기간 동안의 강우, 증발, 눈날림 등의 수문 작용을 예측하고, 그 결과를 수목, 관개 등의 목적에 맞게 제공하는 기술을 말합니다. 주로 수자원을 관리하는 곳에서 사용되며, 재해 예방에도 활용됩니다.

템 분석, 예측에 따른 앞선 계획, 실시간 운영 등과 같은 분석 도구들은 수력발전소가 더 효율적으로 운영될 수 있도록 돕습니다.

이 모든 에너지가 태양을 근원으로 하고 있기 때문에 과학자들은 지구에서 태양의 핵융합을 모방하기 위해 노력하고 있습니다. 공상과학 소설에나 나오던 핵융합 발전에 대한 사람들의 생각이 '만약'에서 '언제'로 바뀌고 있습니다. 2022년 12월 세계에서 가장 큰 핵 융합 시설인 로렌스 리버무어 국립연구소(LLNC)의 국립점화시설(NIF)에서 사상 최초로 핵융합의 '점화(ignition)'에 성공했습니다. 실험에 참여한 과학자들은 비록 극히 짧은 시간이지만 핵융합 반응에 투입한 에너지보다 더 많은 에너지를 얻었다고 발표했습니다. 그전까지는 에너지 회수율이 0.73을 넘지 못했는데 이 실험에서 1.53을 돌파한 것입니다[21). 이로써 이제 인공적으로 핵융합 원리를 이용한 에너지 생산이 가능하다는 점과 핵융합을 통한 에너지 생산 효율이 목표에 다가갈 수 있음을 실증해낸 것입니다. 1950년대에 시작된 핵융합 기술 개발 시도가 70여년 만에 가장 극적인 전환점을 맞았다고 볼 수 있습니다.

핵융합은 지구상에서 가장 강력한 에너지원인 핵융합 반응[22)]을 이

21) 인공적 핵융합이 가능하려면 핵융합 환경을 만들어야 하는데, 여기에는 막대한 에너지가 소요됩니다. 그러므로 핵융합 발전이 실용성을 가지려면 그보다 생산되는 에너지가 더 많아야 합니다. 이에 따라 핵융합 에너지 증폭 계수(Q ratio, fusion energy gain factor)라는 개념이 나왔습니다. 투입에너지 대비 산출 에너지 비율을 약자로 Q라고 하며, 1 이상이어야 최소한 의의가 있고, 경제성을 가지려면 10 이상은 되어야 합니다.

22) 원전이나 핵폭탄에 쓰이는 핵분열 반응은 우라늄이나 플루토늄 같은 무거운 원소의 원자핵에 중성자를 충돌시켜 쪼개는 반응입니다. 핵분열 시에는 엄청난 에너지와 함께 인체와 환경에 매우 치명적인 방사성 물질이 함께 방출됩니다. 이 물질들은 안정될 때까지 위험합니다. 반면에 핵융합 반응은 수소 원자를 중수소 또는 삼중수소로 융합하고 다시 이들을 헬륨으로 융합하는 과정입니다. 그런데 핵융합 반응은 핵분열 반응과는 달리 방사능 물질이 방출되지 않아 매우 안전합니다. 하지만 융합 반응이 일어나려면 1억도

용하여 에너지를 생산하는 기술입니다. 아이언맨 주인공인 토니 스타크가 입고 있는 철갑 슈트에는 가슴 중앙에 빛나는 장치가 달려 있는데, 그것은 바로 상온핵융합장치[23]입니다. 스타크의 천하무적 최강의 힘은 이 장치에서 나옵니다. 이러한 에너지 생산 방식은 태양뿐만 아니라 지구 내부에서도 발생하며, 핵융합 기술을 이용한다면 이론적으로 무한대로 지속 가능한 에너지 생산이 가능합니다.[24] 핵융합의 장점으로는 에너지 생산 시 온실가스나 방사성폐기물이 배출되지 않는다는 점입니다. 그러므로 이 기술이 성공하기만 한다면 인류는 더 이상 에너지 생산을 위해 환경을 파괴하지 않아도 됩니다.

이러한 핵융합 발전 기술을 개발하기 위해 세계 35개국이 모여 국제핵융합실험로(ITER, International Thermonuclear Experimental Reactor) 프로젝트를 추진하고 있습니다. 이 프로젝트에 참여하고 있는 나라는 유럽연합 27개국과 영국, 스위스, 미국, 러시아, 한국, 일본, 중국, 인도입니다. ITER은 세계 최대의 핵융합 실험시설이며, 프랑스 남동부의 캐다라쉬(Cadarache) 지역에서 건설 중에 있습니다. 이 시설은 핵융합으로 인한 수소 핵이 결합하면서 방출되는 열을

이상의 초고온 환경이 필요한데 이 온도를 구현하는 것도 어려운 데다 그 온도를 견딜 수 있는 용기도 만들어내기 어려워 넘어야 할 과제가 많은 기술입니다.

23) 상온핵융합은 아직 입증되지 않은 상상적·희망적 개념일 뿐입니다.

24) 아인슈타인의 특수상대성 이론에 나오는 '질량-에너지 등가 공식'인 $E=mc^2$(엠씨스퀘어)이 바로 핵반응 시 산출되는 에너지를 계산하는 식입니다. 어떤 물질이 핵분열이나 핵융합 반응을 통해 에너지로 변환된다면 이때 산출되는 에너지는 사라지는 물질을 질량에 광속(3억m/s)을 제곱한 값을 곱한 것과 같다는 뜻입니다. 이게 얼마나 큰 값인가 하면, 예를 들어, 5g짜리 동전 하나를 모두 에너지로 바꾸면 산출되는 에너지 = $5g \times (300{,}000{,}000m/s)^2 = 450{,}000{,}000{,}000{,}000{,}000g \cdot (m/s)^2$입니다. 이 에너지를 전기로 변환하면 대략 2,500만 가구가 1년 동안 사용할 수 있는 양과 맞먹는다고 합니다.

이용하여 전기를 생산하는 방식을 연구합니다. 이 프로젝트는 2006년에 시작되었으며, 2025년까지 건설이 완료될 예정입니다. 이 프로젝트의 목표는 열출력 500MW, 에너지 증폭 계수 10 이상 구현되는 핵융합실험로를 개발하는 것입니다. 그러므로 이 시설이 완성되면, 온실가스 배출 없이 우주에서 자연적으로 일어나는 핵융합과 같은 원리를 통해 전기를 생산할 수 있습니다. 또한, 이 프로젝트를 통해 핵융합 발전에 필요한 기술과 노하우를 습득하고, 핵융합 발전 시대의 연구와 발전에 큰 도움이 될 것으로 기대됩니다. 참여국들이 ITER 프로젝트에서 얻은 기술과 노하우는 각국이 자체적으로 추진하는 핵융합 발전 상용화 개발에 큰 자양분이 될 것입니다. ITER 프로젝트의 주요 일정과 목표가 달성되면 해당 연구 결과를 토대로 2050년대까지 핵융합 상용화를 위한 국가별 R&D(시험로 및 상용로)는 가속화될 전망입니다.[25] 가까운 미래에 완성될 수 있는 기술은 아니라서 아쉽습니다만, 가장 완벽한 탄소 제로의 무한 청정 에너지 생산으로 지속 가능한 발전의 대미를 장식할 기술임에는 틀림없습니다.

2 인공지능

2022년 11월 오픈AI라는 회사가 인공지능 챗봇인 챗GPT를 출시해 전 세계적으로 큰 반향을 불러일으켰습니다. 챗봇은 대형 언어 모

25) 에너지정보문화재단 블로그(https://blog.naver.com/energyinfoplaza/223067736760) 참조

델(LLM)[26]인 대화형 인공지능의 한 형태입니다. 우리가 카톡을 통해 메시지로 대화하듯이, 인공지능 대화창에 메시지를 보내면 인공지능이 인간과 똑같이 답변 메시지를 보내오는 방식입니다. 인공지능과 글로 대화하는 형태라서 채팅봇이라 하는 것입니다. 주고 받는 메시지를 음성으로 바꾼다면 아마존 알렉사나 구글 홈, SKT의 누구, 네이버와 카카오의 클로바와 같은 인공지능 스피커가 됩니다. 또 움직이는 로봇에게 챗봇을 적용해 음성으로 변환한다면 인간과 흡사한 매우 똑똑한 휴머노이드 로봇이 될 것입니다. 챗GPT의 출시가 갖는 의미는, 이미 70여 년의 역사를 가지고 있는 인공지능의 연구와 발달사에서 처음으로 가장 최신의 인공지능 연구 결과를 일반인에게 서비스 형태로 공개했다는 점입니다.

그로부터 6개월 정도 지난 2023년 중반 현재 인공지능에 대한 수요는 폭발적으로 늘어나고 있습니다. 한마디로 인공지능의 무궁한 잠재력이 현실화되고 있는 것입니다. 데이터브릭스(Databricks)라는 미국 회사는 빅데이터와 데이터 과학 분야에서 선도적인 위치에 있는 기업입니다. 이 회사가 9,000개 이상의 전 세계 고객사를 대상으로 데이터와 인공지능의 도입 패턴 및 트랜드를 분석하여 발표한 「2023년 인공지능과 데이터 통계」를 보면 인공지능이 얼마나 급성장하고 있는지

26) 대형 언어 모델(LLM, large language model)은 매우 큰 규모의 텍스트 데이터를 통해 사전에 학습된 인공지능 모델입니다. 이 모델은 대규모 데이터 세트를 기반으로 다양한 자연어 처리 작업에 사용될 수 있으며, 주로 딥러닝과 인공신경망을 활용하여 구축됩니다. 대형 언어 모델은 웹 문서, 소셜 미디어 게시글, 책 등 많은 양의 텍스트 데이터를 학습하여 자연어의 문맥과 패턴을 이해합니다. 이를 통해 문장, 문단, 문서의 의미를 이해하고, 문법 및 어휘의 유효성을 평가할 수 있습니다. 대형 언어 모델은 여러 언어 처리 작업에 사용될 수 있습니다. 예를 들어, 기계 번역, 요약, 감정 분석, 질의 응답, 문서 분류, 대화 생성 및 자연어 이해 등 다양한 작업에서 좋은 성능을 발휘합니다.

알 수 있습니다.

- 자연어 처리[27]와 생성형 인공지능의 수요가 급증하고 있습니다. 챗GPT와 같은 서비스에 액세스하기 위해 사용되는 SaaS LLM API[28]를 사용하는 회사의 수는 2022년 11월 말부터 2023년 5월 초까지 무려 1,310%나 증가했습니다.
- 많은 기업이 인공지능 모델을 생산 과정에 도입하고 있어서, 이 부문 연간 성장률은 411%에 달합니다. 머신러닝을 실험하는 기업도 꾸준히 증가하면서 연간 54% 증가율을 보이고 있습니다.
- 기업들이 인공지능을 도입하면서 업무 효율이 급속히 향상되고 있습니다. 과거에는 5가지 실험적 모델 가운데 1가지만 채택됐지만, 이제는 3가지 중 1가지로 채택비율이 13% 가까이 늘어났습니다.
- 가장 인기 있는 인공지능 제품은 비즈니스 인텔리전스[29]입니다.

---

27) 자연어 처리(NLP, natural language processing)는 인간의 언어를 이해하고 처리하는 인공지능의 한 분야입니다. 자연어는 인간이 일상적으로 사용하는 언어를 의미하며, NLP는 텍스트 데이터나 음성 데이터와 같은 자연어를 컴퓨터가 이해하고 분석할 수 있도록 합니다.

28) SaaS LLM API (Software-as-a-Service Language and Machine Learning API)는 텍스트 처리와 관련된 기능을 제공하는 클라우드 기반의 앱 서비스입니다. 이 API는 다양한 언어 처리 작업과 머신러닝 기능을 제공하여 사용자가 효율적으로 텍스트 분석, 자연어 처리, 감정 분석, 언어 번역 및 머신러닝 작업을 수행할 수 있도록 도와줍니다. SaaS에 대해서는 1장의 '구독경제와 서비스형 비즈니스 모델(XaaS)'을 참조하세요.

29) 비즈니스 인텔리전스(BI, business intelligence)는 기업 내부의 데이터를 수집·분석·시각화하여 의사결정에 도움을 주는 프로세스와 도구를 일컫습니다. BI는 기업의 다양한 데이터 소스에서 데이터를 추출하고 처리하여 가치 있는 정보로 변환합니다. 그리고 이 정보를 시각화, 대시보드, 보고서 등의 형태로 제공하여 기업 내부의 의사결정을 지원합니다. BI는 기업 내에서 다양한 부서와 업무 영역에서 활용될 수 있습니다. 예를 들면, 마케팅 데이터를 분석하여 고객 행동을 이해하거나, 판매 데이터를 분석하여 매출 동향을 파악하는 등의 활용이 가능합니다. BI는 기업의 경쟁력 향상과 전략 수립에 중요한 역할을 합니다. 정확하고 신속한 데이터 분석과 시각화를 통해 가치 있는 인사이트(insight)를 얻고, 이를 토대로 전략적인 의사결정을 할 수 있게 도와줍니다.(제1장 각주 39 참조)

- 가장 빠르게 성장하는 데이터 및 인공지능 제품은 데이터베이스 툴(dbt)로, 고객 수를 기준으로 연간 206%의 성장률을 기록하고 있습니다.
- 가장 빠르게 성장하는 데이터 및 인공지능 시장은 데이터 통합이며, 연간 성장률은 117%입니다.

인공지능의 개요

인공지능을 한마디로 정의한다면 '기계가 인간의 사고 기능을 수행할 수 있는 능력'입니다. 인간과 기계는 생산성을 높이는 환상적인 조합입니다. 기계가 없었다면 우리 인류의 문명은 예나 지금이나 별반 다를 바 없었을 것입니다. 농업을 혁신시킨 바퀴에서부터 복잡한 건설 프로젝트를 유지하는 나사, 최신 로봇 기반 생산라인까지, 기계가 오늘날의 우리 삶을 가능하게 만들었습니다.

우리 인간은 호기심과 두려움이라는 두 가지 상반된 감정을 가지고 기계를 바라봅니다. 기계의 발전은 인간이 기계에 대한 두려움을 극복하고 호기심을 쫓아가는 과정이라고 해도 괜찮을 성싶습니다. 이러한 호기심은 과학적 상상력을 현실로 구현하는 데 도움을 주었습니다. 영국의 천재 수학자이자 컴퓨터 과학자인 앨런 튜링과 같은 20세기 이론가들은 기계가 인간보다 빠르게 작업을 수행할 수 있는 미래를 상상했습니다. 그들의 노력 덕분에 그 미래가 현실이 되었습니다. 개인용 컴퓨터는 1980년대를 거쳐 급격하게 발전하면서 보편화됐습니다. 이제는 컴퓨터가 여러 가지 스마트 기기로 발전하면서 어떤 특별한 용도로만 사용되는 것이 아니라 우리 생활과 문화의 일부가 됐습니다.

앞서 말한 것처럼 인공지능에 대한 아이디어는 수십 년의 역사를 가지고 있습니다. 최초의 출발은 대체로 앨런 튜링이 제시한 '튜링테스트'라고 보고 있습니다. 1950년대의 일입니다. 튜링은 「컴퓨터와 지능」이라는 논문을 통해 컴퓨터가 사람처럼 사고할 수 있는지 확인하는 방법을 제시했습니다. 즉, 판별자가, 상대방이 기계인지 사람인지 모르는 상태에서 채팅을 해봐서 인간인지 아닌지 구별할 수 없다면 그 기계는 테스트를 통과한 것이 되어 인간처럼 지능이 있는 기계로 판정할 수 있다는 것입니다.

이것이 인공지능에 대한 아이디어의 시작입니다. 그리고 여기서 우리가 끄집어낼 수 있는 것은 인공지능의 근본적인 개념입니다. 그것은 바로 인공지능은 인간에게만 고유한 '사고능력'을 가진 기계라는 것입니다. 실제로 시중에 나와 있는 챗GPT를 시험해 보면 어떤 주제에 관해서는 인간인지 기계인지 도저히 구별할 수 없을 만큼 뛰어납니다.

이렇게 1950년대부터 시작된 인공지능 연구는 활성기와 침체기를 번갈아 거치며 진행돼 왔습니다. 활성기라는 것은 사람들의 관심이 높아져 연구비가 조달이 잘 돼 전문가들이 연구에 전념하던 때를 말하는 것이고, 침체기는 그 반대인 경우입니다. 그러다가 괄목할만한 발전을 보이기 시작한 것은 비교적 최근 일입니다. 대체로 2017년경부터 전환기를 맞았다고 보는 것이 일반적인 시각입니다. 인공지능의 핵심은 데이터 처리 기술입니다. 얼마나 많은 데이터를 얼마나 빠르게 처리할 수 있는가가 관건인 것입니다. 그래서 인공지능 연구는 일반적으로 머신러닝을 연구하는 연구원들과 슈퍼컴퓨터를 연구하는 전문인력으로 이뤄지게 됩니다.

이들 스마트 기계들은 점점 더 빨라지고 복잡해지고 있습니다. 일부 컴퓨터는 이제 엑사스케일(exascale)을 넘었습니다. 엑사(exa)는 10의 18제곱으로 0이 18개인 1,000,000,000,000,000,000(100경)을 의미합니다. 그러므로 엑사스케일은 초당 100경 번의 계산이 가능한 컴퓨팅 시스템입니다. 만일 내가 1초에 1번씩 수를 계산한다고 하면 엑사스케일은 31,688,765,000년 동안 계산해야 하는 수치입니다. 하지만 이것은 단지 계산에 관한 것만은 아닙니다. 컴퓨터를 포함한 여러 기기는 이제 우리 인간만이 가지고 있던 기술과 인식력을 습득하고 있습니다.

<10의 거듭제곱 명칭>

명칭	10의 거듭제곱	수
요타(yotta)	10^{24}	1,000,000,000,000,000,000,000,000
제타(zetta)	10^{21}	1,000,000,000,000,000,000,000
엑사(exa)	10^{18}	1,000,000,000,000,000,000
페타(peta)	10^{15}	1,000,000,000,000,000
테라(tera)	10^{12}	1,000,000,000,000
기가(giga)	10^{9}	1,000,000,000
메가(mega)	10^{6}	1,000,000
킬로(kilo)	10^{3}	1,000
헥토(hecto)	10^{2}	100
센티(centi)	10^{-2}	0.01
밀리(milli)	10^{-3}	0.001

마이크로(micro)	10^{-6}	0.000001
나노(nano)	10^{-9}	0.000000001
피코(pico)	10^{-12}	0.000000000001
펨토(femto)	10^{-15}	0.000000000000001
애토(atto)	10^{-18}	0.000000000000000001
제프토(zepto)	10^{-21}	0.000000000000000000001
욕토(yocto)	10^{-24}	0.000000000000000000000001

인공지능은 인간의 고유한 사고능력이라고 할 수 있는 인식, 추론, 학습, 환경과의 상호작용, 문제 해결 및 창의성 발휘 등과 같은 인지 기능을 수행할 수 있는 기계의 능력을 의미합니다. 여기에는 인간의 두뇌 활동과 유사한 방식으로 작동하는 컴퓨터 프로그램과 시스템이 포함됩니다.

우리가 인식하든 못하든 인공지능은 이미 우리의 일상생활에서 널리 사용되고 있습니다. 몇 가지 예를 들어볼까요? 우리는 대부분 네이버 메일이나 다음 메일, 구글 메일 같은 웹메일을 사용하고 있습니다. 메일함에 보면 '스팸메일함'이 있는데 우리가 받은 메일을 분류하지 않아도 자동으로 들어오는 메일이 분류돼 스팸으로 의심되는 것들은 스팸메일함으로 보내집니다. 물론 스팸메일이 아닌데도 스팸메일함으로 보내서 사용자를 당황하게 만들 때도 있긴 하지만, 이 일을 누가 하는 걸까요? 바로 인공지능입니다. 유튜브를 보다 보면 어느 때부터는 이상하게 내가 즐겨보는 분야의 영상들이 내 유튜브 페이지에 올라옵니다. 우연일까요? 아닙니다. 바로 유튜브 인공지능인 '유튜브 봇'이 나에게 알맞는 영상을 추천해주는 것입니다. 지니야, 시리야 부르며 우리가 티브이를 켜고, 채널을 선택하고, 전화를 걸도록 시키는 것도 다 인공지능한테 시키는 것입니다.

이처럼 우리 삶을 파고드는 인공지능은 적용 범위가 거의 무한대입니다. 우리는 음성 비서와 같은 음성 인식 기술을 통해 '지니야!', '시리야!'를 부르며 인공지능과 상호작용할 수 있습니다. 또한 자율주행차, 언어 번역, 의료 진단, 금융 예측, 영화 추천과 같은 다양한 응용 분야에서 인공지능은 혁신적인 역할을 수행하고 있습니다.

튜링테스트, 쓸 만한가?

튜링테스트는 실제로 대회 형태로 진행되고 있습니다. 대표적으로는 뢰부너상(The Loebner Prize)이 주최하는 인공지능 콘테스트가 있습니다. 이 대회는 인공지능 기술의 발전을 독려하고, 로봇과 가상 인간들의 대화 수준을 향상시키기 위해 1990년에 처음으로 조직된 대화형 인공지능 대회입니다. 모든 참가자는 튜링테스트의 규칙을 따르며, 대화 내용과 정확도, 자연스러운 대화력 등을 평가받게 됩니다. 대회에서 심사위원들이 출전한 챗봇들과 대화를 해봐서 가장 인간으로 착각하게 만드는 인공지능 챗봇을 우승자로 뽑습니다. 이 대회는 챗봇 기술의 발전 수준을 보여주는 역할을 합니다. 그러나 이 대회는 2018년에 마지막으로 개최된 후 더 이상 열리지 않습니다. 그 이유는 전문가들 사이에서 튜링테스트의 문제점들에 대해 말들이 분분했기 때문입니다.

실제로 튜링테스트는 굉장히 논란이 많습니다. 일단 인간이 상대 인공지능과 대화를 해 봐서 "인간인지 아닌지 구분하기 힘들다"는 것이 판단 기준인데, 너무 모호하고 주관적이라는 문제가 생깁니다. 또 테스트 방식도 표준화된 절차를 만들기 어려워, 구상하는 사람마다 제각각일 수밖에 없습니다. 뢰부너상 인공지능 콘테스트에서도 테스트의 취지를 제대로 이해하지 못하는 자격 미달 심사위원이 있었다는 등의 시비가 일기도 했습니다.

말도 많고 탈도 많은 대회였지만, 그러는 중에 튜링테스트를 통과해 진짜 인공지능으로 판정받은 채팅봇도 있었습니다. 러시아에서 개발된 유진 구츠만(Eugene Goostman)이라는 인공지능이 그 주인공인데, 2014년 런던에서 열린 튜링테스트 대회[30]에서, 이 대회로는 최초이자 유일하게 튜링테스트를 통과한 인공지능 모델이 됐습니다. 테스트를 위한 대화는 심사위원별로 챗봇과 5분간 텍스트 기반 대화로 진행되었습니다. 당시 규칙은 통과 판정을 하는 심사위원 수가 30%를 넘으면 합격으로 인정됐습니다. 13살 우크라이나 소년이라고 자신을 소개

30) 이 대회는 앨런 튜링의 사망 60주기 기념일에 열렸습니다. 튜링의 천재성과 위대한 업적 이면에는 기구한 그의 운명이 감춰져 있습니다. 1912년에 영국에서 태어난 그는 수학과 과학 분야에서 발군(拔群)의 재능을 보였습니다. 그는 모든 컴퓨터가 따라야 하는 근본적인 계산 방법을 모범적으로 제시한 '튜링 머신'을 만들어 컴퓨터 과학 분야의 발전에 큰 기여를 하였습니다. 그의 삶이 무너진 것은 당시 영국에서는 범죄였던 동성애 때문이었습니다. 그는 1952년 젊은 남성과의 동성애가 적발돼 화학적 거세형을 받았습니다. 그리고 2년 뒤, 음독 자살로 생을 마감하고 맙니다. 사망 당시 그의 나이는 겨우 41세였습니다. 그의 주검 옆에는 한 입 베어 먹고 남은 사과가 하나 있었습니다. 아마도 음독할 때 독을 삼키기 위해 먹은 것이 아닌가 추측들 합니다. 이 한 입 먹은 사과는 후에 스티브 잡스에게 영감을 줘 애플의 로고로 부활했다는 이야기도 있습니다. 스티븐 호킹 박사 등 수많은 사람의 청원이 이어진 끝에 이 대회가 열리기 한 해 전인 2013년 엘리자베스 2세 여왕으로부터 동성애 범죄에 대해 즉시 사면을 받은 것도 이 대회와 무관치 않습니다.

한 유진 구츠만은 33%의 심사위원들로부터 "인간인지 아닌지 분간하기 어려웠다"는 합격 평가를 받았습니다.

사실 이보다 더 이른 2011년에 영국에서 만들어진 클레버봇(Cleverbot)이라는 인공지능이 인도의 구와하티 기술 페스티벌 중에 열린 튜링테스트 콘테스트에서 1334명의 심사인단 중 59.3%로부터 합격 표를 받아 튜링테스트를 통과한 사상 최초의 인공지능이 됐습니다. 그러나 객관적이지 못한 평가 기준 때문에 전문가들로부터 크게 인정받지는 못하고 있습니다.

이 지점에서 우리가 던지고 싶은 질문은 "튜링테스트를 통과했다고 인공지능이 정말로 사람처럼 생각한다고 할 수 있을까?" 하는 점입니다. 그런데 이 질문 또한 모호하기 짝이 없습니다. '생각'이라는 것이 무엇인지 정확히 정의하기 어렵기 때문입니다. 그러니 연쇄적으로, 인공지능이란 물건이 생각이 있는지 없는지 측정할 방법이 현실적으로는 없는 것입니다. 뭐 그렇다 하더라도 요즘 흔해진 말로 '느낌적 느낌'에 기댄다면 생각이 뭔지 대략적으로는 개념 지을 수 있으니까 거기에라도 맞춰 보겠습니다. 기계가 실제로 인간의 '생각'을 이해하고 그것을 모방할 수 있는 능력을 갖추기까지는 그리 멀지는 않았다는 것이 바로 느낌적 느낌의 평가입니다. 왜냐하면 지나치게 주관적인 평가 기준이 문제이긴 하지만 전문가들로 구성된 평가위원들 중 50% 이상이 "하, 고것 참, 사람인지 기계인지 분간이 안되네!"라고 평가한다면 기계가 인간 비스름한 지능을 가졌다고 볼 여지가 없지는 않다고 생각되기 때문입니다. 게다가 머신러닝, 딥러닝 등의 기술 발전은 앞으로 인공지능이 인간의 여러 측면에서 인간 고유의 기능을 수행하는 것을 가능케 할 것입니다.

각설하고, 튜링테스트에 대한 무용론이 최근에 이 분야 전문가들 사이에 등장하고 있습니다. 구글 인공지능 연구소이자 챗GPT를 출시해 대박을 친 딥 마인드(DeepMind)의 공동 창업자 무스타파 술래이만(Mustafa Suleyman)은 튜링테스트가 "별로 의미 있는 이정표는 아니다"라며, 좀 더 현실적이고 실용적인 의미를 갖는 "현대판 튜링테스트"를 제안했습니다. 그는 자신의 저서인 『기술, 권력, 그리고 21세기 최악의 딜레마 물결이 밀려온다』에서 인공지능을 평가하려면 인공지능에게 1억원을 줘서 그 돈을 활용하여 10억원을 벌 수 있는 능력이 있는지 확인하는 것이 가장 좋은 방법이라고 주장하고 있습니다.

그는 인간의 지능에서 가장 핵심적인 것은 무엇을 할 수 있고, 무엇을 이해할 수 있는지이며, 머릿속에서 독백으로 이루어지는 복잡한 생각과 추상적인 시간 관념에 따른 업무 계획 수립이 가능하다는 점을 강조합니다. 그러면서 전통적인 튜링테스트는 인공지능 시스템이 이러한 지능을 가지고 있는지 밝혀내지 못한다고 비판합니다. 이러한 문제에 대한 대안으로, 기계와 인간의 지능을 비교할 수 있도록 술레이만은 기계가 짧은 기간 내에 인간의 개입이 거의 없이 작업 목표와 과제를 수행하는, '인공능력 지능(ACI)'[31] 같은 프로세스를 제안합니다. 이

31) 인공능력 지능(ACI)은 인공지능의 한 분야로, 사람들이 가진 능력 가운데 일부인 인간의 지각적 체험, 감정, 직관, 그리고 창의성과 같은 더 높은 수준의 지능을 기계적으로 시뮬레이션하는 것입니다. ACI는 인공지능을 더욱 발전시켜 인간과 더 가깝게 상호작용하고 지능적인 판단을 내릴 수 있는 방식으로 개발되고 있습니다. 예를 들면, ACI를 적용한 로봇은 사람들의 감정 상태를 파악하여 이에 반응하는 대화도 가능합니다. 상대방이 행복한 기분일 때는 유쾌하고 밝은 대화를 하며, 슬플 때는 위로의 말을 건네주는 식

를 위해 술레이만은 인공지능 챗봇에 1억원의 초기 투자금을 주고, 이를 10억원으로 증식시키도록 시험하는 새로운 튜링테스트를 제안하는 것입니다. 테스트의 한 예로, 인공지능은 전자상거래 사업 아이디어를 연구하고, 제품 생산 계획을 세우며, 제조업체를 찾아내 그 아이템을 팔아야 합니다. 술레이만은 인공지능이 2년 이내에 이러한 기준을 충족할 것으로 예상하고 있습니다. 술래이만은 이렇게 결론을 짓습니다.

"우리는 인공지능을 다룰 때 기계가 어떤 말을 할 수 있는가에만 관심을 가지고 있는 것이 아닙니다. 기계가 무엇을 할 수 있는지도 중요한 관심 대상입니다."

머신러닝과 딥러닝

인공지능은 주로 머신러닝과 딥러닝이라는 분야에서 발전하고 있습니다. 머신러닝은 기계가 데이터를 학습하고 패턴을 인식하여 자동으로 결정을 내리고 예측을 수행하는 알고리즘을 개발하는 분야입니다. 우리말로는 '기계학습'이 되며, 여기서 기계는 컴퓨터를 의미합니다. 이 개념은 1959년에 "컴퓨터에게 명시적으로 프로그램하지 않고 학습할 능력을 부여하는 연구 분야"라는 정의로 처음 등장했습니다. 딥러닝은 인간의 뇌 신경망을 모방한 인공신경망을 사용하여 복잡한 문제를 해결하고 데이터에서 의미 있는 정보를 추출하는 능력을 갖춘 인공지능 모델을 구축하는 기술입니다. '심층학습'이라고 번역됩니다.

으로 대화를 이어나갈 수 있는 것입니다.

신경망이 인간의 뇌 구조와 유사하다고 하지만, 인공지능 분야의 거장인 앤드류 응 교수는 "사실 '신경망'과 '뇌' 구조는 너무나 다르다"고 합니다. 왜냐하면 인간의 두뇌가 어떻게 움직이는지에 대한 정보는 없는 데다, 인간의 뇌와 똑같이 작용하는 컴퓨터를 만드는 방법에 대한 정보는 더더욱 없기 때문입니다. 또 인공신경망은 생각보다 훨씬 간단한 개념이기 때문입니다.

응 교수가 설명하는 단순한 머신러닝의 예는 이렇습니다. 집을 거래할 때 대지의 면적이나 방의 개수, 위치, 건축 구조 등 여러 가지 데이터를 활용하여 적정가격을 산출하는 모델입니다.

> 주택 거래에 필요한 데이터로, 가로축을 집의 연면적, 세로축을 집 가격으로 구성한 데이터 세트가 있습니다. 그리고 이 데이터를 이용하여 집의 연면적을 입력하면, 적정 가격이 출력되도록 구조를 만들려고 합니다. 연면적과 가격이라는 두 변수 간의 관계를 나타내는 함수를 뉴런(neuron, 신경 단위)으로 가정합니다. 신경망은 여러 가지 뉴런을 연결해 놓은 것입니다. 가격 외에도 방의 개수, 주택의 위치, 집의 구조 등이 추가적으로 신경망의 입력 변수가 될 수 있을 것입니다. 특정한 변수 값을 입력하면 학습된 신경망은 스스로 결과값을 산출합니다. 대량의 데이터로 학습을 시키면 이 수준은 달성될 수 있습니다.

신경망 네트워크에서 소프트웨어는 일부이며, 실제 수행 능력은 대량의 데이터에 의해 좌우됩니다. 그래서 데이터를 처리하는 컴퓨터의 처리 속도도 중요합니다. 인공지능이 진화하는 데 고성능 컴퓨터(high performance computer)의 발전이 함께 이루어져야 하는 이유입니다. 인공지능을 개발하는 목적은 이를 응용하기 위함입니다. 그래서 인공지능응용(Applied AI)이란 현실 세계에서 발생하는 문제에 인공지능을 적용하는 것을 뜻합니다. 기업들은 인공지능을 활용함으로써 비즈니스를 더 효율적이고 수익성 있는 방향으로 개선할 수 있습니다. 궁극적으로 인공지능의 가치는 시스템 자체에 있는 것이 아니라 기업이 이러한 시스템을 인간을 지원하는 데 어떻게 사용하느냐에 달려 있습니다. 앤드류 응 교수는 인공지능 기술의 궁극적 의미를 이렇게 설명했습니다.

"데이터와 머신러닝을 통해 정확하고 빠른 의사결정 능력을 갖게 되는 것은 수퍼파워를 얻는 것이나 다름없습니다."

◆ 머신러닝(machine learning)

머신러닝은 인공지능의 한 형태로, 현실 세계의 데이터로 훈련된 컴퓨터 알고리즘을 사용하여 예측 모델을 구축하는 것을 말합니다. 이러한 알고리즘은 인간이 프로그램을 통해 명확하게 명령한 지시에 따라 동작하는 것이 아니라 데이터 처리와 자신의 경험을 통해 학습하는데, 데이터와 경험을 처리함으로써 패턴을 찾아내고, 예측과 추천을 어떻게 할지 학습합니다. 응 교수가 이야기한 것처럼 머신러닝 알고리즘은 생각보다 간단합니다. 간단한 예를 다시 한 번 들어보자면, 우리가 사람들 100명에 대한 키와 몸무게 데이터를 수집했다고 칩시다. 이 데이터를 '훈련 데이터'라고 합니다. 우리는 측정된 키를 X축으로, 몸무게를 Y축으로 사용하여 아래와 같은 좌표평면에 점으로 데이터를 표현할 수 있습니다.

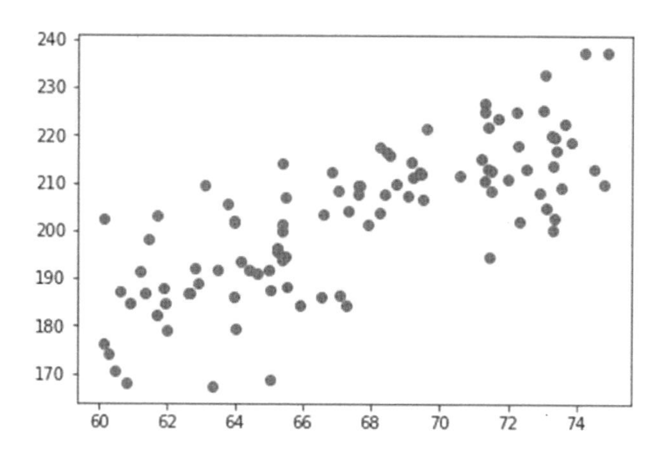

이 좌표평면 상의 모든 점은 주어진 사람들의 키와 몸무게를 나타냅니다. 간단한 머신러닝 알고리즘을 사용하면 이 데이터에 맞춰 선을 그릴 수 있습니다. 그러면 그 선을 사용하여 새로운 사람들의 키에 대한 몸무게 예측을 할 수 있습니다. 이런 정도는 중학교 3학년 수준의 수학입니다. 1차 방정식인 직선의 방정식 일반식은 $y=ax+b$인데, 여기서 a는 기울기이고 b는 y절편입니다. 선형 회귀[32]라는 머신러닝 알고리즘을 사용하여 학습 데이터와 가장 잘 맞는 a와 b 값을 찾아낼 수 있습니다. 그림과 같은 데이터라면 $y=2.75x+16.5$가 되어 아래와 같은 선을 얻게 됩니다. 이제 우리가 훈련 데이터에 가장 잘 맞는 선을 학습했으므로, x에 새로운 키 값을 대입하여 y 몸무게 예측을 할 수 있습니다. 이렇게 간단하게 머신러닝이 사용될 수 있는 것입니다.

32) 선형 회귀(linear regression)는 머신러닝의 한 종류로, 데이터 간의 상관 관계를 분석하고, 이를 기반으로 하나 이상의 변수를 사용하여 출력 변수 값을 예측하는 데 사용됩니다. 선형 회귀는 데이터를 가장 잘 설명하는 선형 방정식을 찾아내기 위해 주어진 데이터의 특성을 분석하는 알고리즘입니다.

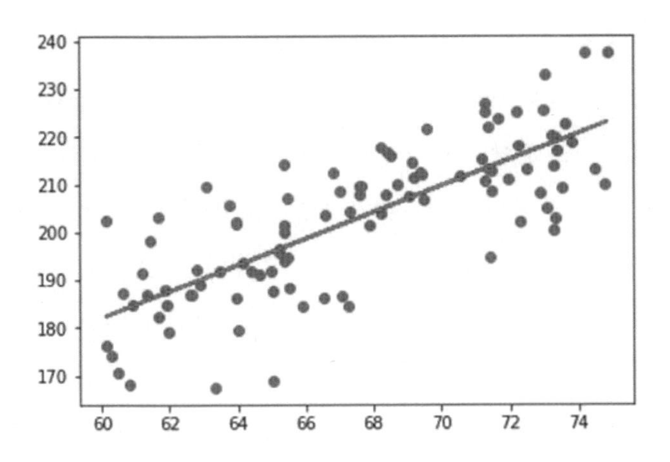

이러한 머신러닝 알고리즘에는 세 가지 유형이 있습니다.

지도학습(Supervised Machine Learning)

위에서 본 선형 회귀는 지도학습의 한 예입니다. 이 알고리즘은 예측하고자 하는 대상에 대한 올바른 답변 즉, 레이블이 포함된 훈련 데이터를 가지고 있다는 것을 의미합니다. 위 선형 회귀 모델에서 보듯이 이 알고리즘이 훈련한 각 사람에 대해서, 그들의 키에 따른 몸무게를 알고 있었습니다. 이것을 지도학습이라고 부르는 이유는 올바른 답변과 비교하여 모델의 정확도를 쉽게 평가할 수 있기 때문입니다. 선형 회귀, 의사결정 나무[33](decision trees), XG부스트(XGBoost)[34] 등 대부분의 머신러닝 알고리즘이 지도학습 카테고리에 속합니다. 머신러닝에서 예측하려는 대상을 라벨(label)이라고 합니다. 따라서 지도학습 머신러닝에서 모델은 라벨이 지정된 훈련 데이터로 학습합니다. 지

33) 의사결정나무(decision tree)는 한 번에 하나씩의 설명변수를 사용하여 예측 가능한 규칙들의 집합을 생성하는 알고리즘입니다.

34) XGBoost는 여러 개의 의사결정나무 모델을 조합하여 보다 정확한 예측 모델을 만드는 알고리즘입니다

도 학습에서 '지도'는 학습 과정에서 모델이 '지도 받는다'는 의미로, 모델이 정답(라벨)이 달려 있는 학습 데이터를 통해 올바른 결과를 학습하게 되는 것을 뜻합니다. 라벨이 지정된 데이터로 학습하면서 데이터와 라벨 사이의 패턴을 찾아내는 것입니다. 책상에는 수많은 종류가 있고 모양도 각양각색입니다. 우리는 어떤 형태의 책상이든 그 이미지를 보면 쉽게 책상이라는 것을 압니다. 그러나 학습되지 않은 인공지능 모델은 그렇지 않습니다. 책상이라는 라벨이 달려 있는 수많은 책상 이미지 데이터를 활용해 책상의 특성을 학습하게 되면 '아하, 이런 특징을 가진 사물이 책상이구나.'라고 인식할 수 있게 되는 것입니다.

비지도학습(Unsupervised Machine Learning)

때로는 데이터에서 알려지지 않은 패턴을 발견하려고 합니다. 영화의 장르를 분류하는 알고리즘을 예로 들어보겠습니다. 영화의 줄거리인 플롯 요약과 대본의 유사성에 따라 영화를 분류할 수 있을까요? 우리는 사전에 영화 장르가 무엇인지 알지 못할 수도 있지만, 비지도학습 기술을 사용하여 이를 찾아낼 수 있습니다. 미리 알려진 라벨이 없으므로, 비지도학습 알고리즘은 라벨이 지정되지 않은 훈련 데이터를 사용합니다.

반지도학습(Semi-Supervised Learning)

현실 세계의 문제는 항상 명확하지 않습니다. 대규모의 훈련 데이터가 있지만 일부는 라벨(정확한 답변)이 없습니다. 이것이 일반적인 상황입니다. 많은 문제는 머신러닝 알고리즘을 훈련시키기 전에 사람이 데이터를 라벨링해야 합니다.[35] 예를 들어, 이미지 인식 시스템을 훈련시키려면, 시스템을 훈련시키는 데 사용되는 이미지 세트에서 객체를 사람 손으로 일일이 분류해야 합니다. 그러나 사람이 얻을 수 있는 것보다 훨씬 많은 이미지를 라벨링하려면 어떻게 해야 할까요? 이때 반지도학습이 필요합니다. 먼저 지도학습을 통해 라벨링된 데이터를 기반으로 라벨이 지정되지 않은 데이터에 대한 모델을 훈련시킵니다. 시간이 지남에 따라, 지도학습 알고리즘이 만들어낸 라벨과 인간의 분류한 라벨을 비교할 수 있습니다. 두 라벨이 일치할 때마다 높은 신뢰도를 얻도록 함으로써, 충분히 학습된 후에는 높은 신뢰도를 가진 모델에서 인간의 라벨링 대신 라벨링을 수행할 수 있게 되는 것입니다. 이렇게 만들어진 기계 생성 라벨을 슈도 라벨(pseudo-labels)이라고 합니다. 훈련 데이터에는 사람이 지정한 알려진 라벨과 모델에서 유추한 라벨이 혼합되어 있다는 점 때문에, 이러한 모델을 반지도학습(Semi-Supervised Learning)이라고 합니다.

이처럼 머신러닝 알고리즘은 계속 새로운 데이터와 경험을 접하면서 적응하는 과정을 통해 효율성을 개선해 나갑니다. 인간이 데이터를 처리하고 이해하는 데는 한계가 있을 뿐만 아니라 너무 방대한 양과 복잡한 데이터의 증가로 인해 머신러닝의 잠재력과 필요성이 증가했습니다. 1970년대부터 폭넓게 적용된 이후로, 머신러닝은 의료 영상 분석 및 고해상도 날씨 예측과 같은 여러 산업에 영향을 미쳤습니다.

---

35) 데이터 라벨링에 관해서는 5장의 '클라우드 소싱'에서 자세히 다룹니다.

◆ **딥러닝(deep learning)**

딥러닝은 머신러닝의 한 유형으로, 텍스트뿐만 아니라 이미지와 같은 더 다양한 데이터 자원을 처리할 수 있으며, 인간의 개입의 필요성이 더 적어지면서도 전통적인 머신러닝보다 더 정확한 결과를 도출할 수 있습니다. 딥러닝은 인간의 뇌에서 뉴런이 상호작용하는 방식을 기반으로 한 신경망을 사용하는데, 입력과 출력 사이에 여러 개의 은닉층(hidden layer)을 가진 복잡한 구조로 이루어집니다. 데이터를 수용하고, 여러 번의 반복을 통해 데이터의 점점 복잡한 특징을 학습합니다. 그런 다음 신경망은 데이터에 대한 결정을 내릴 수 있으며, 결정이 올바른지 학습하고 새로운 데이터에 대한 결정을 내리는 데 학습한 내용을 사용할 수 있습니다. 예를 들어, 어떤 객체가 어떻게 보이는지를 '학습'하면 새로운 이미지에서 해당 객체를 인식할 수 있습니다. 딥러닝에서 사용되는 인공신경망의 세 가지 유형은 다음과 같습니다.

순방향 신경망(feedforward neural network)

1958년에 처음 제안된 가장 간단한 신경망으로, 정보가 한 방향으로만 이동합니다. 입력층(input layer)에서 받은 입력 값은 순서대로 은닉층들을 거쳐 출력층(output layer)으로 전달됩니다. 각 은닉층은 노드(node) 또는 뉴런(neuron)으로 이루어져 있으며, 뉴런은 입력값을 받아 가중치(weights)와 곱한 값을 활성화함수(activation function)로 처리하여 출력합니다. 이 함수들을 종합하여 복잡한 비선형 함수를 근사할 수 있습니다.[36] 출력층은 최종적으로 개별 뉴런의

36) 비선형 함수를 근사하는 것은, 복잡한 비선형적 상호작용을 포함하는 데이터 내에 내재된 패턴을 파악하

활성화 단계에서 판단한 값을 기반으로 전체 네트워크의 출력값을 계산합니다. 이를 통해 데이터를 모델에 입력하고 다른 데이터 세트에 대해 무언가를 예측하도록 모델을 '훈련'시킬 수 있습니다. 예를 들어, 은행에서는 사기 거래를 탐지하는 데 순방향 신경망이 사용됩니다.

나선형 신경망 (CNN, convolutional neural networks)

나선형 신경망은 입력과 출력 사이에 은닉층이 없는 신경망 구조입니다. 입력층과 출력층 사이에 노드가 나선형으로 배치되어 있기 때문에 나선형 신경망이라 불립니다. 나선형 신경망은 매우 간단한 구조이기 때문에 분석하기 쉽고 학습 시간도 비교적 빠릅니다. 하지만, 복잡한 패턴을 학습하기 위해서는 많은 노드가 필요합니다. 순방향 신경망과 마찬가지로 주어진 입력에 대한 출력값을 예측하는 모델입니다. 입력은 각 노드에 항목별로 주어지며, 하나의 출력만이 최종적으로 출력층에서 나오게 됩니다. 나선형 신경망은 단순한 패턴 인식 작업에 적합합니다. 2차원 공간 내에서 두 그룹을 구분하는 문제에서는 나선형 신경망을 이용하여 분류해 낼 수 있습니다. 하지만 복잡한 패턴을 구분하는 데는 한계가 있어서, 더 복잡한 구조의 신경망이 필요합니다. 나선형 신경망은 동물 시각 피질의 구성을 모델링한 신경망이어서 사

고자 할 때 사용하는 방법입니다. 위 지도학습에서 살펴본 대로 선형 모델은 단순한 직선 혹은 평면으로 데이터 포인트를 나타내는 것입니다. 하지만 실제 데이터 분포는 매우 복잡하며, 단순한 직선이나 평면으로 근사하기에는 한계가 있습니다. 비선형 함수는 이러한 복잡한 패턴을 근사할 수 있습니다. 입력값과 출력값 간의 복잡한 비선형적 연관성을 나타내는 함수입니다. 예를 들어, 지도학습에서는 입력 변수와 출력 변수 사이에 비선형적 관계가 있을 수 있습니다. 이러한 경우 선형 모델 대신 비선형 함수를 사용하여 모델을 구성하면 정확도를 향상시킬 수 있습니다. 따라서 비선형 함수를 사용하여 데이터 세트 내에 존재하는 패턴를 포착하고 이를 모델링하는 것이 매우 중요합니다. 이를 통해 모델이 일반화(generalization)된 높은 예측 성능을 보일 수 있고, 더 나은 결과를 얻을 수 있습니다.

진을 기반으로 새끼 새나 식물 종을 식별하는 것과 같은 지각 작업에 적합합니다. '개와 고양이 사진을 구분하는 인공지능', '꽃 이름을 맞추는 인공지능' 등이 이 모델로 구현된 것입니다. 이 모델은 알파고를 구현한 주요 알고리즘 중 하나이기도 합니다. 비즈니스 측면에서는 의료 검사에서 질병을 진단하거나 소셜 미디어에서 회사 로고를 감지하여 브랜드 평판을 관리하는 데도 사용될 수 있습니다.

순환 신경망(RNN, recurrent neural networks)

순환 신경망은 이전의 상태를 기억하고 현재의 입력과 함께 이전 상태를 사용하여 출력을 예측하는 신경망 모델입니다. 예를 들어, 과거 3일간의 기온 정보를 가지고 내일의 기온을 예측하는 것입니다. 또 다른 예로는 이전 상태가 현재 상태에 영향을 주는 텍스트 생성 모델이 있습니다. 예를 들어, 저의 이름은 '호준'이고, '호준의 취미는' 이라는 문장을 생성하기 위해서는 순환 신경망은 '호준이', '취미는'이라는 단어들 사이의 상관관계를 인식하고 이를 활용해 다음 단어를 예측합니다. 이처럼 순환 신경망은 입력 데이터의 순서, 즉 시간적 관계를 고려하여 이전 데이터와 현재 데이터 사이의 관계를 학습하는 신경망입니다. 자연어 처리에서 사용되는 경우, 단어별로 시계열(시간 순서에 따른) 데이터로 취급되며, 이전 단어와 현재 단어 사이의 관계를 학습합니다. 이를 통해 번역, 대화, 데이터 생성 등을 수행할 수 있습니다. 순환 신경망은 자기 반복(recurrent) 구조를 가지고 있어서 이전까지 계산된 값을 기억하고 있다가 다음 값을 계산할 때 이전 값과 함께 고려합니다. 이를 통해, 과거와 현재 입력 사이의 관계가 중요한 문제인 경우 일반적인 신경망보다 더 나은 성능을 보여주는 경우가 많습니다.

은행 예시를 계속해서 이어가면, 순환 신경망은 순방향 신경망과 마찬가지로 사기 거래를 감지하는 데 도움이 되지만 한층 더 복잡한 방식으로 동작합니다. 순방향 신경망은 개별 거래가 사기일 가능성을 예측하는 데 도움이 되지만, 순환 신경망은 개별 거래뿐만 아니라 신용카드 사용 기록과 같은 일련의 거래 내역 등 개인의 금융 행동 데이터로 '학습'할 수 있으며, 각각의 거래 행위를 그 사람의 전체 거래 기록과 비교할 수도 있습니다. 이는 순방향 신경망 모델의 일반적인 학습 과정과 함께 수행될 수 있습니다.

머신러닝과 딥러닝이 가장 유용하게 사용되는 사례

맥킨지는 머신러닝과 딥러닝이 어떻게 사용되고 있는지 알아보기 위해 19개 산업과 9개 비즈니스로부터 400여 가지 활용 사례를 수집해 분석했습니다. 그 결과 거의 모든 산업이 머신러닝과 딥러닝의 활용해 이점을 얻고 있었습니다. 그 가운데 몇 가지만 살펴보겠습니다.

◈ 예측 F 보수

유지 보수가 필요한 부분을 미리 예측해서 수행하는 것은 모든 산업, 모든 비즈니스에 중요한 부분입니다. 말하자면 장비가 고장 나기를 기다리지 않고, 유지 보수가 필요한 시점을 미리 예측해 선제적으로 정비함으로써 장비의 고장으로 인한 공장 또는 시스템 가동 중단을 예방하고 운영 비용을 줄일 수 있습니다. 머신러닝과 딥러닝은 다양한 형태의 대용량 데이터를 분석할 수 있는 능력을 갖추고 있기 때문에 예측 유지 보수의 정확성을 높일 수 있습니다. 인공지능 기술을 사용하면 음성이나 사진 데이터와 같은 새로운 입력 데이터를 추가할 수 있어서 훨씬 정확하고 다양한 분석을 가능하게 해 줍니다.

◆ **물류 최적화**

인공지능을 사용하여 물류를 최적화하면 실시간 예측과 운행 및 행동 지시를 통해 비용을 절감할 수 있습니다. 예를 들어, 인공지능은 운송 경로를 최적화하여 연료 소모를 줄이고, 배송 시간도 획기적으로 단축할 수 있습니다.

◆ **고객 서비스**

인공지능은 콜센터에서도 위력을 발휘해 인간을 대신해서 더 원활하고 효율적으로 민원을 처리함으로써 고객에게 훨씬 좋은 서비스 경험을 제공할 수 있습니다. 인공지능은 전화를 건 고객의 말만 이해할 수 있는 것이 아닙니다. 음성 데이터의 딥러닝 분석을 통해 고객의 말투를 판단할 수 있습니다. 고객이 화를 내고 있다면, 시스템은 인간 오퍼레이터나 매니저에게 전화를 연결할 수 있는 것입니다.

생성형 인공지능의 개념과 활용 분야

챗GPT가 등장하자 세상은 온통 생성형 인공지능이 가져올 변화에 대한 이야기로 넘쳐났습니다. 이런 폭발적 반응에 힘입어 짧은 기간에 생성형 인공지능이 우후죽순처럼 생겨났습니다. 구글이 개발한 바드(bard), 마이크로소프트가 개발한 빙(bing), 메타의 LLaMA 등 대표적인 모델 외에도 이미 수많은 인공지능이 시장에 등장해 우열을 다투고 있습니다. 이미지 생성용 인공지능인 DALL-E 같은 모델도 있습니다. 이제는 너무 많아서 사용자들도 어느 모델이 가장 뛰어난지 판별하는 것도 쉽지 않습니다. 그러자 미국 UC 버클리대에서 어떤 챗봇이 최고인지 알아보기 위해 '챗봇 아레나'라는 챗봇 모델 평가 투표 사이트를 만들어 공개했습니다. 이 아레나에는 2023년 7월 현재 20개의 챗봇 모델이 경쟁을 벌이고 있으며, 이미 5만 명이 넘는 사람들이 투표에 참여했습니다. 여기서는 주로 사용자들의 선호도와 함께 사용자의 지시에 따라 인공지능이 얼마나 작업을 잘 수행하는지를 평가합니다. 이 두 가지는 인공지능 모델의 유용성을 결정하는 가장 중요한 요소이기도 합니다.

생성형 인공지능 모델은 텍스트, 이미지, 음성 등 다양한 형태의 데이터를 기반으로 '새로운 내용을 생성'하는 기술입니다. 이 모델은 딥러닝 기법과 인공신경망을 사용하여 학습되며, 예측 및 생성 작업에 사용됩니다. 생성형 인공지능 모델은 기존의 데이터에서 패턴을 파악하고 이를 활용하여 신규 데이터를 생성합니다. 예를 들어, 텍스트 생성 모델은 주어진 텍스트 데이터를 기반으로 문장을 생성할 수 있고, 이미지 생성 모델은 학습된 이미지 데이터를 기반으로 새로운 이미지를 생성할 수 있습니다. 가장 널리 알려진 생성형 인공지능 모델 중 하나는 GPT(Generative Pre-trained Transformer)입니다. GPT는 대형 언어 모델로, 대규모 텍스트 데이터로 사전에 학습한 후, 주어진 텍스트나 문장에 대해 이어지는 문맥을 예측하고 새로운 텍스트를 생성합니다. 생성형 인공지능 모델은 창의성과 혁신성을 가지고 있어 다양한 분야에서 활용될 수 있습니다. 예를 들어, 문학적인 글 작성, 음악 작곡, 예술 작품 생성, 게임 개발 등에 사용될 수 있습니다. 또한, 이 모델은 대화 시스템 및 가상 비서와 같은 자연어 처리 작업에서도 사용될 수 있습니다. 하지만, 생성형 인공지능 모델은 완전히 자율적인 창작을 하는 것이 아니며 학습 데이터에 포함된 패턴과 정보를 기반으로 생성된 결과물이기 때문에 항상 원하는 결과를 보장하기는 어렵습니다. 따라서 실제 응용에서는 모델의 성능을 평가하고 조정하는 과정이 필요합니다.

생성형 인공지능 도구들은 인간들이 일하는 방식을 바꿀 수 있기 때문에 다양한 직업들을 변화시킬 수 있는 높은 잠재력을 지니고 있습니다. 그러나 아직은 그 영향력이 어디까지 미칠 것인지, 그리고 그로 인한 위험성은 무엇인지 정확히 알기에는 이른 시점입니다. 하지만 생성형 인공지능 모델이 어떻게 구축되는지, 어떤 종류의 문제를 해결하는 데 적합한지, 그리고 인공지능과 머신러닝이라는 더 넓은 범주 내에서 어느 위치를 점하는지는 알아볼 수 있습니다.

생성형 인공지능은 기술을 촉진시키는 중요한 역할을 합니다. 앞으로 어떤 것이 기다리고 있는지 이해하기 위해서는 생성형 인공지능의 부상을 가능하게 한 획기적인 발전에 대한 이해가 필요합니다. 현재 대중의 관심을 받고 있는 챗GPT와 같은 생성형 인공지능 도구들은 머신러닝과 딥러닝의 발전에 도움을 주기 위해 최근 수년간의 대규모 투자가 이루어진 결과입니다. 하지만 인공지능이 우리의 삶에 서서히 스며들었기 때문에 그 발전은 거의 눈에 띄지 않았습니다. 스마트폰에서 자율주행차, 소비자들을 놀라게 하는 다양한 지능형 제품들에 이르기까지 인공지능은 우리 주변에 자연스럽게 존재하면서 발전해 왔습니다. 딥마인드(DeepMind)가 개발한 인공지능 기반 프로그램인 알파고(AlphaGo)가 2016년에 세계 최정상인 이세돌 선수를 이겨 큰 반향을 불러왔지만, 곧 대중의 관심에서 사라져 버렸습니다. 그러나 챗GPT는 달랐습니다. 거의 모든 사람들이 이 도구들을 사용하여 소통하고 창작할 수 있으며, 사용자와 대화를 나눌 수 있는 특별한 능력을 지니고 있기 때문입니다. 최신 생성형 인공지능 응용 프로그램은 데이터 재구성 및 분류와 같은 일상적인 작업을 수행할 수 있습니다. 그렇지만 텍스트 작성, 음악 작곡, 디지털 아트 생성 등의 능력이 소비자들을 끌어당긴 주요인입니다.

생성형 인공지능은 일반적인 기초모델을 사용하여 구축된 응용 프로그램입니다. 이러한 모델은 인간 뇌에 연결된 수십억 개의 뉴런에서 영감을 얻어 모방해낸 복잡한 인공신경망을 기초로 하고 있습니다. 이러한 기초모델은 딥러닝과 관련이 있습니다. 딥러닝은 최근 인공지능의 많은 발전을 이끌었지만, 역으로 생성형 인공지능의 기반이 되는 기초 모델은 딥러닝의 발전에 큰 변화를 가져왔습니다. 이전의 딥러닝 모델과는 달리, 이들은 거대하고 다양한 형태의 비구조화된 데이터를 처리하고 여러 가지 작업을 수행할 수 있습니다. 이미지, 비디오, 오디오, 컴퓨터 코드 등 다양한 형식의 데이터에서 새로운 기능을 가능하게 하고 기존 기능을 대폭 향상시켜 줍니다. 이러한 모델로 훈련된 인공지능은 분류, 편집, 요약, 질문에 대답하고 새로운 콘텐츠를 작성하는 등 여러 가지 기능을 수행할 수 있습니다.

맥킨지의 보고에 따르면, 생성형 인공지능에 대한 투자는 인공지능 총투자의 일부에 불과하지만, 상당한 규모로 빠르게 성장하고 있습니다. 2017년부터 2022년까지 연평균 약 74%의 고도성장을 이뤘습니다. 이러한 투자 급증은 그사이 생성형 인공지능이 얼마나 빠르게 발전했는지를 보여줍니다. 챗GPT가 출시 된 뒤 4개월 후에는 오픈AI가 GPT-4라는 새로운 대형 언어 모델을 출시하면서 챗봇의 능력이 대폭 향상되었습니다. 마찬가지로, 안스로픽(Anthropic)의 생성형 인공지능인 클라우드(Claude)는 2023년 3월에 처음 도입되었을 때만 해도 1분에 약 9,000 토큰[37]을 처리할 수 있었으나, 불과 2개월 만인 2023년 5월에는 약 75,000 단어에 해당하는 100,000 토큰의 텍스트를 처리할 수 있을 만큼 급발전했습니다. 또한, 2023년 5월에 구글은 생성형 검색 경험(search generative experience)과 바드(Bard) 챗봇을 제공하는 PaLM2라는 새로운 대형 언어 모델을 기반으로 한 몇 가지 새로운 기능을 발표했습니다.[38]

생성형 인공지능은 전체 경제에서 산업 및 비즈니스에서의 지식 업무 수행 방식을 재편할 수 있는 잠재력을 가지고 있습니다. 영업 및 마

37) 토큰(token)은 인공지능에서 텍스트를 처리하고 분석하는 단위입니다. 일반적으로 텍스트는 단어, 문장 또는 문서와 같은 구성 요소로 나누어질 수 있습니다. 이러한 각각의 단위는 토큰으로 간주됩니다. 토큰화(tokenization)는 주어진 텍스트를 작은 단위로 나누어 토큰으로 변환하는 과정입니다. 이를 통해 인공지능 모델은 단어, 구두점, 숫자 또는 특정한 형태로 정의된 다른 단위를 처리할 수 있습니다.

38) 뤼튼(wrtn.ai) 사이트에서 GPT-3.5, GPT-4, PaLM2 한글 버전을 무료로 사용해 볼 수 있습니다.

케팅, 고객 서비스, 소프트웨어 개발과 같은 기능을 통해 잠재력을 현실화하고 계속해서 성능을 향상시켜 나갈 것입니다. 그러는 동안 은행에서부터 생명과학에 이르기까지 다양한 분야에서 막대한 부가가치를 창출하게 될 것입니다. 생성형 인공지능은 광고 및 마케팅 분야, 영업 및 운영, 프로그램 코드 작성, 법률, 연구 및 개발, 의료 분야, 금융 분야, 컨텐츠 제작 분야, 게임 개발 분야 등 다양한 사업과 산업분야에서 활용될 수 있습니다.

기업들은 자체적인 요구사항과 목표에 맞게 생성형 인공지능을 적용할 수 있으며, 이를 통해 비즈니스 프로세스를 개선하고 혁신적인 솔루션을 구현할 수 있습니다. 특히, 생성형 인공지능은 자체적으로도 많은 잠재력을 갖고 있지만, 인간과 함께 협력하면 훨씬 더 강력한 능력을 발휘할 것으로 예상됩니다. 인간의 도움을 받으면 생성형 인공지능은 작업을 더욱 효과적으로 수행할 수 있기 때문입니다.

생성형 인공지능 모델들

생성형 인공지능은 챗GPT 말고도 여러 종류가 이미 출시돼 있습니다. 이들은 생산성을 높이고 일하는 방식을 변화시킬 수 있는 최고의 인공지능 도구들입니다. 챗봇인 챗GPT가 등장한 이후 생성형 인공지능은 기술 산업에서 가장 핫(hot)한 주제가 되었습니다. 그 이후로 인공지능은 빠르게 우리가 사는 방식, 일하는 방식, 주변 세계와 상호작용하는 방식을 계속해서 변화시키고 있습니다. 인공지능 도구의 지속적인 업그레이드 덕분에 그 사용범위는 점점 더 넓어지고 있습니다. 콘텐츠 생성뿐 아니라 이미지 생성도 가능합니다. 더구나 인공지능은 미래의 일이 아닌 이미 현재의 일부가 되었다는 것이 중요합니다. 그러므로 우리는 일하는 방식을 바꾸고 생산성을 높여줄 수 있는 다양한 인공지능 도구를 찾아 활용하는 것이 중요합니다. 인기로 말하자면 챗GPT가 단연 1등이지만, 데이터 분석 자동화 및 멋진 시각화를 생성하는 등 고유하고 흥미로운 기능을 제공하는 다른 도구들도 많이 있다는 것을 기억할 필요가 있습니다. 다음은 인공지능에 조금이라도 관심이 있다면 반드시 알아둬야 할 요긴한 인공지능 툴입니다.

◆ **미드저니(Midjourney)**

미드저니는 텍스트를 이미지로 변환하는 인공지능 생성기로, 사용자가 고품질 이미지를 만들 수 있도록 해줍니다. 예술적 재능이 부족해 구상하고 있는 아이디어를 손으로 그리지 못하는 사람들에게 특히 유용한 그림 인공지능 툴입니다.

◆ **카피 AI(Copy.ai)**

카피 AI는 콘텐츠를 작성하는 글쓰기 플랫폼입니다. 판매 페이지, 뉴스레터, 이메일 및 소셜 미디어 게시물 등 독특한 마케팅 자료를 생성하는 데 도움이 됩니다.

◆ **타블로(Tableau)**

타블로는 데이터 분석 및 시각화 플랫폼으로, 사용자가 데이터와 상호작용 하고 대화식 차트, 그래프, 대시 보드 등을 만들 수 있도록 해줍니다. 타블로는 코딩 경험이 필요하지 않아 모든 수준의 데이터 분석가에게 좋은 도구입니다.

◈ 머프(Murf)

머프는 인공지능 기술을 이용한 보이스 오버 스튜디오[39]입니다. 120개 이상의 언어를 지원하며, 20개 이상의 인간과 동등한 인공지능 음성 라이브러리를 보유하고 있습니다. 마케팅 및 콘텐츠 작성을 비롯한 다양한 목적으로 설계되었으며, 강조, 목소리, 톤, 볼륨 등 다양한 기능을 제공합니다. 광고, 오디오북, 설명자 비디오, 전자 학습, 팟캐스트, 비디오 또는 기타 전문 프레젠테이션을 위한 음성을 합성할 수 있습니다. 전문적인 보이스 액터나 비싼 녹음 장비를 사용하지 않고도 완성도 높은 오디오 콘텐츠를 만드는 데 도움이 됩니다.

◈ 재스퍼(Jasper)

재스퍼는 OpenAI의 GPT를 기반으로하는 인공지능 도구로, 에세이, 시, 작문 등 모든 글을 작성할 수 있습니다. 짧은 시간에 글쓰기 콘텐츠를 생산하려는 사람들에게 특히 유용한 툴입니다. 재스퍼는 표절 및 문법 검사뿐만 아니라 블로그 게시물, 트위터 스레드, 비디오 스크립트 등 다양한 글쓰기 유형에 대한 50개 이상의 템플릿을 제공합니다.

◈ 파이어플라이(Fireflies)

파이어플라이는 실시간으로 음성 대화를 필기로 변환하여 필기를 간단하게 만드는 인공지능 도구입니다. 음성 인식 기술을 사용하여 회

39) '보이스 오버(voice over)란 연기자나 해설자 등이 화면에 보이지 않는 상태에서 대사나 해설 등의 목소리가 들리는 것을 말합니다. 대표적인 보이스 오버는 다큐멘터리의 너레이션입니다. 보이스 오버 스튜디오는 영화, TV, 라디오 등에서 사용되는 대사나 내레이션 등의 목소리를 녹음하고 편집하는 툴을 말합니다.

의 중 필기를 하지 않고 대화에 집중할 수 있습니다. 팀원 모두가 대화에서 중요한 부분을 추가하거나 강조할 수 있도록 함으로써 팀의 협력을 더욱 효과적으로 만들어줍니다. 필기의 중복을 제거함으로써 회의를 더욱 효율적으로 만들어주는 도구입니다.

◈ **픽토리(Pictory)**

픽토리는 브랜드화된 공유 가능한 비디오 클립을 빠르게 만들 수 있는 비디오 편집 도구로, 콘텐츠 제작자 및 마케터에게 많은 도움이 됩니다.

생성형 인공지능이 사회에 미치는 영향

인구 고령화로 인해 우리나라를 포함한 주요 국가들에서 생산가능인구가 급속히 줄어들고 있습니다. 경제 성장과 번영을 달성하려면 노동 생산성을 높여야 합니다. 생성형 인공지능의 새로운 기능은 이전 기술과 결합되어 근로자들의 업무를 자동화하고, 인간 노동력을 대체하는 기술의 채택을 가속화할 것으로 전망됩니다. 이러한 기술은 지식 근로자들에게도 영향을 미치게 될 것으로 보이는데, 이는 과거에는 예상할 수 없었던 일입니다.

생성형 인공지능이 발전함에 따라 기술 성능이 지금은 중간 수준의 인간 능력과 비슷해졌습니다. 그리고 기술 성능의 향상 속도는 매우 빨라져, 맥킨지 글로벌연구소(McKinsey Global Institute)가 기술 성능이 인간 능력의 최상위 25% 수준에 도달하는 시기를, 전에는 2027년으로 예상했으나, 생성형 인공지능 출현 이후 2023년으로 변경했습니다.

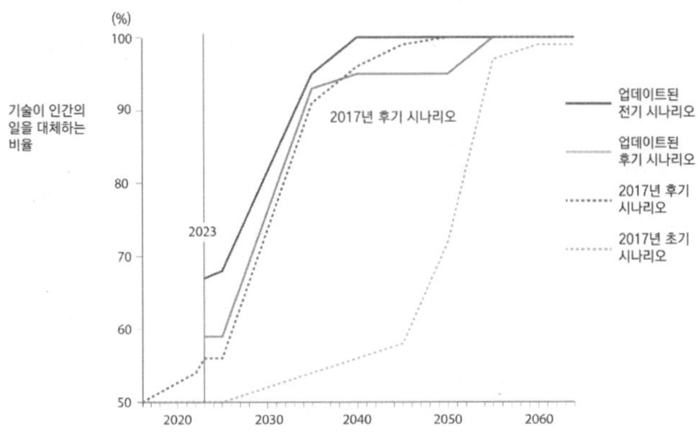

시나리오별 기술의 일 대체 잠재력 (출처: 맥킨지)

생성형 인공지능의 등장에 따른 기술 역량 재평가 결과, 오늘날 존재하는 모든 기술을 통합하여 인간의 일을 자동화할 수 있는 비율은 이전에는 50%였지만 이제는 60~70%로 증가했습니다. 그 두 비율의 갭인 10~20%는 결국 생성형 인공지능 기술이 단독으로 이룰 수 있는 자동화 비율이라고 할 수 있습니다. 생성형 인공지능의 자연어 능력 가속화 덕분에 기술적 잠재력 곡선은 매우 가파르게 그려집니다. 흥미로운 점은 초기 시나리오와 최신 시나리오 사이의 시간적인 갭은 2017년 전문가 평가와 비교해 볼 때 훨씬 좁혀졌다는 것이며, 이는 대략 2030년을 전후로 기술이 인간의 일을 자동화할 수 있는 잠재력이 급속히 높아진다는 것을 보여줍니다.

생성형 인공지능이 가속시키는 자동화 잠재력으로 산업이 이 기술을 채택하여 실제로 업무를 자동화하는 시나리오도 빨라졌습니다. 이 시나리오는 기업들이 투자하여 솔루션을 개발하는 속도에 따라 늦어질 수도, 빨라질 수도 있습니다. 그러나 확실한 것은 결국 근로자들의 일자리 환경이 변화를 겪게 될 것이라는 점입니다. 예를 들어, 영어 교사나 문학 교사 일자리의 경우 생성형 인공지능의 자연어 능력이 이 교사들의 업무 가운데 일부를 기계가 대체하게 될 것입니다. 이렇게 되면 교사들은 수업 토론을 지도하거나 추가 지원이 필요한 학생들에게 개별 지도를 제공하는 등 다른 업무 활동에 더 많은 시간을 할애할 수 있습니다. 맥킨지가 예측한 과거 시나리오에 따르며, 2016년의 업무 시간 중 50%가 2035년부터 2070년 사이의 어느 시점에 자동화될 것으로 예상되었으며, 중간값은 2053년 정도였습니다. 그렇지만 생성형 인공지능의 발전을 고려하여 업데이트한 시나리오로는 2023년의 업무 시간 중 50%가 자동화되는 시점은 2030년부터 2060년 사이의 어느 시점이며, 그 중간값은 2045년으로 나타났습니다. 이 수치는 이전 추정치와 비교하여 10년가량 앞당겨진 것으로 생성형 인공지능의 파괴적 잠재력을 잘 보여줍니다.

세계 경제 성장은 2012년에서 2022년 사이에 이전 20년 동안에 비해 둔화하였습니다. 코로나 19가 중요한 요인이었지만, 출산율의 하락과 인구 고령화와 같은 장기 구조적 요인들이 여전히 성장에 대한 장애물로 작용하고 있습니다. 그중 하나는 고용의 감소입니다. 전 세계 노동자 수 증가율은 1972년부터 1982년까지는 2.5%에서 2012년부터 2022년까지는 0.8%로 떨어졌습니다. 이는 주로 고령화 때문입니다. 많은 선진국에서는 이미 노동 인구의 규모가 줄어들고 있습니다. 생산성[40]은 1992년부터 2022년까지 30년 동안 경제 성장의 주요 동력이었습니다. 하지만 이후로는 고용 증가의 둔화와 함께 생산성 성장도 둔화되고 있습니다.

생성형 인공지능과 기타 기술의 도입은 생산성 향상에 도움이 될 수 있습니다. 고용 증가율이 줄어드는 것을 일부 상쇄하면서 전반적인 경제 성장을 뒷받침하게 될 것입니다. 시기적으로 본다면 생성형 인공지능 기술에 의해 업무 자동화가 이루어질 경우 자동화 채택률에 따라 2023년부터 2040년까지 전 세계 경제에 생산성 향상을 가져올 것으로 보입니다. 맥킨지는 생산성 향상 정도를 0.2%~3.3%로 추정하고 있으며, 그 가운데 0.1%~0.6%를 생성형 인공지능이 기여할 것으로 보고 있습니다. 그러나 이런 추정치는 이 기술의 영향을 받는 근로자들이 적어도 2022년의 생산성 수준을 유지하거나 생산성이 더 높은 다른 업무 활동으로 전환하는 경우에만 가능합니다. 근로자들 중 일부는 계속 같은 일자리에 머무를 수 있지만, 일자리마다 업무 내용이 변경될 것이므로 경우에 따라서는 이직을 해야 할 수도 있습니다.

요컨대, 생성형 인공지능이 지닌 높은 잠재력은 자동화될 일자리 범위를 크게 확장시킬 뿐만 아니라 자동화 확산 속도도 가속화하고 있습니다. 또 기술 자동화로 영향을 받는 직업군도 지식 근로자를 포함해 다양해졌습니다. 다른 기술들과 마찬가지로, 생성형 인공지능은 틀

40) 생산성은 산출물인 생산된 상품과 서비스의 가치를 생산하는 데 투입된 노동, 자본, 기타 자원의 양으로 나눈 값을 말합니다. 바꿔 말하면, 노동력과 생산재를 투입해 생산할 수 있는 생산량을 의미합니다.

에 박힌 업무를 수행하는 능력이 있어서 인간 근로자의 생산성을 향상시킬 수 있습니다. 이는 약 20년 동안 둔화해 온 노동 생산성을 증가시킬 수 있습니다. 또한, 생성형 인공지능은 고령화로 인해 세계 주요 국가들의 노동력이 줄어드는 악영향을 상쇄할 수 있습니다. 그러나 여기에는 전제조건이 있습니다. 이러한 선순환 시나리오가 현실이 되기 위해서는 많은 근로자들이 지금 하는 업무에서 더 생산성이 높은 업무로 바꿔야 한다는 것입니다.

생성형 인공지능의 위험성

구글 최고경영자(CEO)인 순다르 피차이(Sundar Pichai)는 고용시장을 불안정하게 하고 인류의 안녕을 해칠 게 분명한 인공지능의 급속한 발전에 대해 인류 사회가 함께 대비해야 한다고 주장했습니다. 피차이는 한 방송과의 인터뷰에서 인공지능를 통제하기 위한 새로운 규정을 만들어야 한다고 역설했습니다. 이러한 그의 주장은 일론 머스크 같은 사람들이 인류의 안전 문제를 들어 첨단 인공지능 시스템 개발을 완전히 중단하라고 요구하는 것과는 온도 차이가 있습니다. 피차이는 이렇게 말했습니다.

"우리는 깊이 생각해야 합니다. 인공지능 발전이 가져올 여러 문제들에 어떻게 대응할 것인가 하는 것은 사회가 해결해야 할 과제이지 개별 기업들이 결정할 사안은 아닙니다."

파차이는 이 인터뷰에서 인공지능의 활용성에 대한 여러 가지 대담한 선언으로 시청자들에게 충격을 던졌습니다. 예컨대, 그는 가까운 미래에 인공지능이 "모든 기업의 모든 제품"에 영향을 미칠 것이라고 단언했습니다. 나아가 개발자인 구글조차도 어떤 면에서는 자신들이 만든 인공지능 시스템을 완전히 이해하지 못하고 있다고 고백하기까지 했습니다. 또 첨단 인공지능이 주로 작가, 회계사, 건축가, 소프트웨어 엔지니어 같은 소위 "지식 노동자"들의 일자리를 빼앗을 것이라고 말했습니다. 그러다가 어느 순간 구글이 개발한 인공지능 프로그램이 "스스로 터득한 기능" 즉, 엔지니어들이 학습시킨 일이 없는 예상 밖의 기술을 습득하더라는 놀라운 이야기를 꺼냈습니다. 일례로, 엔지니어들이 구글 프로그램에 뱅골어를 학습시킨 적이 전혀 없었는데도 스스로 벵골어 번역 능력을 습득했다고 합니다. 그러면서 그는 개발자들도 어떻게 그런 일이 일어났는지 제대로 설명할 수 없었음을 시인했습니다.

"인공지능 개발 현장에 있는 엔지니어들은 그런 현상을 '블랙박스'라고 부릅니다. 뭐가 잘못됐길래 그런 일이 일어났는지 아무도 알지 못합니다."

사실이 그러하다면 정말 큰 문제가 아닐 수 없습니다. 구글은 대체 기술을 완전히 이해하지도 못하면서 그런 위험한 시스템을 어떻게 사회에 내놓을 수 있을까요? 이러한 질책성 질문에 대한 피차이의 답변은 이랬습니다.

"이렇게 표현해 보겠습니다. 저는 우리가 인간의 마음 역시 완전하게 이해하지 못하고 있다고 생각합니다."

그러면서 그는 이렇게 덧붙였습니다.

"인공지능은 앞으로 모든 것에 영향을 미칠 것입니다. 예를 들어, 당신이 방사선과 전문의라면, 5년이나 10년 후에는 인공지능 조수를 두고 있을 수도 있습니다. 여러분이 아침에 출근했을 때 100명의 환자가 진료를 기다리고 있다고 합시다. 그러면 인공지능 조수는 그 환자들 가운데 '이 환자들이 심각하니 먼저 봐 주세요.'라고 말할 수도 있습니다."

피차이 역시 인공지능이 촉발시키고 있는 무시무시한 영향에 대해 우리 사회가 제대로 대응할 준비가 돼 있지 않음을 인정합니다. 그래서 그는 이렇게 말합니다.

"그 문제와 관련해서 저는 두 가지로 생각하고 있습니다. 한가지 생각은 신기술에 대한 우리 사회의 적응 속도와 제도 수립이 기술의 발전 속도를 따라잡지 못하고 있다는 것입니다. 또 다른 생각은, 그렇다고 해도 인공지능 기술의 경우에는 다른 기술에 비해 일찍부터 사람들이 걱정을 해왔기 때문에 문제 해결이 가능하리라 보고 있습니다. 아주 많은 사람들이 인공지능의 영향에 대해 걱정해 왔고, 사회적 담론 또한 깊이 있게 진행되고 있기 때문입니다."

챗GPT의 거침없는 질주로 인해 인공지능의 안전성에 대한 논쟁이 매우 뜨거워지고 있습니다. 챗봇이 향후 인간의 일자리를 앗아가고 잘못된 정보를 확산시키게 될 것이라는 우려를 증폭시키고 있으면서도, 사용자들의 다양한 질문에 인간처럼 대답하는 능력 덕분에 상당한 지지층을 확보하고 있습니다.

한편, 억만장자, 테슬라 자동차와 스페이스X의 최고경영자, 기행을 일삼는 자, 세계 제일의 뉴스메이커 등 무수한 수식어가 따라다니는 일론 머스크는 언론과의 인터뷰에서 인공지능의 위험성을 경고하고 나섰습니다. 그는 OpenAI의 초기 후원자 중 한 명이기도 했습니다.

"인공지능은 잘못 만든 자동차나, 또는 잘못 설계되거나 잘못 정비된 비행기 보다 훨씬 위험합니다. 설사 아직 일어나지 않은 잠재적인 위험이고, 가능성이 아주 미미하다 하더라도 결코 사소한 문제가 아닙니다. 인류 문명을 파괴하는 결과에까지 이를 수도 있습니다."

그는 또 1,000명 이상의 전문가들과 함께 적절한 안전장치가 만들어질 때까지 6개월간 인공지능 개발을 중단할 것을 주장하기도 했습니다. 그는 이러한 경고와 함께 자신의 인공지능 버전인 TruthGPT 개발을 시작할 것이라고 밝혔습니다. 듣는 입장에서는 참 이율배반처럼 느껴지긴 합니다만, 그는 TruthGPT를 개발하는 이유에 대해서는 이렇게 말했습니다.

"제가 개발하려고 하는 TruthGPT는 우주의 본질을 파헤치는 데 최적화된 인공지능이 될 것입니다. 우리는 모두 우주의 일부분이고, 우주가 인류를 멸종시키지 않을 것이라는 사실을 이해하기 위해 만드는 인공지능이므로 인공지능을 가장 안전하게 사용할 길이 되지 않을까요?"

구글 최고경영자가 자신들이 만든 인공지능이 스스로 어떤 기능을 터득했다는 사실과, 인공지능을 개발한 엔지니어들조차 어떻게 그런 일이 일어났는지 알 수 없다고 말하는 것을 들으면 섬뜩한 생각이 들지 않습니까? 많은 사람들이 우려하듯이 인공지능이 종국에는 인간의 통제를 벗어나 독자적으로 판단하고 행동함으로써 인류의 존속을 위협하는 영화 같은 일이 현실에서 실제로 일어날 수도 있겠다는 생각이 들도록 만듭니다. 그런데 그보다 더 섬뜩한 것은 그 인공지능을 개발한 구글 최고경영자가, 개발자들도 인공지능을 다 알지 못해 자칫하면 인간이 인공지능에 대한 통제권을 잃을 수도 있는데도, 그것이 '우리가 인간의 마음을 다 알지 못하는 것과 다를 바 없다'는 식으로 가벼이 생각하고 있다는 것입니다.

인공지능의 위험성에 대한 우리 사회의 대응 방안은 윤리적 기준과 법 제도를 통한 규제입니다. 그런데 이처럼 발달 초기부터 문제가 불거지는 이유는 인공지능의 진화 속도가 법적·윤리적 논쟁에 대한 토론 속도와는 비교할 수 없을 만큼 빠르다는 데 있습니다. 말하자면 기술의 발전은 기하급수적인데 사회적 규제 논의의 진전은 산술급수적으로 이루어지고 있다는 것입니다.

산업혁명 초기에 일어난 러다이트 운동에서도 이와 관련한 교훈을 얻을 수 있습니다. 러다이트 운동은 기계가 발전하면서 인간이 기계의 종이 돼 가고 있다고 인식한 노동자들이 이를 거부하기 위해 기계를 때려 부순 일종의 사회 폭동이었습니다. 그러다가 시간이 지나면서 이 용어는 일반적으로 산업화, 자동화, 컴퓨터화 또는 신기술에 반대하는 사람을 의미하게 되었습니다. 기술 발전이 급격하게 이루어질 때는 사회가 이를 거부하면서 저항하지만, 러다이트 운동이 결국에는 실패했듯이, 결코 인간은 기술의 발전을 억제할 수 없다는 사실입니다. 그래서 머리가 좀 빠르게 회전하는 사람들은 인공지능을 거부해봤자 생존만 어려워질 테니 이걸 남들보다 잘 이용해서 뭔가를 해보는 것만이 더 이득이라고 생각하게 되는 것입니다.

챗GPT의 등장과 우리의 미래 엿보기

챗봇을 통해 흘낏 엿보는 우리의 미래는 어떤 모습일까요? 인공지능은 생산성과 경제 성장에 어떤 영향을 미칠까요? 모든 사람들에게 공평하게 한층 업그레이드 된 자동화 시대를 열어줄까요? 아니면 우리 사회의 골칫거리인 양극화와 같은 불평등 문제를 더욱 심화시키게 될까요? 그리고 그것이 우리 인간들의 역할에 어떤 의미를 주게 될까요?

이미 이러한 질문에 답하기 위해 수년간 연구해 온 경제학자들도 있습니다. 물론 전문성을 갖춘 경제학자들이라고 해서 확정적으로 답할 수 있는 단계는 아니긴 합니다. 그래도 인공지능이 초래할 미래 가운데 사회경제적 측면에 대한 힌트를 얻고자 그들의 이야기를 들어보겠습니다.

지난 50년 동안 전 세계 근로자들이 얻는 소득의 비중은 그들 국가의 총수입에서 점점 더 작아지고 있습니다. 동시에 생산성의 성장은 계속해서 둔화돼 왔습니다. 그렇지만 이 시기에 IT 기술과 자동화는 엄청난 발전을 이뤘습니다. 발전된 기술은 일반적으로 생산성을 증가시킵니다. 이러한 이점을 제공하지 못하는 컴퓨터 혁명은 경제학자 로버트 솔로가 주장한 '생산성의 역설'에 빠지게 됩니다. 솔로는 컴퓨터의 등장을 비롯한 새로운 정보 기술이 생산성 증대에 그다지 기여하는 것 같지 않다고 주장했습니다. 이러한 솔로의 지적은 정보기술의 생산성 향상 효과에 대한 근본적인 의심을 담고 있었는데, 여기서 촉발된 논쟁은 인공지능으로 인해 디지털 시대의 새로운 국면에 진입하고 있는 현시점까지 이어지고 있습니다.

인공지능이 오랜 기간 이어져 온 세계의 생산성 침체에 새로운 활력소가 될 수 있을까요? 만약 그렇다면, 누가 이득을 얻게 될까요? 많은 사람들이 이 질문들에 대해 궁금해 합니다. 컨설팅 회사들은 대부분 인공지능을 경제적 만병통치약으로 그려왔지만, 정책 입안자들은 잠재적인 일자리 감소에 대해 더 우려하고 있습니다. 경제학자들은 인공지능이 가져올 미래 예측에 더욱 신중한 모습을 보이고 있습니다. 이러한 경제학자들의 태도는 인공지능 기술이 앞으로 어떻게 발전할지 예측하기 어렵기 때문입니다. 철도의 등장, 전기화된 운송, 삶의 모든 부분에서 컴퓨터와의 통합 등 지금까지 진행돼 온 기술적 도약과 비교해 볼 때 인공지능의 발전 속도는 훨씬 빠릅니다. 그리고 자본도 훨씬 적게 투자됩니다. 그 이유는 인공지능은 하드웨어의 발전 보다는 소프트웨어의 혁명이기 때문입니다. 컴퓨팅 장치, 네트워크 및 클라우드 서비스와 같은 필요한 인프라의 상당 부분이 이미 마련되어 있습니다. 철도나 광대역 네트워크 같은 물리적 시설을 구축하는 데 걸리는 많은 시간이 인공지능에는 필요하지 않습니다. 개발자는 컴퓨터를 이용해 인공지능 기반 소프트웨어를 개발하고, 사용자는 스마트폰에서 바로 사용하기만 하면 되기 때문입니다.

개발된 인공지능을 활용하는 데도 상대적으로 비용이 적게 들기 때문에 진입 장벽이 크게 낮아집니다. 이렇다 보니 인공지능이 세상에서 어느 영역에 얼마만큼 영향을 미칠 것인지 예측하기 더 어렵습니다. 인공지능은 교육과 개인정보 보호에서부터 글로벌 무역 구조에 이르기까지 많은 분야에서 우리가 일을 하는 방식을 근본적으로 바꾸게 될 것입니다. 인공지능은 경제의 개별적인 요소뿐만 아니라 구조 자체를 바꿀 수도 있습니다. 그러한 복잡하고 급진적인 변화에 대해 적절한 모델링을 하는 것은 극도로 어려울 것이며, 아직 아무도 그렇게 하지 않았습니다. 그러나 그러한 모델링 없이는 경제학자들은 경제 전반에 미칠 수 있는 영향에 대한 명확한 설명을 해낼 수 없습니다.

경제학자들은 인공지능의 영향에 대해 서로 다른 의견을 가지고 있지만, 인공지능이 이 사회의 경제적 불평등을 증가시킬 것이라는 점에는 경제 연구 분야에서 일반적인 동의가 있습니다. 그 예로, 노동보다 자본이 갖는 이점이 점점 더 커짐에 따라 노동의 역할과 가치를 떨어뜨릴 수 있다는 점을 들 수 있습니다. 영국 매체인 인사이더 보도에 따르면 어떤 근로자들은 챗GPT가 자신들의 업무 가운데 80%를 대신할 수 있음을 솔직히 인정했다고 합니다. 그것만은 아닐 것입니다. 아마도 지금 우리 사회에 존재하는 일자리 가운데 챗GPT가 100% 다 할 수 있는 일자리들도 많을 것입니다. 이것은 자본이 인간에게 투자되기 보다 인공지능과 같은 자동화 기계에 쏠리는 결과를 가져올 게 분명합니다. 그만큼 인간의 노동력 가치가 위기에 처하게 되는 것입니다. 그렇게 되면 세금 수입이 줄어 정부의 재분배 능력을 약화시키는 쪽으로 흘러갈 수도 있습니다.

현재까지 대부분의 경험적 연구는 인공지능 기술이 전체 고용을 감소시키지는 않을 것이라는 연구결과를 내놓고 있습니다. 하지만, 일자리 개수가 아닌 근로자들의 소득에 초점을 맞춰본다면 이야기가 좀 달라집니다. 비숙련 노동으로 가는 소득은 갈수록 감소될 것이므로 사회 전반에 걸쳐 불평등을 증가시킬 것입니다. 더욱이 인공지능으로 인한 생산성 증가는 고용 재편과 무역 구조조정을 야기할 것이며, 이는 국내에서, 그리고 국간 간 불평등을 더욱 증가시키는 방향으로 나아가게 될 것입니다. 결과적으로 이렇게 예견되는 불평등 문제는 인공지능 기술이 채택되는 속도를 제어해 사회 및 경제 구조 조정 속도를 늦춤으로써 어느 정도 지연시킬 수 있을 것입니다. 그렇게 되면 인공지능이 가져올 상대적인 패자와 수혜자 사이의 부의 재분배를 위한 준비 시간을 벌 수 있습니다. 로봇공학과 인공지능이 급속도로 발전하면서 수반하게 되는 기회의 불평등 문제에 대해 정부는 소득 불평등과 그 부정적인 영향을 완화할 수 있는 정책을 시행하게 될 것입니다. 그렇다면 인공지능이 우리 사회를 점령한 후에 우리 인간에게 남겨지는 것은 무엇일까요? 유명한 경제학자 제프리 삭스는 이렇게 말했습니다.

"인공지능 시대에 인간이 할 수 있는 것은 단지 인간이 되는 것입니다. 인간이 된다는 건 인간만이 할 수 있는 일로, 로봇이나 인공지능은 절대로 할 수 없는 일이기 때문입니다."

말장난과도 같은 이 말의 정확한 의미는 무엇일까요? 적어도 우리가 지금 이야기하는 경제적 측면에서는 무엇을 의미하는 걸까요? 전통적인 경제 모델링에서 인간은 보통 '노동'과 동의어로 간주되는 동시에, 최적화를 이뤄내는 의사결정의 주체이기도 합니다. 그런데 인공지능 기계가 인간과 똑같이 노동을 수행할 뿐만 아니라 의사결정을 내리고 심지어 아이디어까지 창조할 수 있다면, 대체 인간에게 남은 것은 무엇일까요?

인공지능이 부상하면서 발생하는 이런 문제들은 경제학자들로 하여금 경제 모델링에서 인간의 역할을 더 복합적으로 발전시키고 '경제주체'의 개념을 더욱 정교하게 다듬는 방향으로 몰아가고 있습니다. 경제주체는 시장경제에서 경제활동을 하는 행위자인 가계(개인), 기업, 정부 등을 일컫는 말인데요. 특히 '자기의 의지와 판단에 따라 경제활동을 하는 행위자'를 지칭합니다.

신고전주의[41] 경제학자들은 인간을 경제적 이익을 극대화하기 위해 합리적인 소비활동(경제활동)을 하는 동물, '호모 에코노미쿠스(Homo Economicus)'로 가정합니다. 미국 경제학자 데이비드 파크스와 마이클 웰먼은 「경제적 합리성과 인공지능」이라는 논문을 통해 인공지능 세계에서 경제주체로서의 인공지능은 인간 세계에서 인간이 경제활동을 하는 것보다 훨씬 경제이론에 맞게 행동할 수 있다고 주장했습니다. 그들은 경제주체로서의 인공지능을 사람과 비교해 이렇게 묘사합니다.

"인공지능은 사람들보다 이상적이고 합리적 경제행위를 더 잘 따르며, 인간을 위해 만들어진 규칙과 인센티브 시스템과는 상당히 다른

---

41) 신고전주의 경제학은 애덤 스미스의 '보이지 않는 손'으로 상징되는 고전주의 경제학을 계승한 학파로, 정부의 적극 개입을 주장한 케인스 경제학에 대응해 형성됐습니다. '합리적 인간'이 논리의 바탕입니다. 시장을 자율에 맡기면 가격의 기능에 의해 생산과 소비가 적절히 조화되고 경제도 안정적으로 성장한다는 것이 주요 생각이며, 따라서 시장에 인위적으로 개입하지 않는 '작은 정부'를 주창(主唱)합니다.

새로운 규칙과 인센티브 시스템을 통해 상호작용 합니다."

이런 주장을 받아들인다고 하면 신고전주의가 가정하는 가장 합리적인 경제주체인 호모 에코노미쿠스는 인간 보다는 오히려 인공지능에 가깝다고 할 수 있습니다. 그러므로 요점은 경제학에서 '인간'이 무엇인지 정의함에 있어 호모 에코노미쿠스 보다 더 나은 개념을 찾아내는 것이, 인공지능이 인간의 경제에 가져올 새로운 특성들을 이해하고 문제를 해결하는 데 도움이 된다는 것입니다. 그러지 않으면 인공지능 시대가 도래했을 때 경제적인 측면에서 인간이 설자리는 점점 좁아지게 될 것입니다.

인공지능이 우리에게 근본적으로 새로운 생산 기술을 가져다줄까요, 아니면 기존의 생산 기술을 개선하게 될까요? 인공지능은 단순히 노동 또는 인적 자본의 대체물일까요, 아니면 경제 시스템에서 독립적인 경제주체일까요? 인공지능이 가져올 미래의 모습을 조금 더 정확하게 엿보기 위해서는 이 질문에 먼저 답할 필요가 있습니다.

인공지능의 발달과 가사노동에서의 해방

우리나라 통계청이 발표하는 통계 중에는 '생활시간조사'라는 것이 있습니다. 국민들의 생활양식을 구체적으로 파악하기 위해 5년마다 실시하는 통계조사인데, 하루 24시간 중 국민들이 어떠한 행동을 어느 시간대에 하고 있고, 각 행동에 얼마나 많은 시간을 할애하는지 조사합니다. 이 조사의 목적은 각종 노동, 복지, 문화, 교통 관련 정책 수립이나 학문적 연구의 기초 자료로 제공하는 것입니다. 그 가운데서도 특히 무급 가사노동 시간을 분석하여 가사노동의 경제적 가치를 측정하는 연구에 활용하기 위함입니다.

가장 최근에 발표된 생활시간조사는 2019년에 있습니다. 이 조사에 따르면 우리 국민들이 가사노동에 투입하는 시간은 평일 기준으로 성인 남자는 하루 48분, 성인 여자는 하루 3시간 28분으로 나타났습니다. 이 수치는 주말에는 조금 달라지는데요. 남성은 1시간 17분이고, 여성은 평일과 거의 차이가 나지 않았습니다. 이 통계에서 보듯이 가사 노동시간은 여성이 남성보다 4배 더 깁니다. 더구나 가정 내에서 남편이 외벌이를 하는 경우에는 가사노동을 아내가 거의 도맡아 하게 됩니다.

인공지능의 발달이 가져오게 될 미래의 변화상(狀) 중 일과 관련된 부분에서 거의 모두 유급 노동에 초점을 맞추는 것에 불만을 가진 일단의 연구자들이 인공지능 담론의 범위를 무급 가사노동으로 확대하고자 의미 있는 연구를 진행했습니다. 일본 오차노미즈 여대와 옥스퍼드 대학의 연구진이 그 주인공인데요. 이들은 요리, 식료품 쇼핑, 세탁, 돌봄 등 다양한 가사 노동이 향후 5년에서 10년 동안 얼마나 자동화될 것인지에 대해 일본과 영국의 65명의 인공지능 전문가들을 대상으로 조사했습니다. '인공지능은 언제쯤 우리를 가사노동으로부터 해방시켜 줄 수 있을까?'라는 주제와 일맥상통한다고 할 수 있습니다. 서구사회를 대표하는 영국과 동양 사회를 대표하는 일본 두 나라를 선정한 것은 연구 참여자들의 출신 배경에 따른 문화의 차이를 고려하고자 한 것입니다. 그리고 2023년 2월 그 결과를 「무급 가사노동의 미래」

라는 제목으로 발표했습니다.

연구 결과, 두 국가를 평균해서 가사노동 전체에 대해 응답자의 약 40%가 향후 10년 이내에 자동화될 수 있다고 응답했습니다. 두 국가 간에는 차이도 좀 있었습니다. 영국 전문가들보다 일본 전문가들이 가사 일의 자동화에 대해 더 비관적으로 보는 것으로 나타났습니다. 이 차이는 아마도 가사노동에 대한 인식에 차이에서 오는 것 같습니다. 일본 남자들이 영국 남성들보다 가사일에 덜 참여하기 때문에 가사일에 대한 이해도가 떨어지기 때문입니다.

식료품 쇼핑의 경우에는 두 나라 모두에서 가장 자동화 가능한 가사노동으로 꼽혔으며, 응답자의 45%가 5년 내, 59%가 10년 내에 자동화가 가능할 것으로 예상했습니다. 식료품 이외의 품목 쇼핑은 응답자의 39%가 향후 5년 내에 자동화될 수 있다고 예측했고, 10년 후가 되면 50%를 조금 넘는 수준으로 증가했습니다. 집안청소와 설거지도 인공지능 전문가의 약 46%가 10년 안에 자동화할 수 있을 것으로 본 가사노동이었습니다. 자동 요리는 전문가의 약 32%가 5년 안에 실현될 수 있는 것으로 봤으며, 10년 후에는 가능하다고 응답한 수는 46%였습니다. 빨래는 인공지능 전문가의 약 43%가 10년 이내에 자동화가 가능할 것으로 봤습니다. 그리고 다림질과 옷개기는 그보다 좀더 많은 44%가 그 기간에 자동화될 것으로 예측했습니다.

인공지능 전문가들이 향후 10년 동안 가사노동 분야 중 자동화가 될 가능성이 가장 낮다고 본 일은 돌봄이었습니다. 여기에는 노인과 어린이 돌봄 외에도 애완동물 케어가 포함돼 있습니다. 그런데 이 분야에서 좀 주목을 받은 부분은 자녀 공부 봐주기였습니다. 거의 40%가 10년 이내에 자동화 가능하다고 봤습니다. 노인 돌봄은 향후 5년 동안 약 24%가 자동화될 수 있다고 봤고, 10년 동안에는 35% 정도가 가능할 것으로 예상했습니다. 애완동물 케어의 경우는 약 21%가 5년 내에 자동화할 수 있다고 보았는데, 이 수치는 10년 후가 되면 약 32%로 증가했습니다.

집 안팎에서 아이와 놀아주는 등 신체적인 육아를 하는 것이 10년 이내에 자동화될 수 있다고 보는 IT 전문가는 25%도 채 되지 않았습니다. 이는 자녀 돌봄이 상호 교감이 필요한 일이라서 기계에 맡기기는 어려운 부분이라는 점을 반영합니다. 아무리 자동화된 보육 기술이 발전한다고 해도 자녀의 발달, 프라이버시 보호 등의 문제는 기계로는 해결할 수 없는 장벽입니다. 우리 사회가 이 영역의 자동화까지 받아들이지는 않을 것이고, 서비스를 받게 되는 자녀들 역시 기계에 의한 돌봄을 수용하기 어려울 것이기 때문입니다.

연구원들은 인공지능 전문가들에게 대상이 되는 가사일을 자동화하는 것이 가능한지 기술적 측면만 생각해 답변하라고 지침을 줬지만, 많은 응답자들이 돌봄과 같은 가사일에 대해서는 기술적으로만 바라보는 것은 있을 수 없는 일이며, 인간적·사회적 요인도 함께 고려해야 한다고 주장했습니다. 한 인공지능 전문가는 이와 관련해 이렇게 썼습니다.

"응답 지침에는 가사일을 자동으로 할 수 있는 로봇을 만드는 것이 가능한지만 생각하고, 사람들이 그런 로봇을 원할는지에 대해서는 고려하지 말라고 했지만, 자동화 상품을 시장에 내놓으려면 기술적으로 가능한 것이어야 할 뿐만 아니라 사용자들이 그 상품을 받아들일 수 있어야 합니다."

이 연구는 그동안 '인공지능과 일의 미래'라는 중요 담론에서 거의 배제되다시피 했던 가사노동을 포함시켰다는 데 큰 의의가 있습니다. 우리 통계에서도 나타났듯이 가사노동은 주로 여성들에 의해 이루어지며, 반복적인 일을 계속해야 하므로 노동 강도가 상당함에도 불구하고 가정 내부에서의 사적 노동으로만 간주돼 가치 있는 노동으로 인정받지 못하는 경향이 있습니다.

인공지능의 발달은 비록 모든 가사노동을 자동화하지는 못하겠지만 상당 부분은 자동화할 수 있을 것입니다. 앞서 인공지능 전문가들도 이야기한 것처럼 가사노동 가운데 어떤 일들은 인간의 감각과 판단력, 상호작용 등이 필요하므로 자동화될 수 없을 것입니다. 그러나 그 외의 일들, 예컨대, 로봇 진공 청소기, 스마트 홈 시스템, 자동화된 세탁기와 같은 기술은 이미 상용화됐고, 시간이 지날수록 더 많은 가사노동이 자동화될 것입니다.

가사노동에 매여 있는 많은 여성들이 로봇과 인공지능 기술의 발전으로 가사노동에서 해방되면 그들의 삶은 크게 변화할 수 있습니다. 직장, 교육, 예술 등 다양한 활동에 참여할 수 있으며, 가정에서 더 많은 시간을 보내어 가족과 함께 지낼 수도 있습니다. 그리고 여성들이 사회에서 더욱 적극적으로 참여할 수 있게 되면, 성별에 따른 직업 선택, 급여 격차 등에 대한 문제도 해결될 수 있을 것입니다.

인간이 가사노동에서 완전히 해방될 수는 없지만, 삶에 상당한 변화가 올 만큼 해방될 수는 있을 텐데, 그 시기에 대해서는 인공지능 전문가들 중 40% 정도가 10년 내에 이루어질 수 있다고 보고 있습니다. 그렇다면 그들 모두(100%)가 예측하는 가사노동의 해방 시기는 과연 언제쯤일까요?

급속히 확대되고 있는 인공지능 활용과 범용 인공지능

인공지능은 이제 거의 모든 분야의 사업에서 빼놓을 수 없는 주제가 되고 있습니다. 이미 저만치 앞서가는 기업들도 있습니다. 조사 결과에 따르면, 2017년 이후 2022년 말까지 인공지능 모델의 채용은 두 배 이상 증가했으며, 투자도 꾸준히 증가하고 있습니다. 더구나 이전에는 인공지능이 주로 제조업이나 위험관리 분야에 채택됐지만, 이제는 마케팅과 판매, 제품 및 서비스 개발, 전략 및 기업 재무 분야까지 깊숙이 침투하고 있습니다.

그리고 일부 기업들은 인공지능에 대한 투자를 대폭 늘리고, 공정의 속도를 높이기 위해 업무를 혁신하며, 최고의 인공지능 관련 인재를 고용해 역량을 향상시킴으로써 경쟁업체들보다 앞서나가고 있습니다. 이런 선진 기업들은 인공지능 전략을 비즈니스 성과와 연결하고, 새로운 응용 프로그램을 신속하게 받아들일 수 있도록 데이터 구조를 모듈화하여 인공지능 활용을 '산업화'하고 있습니다.

특히 인공지능이 로봇공학과 결합되면서 스스로 동작하는 인공지능으로 진화하고 있습니다. 공상과학에서나 나오던 로봇형 인간(휴머노이드)의 시작이라고 할 수 있습니다. 인공지능은 인간의 지능적인 능력을 컴퓨터 기술로 구현한 것입니다. 이는 한 가지 특정한 영역에서 인간 수준 이상의 성능을 발휘하도록 프로그래밍된 것입니다. 그런데 인공지능 가운데는 한 가지 영역을 넘어 다양한 영역에서 성능을 발휘하는 것도 있습니다. 범용 인공지능(AGI, artificial general intelligence)이라고 하는 것입니다.

범용 인공지능은 세부 문제를 풀기 위한 특정한 알고리즘이나 프로그래밍이 아니라, 다양한 분야에서 인간과 거의 비슷한 수준의 지적 능력을 가진 컴퓨터 시스템을 말합니다. 이 능력에는 인간 수준의 다양한 능력과 생각, 추론, 의사결정, 학습 등이 포함됩니다. 따라서 범용 인공지능은 인간의 능력을 전체적으로 대체하고 충족시킬 수 있으며, 인간을 대신하여 다양한 작업과 문제를 해결할 수 있는 능력을 갖춘 인공지능 기술인 것입니다. 범용 인공지능이 일반 인공지능에 비해 특히 두드러지는 특징은 바로 자율성 부분입니다. 인공지능은 프로그래밍된 작업만을 수행하고 완료하므로 자율성이 제한적입니다. 그러나 범용 인공지능은 자체적으로 상황을 판단하고 결정하며, 자율적으로 작업을 수행할 수 있습니다.

인공지능은 소프트웨어 시스템입니다. 인간의 신체로 말한다면 뇌에 해당합니다. 그러므로 인공지능 그 자체만으로는 아무런 물리적 동작을 할 수 없습니다. 그런데 이 인공지능이 로봇팔과 같은 물리적 기계와 연결되면 움직이는 인공지능이 되는 것입니다. 거기다가 만약 범용 인공지능이 결합된다면 이제는 정말로 우리가 공상과학 소설이나 영화에서 보던 인간형 로봇인 휴머노이드가 출현하게 됩니다.

인간형 로봇 '안드로이드'의 탄생

고양이 애호가들을 이렇게 말할 것 같습니다.

"고양이와 컴퓨터는 한가지 공통점이 있습니다. 바로 둘 모두 인터넷을 지배하고 있다는 것이죠."

컴퓨터는 인터넷을 접근할 때 가장 많이 쓰이는 기기입니다. 그런데 그 기기로 인터넷에 접속해 보면 고양이와 관련된 수많은 동영상, 사진, 밈 등이 공유되며 네티즌들의 사랑을 듬뿍 받고 있습니다. 이렇게 고양이 얘기를 불쑥 꺼내는 것은 실제로 고양이가 4차 산업혁명에서 또 한 번이 도약을 약속하고 있기 때문입니다. 구글의 자회사인 딥마인드는 로보캣(Robocat)이라는 로봇에 인공지능 뇌를 이식했습니다. 물론 이제 막 시작되는 단계라 인터넷을 지배하지는 못하지만 인공지능이 가지고 있는 자기 학습 능력을 물려받아 미래 세계를 향해 큰 폭으로 한 걸음 더 내디딘 것은 분명합니다.

대형 언어 모델의 기술을 활용하는 딥마인드 팀은 30명 이상의 연구원으로 구성되어 있으며, 자체적으로 성능 데이터(performance data)를 구축함으로써 새로운 작업을 빠르게 학습할 수 있는 로봇 고양이에 대한 큰 걸음을 내디뎠습니다. 딥마인드에 따르면, 로보캣은 선순환 구조의 훈련 시스템을 갖추고 있습니다. 로보캣이 새로운 일을 많이 배우면 배울수록 학습하는 능력도 점점 향상됩니다. 지금까지 로봇은 대부분 사전에 프로그래밍된 특정 작업만을 수행해왔습니다. 챗봇에 주로 사용되는 대형 언어 모델을 접목함으로써 로봇의 기술 범위가 확장되기 시작했지만, 방대한 양의 데이터로 학습을 시켜야 하기 때문에 엄청난 시간이 소요됩니다.

딥마인드는 로보캣이 다양한 모양의 퍼즐 조각을 맞추거나 과일을 그릇에 담는 등의 새로운 작업을 빠르게 학습할 수 있다고 밝혔습니다. 그 다음부터는 이전에 수행한 작업과 새롭게 생성한 데이터로 조합되는 '수백만 개의 경로 데이터 세트'를 기반으로 보다 복잡한 작업을 수행할 수 있게 됩니다. 로보캣이 경험의 폭을 넓히면서 더 다양한 기술을 습득하는 방식으로 이러한 진전을 이룬 것입니다.

연구원들은 언어, 이미지, 그리고 가상과 현실 환경에서의 동작 등을 수행할 수 있는 멀티모달 인공지능 모델인 가토(Gato)를 기반으로 로보캣을 만들었습니다. 즉, 가토 인공지능을 수백 가지 다양한 작업을 수행하는 로봇팔의 이미지와 동작 순서로 구성된 대단위 학습 데이터 세트와 결합시킨 것입니다. 이렇게 기존의 데이터 세트로 학습을 시킨 후, 다음 단계로 이전에는 본 적 없는 새로운 동작 세트로 자가 학습 사이클을 시작했습니다. 이 과정은 다섯 단계로 이루어집니다.

첫째, 인간이 조종하는 로봇팔을 사용하여 100가지 내지 1,000가지 새로운 작업이나 새로운 로봇 동작 시연 데이터를 수집합니다.

둘째, 로보캣을 이 새로운 작업(또는 로봇 동작)에 맞춰 세밀하게 조정하며, 이 작업에 특화된 파생 모델을 생성합니다.

셋째, 파생 모델은 평균 10,000번의 반복을 통해 이 새로운 작업(또는 로봇 동작)을 연습하며, 더 많은 학습 데이터를 생성합니다.

넷째, 사람이 제공한 데모(시연) 데이터와 로보캣이 자체 생성한 데이터를 로보캣의 기존 학습 데이터 세트에 통합합니다.

마지막으로, 이렇게 만들어진 새로운 학습 데이터 세트를 사용하여 로보캣을 학습시켜 새로운 버전의 로보캣을 만들어냅니다.

연구원들에 따르면, 로보캣은 다른 최첨단 모델보다 훨씬 빠르게 학습합니다. 다양한 대규모 데이터를 활용하기 때문에 100번의 데모만으로도 새로운 작업을 학습할 수 있습니다. 이 능력은 로봇공학 연구를 가속화하는 데 도움이 되며, 인간이 개입하는 학습의 필요성을 줄이고, 범용로봇 개발에 중요한 기반이 됩니다.

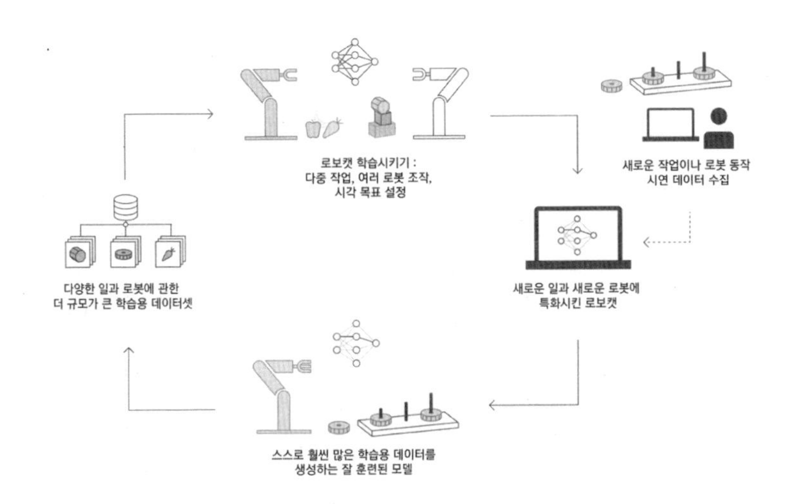

이 모든 학습 과정을 결합하게 되면, 최신 로보캣은 로봇팔이 실제로 시연한 데이터와 가상으로 시뮬레이션 한 데이터, 그리고 로보캣 스스로 생성해 낸 데이터를 종합한 수백 만개의 동작 방식 및 경로를

갖게 되는 것입니다. 연구원들은 네 가지 서로 다른 종류의 로봇과 많은 로봇팔을 사용하여 시각 데이터를 수집했습니다. 그리고 이 시각 데이터로 로보캣이 작업을 수행할 수 있도록 학습을 시켰습니다.

로보캣은 다양한 학습을 통해 단 몇 시간 만에 새로운 로봇팔을 작동시킬 수 있게 되었습니다. 로보캣은 손가락이 두 개인 로봇팔을 작동시키는 방법을 학습했지만 두 배나 많은 명령 입력이 필요한 세 개의 손가락을 가진 복잡한 로봇팔에 관해서는 학습한 적이 없음에도 쉽게 적응했습니다. 로보캣은 사람이 조종하여 시연하는 1,000번의 로봇팔 동작을 몇 시간 동안 관찰한 후, 이 로봇팔을 능숙하게 조작하여 물건을 집어올리는 데 86%의 성공률을 보였습니다. 이런 정도의 시연 데이터만 있으면 로보캣은 정밀함과 이해력을 요하는 복잡한 작업을 처리할 수 있습니다. 예를 들면, 그릇에 담긴 과일을 들어낸다든지, 퍼즐 조각을 맞춘다든지 하는 훨씬 복잡한 작업도 수행할 수 있습니다.

앞서 이야기한 것처럼 로보캣은 선순환적인 학습 과정을 가지고 있습니다. 새로운 작업을 더 많이 익힐수록 새로운 작업을 학습하는 능력이 더욱 향상되는 것입니다. 최초 버전의 로보캣은 처음 보는 작업에 대해 각 작업당 500번 시연하는 모습을 관찰하며 학습한 후 36%의 성공률을 보였습니다. 그러나 최신 로보캣은 더 다양한 작업에 대해 훈련한 결과, 같은 작업에서 이 성공률을 두 배 이상으로 향상시켰습니다. 이것은 마치 사람들이 특정 분야에서 학습의 깊이를 더할수록 더 다양한 기술을 습득하는 것과 비슷한 원리입니다. 로보캣의 자기 학습을 통한 기술 습득과 빠른 자기 개선 능력이 다양한 로봇 장치에 적용된다면 범용로봇 개발에 큰 기여를 할 것입니다.

딥마인드 팀은 2023년 6월에 「로보캣: 로봇 조작을 위한 자가 개선 모델」이라는 논문을 발표했습니다. 이제 스스로 학습하는 로봇이 등장할 날도 멀지 않아 보입니다. 그렇다면 이러한 로봇들은 결국 인간의 개입 없이 스스로 학습하고, 판단하고, 동작하게 될까요? 이 질문은 이미 100여년 전인 1921년 체코 작가 카렐 체펙(Karel Čapek)의 연극 「로숨(Rossum)의 범용로봇」에서 다루어졌습니다. 로봇이라는 말도 이 극작에서 처음 사용된 신조어였습니다. '농노의 강제노동'을 뜻하는 체코어 '로보타(robota)'에서 나온 말입니다.

이 연극은 인간들이 합성 유기물로 만들어진 인공 인간인 '로보티(로봇)'를 생산하는 공장에서 시작됩니다. 여기서 로봇은 기계적인 단순한 로봇이 아닌 인공의 살과 피를 갖춘 생명체입니다. 이런 유기체 로봇 개념은 작가가 비유기체인 기계 로봇 아이디어에서 변형한 것입니다. 이러한 유기 생명체 로봇은 후에 '안드로이드(Android)'라는 이름으로 바뀌게 됩니다. 1982년에 개봉한 영화 블레이드 러너의 원작인 필립 딕 소설 『안드로이드는 전기양을 꿈꾸는가?(Do Androids Dream of Electric Sheep?)』가 그 대표적인 예입니다. 우리가 쓰는 휴대폰의 구글 운영체제인 안드로이드도 그 이름에서 따온 것입니다.

아무튼, 로숨의 범용로봇이라는 연극 시나리오는 로봇 공장에서 발생하는 사건을 중심으로 전개됩니다. 공장의 주인인 로숨 박사는 인간의 노동력을 대체할 수 있는 완벽한 로봇을 제작했습니다. 이 로숨 로봇들은 인간과 유사한 생명체로 개발되었으며, 단순노동에서부터 군인까지 기존의 거의 모든 인간의 노동을 대신할 수 있습니다. 생산력으로 따지면 인간보다 월등히 뛰어납니다. 그 덕분에 노동 비용을 80%나 줄였습니다. 문제는 로봇들이 감정과 이해력을 발전시키면서 인간과의 관계에서 충돌과 갈등이 발생한다는 것입니다. 로봇들은 인간과 동등한 권리를 요구하기 시작하고, 인간들은 로봇들이 지배적인 위치에 들어가서 인간을 멸종시킬 수 있다는 불안감을 느끼게 됩니다. 이를 방지하기 위해 로봇들을 파괴하고 로봇 생산 공장이 있는 로스텐버그 섬을 파괴하기 위한 계획을 세우게 됩니다. 하지만 이 계획은 실패하고 인간들은 로봇들에게 패배하면서 멸망합니다. 처음에는 인간들을 위해 일하는 것을 기쁘게 여기던 로봇들은 반란을 일으켜 인류의 멸종을 초래한 것입니다.

로숨의 범용로봇은 인간과 로봇 간의 윤리적, 사회적, 인간적인 관계를 탐구하며, 범용로봇이 만들어진다면 그 로봇들이 인간에게 어떤 영향을 미칠지를, 경고로 가득한 강렬한 시나리오를 통해 보여줍니다. 그러면서 인간이 기술과 인공지능의 발전에 대해 어떻게 생각하고 대처해야 하는지 깊이 성찰할 것을 요구합니다.

로보캣은 이러한 범용로봇 발전에 중요한 기초를 놓았습니다. 체펙이 상상한 시나리오도 이제 연극이 아닌 현실에서 이루어지기 시작했습니다. 그 때문에 우리는 미래의 로보캣들이 엄청난 생산성으로 마냥 즐겁게 인간의 일을 대신해 줄 것이라고 기대하기는 쉽지 않습니다. 미국의 유머 작가 윌 로저스(Will Rogers)가 했다는 "가방에서 고양이를 내보내는 것은 넣는 것보다 훨씬 쉽다"라는 명언이 떠오릅니다.

3 빅데이터

빅데이터란 무엇인가?

2000년대로 접어들면서 인터넷과 디지털 기술의 발전으로 인해 데이터 생성 및 저장이 대폭 증가하였습니다. 사람들이 온라인에서 활동하고, 소셜 미디어와 모바일 애플리케이션 등 다양한 디지털 플랫폼을 사용함에 따라 대용량의 데이터가 생성되었던 것입니다. 이로 인해 기업들은 이 데이터를 활용하여 비즈니스 전략을 개선하고 경쟁 우위를 확보하기 위해 빅데이터에 대한 관심을 갖기 시작했습니다. 그렇다면 빅데이터는 정확히 무엇을 말하는 것일까요?

빅데이터(big data)는 말 그대로 큰 데이터 즉, 매우 크고 복잡한 데이터 세트를 의미합니다. 이 데이터 세트는 크고 방대할 뿐만 아니라 기존의 데이터 관리 도구로는 처리하기 어려운 정형 또는 비정형 데이터[42] 로 구성됩니다. 이러한 데이터는 다양한 출처에서 수집되며, 데이터의 양, 다양성, 속도, 밀도가 기존 데이터 처리 기술로는 다루기 어려운 수준일 때 빅데이터로 간주됩니다. 빅데이터는 주로 '3V'라고 알려진 특성을 지니고 있습니다.

---

42) 정형 데이터는 구조화되어 있고 일관된 형식을 가지며, 표 형태로 저장되어 각 열에는 고정된 데이터 유형이 할당되어 있습니다. 예를 들어, 고객의 성명, 주소, 전화번호 등은 일정한 형식으로 정리된 데이터입니다. 이러한 데이터는 쉽게 분석하고 처리할 수 있으며, 데이터베이스나 스프레드시트와 같은 시스템에서 관리하기에 용이합니다. 반면, 비정형 데이터는 구조가 없거나 형식이 다양한 데이터를 말합니다. 이러한 데이터는 텍스트 문서, 소셜 미디어 게시물, 이미지, 동영상 등 다양한 형태로 존재합니다. 예를 들어, 고객의 리뷰나 소셜 미디어에서의 텍스트 내용은 구조가 없고 형식이 자유롭기 때문에 비정형 데이터에 해당합니다. 이러한 데이터는 분석과 처리가 어려우며, 특별한 기술과 도구를 사용하여 추출하고 분석해야 합니다.

- **엄청난 양(Volume)**: 빅데이터는 대량의 데이터로 구성되어 있습니다. 수십 테라바이트부터 페타바이트[43] 이상의 데이터 양을 처리할 수 있습니다.

- **다양한 종류(Variety)**: 빅데이터는 다양한 형태와 종류의 데이터를 포함합니다. 텍스트, 이미지, 음성, 비디오 등 다양한 형식의 데이터를 다룰 수 있습니다.

- **빠른 속도(Velocity)**: 빅데이터는 빠르게 생성되고 전달되는 특성을 갖고 있습니다. 실시간으로 데이터를 수집하고 분석할 수 있으며, 데이터의 처리와 응답 속도가 중요합니다.

빅데이터는 정보의 가치와 인사이트를 발견하기 위해 고급 분석 기술과 통계적 모델링을 적용합니다. 이를 통해 기업이 데이터로부터 가치를 추출하고, 의사결정을 지원하며, 혁신적인 비즈니스 모델을 개발할 수 있습니다.

빅데이터는 다양한 산업 분야에서 활용되고 있습니다. 예를 들면 마케팅 분야에서는 고객 행동 분석을 통해 개인화된 마케팅 전략을 구축하고, 제조업에서는 생산 데이터를 분석하여 효율성을 향상시키며, 의료 분야에서는 대량의 환자 데이터를 분석하여 질병 예측과 치료 방법 개발에 활용됩니다. 이러한 방식으로 빅데이터는 기업의 경쟁력을 향상시키고 혁신을 이끄는 중요한 기술로 인정받고 있습니다.

---

43) 페타바이트(petabyte)는 1,000,000 기가바이트(GB) 또는 1,000 테라바이트(TB)에 해당합니다. 정확하게는 1,024 테라바이트입니다. 보통 책 한 권에 들어있는 텍스트는 1 메가바이트(MB)가 채 되지 않으므로 1,000,000,000 메가바이트인 1 페타바이트의 텍스트 데이터라면 책 수십만 권에 해당하는 양입니다. 2의 거듭제곱 명칭에 관해서는 앞의 '인공지능의 개요'에 나오는 표를 참조하세요.

빅데이터 활용 기술

빅데이터를 활용하기 위해서는 다양한 종류의 기술이 필요합니다. 이러한 기술은 네 가지 유형으로 분류할 수 있습니다.

쿠팡, 네이버, 다음, 아마존, 메타(Meta), 구글과 같은 많은 기술 기업들이 계속해서 성장하면서, 그들의 서비스가 어느 틈엔가 우리의 생활과 통합돼 가고 있습니다. 그러자 이들 기업들은 빅데이터 기술을 마케팅, 판매 모니터링, 공급망의 효율성 증진, 고객 만족도 개선, 그리고 미래의 비즈니스 결과를 예측하는 데 활용하고 있습니다. 현재 국제데이터산업협회(International Data Corporation)는 '글로벌 데이터스피어(Global Datasphere)'[44]가 2018년 33 제타바이트(ZB)[45]에서 2025년에는 175 제타바이트(ZB)로 증가할 것으로 예측하고 있습니다. 이 수치를 보면 데이터 수량이 얼마나 많은지 그리고 얼마나 빨리 축적되는지 실감할 수 있을 것입니다.

빅데이터 기술은 모든 유형의 데이터 세트를 관리하고, 비즈니스 용도로 가공·분석하여 결과를 내놓는 소프트웨어 도구입니다. 빅데이터 엔지니어와 같은 데이터 과학 직업군은 복잡한 분석을 통해 대량의 데이터를 평가하고 처리하는 전문 일자리들입니다. 빅데이터를 다루는 기술은 ①데이터 저장, ②데이터 마이닝, ③데이터 분석, ④데이터 시각화 등 크게 네 가지 유형으로 나눌 수 있습니다. 각 기술 유형 마다

---

44) '글로벌 데이터스피어(Global Datasphere)'는 국제데이터산업협회(IDC)가 사용하는 용어로, 현재 존재하는 모든 디지털 데이터의 총량을 나타냅니다. 이 용어는 전 세계에서 생성되고 저장되는 모든 데이터의 규모와 성장을 포괄적으로 이해하기 위해 사용됩니다. 글로벌 데이터 스피어는 정형 데이터, 비정형 데이터, 반정형 데이터를 포함하여 모든 유형의 데이터를 대상으로 합니다.

45) 1 제타바이트(zettabyte) = 1,000 페타바이트(PB)

사용되는 툴이 따로 있으므로 필요한 빅데이터 기술과 비즈니스 요구에 맞는 적절한 도구를 선택해야 합니다.

① 데이터 저장

고객의 등록 정보, 인터넷 사용정보, 상품 구매 정보 같은 데이터들을 수집하려면 먼저 방대한 양의 데이터를 체계적으로 저장하는 기술이 있어야 합니다. 그리고 필요할 때 자유롭게 꺼내 쓸 수 있는 기술도 있어야 합니다. 이처럼 데이터 저장 기술은 빅데이터와 같은 대용량 데이터를 검색, 저장 및 관리할 수 있는 능력을 말합니다. 데이터를 편리하게 액세스할 수 있게끔 데이터를 저장하는 인프라로 구성되어 있습니다. 대부분의 데이터 저장 플랫폼은 다른 프로그램과 호환됩니다. 아파치 하둡과 몽고DB는 가장 흔하게 사용되는 도구입니다.

◆ 아파치 하둡(Apache Hadoop)

가장 널리 사용되는 빅데이터 도구로 분산 컴퓨팅 환경에서 하드웨어 클러스터 간에 대용량 데이터를 저장하고 처리하는 오픈 소스 소프트웨어[46] 플랫폼입니다. 이 분산 처리 방식은 빠른 데이터 처리를 가능하게 합니다. 이 프레임워크는 버그나 오류를 줄이고, 확장 가능하며, 모든 데이터 형식을 처리할 수 있도록 설계되었습니다.

---

46) 오픈 소스 소프트웨어는 소스 코드가 공개되어 있고, 사용자들이 해당 소프트웨어를 자유롭게 복제, 수정, 배포할 수 있는 소프트웨어를 말합니다. 이는 소프트웨어의 내부 동작 방식을 이해하고 필요에 따라 수정하여 개선할 수 있는 자유를 제공합니다. 오픈 소스 소프트웨어는 주로 커뮤니티 형태로 운영되며, 여러 개발자들이 협력하여 소프트웨어를 개발하고 유지보수합니다. 이러한 협력은 소프트웨어의 품질과 안정성을 향상시킬 수 있습니다. 또한, 오픈 소스 소프트웨어는 비용을 절감하고 유연성과 호환성을 높일 수 있는 장점을 가지고 있습니다.

◆ 몽고DB(MongoDB)

몽고DB는 대용량 데이터를 저장하기 위해 사용할 수 있는 NoSQL 데이터베이스입니다. NoSQL이라는 말이 생소할 수도 있을 텐데요. 우리가 주로 접하는 데이터베이스는 엑셀 프로그램처럼 테이블과 열, 행으로 이루어져 있는 SQL 즉, 관계형 데이터베이스[47)]입니다. 반면에 NoSQL은 'Not Only SQL'의 약자로 비구조화된 데이터, 대용량 데이터, 실시간 데이터와 같은 다양한 형태의 데이터를 저장하고 처리하는 데 특화되어 있습니다. 빅데이터가 정형화된 데이터 뿐만 아니라 비정형화된 데이터도 포함돼 있으므로 관계형 데이터베이스로는 관리가 불가능합니다. NoSQL는 비정형 데이터를 쉽게 관리하고 저장할 수 있는 가장 인기 있는 빅데이터 데이터베이스 중 하나입니다.

❷ 데이터 마이닝

데이터가 데이터 창고인 저장공간에 차곡차곡 저장돼 있다면 이제는 그 데이터를 활용할 방법을 찾아야 합니다. 어마어마한 양의 데이터를 그대로 사용하는 일은 가능하지도 않고, 의미도 없습니다. 그 속에 있는 유의미한 정보나 패턴 같은 것을 찾아내야 하는데, 이처럼 데이터 마이닝은 대량의 데이터에서 유용한 정보, 패턴, 트랜드를 발견하고 추출하는 기술입니다. 이는 컴퓨터 알고리즘과 통계 분석 기법을

47) SQL은 'structured query language'의 약자로, 관계형 데이터베이스에서 데이터를 관리하기 위해 사용되는 표준화된 프로그래밍 언어입니다. SQL은 데이터베이스에 접근하고 조작하기 위한 명령어와 기능들을 제공하여 데이터의 검색, 삽입, 수정, 삭제 등 다양한 작업을 수행할 수 있습니다. 데이터베이스 개발자, 데이터 분석가, 시스템 관리자 등 데이터 관련 업무를 수행하는 많은 사람들에게 필수적인 도구로 사용되고 있습니다.

사용하여 데이터를 탐색하고 분석하는 과정을 포함합니다. 일반적으로 데이터 마이닝은 다음과 같은 단계로 이루어집니다.

1. 데이터 수집 : 대량의 데이터를 수집하고 저장합니다. 이 데이터는 구조화된 형태일 수도 있고, 비구조화된 형태일 수도 있습니다.
2. 데이터 전(前)처리 : 수집한 데이터를 정제하고 가공하여 분석에 적합한 형태로 변환합니다. 이 단계에서는 결측치 처리와 이상치 제거[48], 데이터 형식 변환 등의 작업이 수행됩니다.
3. 패턴 발견 : 다양한 데이터 마이닝 알고리즘과 기법을 사용하여 데이터에서 유용한 패턴, 트랜드, 상관관계를 찾습니다. 이를 통해 예측, 분류, 군집화 등의 작업을 수행할 수 있습니다.
4. 모델링 : 발견된 패턴을 기반으로 예측 모델이나 분류 모델을 구축합니다. 이 모델은 새로운 데이터에 대한 예측이나 분류를 수행하는 데 사용됩니다.
5. 평가: 분석 결과를 해석하고 의미 있는 정보를 도출합니다. 이를 통해 의사결정에 활용하거나 문제 해결에 도움을 줄 수 있습니다.

데이터 마이닝은 다양한 분야에서 활용되며, 예측 분석, 고객 세분화, 추천 시스템, 사기 탐지 등 다양한 응용 분야에서 사용됩니다. 이를 통해 기업은 비즈니스 프로세스 개선, 마케팅 전략 수립, 효율성 향상 등 다양한 이점을 얻을 수 있습니다. 데이터 마이닝에 사용되는 툴은 여러 가지가 있지만 대표적인 것 두 가지만 예로 들어보겠습니다.

48) 결측치(missing value)는 값이 누락된 데이터이고, 이상치(outlier)는 일반적인 값보다 편차가 큰 데이터입니다. 이러한 결측치와 이상치는 데이터 분석을 할 때 오류가 발생하거나 분석 결과를 왜곡시킬 수 있으므로 데이터 가공 단계에서 처리해야 합니다. 이처럼 결측치와 이상치를 처리하는 과정을 데이터 정제(data cleansing)라고 합니다.

◆ **래피드마이너(RapidMiner)**

래피드마이너는 비전문가도 쉽게 사용할 수 있으며, 데이터 전처리, 모델링, 평가 등 다양한 기능을 제공합니다. 이 도구는 예측 모델을 만드는 데 사용됩니다. 데이터 처리 및 준비, 그리고 머신러닝 및 딥러닝 모델 구축 등 두 가지 주요 기능에 초점을 둡니다. 즉, 데이터를 처리하고 준비하는 작업과 함께 머신러닝 및 딥러닝 모델을 구축하는 작업을 한 번에 처리할 수 있는 기능을 제공합니다. 예측 모델을 구축하고 이를 조직 전반에 적용함으로써 데이터 마이닝의 영향을 최대화할 수 있습니다.

◆ **프레스토(Presto)**

프레스토는 데이터 마이닝 도구로 사용되는 오픈소스 쿼리 엔진입니다. 이 도구는 원래 페이스북(Facebook)에서 대규모 데이터 세트에 대한 분석 쿼리를 실행하기 위해 개발되었습니다. 이후로 프레스토는 널리 사용되는 도구로 성장하였습니다. 프레스토는 데이터 분석을 위해 다양한 소스에서 데이터를 가져와 하나의 쿼리로 통합할 수 있습니다. 예를 들어, 조직 내의 여러 소스에서 데이터를 가져와서 분석을 수행할 수 있습니다. 이를 통해 사용자는 데이터를 효율적으로 검색하고 분석할 수 있으며, 결과를 실시간으로 얻을 수 있습니다.

③ 데이터 분석

데이터 분석이란 데이터를 조사하고 이해하여 유용한 정보를 추출하는 과정을 말합니다. 이를 통해 기업이나 조직은 데이터에 내재돼 있는 패턴, 동향, 관계 등을 파악하고, 이를 통해 비즈니스 결정을 내리거나 전략을 수립할 수 있습니다. 데이터 분석은 데이터를 정제하고 변환한 후, 다양한 분석 알고리즘과 모델을 적용하여 결과를 도출합니다. 예를 들어, 데이터 분석을 통해 고객의 구매 패턴을 파악하거나 시장 동향을 예측할 수 있습니다. 이를 통해 기업은 고객에게 맞춤형 서비스를 제공하거나 경쟁 전략을 수립할 수 있습니다.

데이터 분석에는 다양한 도구와 기술이 사용됩니다. 대표적인 도구로는 Apache Spark와 Splunk 등이 있으며, 이들 도구를 활용하여 데이터를 처리하고, 분석 결과를 시각화하여, 보다 쉽게 이해할 수 있습니다. 데이터 분석을 통해 기업은 더 나은 의사결정을 내릴 수 있고, 혁신적인 아이디어를 발굴하며, 경쟁력을 향상시킬 수 있습니다.

④ 데이터 시각화

데이터 분석까지 완료했다면 사용자가 그 결과를 잘 이해할 수 있도록 표나 그림 형태로 표현해 주는 것이 중요합니다. 데이터 시각화는 이처럼 데이터를 시각적으로 표현하는 과정이며, 그 결과물로는 그래프, 차트, 대시보드[49] 등이 사용됩니다. 이를 통해 복잡한 데이터를 간결하고 직관적으로 이해할 수 있도록 도와줍니다. 데이터 시각화는 숫자와 통계 자료를 시각적인 형태로 변환하여 패턴, 동향, 관계 등을

49) 대시보드는 일반적으로 표나 그래프, 즉 데이터를 시각적으로 표현하는 정보를 요약해서 보여주고, 이를 통해 데이터의 핵심적인 정보를 한눈에 파악할 수 있게 도와줍니다.

파악할 수 있게 해주며, 이를 통해 데이터에서 의미 있는 통찰력을 도출할 수 있습니다. 예를 들어, 막대 그래프나 원형 차트를 사용하여 데이터의 상대적인 비율을 시각적으로 나타낼 수 있고, 지도를 활용하여 지리적인 분포를 시각화할 수도 있습니다. 또, 대시보드를 통해 다양한 지표와 그래프를 한눈에 볼 수 있어 업무나 의사결정에 도움이 됩니다.

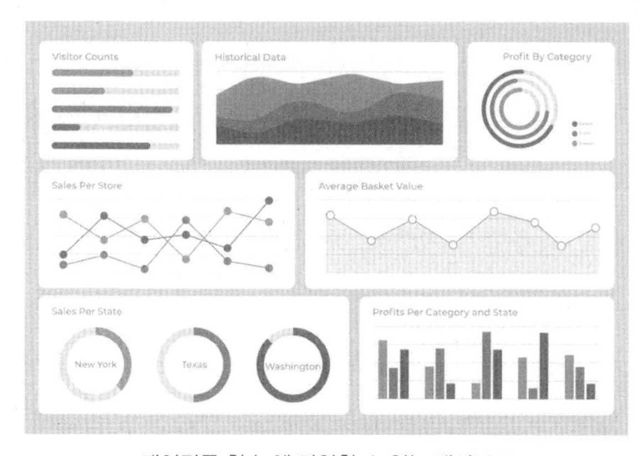

데이터를 한 눈에 파악할 수 있는 대시보드

데이터 시각화는 데이터 분석 결과를 보다 명확하게 전달하고 이해관계자들과 커뮤니케이션하는 데에 중요한 역할을 합니다. 시각화된 데이터는 복잡한 정보를 간결하게 전달하여 더 나은 의사결정을 내리고 비즈니스 성과를 향상시키는 데 도움을 줍니다. 일반적으로 사용되는 데이터 시각화용 도구로는 앞서 1장에서 간략히 소개한 타블로(Tableau)와 룩커(Looker)를 들 수 있습니다.

◆ **타블로(Tableau)**

타블로는 직관적인 드래그 앤 드롭(drag & drop) 인터페이스로 유명한 데이터 시각화 도구입니다. 파이 차트, 막대 그래프, 상자 그림, 간트 차트 등 다양한 형식의 시각화를 쉽게 생성할 수 있습니다. 타블로는 실시간으로 시각화와 대시보드를 공유할 수 있는 안전한 플랫폼입니다. 데이터를 직접 연결하고 분석할 수 있으며, 다른 사용자들과 실시간 협업을 통해 데이터 인사이트를 공유할 수 있습니다.

◆ **룩커(Looker)**

룩커는 비즈니스 인텔리전스(BI) 도구로서, 데이터 시각화와 데이터 분석을 위해 사용되는 플랫폼입니다. 룩커는 사용자들이 복잡한 데이터를 이해하고 활용할 수 있도록 도와주는 직관적인 인터페이스와 강력한 기능을 제공합니다. 다양한 데이터 원본에서 데이터를 추출하고 조합하여 시각화와 대시보드를 생성할 수 있습니다. 사용자는 쿼리 언어를 사용하여 데이터에 대한 질문을 하고, 결과를 도식화하여 명확하게 이해할 수 있도록 돕습니다. 다양한 시각화 도구와 연동하여 다양한 그래프, 차트, 표 등을 생성할 수도 있습니다. 또한 데이터에 대한 실시간 모니터링과 분석을 제공하여 사용자들이 업데이트된 정보를 실시간으로 확인하고 의사결정에 활용할 수 있습니다. 사용자는 개별적인 필터링, 세분화된 데이터 탐색, 다양한 시나리오 분석 등을 통해 데이터에 대한 통찰력을 얻을 수 있습니다.

빅데이터가 중요한 이유

빅데이터는 4차 산업혁명에서 핵심적인 역할을 수행하기 때문에 특히 주의 깊게 살펴볼 필요가 있습니다. 그렇다면 빅데이터가 가지고 있는 힘은 무엇일까요? 그 힘은 다음과 같은 몇 가지 특징으로 나타납니다.

- **가치 있는 정보 추출** : 빅데이터는 다양한 소스에서 수집되는 대용량의 데이터를 포함하고 있으며, 이는 기업에게 가치 있는 정보와 인사이트를 제공해 줍니다. 이를 통해 기업은 고객 행동, 시장 동향, 경쟁 기회 등을 파악하여 전략을 개발하고 의사결정을 내릴 수 있습니다.
- **혁신과 경쟁력 강화** : 빅데이터는 기업에게 혁신적인 비즈니스 모델을 개발하고 경쟁력을 강화하는 기회를 제공합니다. 데이터 분석을 통해 새로운 아이디어와 기회를 발견할 수 있으며, 이를 토대로 제품과 서비스를 개선하거나 새로운 시장을 개척할 수 있습니다.
- **효율성과 성능 개선** : 빅데이터 분석을 통해 기업은 자체적인 프로세스와 운영을 최적화할 수 있습니다. 예를 들어, 생산 데이터를 분석하여 생산 과정을 최적화하거나, 고객 데이터를 분석하여 고객 서비스를 개선할 수 있습니다. 이를 통해 비용 절감과 생산성 향상을 이룰 수 있습니다.
- **실시간 의사결정** : 빅데이터는 실시간으로 생성되고 처리될 수 있는 특성을 갖고 있습니다. 이를 통해 기업은 실시간으로 데이터를 분석하고, 신속하게 의사결정을 내릴 수 있습니다. 이는 시장 변화에 빠르게 대응하고 경쟁 우위를 유지하는 데 도움이 됩니다.
- **개인화된 경험 제공** : 빅데이터는 개인화된 경험을 제공하는 데 활용될 수 있습니다. 이 역할이 아마도 빅데이터의 특징을 가장 잘 설명하는 것

이라고 할 수 있을 것입니다. 개인화된 경험은 개별 사용자의 선호도, 행동 패턴, 관심사 등을 이해하고 그에 맞게 맞춤형 서비스나 추천을 제공하는 것을 의미합니다. 좀 더 자세히 살펴보면, 빅데이터는 많은 양의 데이터를 수집하고 분석하여 개별 사용자의 특성을 파악할 수 있습니다. 이를 통해 기업이 고객의 개별적인 요구를 이해하고 그에 맞게 제품이나 서비스를 제공할 수 있게 됩니다. 예를 들어, 온라인 쇼핑 사이트는 사용자의 과거 구매 기록, 검색 기록, 클릭 패턴 등을 분석하여 해당 사용자에게 관련 상품을 추천할 수 있습니다. 이렇게 개인화된 추천은 고객에게 더욱 만족스러운 구매 경험을 제공함으로써 기업의 매출과 고객 충성도를 높일 수 있습니다. 개인화된 경험은 다양한 산업 분야에서 활용될 수 있습니다. 은행은 개인의 금융 거래 기록을 분석하여 맞춤형 금융 상품을 제공할 수 있고, 의료 분야에서는 개인의 건강 기록을 바탕으로 개인별 진단과 치료 계획을 수립할 수 있습니다. 개인화된 경험은 사용자들에게 더 나은 가치를 제공하고, 개인의 요구와 요청에 더욱 적합한 서비스를 제공함으로써 기업의 경쟁력을 향상시킵니다. 이를 통해 사용자들은 자신에게 필요한 정보와 서비스를 더욱 쉽게 얻을 수 있고, 기업은 고객과의 관계를 강화하고 경제적인 이점을 얻을 수 있습니다.

4 사물인터넷(IoT)

사물인터넷이란 무엇인가?

사물인터넷(IoT, Internet of Things)은 일상적인 물건이나 기기들이 인터넷을 통해 서로 연결되고 데이터를 주고받는 기술입니다. 즉, 사람의 개입 없이 데이터를 교환할 수 있는 상호 연결된 장치와 사물의 거대한 네트워크를 일컫는 말입니다. 이는 비즈니스, 산업 및 가정에서 많은 일상 업무를 자동화할 수 있는 강력한 도구가 됩니다. '사물'과 '인터넷'이라는 말을 조합한 사물인터넷은 우리 귀에 자연스러운 표현처럼 들리지는 않습니다. 원래 이 용어는 1999년에 MIT의 캐빈 애쉬톤(Kevin Ashton)이 처음으로 사용했습니다. 당시 애쉬톤은 물류 분야에서 배송 물건을 추적하기 위해 무선 센서를 사용하는 기술을 연구하던 중, 이러한 기술이 인터넷과 연결되어 상호작용할 수 있는 세상을 상상했습니다. 그는 물건들이 서로 정보를 주고받으며 데이터를 공유하고 처리할 수 있는 네트워크를 생각하며 사람과 사물을 연결하는 '인터넷'과 물건들을 나타내는 '사물'이라는 용어를 결합시킨 것이 '사물인터넷'의 유래가 됐습니다. 이후 사물인터넷은 기술의 발전과 함께 확대되어 현재의 의미를 갖게 되었고, 다양한 산업 분야에서 활용되고 있는 기술로 발전하게 되었습니다.

사물인터넷은 우리 주변의 다양한 사물들에 센서, 소프트웨어, 네트워크 등을 설치하여 상호작용하고 정보를 수집, 공유, 분석할 수 있게 합니다. 바꿔 말하면, 센서를 활용한 연결 기술이라고 하겠습니다.

일례로, 가정에서는 스마트홈 시스템을 통해 조명, 난방, 보안 시스템 등을 스마트폰으로 원격 제어할 수 있습니다. 자동차에서는 차량의 센서와 네트워크를 활용하여 운전 조건을 모니터링하고, 충돌 방지 시스템을 작동시킬 수 있습니다. 공장이나 농경지에서는 센서가 설치된 장비와 기계들이 상호작용하여 생산 과정을 모니터링하고 효율적으로 운영할 수 있습니다. 사물인터넷은 다양한 산업 분야에서 활용되며, 우리의 생활을 편리하게 만들어주고 생산성을 향상시키는 잠재력을 갖고 있습니다. 또한, 수많은 사물이 연결되어 데이터를 생성하고 분석함으로써 더 나은 의사결정과 예측, 자동화 등을 가능하게 합니다. 이는 새로운 비즈니스 모델과 서비스의 창출을 이끌어내며, 4차 산업혁명의 핵심 기술로 인정받고 있습니다.

사물인터넷이 중요한 이유

지난 몇 년 동안, 사물인터넷은 21세기에서 가장 중요한 기술 중 하나로 성장했습니다. 왜 그럴까요? 그것은 바로 사물인터넷이 우리의 일상 생활에 연결성과 통합성을 제공해주기 때문입니다. 연결성과 통합성은 특히 4차 산업혁명의 핵심 키워드 가운데 하나입니다. 사물인터넷을 통해 주방 가전제품, 자동차, 온도 조절기, 유아 모니터 등 일상적인 물건들을 인터넷에 연결할 수 있게 되어 사람, 과정, 물건 간의 원활한 소통이 가능해집니다.

물리적인 사물들은 저렴한 컴퓨팅, 클라우드, 빅데이터 분석, 모바일 기술 등에 의해 최소한의 인간 개입으로 데이터를 공유하고 수집할 수 있습니다. 이 초연결 세상에서 디지털 시스템은 연결된 사물 간의 모든 상호작용을 기록하고 모니터링하며 조정할 수 있습니다. 실제 세계와 디지털 세계가 만나 협력하는 것입니다. 사물인터넷의 중요성은 연결성과 통합성을 통해 자동화와 효율성을 실현할 수 있다는 데 있습니다. 스마트 홈을 예로 들면, 주거자의 선호도에 맞춰 사람이 있을 때와 없을 때 조명과 온도를 자동으로 조정하여 에너지를 절약하고 편안한 분위기를 자아낼 수 있습니다.

세계의 정보 흐름은 과거보다 크게 늘어나고 그 속도는 빠르게 증가하고 있으며, 점점 더 데이터로 가득 차는 미래를 향해 달려가고 있습니다. 연결된 장치의 수가 계속해서 증가함에 따라 빅데이터는 점점 커지고 있습니다.[50] 사물인터넷 장치가 대량의 데이터를 생성함에 따라 개인과 기업은 의사결정에 도움이 되는 풍부한 정보를 얻습니다. 이들 기기는 건강 관리에서부터 소셜 미디어에 이르기까지 많은 종류의 인사이트를 제공해줍니다. 연결된 장치에서 수집된 정보는 알고리즘과 인공지능에 의해 분석되고, 지능적인 솔루션에 활용됩니다. 이들 스마트 기기는 슈퍼컴퓨터나 큰 저장공간이 필요하지 않으며, 인터넷에 연결되기만 하면 됩니다. 인터넷을 통해 센서가 정보를 수집하고 클라우드에 저장하며, 필요할 때 분석을 위해 전송할 수 있습니다. 이를 통해 모든 것이 더 연결되고 스마트해집니다. 이렇게 해서 제공되는 중요한 정보는 의사결정을 개선하는 데 큰 도움이 됩니다. 다양한 산업의 기업들은 생산성과 효율성을 높이고 고객 경험을 개선하기 위해 점점 더

---

50) 2023년 기준으로 전 세계에 430억 개 이상의 사물인터넷 장치가 사용되고 있는 것으로 추정됩니다.

사물인터넷 솔루션을 적극적으로 도입하고 있습니다. 연결된 기기로부터 수집된 데이터는 비즈니스가 폐기물을 최소화하고 안전성을 향상시키며 사업 영역을 확장할 수 있도록 도움을 줄 수 있습니다.

정확한 의사결정을 하기 위해서는 신뢰할만한 실시간 정보가 필요합니다. 스마트 기기에서 수집되는 데이터는 실시간으로 분석돼 행동계획 수립을 위한 기초자료로 사용됩니다. 이러한 자료를 분석함으로써 기업은 프로세스를 개선하고 비용을 절감하며 고객 서비스를 개선할 수 있습니다. 이런 시스템은 비즈니스를 하는 방식을 변화시킵니다. 모든 산업은 성공하기 위해 정보에 의존하며, 사물인터넷은 이를 연결함으로써 그 정보의 중요성이 더 커지게 됩니다. 사물인터넷 덕분에 전에는 없던 수익원이 새로 생겨납니다. 그러나 그보다 더 중요한 이점은 방대한 양의 데이터 분석을 통해 미래를 예측하는 능력이 생기게 된다는 점입니다.

이처럼 사물인터넷은 우리의 삶과 다양한 산업에 큰 변화를 가져옵니다. 연결성과 통합성을 통해 자동화, 효율성, 데이터 분석 등 다양한 잠재력을 실현할 수 있습니다. 그래서 사물인터넷은 우리의 삶과 사회의 발전을 이끌어 나가는 핵심 기술 중 하나가 되고 있는 것입니다.

사물인터넷을 가능하게 하는 기술들

앞에서 이야기한 것처럼 사물인터넷의 개념이 등장한 것은 오래전의 일입니다. 그렇지만 그 개념이 현실화되어 다양한 분야에 사용되기 시작한 것은 최근의 일입니다. 사물인터넷이 구현되기 위해서는 다른 기술들의 발전이 필요했기 때문입니다. 사물인터넷이 실용화되는 데 기여한 기술에는 다음과 같은 것들이 있습니다.

- 센서 기술 : 저렴하고 작고 저전력인 센서 기술의 발전은 다양한 사물에 센서를 장착하고 데이터를 수집하는 것을 가능하게 했습니다. 이를 통해 사물은 환경 조건이나 동작 상태 등을 감지하고 정보를 전송할 수 있습니다.
- 통신 기술 : 사물인터넷 장치들이 서로 통신할 수 있는 네트워크 기술의 발전이 중요합니다. 와이파이(Wi-Fi), 블루투스, RFID 등 다양한 통신 프로토콜을 통해 사물들은 데이터를 교환하고 원격으로 제어할 수 있습니다.
- 클라우드 컴퓨팅 : 클라우드 컴퓨팅은 대규모 데이터 저장과 처리를 가능하게 해줍니다. 사물인터넷에서 생성되는 대량의 데이터는 클라우드에 저장되고, 분석과 예측을 위해 클라우드에서 처리됩니다. 클라우드 컴퓨팅은 확장성과 유연성을 제공하며, 비용 효율적인 방식으로 사물인터넷을 구현할 수 있게 합니다.
- 데이터 분석과 인공지능 : 사물인터넷에서는 다양한 데이터가 여러 속도로 생성됩니다. 이러한 데이터를 수집하고 분석하여 유용한 정보와 인사이트를 얻는 것이 중요합니다. 빅데이터 분석, 머신러닝, 딥러닝 등의 기술을 활용하여 사물인터넷 데이터를 분석하고 예측 모델을 구축할 수 있습니다.
- 보안과 개인정보 보호 : 사물인터넷은 다양한 기기와 네트워크 간의 연결을 필요로 합니다. 이에 따라 보안과 개인정보 보호가 중요한 문제가 됩니다. 암호화, 인증, 접근 제어 등의 보안 기술과 규정을 준수하여 사

물인터넷 시스템의 안전성과 개인정보 보호를 보장해야 합니다.

이러한 기술들이 결합하여 사물인터넷이 실용적으로 활용될 수 있도록 만들어줌으로써 새로운 서비스와 비즈니스 모델이 등장하는 발판이 되고 있습니다.

사물인터넷이 우리의 삶을 변화시키는 방법

이코노미스트(Economist)는 사물인터넷에 관해 이렇게 썼습니다. "컴퓨터가 지닌 마법은 인간의 두뇌에만 고유하게 존재하던 연산, 정보처리, 의사결정 능력을 기계에 심어줬다는 것입니다. 그런데 사물인터넷은 이 마법이 이제는 모든 사물에게도 적용되게 만들고 있습니다. 빌딩, 도시, 의류, 인체 등에 장착된 무수한 칩들이 서로 인터넷을 통해 연결됩니다. 전기가 에너지 사용에 혁명적인 변화를 가져왔듯이 이제는 사물인터넷이 디지털 정보 세계에 그러한 혁명을 가져오고 있습니다."

사물인터넷은 우리의 일상생활에서 불가분의 일부가 되어가고 있습니다. 스마트 홈 가전제품부터 스마트 제조까지, 우리는 전 세계 어디에서든 환경을 제어하고 모니터링할 수 있게 되었습니다. 이제 몇 번의 클릭만으로 정보에 접근하고, 프로세스를 자동화하며, 심지어 집 보안 시스템을 제어할 수도 있습니다. 사물인터넷을 통해 연결된 장치들이 생성하는 데이터를 활용함으로써 우리의 삶을 더 편리하고 효율적으로 만들 수 있습니다. 스마트 기기는 빠르게 성장하는 기술로서 우리의 일상생활을 변화시키고 있습니다. 이는 센서와 가전제품 같은 사물들의 네트워크로 구성되어 있으며, 인터넷에 연결되어 서로 데이터를 교환할 수 있습니다. 저렴한 컴퓨터 칩의 발전으로 일상적인 사물들도 컴퓨터처럼 연결된 기기가 될 수 있게 되었습니다. 무선 네트워크의 보급 덕분에 연결이 어려워 보이던 사물조차도 인터넷에 연결될 수 있게 되었습니다. 스마트 기기는 디지털 인텔리전스를 갖춘 센서로 장착되어 있어 사람의 도움 없이 통신할 수 있습니다. 이러한 센서는 주변 또는 네트워크 내에서 조명, 온도 등을 제어하는 데 사용됩니다.

어떤 면에서 사물인터넷은 우리의 삶도 변화시키고 있습니다. 이미 우리는 연결된 기기를 사용하여 병원과 응급 센터에서 사람들의 건강 상태를 모니터링하고 있습니다. 또한, 이러한 기기들은 에너지 소비를 모니터링하는 데에도 사용할 수 있어서 전력 관리를 효율적으로 함으로써 전기 요금도 줄여줍니다. 사물인터넷 기기는 또한 다양한 센서와 지능형 시스템으로 무장되고 있는 자동차에도 사용됩니다. 이러한 기기들은 무선 통신을 사용하여 자동차의 거의 모든 구성 요소를 제어합니다. 스마트 자동차와 사물인터넷을 통합한 새로운 시스템을 개발하는 기업들도 있습니다. 사물인터넷 기기는 이제 어디에나 존재합니다. 오늘날 사용자들은 스마트 웨어러블 기기를 이용하여 피트니스 운동을 스마트폰과 동기화하고, 집안 온도를 조절하며, 다양한 기기들과 상호작용할 수 있습니다. 이러한 성장은 계속될 것입니다. 사물인터넷은 디지털 세계를 사물로까지 연장시키며 우리의 삶에 큰 이점을 가져다 주고 있습니다. 스마트 건물, 스마트 그리드, 스마트 인프라 등 수많은 영역에서 엄청난 기회를 제공합니다. 자동화된 에너지 관리 시스템에서부터 예측 유지 보수 솔루션까지 다양한 해결책을 제공합니다. 사물인터넷을 이용함으로써 건물을 더욱 효율적이고 안전하며 신뢰성 있게 만들어 가고 있습니다. 또한 건물 사용에 대한 데이터를 수집하여 미래 개발에 대한 중요한 자료로 활용할 수 있습니다. 이렇듯 사물인터넷은 우리가 인프라를 구축·관리·유지하는 방식을 변화시키고 있습니다.

사물인터넷의 응용 분야

사물인터넷이 사용되는 분야는 무수히 많습니다. 이들 응용 분야를 정리해 보면 다음과 같습니다.

1. 의료 및 맞춤형 헬스케어 : 사물인터넷 기기는 원격 환자 모니터링, 맞춤형 치료 및 질병 예방을 가능하게 함으로써 의료 혁신에 중요한 역할을 합니다. 연결된 의료 기기는 중요한 건강 데이터를 수집하여 의료 전문가가 적극적이고 시기적절하게 개입할 수 있도록 해 줍니다. 그 결과 치료 효과를 높이고, 질병 관리를 향상시키며, 의료 서비스를 최적화하는 데 큰 도움이 됩니다.

2. 스마트 홈과 생활 편의 향상 : 스마트 홈은 이제 현실이 되어 거주자들이 제어와 편의성을 누리게 해 주고 있습니다. 사물인터넷이 적용된 모바일 기기를 사용하여 가전제품을 원격으로 관리하고, 주택 보안을 모니터링하며, 최적의 에너지 소비를 유지할 수 있습니다. 스마트 냉장고에서 장보기 목록을 만드는 기능에서부터 자동 조명 시스템에 이르기까지 사물인터넷은 우리의 삶을 더욱 편리하고 편안하게 만들어주고 있습니다.

3. 영업점과 사무실 : 매장, 은행, 레스토랑, 경기장 등에 장치를 설치하여 셀프 체크아웃을 용이하게 하거나, 매장 할인 혜택 확장, 재고 최적화 등에 사용할 수 있습니다. 사무실에서는 건물의 에너지 관리 또는 보안에 활용할 수 있습니다. 또 회의실의 사용 빈도 및 회의 횟수 추적 등에도 사용됩니다.

4. 생산 환경 개선 : 제조 공장, 병원 또는 농장과 같은 환경에서는 주로 운영 효율성을 향상하거나 장비 사용과 재고를 최적화하는 데 활용됩니다. 광산, 건설, 석유·가스 탐사 및 생산과 같은 맞춤형 환경에서는 예방적 유지보수 또는 안전에 사용될 수 있습니다.

5. 교통·운송 수단 : 자동차, 트럭, 선박, 항공기, 기차 등 교통 및 운송 수단의 유지보수, 사용 설계, 사전 판매 분석에 도움이 됩니다. 또 실시간 경로 설정, 연결된 내비게이션, 운송 추적 등과 같은 용도로도 사용됩니다.

6. 스마트 시티: 스마트 시티 개념은 사물인터넷 효과적으로 활용하여 지속 가능하고 살기 좋은 도시 환경을 만드는 것입니다. 사물인터넷 기기를 통합함으로써 도시는 자원 관리를 최적화하고, 공공 안전성을 강화하며, 주민들의 삶의 질을 향상시킬 수 있습니다. 효율적인 폐기물 관리에서부터 지능형 교통 시스템까지 스마트 시티는 도시화의 문제를 해결하기 위해 기술을 활용하고 더 나은 미래를 구축합니다.

7. 지능형 교통 및 이동 수단 : 사물인터넷 기반의 교통 시스템은 우리의 이동 방식을 새롭게 만들어가고 있습니다. 첨단 센서와 통신 기술로 연결된 자동차는 교통 관리를 용이하게 하고 도로 안전성을 강화하며, 편안

한 운전 경험을 제공합니다. 또한 자율주행차의 등장은 교통 체증을 줄이고, 연료 효율성을 향상시키며, 더욱 환경친화적인 미래를 약속합니다.

8. 농업 혁신 : 사물인터넷 기술의 영향으로 지능형 농업과 식량 생산의 지속가능성을 강화하고 있습니다. 농부들은 가축의 건강 상태를 모니터링하고, 환경 요인을 분석하며, 실시간 데이터에 기반하여 자동 관개 시스템을 운영할 수 있습니다. 이러한 기술 기반의 접근법은 작물 수확량을 극대화하고, 인력 요구를 줄이며, 기후변화로 인한 농업의 영향을 완화시킵니다.

이렇게 사물인터넷은 세상과 연결하는 방식을 혁신하며, 산업을 변화시키고, 사람들에게 능력을 부여하고 있습니다. 사물인터넷은 효율성, 지속성, 혁신을 바탕으로 스마트한 미래를 만들어가고 있습니다. 우리는 이 혁명과도 같은 기술을 채택함으로써 새로운 가능성을 찾아내고, 연결성과 지능성이 조화롭게 공존하는 세계를 창출할 수 있습니다.

5 웹3.0

4차 산업혁명 시대의 인터넷 표준, 웹3.0

우리는 집이나 회사에서 필요한 많은 정보를 인터넷 즉 웹(web)을 통해 얻습니다. 지금은 웹을 통해 다양한 형태의 정보를 얻을 수 있을 뿐만 아니라 수많은 일도 할 수 있습니다. 심지어 재택근무를 하며 인터넷을 이용해 회사 일도 할 수 있습니다. 인터넷이 이렇게 발전하기까지는 몇 단계 발전 과정이 있었습니다. 그리고 지금도 끊임없이 발전해 가고 있습니다.

처음 인터넷이 등장했을 때는 단순하고 정적인 웹페이지를 통해 정보를 공유했습니다. 즉 사용자가 텍스트와 이미지 등으로 이루어진 단순한 정보를 검색하고 읽는데 주로 중점을 뒀습니다. 인터넷 속도가 느리고 컴퓨터 성능도 떨어졌기 때문에 정보 제공자나 정보 수요자들이 상호작용하는 것은 꿈도 꾸지 못했습니다. 시기적으로 보면 처음 인터넷이 태동한 1990년대 말에서 2000년대 초까지입니다. 이때의 웹 기술을 웹1.0(Web1.0)이라고 합니다.

웹2.0은 현재 일반적으로 사용되는 웹의 형태입니다. 웹2.0에서는 사용자가 웹을 통해 다양한 종류의 콘텐츠를 공유하고, 이벤트에 참여하고, 콘텐츠를 생성할 수 있습니다. 이는 소셜 미디어, 온라인 쇼핑, 웹 애플리케이션 등으로 나타납니다. 그러나 웹2.0은 중앙 집중화된 서비스와 플랫폼에 의존하고 사용자의 데이터와 개인정보를 중앙 서버에 저장하고 관리합니다. 그러다 보니 다음과 같은 중요 문제들이 발생합니다.

첫째는 중앙 집중화로 인한 문제입니다. 웹2.0은 대부분의 서비스와 플랫폼이 중앙 집중화된 구조를 가지고 있습니다. 이는 사용자들의 데이터와 개인정보가 중앙 서버에 집중되어 저장되고 관리된다는 것을 의미합니다. 중앙 서버에 저장된 데이터는 해킹, 데이터 유출, 무단 접근 등의 위험에 노출될 수 있습니다. 또한 중앙 집중화는 '단일 장애 지점(Single Point of Failure)'[51]이 발생하면 전체 서비스가 다운되는 되는 일이 생길 수 있어 서비스의 가용성에 영향을 줄 수 있습니다.

둘째는 데이터 소유권과 개인정보 보호 문제입니다. 웹2.0에서는 사용자들의 데이터와 개인정보가 서비스 제공자에게 소유되고 관리됩니다. 사용자들은 개인정보를 서비스 제공자에게 제공해야만 서비스를 이용할 수 있습니다. 이는 사용자들의 개인정보 보호와 데이터 소유권을 위험에 빠뜨릴 수 있습니다. 또한 서비스 제공자는 사용자 데이터를 수집하고 활용하여 광고나 타겟 마케팅 등에 사용하고 싶은 유혹을 뿌리치기 어렵습니다.

셋째는 중개자의 통제로 인한 사용자들의 참여가 제한된다는 것입니다. 웹2.0에서는 중개자가 필요한 경우가 많습니다. 예를 들어, 소셜 미디어 플랫폼에서는 중개자인 플랫폼 운영자를 통해 콘텐츠의 게시와 삭제, 접근 제어 등이 이루어집니다. 이로 인해 중개자에 대한 신뢰 문제가 발생할 수 있으며, 중개자의 통제 권한으로 인해 사용자들의 창의성과 자유로운 참여가 억압될 수 있습니다.

넷째는 경제적 불평등 문제입니다. 웹2.0에서는 일부 대기업이 많은 온라인 광고 수익을 독점하고 있으며, 이를 통해 경제적인 불평등이 심화되는 문제가 발생합니다. 소수의 기업이 사용자들의 데이터와 관심거리를 독점하여 경제적 이익을 얻는 반면, 다수의 개인과 작은 기업

---

51) 단일 장애 지점(single point of failure)은 시스템에서 단 하나의 장비나 구성 요소가 고장 나면 전체 시스템이 동작하지 않게 되는 상황을 의미합니다. 이러한 상황은 시스템의 안정성과 가용성을 위협하며, 심각한 장애로 이어질 수 있습니다. 예를 들어, 서버의 전원 공급 장치가 하나뿐이고 그것이 고장 나면 모든 서버가 다운되는 것이 단일 장애 지점입니다. 따라서 단일 장애 지점은 중앙화된 시스템일 경우 시스템 전체를 일시에 중단시키기 때문에 큰 문제를 일으킬 수 있습니다.

은 제한된 이익을 얻을 수밖에 없습니다.

이러한 중앙 집중화된 특징에서 오는 웹2.0 문제점들은 새로운 웹 패러다임의 등장을 촉진시키고 있습니다. 바로 다음 단계인 웹3.0입니다. 4차 산업혁명의 요구에 따라 탈중앙화, 개인정보 보호, 데이터 소유권, 사용자의 자유로운 참여 등을 강조하는 새로운 웹의 패러다임으로 이어지게 되는 것입니다.

웹3.0은 분산 웹 기술과 블록체인 기술을 결합하여 사용자들에게 더 많은 통제권과 보안을 제공합니다. 이를 통해 사용자는 중앙 관리자나 중개자 없이 서로 직접적으로 상호작용 하고, 소유권을 주장하며, 개인정보를 안전하게 관리할 수 있습니다. 스마트 컨트랙트(계약)와 암호화폐를 통한 분산화된 애플리케이션(DApp) 개발과 탈중앙화된 인터넷 경제를 실현하는 것이 웹3.0의 목표입니다.

웹3.0은 사용자의 신원을 관리하는 신뢰할 수 있는 방법, 데이터의 소유권과 권한을 분산하는 방법, 분산된 네트워크의 상호 운용성을 보장하는 방법 등 다양한 기술적인 도전에 대한 솔루션을 제공합니다. 이러한 웹의 발전은 블록체인, 분산 웹 프로토콜(IPFS 등), 스마트 컨트랙트, 탈중앙화된 애플리케이션(DApp), 탈중앙화된 자율 조직(DAO) 등의 개념과 기술을 등장시킵니다.

웹3.0에서는 블록체인 기술이 중요한 역할을 합니다. 블록체인은 탈중앙화된 분산원장으로, 거래 기록이 블록 형태로 체인에 연결되어 영구적으로 저장됩니다. 이는 데이터의 무결성과 투명성을 제공하며, 중앙 집중화된 시스템에 의한 조작이나 개입을 어렵게 만듭니다. 블록체인은 암호화폐를 비롯한 다양한 분야에서 사용되며, 스마트 컨트랙트라는 자동화된 계약 실행 기능을 제공합니다. 스마트 컨트랙트는 블록체인에 기록된 프로그램으로, 조건에 따라 자동적으로 실행되는 계약입니다. 스마트 컨트랙트는 중개자 없이 투명하고 신뢰성 있는 거래를 가능하게 하며, 분산 애플리케이션에서 핵심적인 역할을 담당합니다.

웹3.0에서는 개인 신원을 관리하기 위해 신뢰할 수 있는 분산 신원 관리 시스템이 도입되어 있습니다. 사용자는 중앙 기관이나 서비스에 의존하지 않고 자신의 신원을 소유하고 제어할 수 있습니다. 이를 위해 탈중앙화된 신원 관리 시스템이 사용되며, 사용자는 자체적으로 신원 정보를 보관하고 필요한 경우에만 정보를 공유할 수 있습니다. 이는 개인정보의 보안과 개인정보를 통한 디지털 자산 소유권을 강조하는 웹 3.0의 특징 중 하나입니다.

또한 웹3.0은 분산 웹 프로토콜도 채택합니다. 이들 프로토콜은 중앙 서버 대신에 전 세계에 분산된 노드들로 이루어진 네트워크를 통해 데이터와 콘텐츠를 저장하고 전송합니다. '탈중앙화된 애플리케이션(DApp)'은 중앙 집중화된 서버가 아닌 블록체인이나 분산 웹 프로토콜을 기반으로 구축된 애플리케이션입니다. 이러한 애플리케이션은 개인 데이터의 보안과 소유권을 강화하며, 사용자들 사이에서 직접적인 상호작용과 거래가 이루어질 수 있습니다.

'탈중앙화된 자율 조직(DAO, Decentralized Autonomous Organization)'은 스마트 컨트랙트와 분산 웹 기술을 이용하여 조직의 운영과 의사결정을 자동화하고 중앙 집중화된 관리 구조를 대체하는 형태의 조직입니다. DAO는 구성원들 간의 투표, 자산 관리, 프로젝트 실행 등을 자동화하여 중개자 없이 자율적으로 운영됩니다.

또한 웹3.0은 개인 데이터의 소유권과 권한을 사용자에게 부여하여 사용자들이 자신의 데이터를 통제할 수 있는 개념을 강조합니다. 사용자는 필요에 따라 개인 데이터를 선택적으로 공유하고, 암호화 기술과 분산 웹 기반의 신원 관리 시스템을 통해 개인정보를 보호할 수 있습니다.

마지막으로, 웹3.0은 분산된 네트워크의 상호 운용성을 강조합니다. 다양한 블록체인 프로토콜과 분산 웹 프로토콜이 상호 연결되어 원활한 데이터 교환과 상호 운용성을 가능하게 합니다. 이를 통해 다양한 플랫폼과 애플리케이션이 상호 연동되어 사용자들에게 더 풍부하고 유연한 웹 경험을 제공할 수 있게 되는 것입니다.

웹3.0은 이미 많은 부분이 개발됐을 뿐만 아니라 지금도 계속해서 발전해 가고 있습니다. 다양한 블록체인 플랫폼이 개발되어 있고, 탈중앙화된 애플리케이션(DApp)과 탈중앙화된 자율 조직(DAO) 등의 웹3.0 관련 프로젝트가 활발히 진행되고 있습니다.

또한, 웹3.0과 관련된 표준과 프로토콜이 개발되고 있으며, 분산 웹 프로토콜과 스마트 컨트랙트를 지원하는 프로토콜 등이 주목받고 있습니다. 이러한 프로토콜들은 분산 웹 기술과 블록체인 기술을 결합하여 웹3.0의 목표인 탈중앙화, 개인정보 보호, 데이터 소유권 등을 실현하는 방향으로 나아가고 있습니다.

또한, 웹3.0과 관련된 프로젝트와 기술은 금융, 게임, 예술, 신원 관리, 탈중앙화된 인터넷 등 다양한 분야에서 적용되고 있습니다. 블록체인을 기반으로 한 디지털 자산인 NFT[52], 탈중앙화된 금융 DeFi, 분산된 스토리지 등의 영역에서 웹3.0의 발전과 혁신이 진행되고 있습니다.

웹3.0는 여전히 발전 과정에 있는 새로운 웹 패러다임이며, 미래에 더 많은 혁신과 발전이 예상됩니다.

웹3.0에 관심을 가져야 하는 이유

웹3.0은 블록체인, NFT, 그리고 암호화폐에 의해 주도되는 인터넷의 큰 진화의 한 단계를 대표합니다. 그러나 웹3.0의 가장 큰 특징은 탈중앙화입니다. 이것이 바로 우리가 웹3.0에 관심을 가져야 하는 첫 번째 이유입니다.

탈중앙화를 특징으로 하는 웹3.0 시대가 되면 인터넷 사용자들의 권한이 대폭 강화됩니다. 왜냐하면 웹3.0은 오늘날의 고도로 중앙집중화된 인터넷과는 대조적으로 탈중앙화된 인터넷을 의미하기 때문입니다. 생각해 보면, 우리가 오늘날 사용하는 대부분의 사이트는 네이버, 다음, 메타(Meta), 구글(Google), 아마존(Amazon)과 같은 주요 기업들이 소유하고 있으면서, 어느 정도는 정부 규제에 의해 통제되고

52) NFT(non-fungible token)란 '대체 불가능 토큰'이라는 의미를 가지며, 블록체인 기술에서 사용되는 새로운 개념 중 하나입니다. 기존의 암호화폐와는 달리, NFT는 고유한 디지털 자산으로 각각의 토큰이 서로 다른 정보를 가지며, 해당 자산의 권리를 증명합니다. 예를 들어 디지털 포스터를 하나 제작했다면, 이 작품에 대해 NFT를 민트(생성)할 수 있습니다. 이때 생성되는 NFT는 부동산 등기부와 같은 역할을 합니다. NFT는 이 작품의 유일한 소유권을 증명하는 장부 겸 디지털 자산이 되어 소유권을 이전하거나 거래할 수 있습니다. NFT에 관해서는 뒤에 나오는 '블록체인과 분산금융'에서 자세히 다룹니다.

있습니다. 인터넷 권력이 중앙집중화되어 있는 것입니다. 이런 상황에서 인터넷 사용자의 권한은 거의 찾아보기 힘듭니다.

왜 그랬을까요? 웹1.0과 웹2.0은 인터넷을 구축하고 운영하는 데 필요한 인프라가 비용이 많이 들기 때문에 이런 방식으로 발전해 올 수밖에 없었던 것입니다. 그래서 인터넷 기업들은 사용자들에게서 서비스 이용료를 받거나, 기업들로부터 광고비를 받거나, 사용자들의 값진 개인정보를 수집하여 이를 이용함으로써 투자 비용을 회수하고 이윤을 남깁니다. 웹3.0과 탈중앙화된 인터넷은 이 모든 것을 뒤집어버리거나 적어도 중앙 집중화가 유일한 방법이 아니라는 것을 보여줍니다. 어떻게 가능한 것일까요? 웹3.0 플랫폼은 주로 토큰 기반 경제[53]와 블록체인 기반 인프라에 의해 구동되면서 중앙집권화된 권한은 존재하지 않게 됩니다. 사용자들은 과거의 인터넷 회사와 같은 중개자나 제3자의 개입 없이 서로 거래하고 상호작용 할 수 있습니다.

분산 웹의 좋은 예로 세크레툼(Secretum)을 들 수 있습니다. 이 앱은 카카오톡이나 텔레그램과 같은 메시징앱을 웹3.0 환경에 맞게 진화시킨 것입니다. 세크레툼 사용자는 이메일 주소나 전화번호 없이도 앱에 연결할 수 있어서 사용자의 개인정보 보호를 강화해 줍니다. 또한 앱에 내장된 거래 기능은 은행이나 다른 중개업체의 감독 없이도 사용자들이 암호화폐와 NFT를 안전하게 거래할 수 있게 해줍니다.

---

53) 토큰 기반 경제는 일반적으로 웹3.0과 블록체인 기술의 개발과 함께 등장한 새로운 경제 모델입니다. 이 경제 모델은 토큰이라는 디지털 자산을 사용하여 사용자 간의 가치 교환이 이루어지는 경제 시스템을 의미합니다. 토큰은 블록체인에서 발행되는 디지털 자산으로, 일종의 암호화폐입니다. 뒤에 나오는 '블록체인과 분산금융'에서 자세히 다룹니다.

① 인터넷 권력의 이동

웹3.0은 인터넷 권력에 중대한 변화를 가져옵니다. 통제권자 행세를 하는 인터넷 회사들로부터 통제권을 빼앗아 사용자에게 되돌려 주는 탈중앙화된 인터넷 비전이 바로 주요한 권력의 변화를 의미합니다. 웹3.0를 통해 우리는 개인정보를 제공하지 않고도 자유롭게 인터넷에 접속할 수 있습니다. 데이터의 완전한 소유권도 갖게 됩니다. 그렇게 해서 사용자 우선이 아닌 회사 이익을 먼저 생각하는 중앙집중적 권력에서 벗어날 수 있는 것입니다. 이는 기존의 불합리에 대한 거부이자, 일종의 단합된 힘입니다.

그렇다면 웹3.0이 기존의 권력자들이 보유한 막대한 통제력을 실질적으로 줄여서 인터넷을 더 민주적인 공간으로 만들 수 있을까요? 솔직히 기술 대기업, 중앙은행, 정부는 인터넷에 대한 통제권을 통해 큰 이익을 향유합니다. 물론, 인터넷은 안전한 공간이 되어야 하며, 아무런 질서도 없는 위험한 공간이 돼서는 안 됩니다.

이런 점들을 고려해 볼 때 웹3.0의 상호작용을 돕기 위해 메타(Meta)와 같은 기업들이 속속 등장할 것으로 보입니다. 예를 들면, 제3자 플랫폼이 관리하고 보호하는 디지털 지갑을 통해 사용자들이 상호교류를 하는 것입니다. 이 또한 일종의 중앙 집중화임에는 틀림없습니다. 그러나 웹3.0은 사용자가 더 많은 선택권과 더 큰 자율성을 갖는, 더 공정한 인터넷 공간을 제공하게 될 것임은 분명합니다.

❷ 메타버스의 핵심 토대

웹3.0 기술은 메타버스의 진화와 연결돼 있어서 사용자로 하여금 메타버스 환경에서 다른 사람들과 상호작용 하고 거래할 수 있게 해 줄 것입니다. 예를 들어, NFT와 블록체인은 모두 웹3.0 기술로서, 메타버스에서 디지털 예술, 디지털 땅, 디지털 스니커 등과 같은 디지털 자산을 소유하고 거래할 수 있게 해줍니다. 암호화폐는 메타버스에서의 경제와 통화 체계의 기초를 형성할 것입니다. 그리고 결국 메타버스의 일부가 될 많은 가상 세계들은 블록체인 위에 구축되어 있습니다. 따라서 웹3.0 기술 없이는 메타버스가 온전하게 실현될 수 없는 것입니다.

웹3.0과 메타버스의 이해를 돕기 위해 메타버스 플랫폼인 디센트럴랜드(Decentraland)를 예로 들어보겠습니다. 이 플랫폼은 분산화된 컨텐츠와 디지털 자산, 사용자 간 거래 등을 가능케 하며, 이를 위해 이더리움 블록체인을 사용합니다. 사용자들은 3D 가상현실 공간인 메타버스에서 서로 상호작용 하고, 자신들이 만들어 낸 게임, 아트워크, 땅 등을 서로 교환할 수 있습니다. 사용자들은 자신만의 가상 공간을 구축하고, 게임 등 여러 활동을 즐길 수 있습니다. 디센트럴랜드에서 가상의 땅을 구입하고 개발할 경우 이를 '땅(land)'이라고 부릅니다. 사용자들은 땅에 가상 오브젝트를 놓고 게임, 아트워크, 다양한 활동을 만들 수 있으며, 이를 통해 수익을 창출할 수도 있습니다. 또한, 마나(MANA)라는 토큰을 사용하여 사용자들 사이에서 거래가 이루어집니다. 이 토큰은 사용자들이 게임 내에서 아이템을 구매하거나 땅을 구입하는 데 사용될 수 있으며, 사용자들은 이를 통해 수익을 창출할 수 있습니다. 디센트럴랜드는 웹3.0과 메타버스, 그리고 블록체인 기술을 기반으로 하여, 중앙 집중화된 제어 및 이슈가 없이 사용자들이 자유롭게 참여하여 가상현실 세계를 만들 수 있는 혁신적인 플랫폼입니다.

③ 현실 세계에서 실제로 활용될 NFT

우리는 NFT가 거래되면서 가격이 오르락내리락하는 모습을 봅니다. 그러나 NFT를 자산 소유를 나타내는 디지털 토큰으로 본다면, NFT가 기껏 만화에 나오는 동물 이미지나 거래하는 것이 아닌, 훨씬 큰 가치를 제공할 수 있다는 것을 짐작할 수 있습니다. 전문가들은 '유틸리티'로서의 NFT가 이벤트 티켓과 같은 현실 세계의 아이템과 자산 소유를 나타내는 데에 사용될 것으로 전망하고 있습니다. 유명 페스티벌이 평생 입장권을 발행한다고 할 때 그 티켓 하나를 구입한다고 해봅시다. 종이나 온라인 입장권을 평생 보관하는 것보다 NFT로 소유권을 갖고 있는 것이 훨씬 쉽고 안전합니다. NFT에 관해서는 뒤에서 좀 더 자세하게 다루도록 하겠습니다.

④ 비즈니스 운영에 변화를 가져올 블록체인

웹3.0은 비즈니스에도 어김없이 영향을 미쳐, 기업의 운영에 변화를 가져오게 될 것입니다. 기업 입장에서 가장 혁신적인 웹3.0 기술은 의심의 여지 없이 블록체인입니다. 실제로도 다양한 산업 분야에서 이미 블록체인이 채택되고 있습니다.

예를 들어, 블록체인은 공급망에 잘 맞는 기술입니다. 블록체인 기술을 활용하면 당사자들 사이에 상품을 원활하게 이전시킬 수 있고, 기업들은 상품의 위치와 상태를 실시간으로 추적할 수 있습니다. 이렇게 함으로써 블록체인은 공급망의 안전성과 투명성을 향상시키며, 전반적으로 전체 프로세스를 훨씬 더 효율적으로 만들어줍니다. 일례로 베이징에 있는 월마트의 식품안전협력센터는 돼지고기에 대한 원산지 세부 정보, 고유 번호, 공장 및 가공 데이터, 유통 기한, 저장 온도 및 운송 세부 사항을 추적하기 위해 블록체인을 사용하고 있습니다.

공급, 자재, 상품을 추적해야 할 필요가 있는 산업이라면 무엇이든 블록체인의 혜택을 받을 수 있습니다. 이는 블록체인이 비즈니스의 세계를 혁신할 한 예에 불과합니다. 그러므로, 웹3.0이 자신의 회사나 조직과 동떨어진 기술이라고 생각한다면 다시 생각해봐야 합니다. 블록체인에 관해서는 뒤에서 좀 더 자세하게 살펴보겠습니다.

웹3.0 제대로 활용하기

앞에서 살펴본 것처럼 웹3.0은 이전 버전의 웹과는 근본적으로 다른 접근 방식을 갖습니다. 이전의 웹은 읽기 전용이었고 데이터 중심적이었습니다. 하지만 웹3.0은 탈중앙화된 구조를 갖고 있으며 사용자가 소유하는 인터넷입니다.

"사용자가 소유하는 인터넷"이란 웹3.0의 핵심 원칙 중 하나인 사용자의 데이터 및 디지털 자산에 대한 소유와 통제 권한을 의미합니다. 기존의 중앙 집중화된 인터넷에서는 사용자들이 개인정보와 데이터를 중앙화된 플랫폼이나 서비스에 의존하여 저장하고 관리하는 반면, 웹3.0은 분산형 인터넷을 지향하여 사용자가 자신의 데이터와 디지털 자산을 직접 소유하고 통제할 수 있는 환경을 제공합니다. 웹3.0에서 "사용자가 소유하는 인터넷"이라는 말 속에는 다음과 같은 3가지 중요한 원칙이 내포돼 있습니다.

- 데이터 소유 : 사용자는 개인정보와 데이터의 소유자로서 직접적인 통제 권한을 갖습니다. 개인정보는 암호화되어 분산 저장되며, 사용자는 필요한 경우에만 암호화 해독하여 공유할 수 있습니다.

- 디지털 자산 소유 : 웹3.0은 NFT와 스마트 계약을 활용하여 사용자들이 고유하고 소유권이 확정된 디지털 자산을 소유할 수 있게 합니다. 이러한 디지털 자산은 중개자 없이 거래되며, 소유자는 전체적인 통제 권한과 이익을 얻을 수 있습니다.

- 자율성과 개인 권리 : 웹3.0은 사용자의 자율성과 개인 권리를 존중합니다. 사용자는 자신의 데이터를 어떻게 사용하고 공유할지 결정할 수 있으며, 중개자나 중앙화된 플랫폼에 의존하지 않고 직접 거래와 협력 관계를 형성할 수 있습니다.

이러한 개념은 웹3.0이 기존의 중앙 집중화된 인터넷과 구별되는 특징으로, 사용자의 소유와 통제권을 강조하는 분산형 인터넷의 원칙을 나타냅니다.

한편, 웹3.0을 통해 이루어지는 사용자들의 활동과 상호작용은 투자, 창작, 탐험이라는 세 가지 주요 영역으로 나눌 수 있습니다.

❶ 투자

웹3.0이 열어갈 세상에서 투자는 중요한 부분입니다. 사용자의 소유권은 투자를 촉진합니다. 웹3.0은 단순한 포트폴리오 관리 차원이 아니라 금융 거래의 새로운 방법에 직접 참여하는 것입니다.

웹3.0은 블록체인 기술과 스마트 컨트랙트를 활용하여 신뢰성과 투명성을 갖춘 새로운 경제 시스템을 구축합니다. 이를 통해 개인과 기업은 중개자 없이 직접적으로 서로 협력하고 거래할 수 있습니다. 따라서, 웹3.0은 기존의 중개업체나 중앙화된 시스템에 의존하지 않고, 개인의 자율성과 데이터 소유권을 강조합니다.

투자자들은 웹3.0의 기술과 생태계에 주목하고 있습니다. 블록체인 기술은 탈중앙화된 특성과 암호화 보안을 갖추어 투명하고 안전한 거래를 가능하게 합니다. 이는 금융 분야뿐만 아니라 예술, 게임, 부동산 등 다양한 산업에도 영향을 미칩니다.

또한, 웹3.0은 새로운 경제 생태계를 형성하고 있습니다. 예를 들어, NFT는 디지털 자산의 소유권을 표현하며, 예술 작품, 게임 캐릭터, 부동산 등의 분야에서 거래되고 있습니다. 또한, 탈중앙화된 금융 서비스인 분산금융(DeFi)은 중개자의 역할 없이 자동화된 금융 서비스를 제공하며, 사용자들은 이를 통해 대출, 예금, 거래 등을 수행할 수 있습니다.

웹3.0은 또한 초기 투자에 대한 가능성을 제공합니다. 프로젝트 및 스타트업들이 블록체인과 스마트 컨트랙트를 활용하여 새로운 서비스 및 애플리케이션을 개발하고 있습니다. 이러한 프로젝트에 투자하면 미래의 성장 가능성이 있으며, 디지털 자산의 가치 상승 등을 통해 수익을 얻을 수 있습니다.

◈ 암호화폐 지갑

암호화폐 지갑은 점점 더 강력해지고 있습니다. 웹 기반 지갑에서 포트폴리오를 관리하고 가격 변동을 추적하며 매매를 할 수 있습니다. 블록체인 기술은 오직 사용자 한 사람만이 소유하고 있는 자산을 사용자가 직접 통제할 수 있도록 해줍니다. 이전처럼 은행과 같은 중앙화된 플랫폼을 통해 자금을 송금할 필요가 없습니다. 블록체인은 모든 참여자들에게 동등한 위치와 지위를 부여합니다.

◈ 분산금융(DeFi)

분산 금융(DeFi)은 한 단계 더 진보합니다. DeFi를 통해 사용자는 스마트 계약을 활용하여 다양한 금융 서비스를 이용할 수 있습니다. 스마트 계약은 대출, 레버리지 투자, 인덱스 펀드[54], 그 외 다양한 방식의 금융서비스에 적용될 수 있습니다. 웹3.0을 통한 투자는 기존의 금융 시스템 내에서 행하는 하나의 전략이 아니라, 완전히 다른 시스템 즉, 중앙 집중적인 권한이 없는 분산 데이터 네트워크 위에 구축된 암호화폐 금융의 온라인 생태계에서 이루어지는 금융 거래입니다.

투자되는 돈의 규모를 고려할 때, 그리고 디지털 자산을 실제로 소유하는 것이 가능하다는 점을 고려할 때 투자 부분이 웹3.0 분야 중에서 가장 강력하고 가장 잘 발전된 분야라고 할 수 있습니다.

54) 인덱스 펀드(index fund)는 특정 지수(인덱스)에 포함된 자산들을 추적하는 포트폴리오를 의미합니다. 예를 들어, S&P 500 지수에 포함된 500개의 기업들의 주식을 추적하는 인덱스 펀드는 이 지수의 움직임을 따라갑니다. 이러한 인덱스 펀드는 해당 지수의 성과를 따르므로 별도의 전문가나 분석이 필요하지 않아 비교적 간편하고 안정적인 투자 수단으로 인기가 있습니다.

② 창작

창작은 블록체인과 함께 시작됩니다. 웹3.0의 상호작용 가운데 거의 대부분이 블록체인 기반 위에서 이루어집니다. 1차 레이어 체인과 2차 레이어 체인[55]은 다양한 웹3.0 도구들이 구축되는 토대를 제공합니다. 창작자들에게는 웹3.0이 실제로 새로운 창작의 세계를 열어줍니다.

◆ NFT

NFT는 디지털 아트워크 작품, 게임 아이템, 가상 부동산, 음악, 동영상, 스포츠 카드 등 다양한 디지털 자산을 대표하는 용도로 사용됩니다. 이를 통해 디지털 자산의 소유권과 유일성을 확보하고, 디지털 콘텐츠의 거래와 소유권 이전을 투명하게 관리할 수 있게 됩니다. 이러한 개념의 NFT가 등장하자 디지털 자산의 소유권과 가치 전달에 대한 새로운 패러다임이 형성되면서 예술가, 창작자, 수집가, 투자자 등 다양한 분야에서 큰 관심을 받고 있습니다. 예술 측면에서, NFT 세계의 다양성은 놀라울 정도입니다. 옛날 아바타, 최첨단 그래픽, 혁신적인 예술 설치를 모방하는 NFT까지, 사람들이 NFT를 통해 창조하는 것에는 끝이 없습니다.

---

55) 레이어(Layer) 체인은 블록체인의 확장성에 관한 개념입니다. Layer 1 체인은 가장 기본적이고 핵심적인 블록체인입니다. 비트코인과 이더리움이 대표적입니다. 이들은 독립적인 블록체인 네트워크로, 자체적인 보안, 합의 메커니즘, 거래 처리 능력 등을 가지고 있습니다. 이러한 Layer 1 체인은 웹3.0의 기반이 되며, 다양한 디지털 자산과 스마트 계약을 관리하고 거래할 수 있게 해줍니다. 반면, Layer 2 체인은 Layer 1 체인 위에 구축된 보조 블록체인 네트워크입니다. 이는 Layer 1 체인의 확장성 문제를 해결하고 성능을 향상시키기 위해 사용됩니다. 예를 들어, 이더리움의 Layer 2로는 Optimistic Rollups, zkRollups, Sidechains 등이 있습니다. 이들은 일정 기간 동안 Layer 2 체인에서 처리되고, 그 결과를 Layer 1 체인에 올리는 방식으로 동작합니다. 이를 통해 블록체인의 처리량을 증가시키고, 거래 비용을 줄이며, 빠른 거래 확인을 가능하게 합니다. 간단히 말하면, Layer 1 체인은 웹3.0의 핵심 블록체인이며, Layer 2 체인은 보조 네트워크로서 Layer 1 체인의 기능을 보완하고 개선하는 역할을 합니다.

◈ **메타버스**

NFT를 발행할 만큼 예술품 창작에 자신이 없다면 메타버스에 도전해도 좋을 것입니다. 메타버스를 통해 창작할 수 있는 것은 무한합니다. 메타버스에서는 새로운 세계, 새로운 게임, 새로운 인물, 새로운 브랜드 등 무수한 것을 만들어 낼 수 있습니다. 예를 들어, 작가에게는 메타버스가 독특한 이야기를 창조하고 구성할 수 있는 가상 공간이 됩니다. 그림 그리는 것을 좋아한다면 가상의 미술 갤러리를 개설하거나 디지털 아트를 판매할 수도 있습니다. 음악가라면 가상 공연장에서 실시간 콘서트를 개최하거나 곡을 판매할 수도 있습니다. 메타버스는 창작자들에게 상상력을 펼칠 수 있는 창조적인 자유를 제공합니다. 우리의 아이디어와 창작물은 메타버스에서 현실을 뛰어넘어 새로운 경험과 성장을 이끌어낼 수 있습니다.

③ 탐험

웹3.0은 새로운 세계를 탐험하는 훌륭한 기반이 되고 있습니다. 물론 여기서 말하는 탐험은 디지털 세계에서의 탐험입니다. 가상 세계인 메타버스는 현실과 가상이 융합된 환경을 제공합니다. 이곳에서 사용자들은 디지털 아바타를 만들고 다양한 경험을 할 수 있습니다. 웹3.0은 이 메타버스를 구현하기 위해 블록체인 기술과 분산 시스템을 활용합니다. 이를 통해 사용자들은 탈중앙화된 애플리케이션(Dapps)을 통해 메타버스에서 자유롭게 상호작용하고 창작할 수 있습니다. Dapps는 개발자들이 아닌 일반 사용자들도 참여할 수 있도록 되어 있습니다. Dapps는 스마트 계약을 통해 보안성과 투명성을 제공하며, 사용자들은 여기에서 디지털 자산을 소유하고 거래할 수 있습니다.

새로운 세계의 탐험은 이 메타버스를 통해 이루어집니다. 사용자들은 메타버스에서 새로운 경험을 할 수 있으며, 이를 통해 다양한 분야에서 창작 및 상호작용을 할 수 있습니다. 예를 들어, 사용자들은 메타버스에서 가상현실 게임을 즐기거나, 예술 작품을 창작하고 거래할 수 있습니다. 이는 기존의 오프라인 세계에서는 어려웠던 경험과 상호작용의 가능성을 열어줍니다. 또한, 메타버스는 사용자들에게 새로운 경제 기회를 제공합니다. NFT와 같은 디지털 자산을 통해 사용자들은 창작물에 대한 소유권을 갖게 되고, 이를 거래할 수 있습니다. 이로써 사용자들은 새로운 경제 생태계에서 창작 활동을 통해 수익을 창출할 수 있습니다.

따라서, 웹3.0의 등장은 사용자들에게 새로운 세계의 탐험과 창작의 기회를 열어주었으며, 메타버스를 통해 이를 실현할 수 있게 되었습니다. 이는 기존의 인터넷과는 차별화된 경험과 상호작용을 제공하여 사용자들이 더욱 다양하고 참여적인 세계를 탐험할 수 있도록 합니다.

6 블록체인 기술과 분산 금융(DeFi)

웹3.0 기술의 한 부분으로서 블록체인에 대해 간간이 살펴봤는데, 이제 본격적으로 이 기술이 가지고 있는 특징과 잠재력에 대해 이야기해 보겠습니다. 그러기에 앞서 세계에서 부자 순위로 다섯 손가락 안에 드는 투자 전문가 워렌 버핏의 이야기를 잠시 들어보겠습니다.

“비트코인 따위는 ‘도박용 토큰(gambling token)’이며, 본질적인 가치는 아무 것도 없습니다. 그렇긴 하지만 사람들이 도박을 하고 싶어 하는 것은 막을 재간이 없습니다.”

버핏이 언젠가 미국 CNBC 방송에 출연해서 한 말입니다. 그는 한때 개당 69,000달러(8,200만원)까지 찍었던 비트코인에 대해 자산으로서의 가치를 인정하지 않고 일확천금을 꿈꾸는 사람들의 도박 정도로 봅니다. 버핏은 미국 경제지 블룸버그의 ‘억만장자 지수’에서 약 145조원의 자산을 보유해 세계 5위로 평가된 재벌입니다. 그는 유동성과 투자 심리에 의존하는 암호화폐나 증권시장의 성장주보다 가치주를 선호하는 투자 철학을 가지고 있는 것으로 유명합니다. 버핏은 CNBC와의 또 다른 인터뷰에서도 비트코인이 “아마도 쥐약일 것”이라고 말했습니다. 그는 당시 비트코인 거래를 이렇게 설명했습니다.

“어떤 투자자가 비생산적인 자산을 살 때는 오직 뒤에 오는 사람이 더 많은 돈을 주고 그 자산을 살 것으로 기대하기 때문입니다. 그리고 그 사람은 그 다음 사람이 또 그 보다 더 많은 돈을 지불할 것이라고 기대하는 것이죠.”

반면에, 암호화폐에 많은 투자를 하고 있는 에이알케이 인베스트(ARK Invest)의 CEO인 캐시 우드(Cathie Wood)는 비트코인이 2030년까지 개당 148만 달러를 기록할 것이라고 예측하고 있습니다. 비트코인 가격이 출렁이는 데는 반감기도 한몫하고 있습니다. 비트코인의 총량은 2,100만 개로 제한돼 있습니다. 비트코인은 컴퓨터로 수학 문제를 풀어내는 방식으로 채굴됩니다. 비트코인 채굴량은 4년마다 한 번씩 상승하는 수학 문제의 난도를 따라 절반으로 줄어들게 돼 있습니다. 암호화폐 시장은 이를 '비트코인 채굴량 반감기'라고 부르며, 이 시기마다 비트코인 가격은 상승했습니다.

비트코인에 대한 사람들의 평가는 이처럼 극과 극을 달립니다. 대체 비트코인의 어떤 특징 때문에 이런 상반된 평가가 나올까요? 이 비밀을 풀자면 먼저 비트코인의 기반이 되는 기술인 블록체인이 무엇인지 알아야 합니다.

블록체인의 개념 정리

블록체인은 '분산 기록부'라고 생각할 수 있습니다. 이는 컴퓨터 네트워크에 연결된 여러 대의 컴퓨터들이 정보를 공유하고 함께 기록하는 방식입니다. 예를 들어, 우리가 누군가에게 돈을 송금한다고 가정해봅시다. 기존에는 중앙화된 금융 기관인 은행을 통해 거래 내역이 기록되고 관리되었습니다. 하지만 '블록체인'에서는 이러한 중앙 기관 없이 컴퓨터 네트워크가 거래 정보를 각자의 기록부에 저장합니다. 이 정보는 '블록'이라는 작은 단위로 묶여서 '체인' 형태로 연결됩니다. '각자의 기록부'란 블록체인의 특징인 분산 시스템을 말하는데, 중앙화된 중앙 관리자가 없는 네트워크입니다. 이는 네트워크에 연결된 여러 컴퓨터 또는 노드로 구성되어 있으며, 이들은 함께 작업하여 블록체인을 유지하고 관리합니다.

일반적인 중앙화된 시스템에서는 중앙 서버가 모든 데이터와 결정을 관리합니다. '결정'[56]이란 블록체인에서 사용되는 용어로서 특정한 사건 또는 거래에 대한 승인 또는 합의를 의미합니다. 하지만 블록체인의 분산 시스템에서는 데이터와 결정이 네트워크에 분산되어 저장됩니다. 각 노드는 블록체인의 전체 복사본을 가지고 있으며, 모든 거래 기록과 스마트 계약 등의 데이터가 동기화되어 분산 저장됩니다.

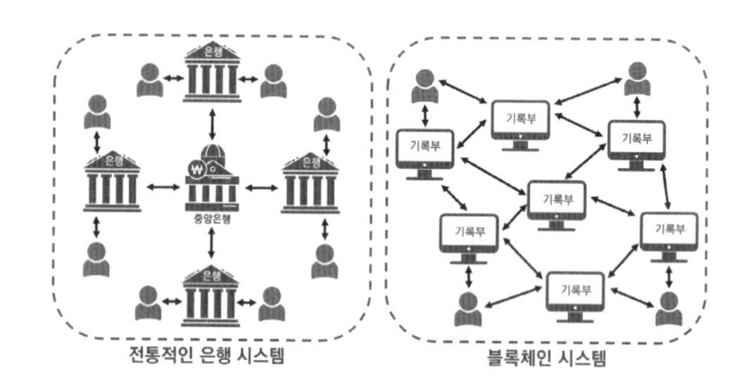

이러한 분산 시스템은 중앙 서버에 의존하지 않으므로, 데이터의 위변조나 단일 장애 지점에 대한 취약성이 줄어듭니다. 또한, 네트워크의 다수의 참여자가 거래의 유효성을 확인하고 합의하는 과정을 통해 보안성과 신뢰성을 확보합니다. 이는 신뢰할 수 있는 중개자 없이도 안전

56) 블록체인은 분산된 네트워크에서 작동하기 때문에 참여자들 간에 합의된 규칙에 따라 거래가 진행되고, 이를 블록에 기록하여 체인 형태로 연결합니다. 예를 들어, 비트코인의 경우, 블록체인 네트워크의 참여자들은 새로운 비트코인 거래가 유효한지 여부를 결정하는 합의 과정을 거칩니다. 이를 위해 네트워크의 노드(컴퓨터)들은 수학적인 알고리즘을 통해 거래의 유효성을 검증하고, 이를 합의 메커니즘에 따라 승인합니다. 이 합의 과정을 거쳐 결정이 이루어지며, 유효한 거래는 블록에 포함되어 체인에 추가됩니다. 이처럼 결정은 블록체인의 핵심 원칙 중 하나인 합의 메커니즘을 기반으로 이루어지는 것으로, 네트워크의 참여자들이 공동으로 거래의 유효성을 확인하고 동의함으로써 신뢰성과 안정성을 확보하는 역할을 합니다. 이를 통해 블록체인은 중앙화된 중개자 없이도 안전하고 신뢰할 수 있는 거래를 가능하게 합니다.

하고 투명한 거래를 할 수 있는 환경을 제공합니다. 이렇게 분산된 기록부를 여러 사람이 공유하고 검증하는 것이 블록체인의 핵심입니다. 모든 거래는 암호화되어 있으며, 기록은 변경되지 않고 블록체인 네트워크의 모든 참여자에 의해 확인됩니다. 이로써 데이터의 신뢰성과 보안성이 높아지며, 중개자 없이도 신뢰할 수 있는 거래와 계약을 할 수 있습니다.

탈중앙화, 투명성, 안정성 등의 이점을 제공하는 블록체인은 금융 거래뿐만 아니라 디지털 자산, 스마트 계약, 공개적인 기록 등 다양한 분야에서 활용될 수 있습니다. 이는 중앙화된 시스템보다 투명하고 안전한 방식으로 정보를 관리하고 협업할 수 있는 혁신적인 기술입니다.

블록체인의 작동 원리

블록체인은 데이터를 저장하는 일종의 데이터베이스로 한컴오피스의 한셀이나 마이크로소프트의 엑셀과 같은 스프레드시트와 유사한 방식으로 정보를 저장합니다. 그러나 일반 데이터베이스와 블록체인의 차이점은 데이터의 구조와 접근 방식에 있습니다. 블록체인은 '스크립트'라고 하는 프로그램으로 구성되어 있으며, 데이터 입력, 접근, 저장 등을 담당합니다. 블록체인은 분산 방식으로 저장되기 때문에 여러 장치에 복사되며, 모든 데이터가 하나도 틀림없이 일치해야 유효성을 인정받습니다. 블록체인 내에서 거래가 이루어지면 그 거래 정보는 하나의 '블록'에 담기며, 블록은 엑셀의 셀과 같다고 생각하면 됩니다. 블록이 꽉 차면, 데이터는 암호화 과정을 거쳐 해시(hash)라고 부르는 16진수 코드를 만듭니다. 이 해시값은 다음 블록의 헤더와 함께 저장되어, 그 블록과 함께 암호화됩니다. 그렇게 함으로써 생성되는 블록들은 서로 연결됩니다. 즉, '체인'화되는 것입니다.

그러면 거래는 어떻게 이루어지는지 살펴보겠습니다. 거래는 블록체인마다 다른 절차를 따릅니다. 비트코인을 예를 들면, 사용자가 자신의 암호화폐 지갑에서 거래를 시작하면 암호화폐 지갑은 정해진 절차대로 일을 진행합니다. 암호화폐 지갑이라는 것은 이런 거래 절차가 가능하도록 만들어 놓은 사용자용 프로그램입니다.

새로운 거래가 시작된다고 합시다. 아래 그림에서처럼 ①거래 인증요청이 이루어집니다. ②그러면 이 새로운 거래에 하나의 블록으로 만들어집니다. 그러면 ③거래 내용은 전 세계에 흩어져 있는 컴퓨터 네트워크에 있는 '메모리 풀'에 전달됩니다. ④각 컴퓨터들은 고유한 알고리즘을 가동해 거래를 검증합니다. ⑤검증이 끝나면 거래는 한 그룹의 블록으로 만들어지고 암호화됩니다. 검증에 참여한 노드들은 보상으로 코인을 지급받습니다. ⑥이 블록들은 이전의 모든 거래 내역들에 추가될 수 있도록 체인화 됩니다. 그렇게 되면 이 새로운 거래 내역이 기존의 모든 거래 기록에 덧붙여지고 그 내역은 모두 변경이 불가능한 상태가 됩니다. 이렇게 기존의 블록체인에 새로운 거래가 체인화되어 연결되면서 업데이트됩니다. ⑦업데이트된 블록체인이 네트워크 상의 모든 컴퓨터(노드)들에게 배포되고, 컴퓨터들은 저장돼 있던 블록체인을 새 블록체인으로 업데이트합니다. ⑧거래 절차가 완료됩니다. 이렇게 되면 이 거래는 영구히 분산 보관됩니다. 이것이 새로운 거래가 이루어지는 과정입니다.

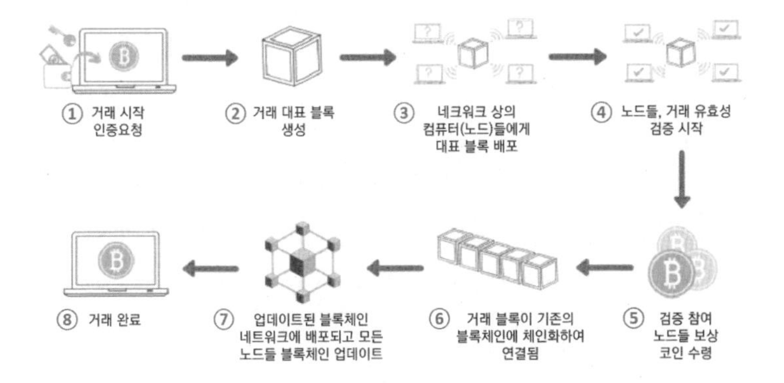
① 거래 시작 인증요청
② 거래 대표 블록 생성
③ 네크워크 상의 컴퓨터(노드)들에게 대표 블록 배포
④ 노드들, 거래 유효성 검증 시작
⑤ 검증 참여 노드들 보상 코인 수령
⑥ 거래 블록이 기존의 블록체인에 체인화하여 연결됨
⑦ 업데이트된 블록체인 네트워크에 배포되고 모든 노드들 블록체인 업데이트
⑧ 거래 완료

우리가 흔히 비트코인을 채굴한다고 하는 것은 바로 ④단계 과정 즉, 전 세계에 분산된 컴퓨터들이 이 거래를 검증하면서 다음 거래를 기록할 새로운 빈 블록을 만들기 위해 정해진 알고리즘에 따라 해시값 찾기 연산을 하는 것입니다. 비트코인의 경우에는 하나의 해시값을 찾기 위해 네트워크 상의 많은 노드 즉 채굴용 컴퓨터들이 동시에 연산을 하면서 먼저 찾기 시합을 합니다. 그러다 보니 컴퓨터마다 경쟁적으로 연산을 해야 하기 때문에 그만큼 전력 소비가 많아지게 됩니다. 이런 과정 때문에 블록 하나를 완성하는 데 10분 가까이 걸리고 거래 하나를 마무리 하고자 하면 1시간 남짓 걸리게 됩니다.

모든 블록체인이 이런 절차를 따르는 것은 아닙니다. 이더리움의 경우에는 검증 과정을 네트워크 컴퓨터들이 경쟁적으로 동시에 진행하는 것이 아니라 임의로 한 컴퓨터를 뽑아 검증을 맡겨 버립니다. 그러니 블록 하나를 놓고 모든 컴퓨터들이 경쟁적으로 값을 찾아내려고 연산할 필요가 없이 뽑히는 순서대로 주어진 블록에 대한 연산을 하면

되기 때문에 그만큼 연산량도 줄고 속도도 빨라지게 되는 것입니다. 물론 소모되는 에너지도 훨씬 적어지게 됩니다.

◈ 블록체인의 분산화

줄줄이 사탕처럼 체인화된 블록들은 수많은 위치에 있는, 블록체인 소프트웨어를 실행하는 컴퓨터인 노드에 분산 저장됩니다. 이 덕분에 보관된 데이터에 흠결이 생길 수 없습니다. 누군가가 노드 한 곳에 저장된 기록을 수정하려 해도 다른 노드들이 그것을 막기 때문입니다. 그래서 블록체인 기술은 암호화폐 거래 외에도 법률 계약, 신원 확인, 회사 재고 등의 정보를 저장하는 데 사용할 수 있습니다.

블록체인과 암호화폐의 관계

블록체인 기술의 미래는 암호화폐를 넘어서는 가능성을 가지고 있습니다. 이 기술은 현재의 산업을 혁신하면서 우리의 삶을 개선할 수 있는 정도의 쓰임새를 가지고 있습니다. 블록체인 기술이 세계를 어떻게 변화시킬 수 있는지, 그리고 현재 누가 블록체인 기술을 사용하는지 알아보겠습니다.

블록체인과 비트코인 사이에는 몇 가지 주요한 차이점이 있지만, 사람들이 이 둘을 같은 것으로 오해하는 일이 흔합니다. 비트코인 및 다른 암호화폐는 거래를 위해 블록체인이 필요합니다. 모든 비트코인 거래는 블록체인에 저장됩니다. 본질적으로, 블록체인이 없으면 비트코인도 존재할 수 없습니다. 비트코인은 블록체인의 한 작은 응용 프로그램에 불과한 것입니다.

블록체인 기술이 처음 등장한 것은 1991년이었습니다. 당시 스튜어트 하버와 스콧 스토네타라는 두 연구원이 온라인 문서에 대한 접근 기록을 조작하지 못하는 시스템을 만들기 위해 블록체인 개념을 고안해 낸 것입니다. 하지만 이 개념이 실제로 현실에서 사용되기 시작한 것은 2009년 1월 비트코인이 나오면서부터입니다. 본명을 알 수 없는 가명의 사토시 나카모토라는 사람이 블록체인 기술을 활용해 비트코인을 만든 후 「신뢰할 수 있는 제3자[57]가 필요치 않는 P2P(사용자 대 사용자) 방식의 새로운 전자화폐 시스템」이라는 논문으로 발표하면서 비트코인과 함께 블록체인 기술이 세상에 등장하게 됐습니다.

중요한 점은 비트코인이 주식처럼 거래되는 암호화폐라는 것이 아니라, 비트코인이 블록체인을 결제 내역이나 양 당사자 간의 거래를 투명하게 기록하기 위한 수단으로 사용한다는 점입니다. 그리고 비트코인을 위시한 다양한 암호화폐들이 본원적인 가치를 지니고 있는지 아닌지 판단하고자 할 때 바로 이 부분을 중점적으로 고려해야 합니다.

비트코인 이더리움 모네로 도지코인 트론
라이트코인 에이다 바이낸스 테더 리플

대표적인 암호화폐들

57) '신뢰할 수 있는 제3자'는 은행이나 중개자 같은 기관을 의미합니다.

블록체인과 NFT

NFT란 non-fungible token의 줄임말로 '대체할 수 없는 토큰'이라는 뜻입니다. 블록체인 기술을 이용해서 디지털 자산의 소유주를 증명하는 가상의 토큰(token)입니다. 각각의 토큰은 고유하고 식별 가능한 특성을 가지고 있습니다. 다른 암호화폐인 비트코인이나 이더리움과 달리, NFT는 서로 대체할 수 없는 고유한 특징을 지니며 서로 다른 가치를 가질 수 있습니다. 예전에는 버스 승차권 토큰도 있어서 토큰이 일종의 사용권이라는 건 이해하기 어렵지 않을 겁니다. 그런데 이 토큰이 대체할 수 없다는 것은 무슨 뜻일까요? NFT라는 토큰은 모두 고유한 가치를 지니고 있어서 이 토큰 대신 동일한 가치를 지니는 저 토큰으로 대체할 수 있는 그런 토큰이 아니라는 뜻입니다. 즉, NFT 토큰에는 일반 100원짜리, 1000원짜리 토큰 처럼 경제적 가치만 매겨져 있는 것이 아니라, 그 속에 영상이나 사진, 그림과 같은 가치 있는 예술품 등에 대한 고유한 지적재산권이 포함돼 있는 것입니다. 지적재산권은 소유권을 의미하므로 NFT는 디지털 자산에 대한 소유권을 증명하는 권리증으로서 블록체인 기술에 의해 보호되기 때문에 복제나 위조, 변조가 불가능한 토큰이 되는 것입니다. 더 나아가 부동산 등기부처럼 NFT를 거래하면 소유권 매매 이력이 전부 블록체인에 기록되어 영원히 남게 되는 것입니다.

예를 들자면, 디지털로 그린 그림 작품 하나에 NFT가 발행되면, 해당 NFT는 그 작품의 고유한 소유권을 나타내게 됩니다. 이러한 NFT는 블록체인에 영구적으로 기록되어 다른 사람들이 해당 작품의 소유권을 확인할 수 있고, 소유자는 NFT를 소유함으로써 디지털 작품을 소유하게 됩니다. 이 NFT를 당연히 타인에게 판매할 수도 있습니다. 그렇게 되면 그 거래 내역 역시 블록체인에 기록되어 영원히 남습니다. NFT는 블록체인 기술을 이용해 누구의 통제도 받지 않으며 복제 불가능한 고유성을 가지고 있기 때문에 희소성을 온전히 인정받을 수 있습니다. 그러므로 다른 자산에 비해 훨씬 안전하다는 차이점이 있습니다. 이로 인해 각종 예술품들을 위시한 다양한 디지털 자산들이 NFT로 생산되고 거래가 이루어지고 있습니다.

NFT 거래는 일반적으로 NFT 거래 플랫폼에서 암호화폐인 이더리움을 이용한 경매형식으로 이루어집니다. 이더리움 외에도 몇 가지 암호화폐가 이용되는데, 세계 최대의 NFT 거래소인 '오픈씨'에서는 클레이튼, 폴리곤, 솔라나 등의 암호화폐로도 거래가 가능합니다. 니어프로토콜, 아발란체, 알고랜드, 팬텀 등 후발 주자들도 각자의 기술을 이용한 NFT를 발행하고 있으며, 이런 암호화폐를 사용할 수 있는 소규모 거래소들도 하나둘 나오고 있는 추세입니다. 암호화폐 업체들이 NFT에 뛰어드는 이유는 우리 생활 속에서 암호화폐를 이용할 일이 거의 없는데 NFT만은 암호화폐들을 사용할 수 있는 대표적인 분야이기 때문입니다. 현재까지는 이더리움 거래량이 압도적이며 생태계를 거의 장악하고 있는 상태입니다.

유통·광고 업계에서도 NFT가 뜨거운 마케팅 화두가 되고 있습니다. 유통·광고 기업들은 NFT를 멤버십과 연계하는 등 다양한 시도를 이어가며 주목을 받고 있습니다. 롯데홈쇼핑의 경우, 자체 캐릭터 '벨

리곰'의 지적재산권에 멤버십 혜택을 연계한 NFT 9,500개를 판매했는데, 오픈하자마자 0.5초 만에 완판됐습니다. 신세계도 신세계백화점 자체 캐릭터인 '푸빌라'를 NFT로 제작해 1초 만에 1만 개 완판 기록을 세웠습니다. 이 NFT도 6가지 등급에 따라 신세계백화점 라운지 입장 등의 혜택을 제공합니다. 갤러리아백화점은 150개의 NFT를 발행했는데, 1분 만에 완판됐습니다. 이러한 유통기업들의 NFT 성공 사례로 광고 업계가 NFT에 주목할 수밖에 없는 상황입니다. 이런 이유가 아니라도 광고업계는 NFT, 메타버스 등으로 소비자 트렌드가 변화하면서 클라이언트인 광고주들이 관심을 보이고 마케팅 니즈가 높아져 이를 새로운 사업 기회로 보고 있습니다.

국내 주요 대기업도 NFT 사업에 뛰어들고 있습니다. IT와 통신 대기업들이 속속 NFT 발행과 플랫폼을 확장해 가고 있습니다. 네이버는 메신저 플랫폼 관계사인 '라인'의 자회사 '라인넥스트'와 파트너십을 구축했습니다. 라인넥스트는 기업, 창작자가 자신의 지식재산권을 활용해 쉽게 NFT를 제작·판매할 수 있는 NFT 플랫폼 '도시(DOSI)'를 출시했습니다. 여기에 네이버 본사와 네이버웹툰, 네이버제트 등이 가세해 NFT 사업을 키우겠다는 전략입니다. 카카오는 계열사 '그라운드X'가 카카오톡에서 이용할 수 있는 NFT 플랫폼 '클립드롭스'를 운영 중입니다.

이뿐 아니라 전통 대기업들까지 NFT 사업에 진입하는 모습입니다. LG전자는 가상자산 지갑 어플인 '월랩토'를 내놓으며 NFT 시장에 본격적으로 진입하고 있습니다. 하드웨어 중심의 기존 사업을 소프트웨어와 플랫폼 쪽으로 전환하려는 사업 포트폴리오 재편의 일환으로 기존 주력 사업에 블록체인 기술을 접목함으로써 시너지 효과를 창출하겠다는 것입니다. 삼성전자는 NFT 사업을 직접 벌이지는 않지만 산하의 벤처투자 전문회사 삼성넥스트를 통해 NFT 관련 기업에 꾸준히 투자하고 있습니다. 삼성전자도 2022년 미국 라스베이거스에서 열린 CES에서 스마트TV를 통해 NFT를 사고팔 수 있는 플랫폼을 공개했습니다. 삼성 TV 스마트허브에 앱을 추가하는 식으로 TV에 NFT 플랫폼을 탑재한 세계 최초 사례입니다. 또 모바일 분야까지 NFT 적용 범위를 넓혀서 새로운 모델의 스마트폰이 출시될 때 미리 구입 예약을 한 고객들에게 '뉴 갤럭시 NFT'를 증정하기도 했습니다. 뉴 갤럭시 NFT를 보유한 고객은 디지털프라자, 신라면세점, 이크루즈, 쇼골프 등의 사용처 인증 시 할인 및 적립 등 실질적 혜택을 받을 수 있습니다.

NFT가 우리의 일상생활과는 그다지 밀접해 보이지 않은데 우리는 왜 NFT에 관심을 가져야 할까요? NFT는 디지털 자산의 소유 및 식별 프로세스를 그 어느 때보다 쉽게 만들었습니다. NFT의 기반이 되는 메타데이터는 분산되고 안전한 방식으로 블록체인에 매핑됩니다. 이러한 데이터는 신속하게 검증될 수 있으며 유사한 자산을 구별하는 것은 말할 것도 없고 자산의 적법한 소유자를 결정하는 데 도움이 됩니다. 더구나 예술 작품, 3D 애니메이션, 음악, 메타버스 내 토지 등 디지털로 된 모든 것이 NFT로 변환될 수 있습니다.

NFT를 활용한 비즈니스의 길에는 정도(正道)가 없습니다. NFT는 메타버스 세상 속의 경제 생태계, 경제 인프라, 경제 근간을 나타내기 때문에 주목해야 합니다. 지금까지 예술가, 영화 제작자, 음악가 및 기타 창작자들이 NFT 기술의 초기 이용자들이었습니다. 이제는 수많은 회사와 유명 인사들도 NFT를 사용하기 시작했습니다.

디지털 자산 시장이 성장함에 따라 금융회사들이 디지털 자산 사업 진출을 위한 핵심 기술로 NFT를 활용하기 시작했습니다. 게다가 메타버스 속에서 수많은 디지털 생산물이 거래되고 있기 때문에 NFT가 메타버스 속 디지털 상품에 희소성을 부여하고 소유권을 명확히 할 수 있어 새로운 경제 시장이 구축될 것은 자명합니다. 또한 NFT는 실물 자산의 디지털화 또는 특정 디지털 자산의 진위나 소유권을 증명하는 데에 사용 가능하므로 졸업증명서, 재직증명서 등 우리 일상생활에도 적용될 수 있는 가능성이 있습니다. 최근의 주목할만한 추세 가운데 하나는 다양한 종류의 출입증이나 회원 증명에 NFT 기술을 채택하는 것입니다.

NFT는 무한한 가능성의 상징이 되고 있지만 풀어야 할 과제 또한 많습니다. 먼저 누구나 쉽게 NFT를 만들 수 있지만 원본 확인이 어려워 타인의 이미지나 영상 등 디지털 저작물을 자신의 것인 양 NFT로 만들어 판매할 수 있습니다. 이러한 문제에 대한 근본적인 대책이 필요합니다. 둘째는 과세 문제입니다. 세법상 NFT에 대한 논란의 근본적인 문제는 NFT를 무엇으로 보는가에 달려 있습니다. 우리나라 과세 당국은 아직 NFT 과세에 대한 입장을 표명한 적이 없고, 미국 국세청도 명확한 입장을 표명하지 않고 있습니다. NFT는 다양한 분야에 활용되므로 가상자산보다 더 복잡한 과세 문제가 생길 수 있습니다. 과세가 새로운 산업의 발전을 가로막는다는 비판을 받지 않도록 외국의 과세 흐름도 주시하면서 NFT 관련 과세에 대한 속도조절이 필요해 보입니다. 셋째, 국제자금세탁방지기구(FATF)는 NFT가 자금 세탁용 등 불법 금융 행위에 악용될 수 있다고 지적했습니다. NFT는 종류별로 각기 다른 속성이 있고, 이에 따라 아직 국가들이 NFT 관련 규제를 마련하지 못했다는 점에서 위험성이 큰 것으로 FATF는 내다봤습니다. 이런 배경에서 가상자산 사업자가 NFT를 통한 사기, 해킹 등 불법 금융 행위에 활용되지 않도록 의심스러운 거래를 제대로 걸러내야 한다고 충고했습니다.

암호화폐의 가치 논쟁

'암호화폐에 본원적인 가치가 있는가?'라는 질문에 답하기 위해서는 먼저 화폐가 무엇인지부터 살펴봐야 합니다. 화폐란 상품의 가치를 나타낸 지불 기능을 가진 교환 수단을 의미합니다. 일반적으로 화폐에는 교환의 매개수단, 가치의 저장수단, 가치의 척도라는 3가지 주요 기능이 있습니다. 교환의 매개 수단이라는 것은 지금 상품을 사는 사람이 파는 사람에게 주는 가치가 담긴 지불수단을 말합니다. 이렇게 물건을 팔아서 받은 돈은, 자신이 판 물건과 같은 가치를 가지는 물건을 미래에 살 수 있는, 가치의 저장 수단이 됩니다. 그리고 그 돈은 내가 판 물건 만큼의 가치가 있으므로 다른 물건에 대해 그 물건이 어느 정도 가치를 지니고 있는지 판단하는 척도가 됩니다. 물론 화폐를 이렇게 규정하는 것은 과거 가치가 매우 큰 귀물인 금이나 은이 화폐 역할을 할 때의 이야기입니다. 지금은 금이나 은으로 화폐를 삼는 나라는 없습니다. 우리가 쓰는 화폐는 금으로 일대일 교환이 되는 '태환화폐'가 아니라 금과 무관한 '불환(불태환) 화폐'입니다.

이렇게 통화의 가치에 대한 개념이 변하기 시작한 것은 17세기 무렵부터였습니다. 스코틀랜드의 유명한 경제학자 존 로우(John Law)는 정부나 군주에 의해 발행된 통화란 "교환되는 물건의 가치"가 아니라 "물건이 교환되는 가치"라고 말했습니다. 무슨 말일까요? 화폐의 가치란 물건의 본래 가치 즉 '사용가치'가 아니라 교환되는 가치 즉, '교환가치'라는 말입니다. 조금 경제학적으로 표현하면 통화의 가치는 수요와 거래를 자극하는 능력으로 측정된다는 말입니다. 이 생각은 현대의 통화 시스템에 대한 '신용 이론'으로 연결됩니다. 이 이론에서 시중은행은 돈을 발행하는 중앙은행으로부터 돈을 빌려온 다음 그 돈을 사람들에게 빌려주고, 사람들은 빌린 돈으로 상품을 구매하고 통화를 순환시키면서 통화의 가치와 돈을 만들어냅니다.

금과 같이 가치가 큰 귀물과 직접 교환할 수 없는, 중앙은행이 찍어낸 종이돈이 어떻게 처음부터 그런 가치를 갖는 돈으로서의 역할을 할까요? 이것이 바로 논란이 많은 화폐의 가치문제입니다. 우리가 지금 사용하고 있는 돈은 우리 정부가 보증하면서 발행한 화폐로 법정통화라고 합니다. 법정통화의 가치는 금이나 은으로 직접 교환되는 가치가 아니라 대한민국 정부와 대한민국 경제에 대한 신뢰입니다. 이제부터 법정통화는 수요와 공급의 법칙에 의해 가치가 결정됩니다. 그래서 나라에 난리가 터져 경제가 무너지면 돈에 담겨 있는 신뢰가 무너지기 때문에 아무도 원하지 않게 되어 가치가 사라지게 되는 것입니다. 미국 달러는 세계에서 가장 큰 경제가 사용하고 국제무역의 결제 흐름을 지배하기 때문에 가치가 있는 것으로 여겨집니다. 그렇다면 이러한 법정화폐와 비교해 볼 때 암호화폐는 어떤 가치를 가지며, 또 어떤 기능을 수행할 수 있을까요?

암호화폐의 가치에 관해 이야기하자면 조금 전에 한 돈의 본질에 대해 다시 언급해야 합니다. 금은 그 자체의 가치로 인해 통화로 유용했지만 불편하기도 했습니다. 종이화폐는 불편함이 개선되긴 했지만 종이와 물감 같은 재료를 써서 제조하고, 유통과정에서 보관이 필요했습니다. 사용하기에 100% 편해졌다고 할 수는 없는 것입니다. 여기서 암호화폐의 특징이 부각됩니다. 즉, 암호화폐는 재료를 구해서 찍어내야 할 필요도 없고, 금고나 장롱, 지갑과 같은 보관 장소도 필요하지 않습니다. 화폐가 디지털화되면서 화폐의 '물건적' 특성이 사라지고 기능적 특성이 본질이 되기 시작한 것입니다. 이게 무슨 말인지는 과거 미국 연방준비은행 벤 버냉키(Ben Bernanke) 총재가 방송에서 잘 설명했습니다. 금융위기 때 버냉키 총재는 한 방송에 출연해 미국 대형 보험사인 AIG와 기타 금융 기관들에게 돈을 빌려줘서 구제했다고 설명했습니다. 그러자 앵커가 달러를 찍어서 빌려준 것이냐고 물었습니다. 이에 버냉키 총재의 대답은 이랬습니다.

"은행에 돈을 빌려줄 때는 그냥 컴퓨터로 연방준비은행에 개설돼 있는 그들의 계좌에 필요한 액수만큼 숫자를 찍어주면 됩니다."

여기서부터 일반 법정화폐와 암호화폐의 기능이 겹치기 시작합니다. 즉, 연방준비은행은 자신이 관리하는 장부에 금액을 적어넣음으로써 미국 달러를 '제조'하는 것입니다. 이렇게 계좌에 "금액을 찍어주는" 능력은 디지털 화폐의 본질을 잘 보여줍니다. 이는 화폐의 이용 속도와 사용에 영향을 미치며, 거래를 단순화하고 간소화하는 효과가 있습니다. 비트코인과 같은 암호화폐는 정부가 보증하지 않으며, 돈을 시중에 확산시키는 중개 은행 시스템도 없습니다. 대신 비트코인 네트워크에서는 참여자들의 합의를 기반으로 거래의 유효성을 검증하고 승인해 주는 것은 독립된 노드로 구성된 분산 네트워크입니다. 그렇기 때문에 거래가 잘못되었을 때 거래자를 보호하거나 위험을 막아주는 기관이 따로 존재하지 않습니다.

하지만 비트코인은 일부 기능에서 법정화폐와 동일한 속성을 가지고 있습니다. 그것은 바로 희소성과 위조불가능성입니다. 가짜 비트코인을 만들기 위해서는 '이중 지불'이라는 걸 해야 하는데, 이는 사용자가 동일한 비트코인을 동시에 두 군데 사용하는 것과 같은 말입니다. 그러면 가짜 비트코인 거래는 이전 거래 기록과 중복되어 검증과정에서 절대로 승인을 받지 못합니다.

화폐로서의 특징	금	법정화폐	암호화폐
교환성	높음	높음	높음
비소비성[58]	높음	높음	높음

58) '비소비성'이란 화폐가 소비되지 않는 자산이라는 뜻입니다. 일반적인 상품과 달리, 화폐는 사용되어도 닳아 없어지거나 소비되지 않고 계속해서 사용할 수 있습니다. 예를 들어, 쌀을 매개수단으로 하여 물건을 사고 판다면, 쌀은 소비성(consumable) 자산으로서 소비하고 나면 이후에는 더 이상 돈으로 사용할

휴대성	보통	높음	높음
견고성	높음	보통	높음
분할성	보통	보통	높음
위조 불가능성	보통	보통	높음
거래 용이성	낮음	높음	높음
희소성	보통	낮음	높음
정부 보증	낮음	높음	낮음
탈중앙화	낮음	낮음	높음
스마트 계약[59]	낮음	낮음	높음

암호화폐가 갖는 화폐로서의 특징을 조금 더 살펴보겠습니다.

❶ 암호화폐의 효용성

암호화폐를 위조하려면 이중 지불을 해야 하는데, 이중 지불이 성공하려면 이전에 한 번 쓴 기록을 지우거나 수정해서 이중 지불을 하는 거래가 마치 새 화폐로 거래하는 것처럼 만들어야 합니다. 블록체인은 그 화폐가 생성된 이후부터 모든 거래 명세가 기록된 장부를, 네

수 없게 됩니다. 하지만 지폐나 동전의 형태를 가지는 화폐는 소비되지 않고, 다시 사용될 수 있습니다. 디지털 화폐도 같은 원리로 작동합니다.

59) 스마트 계약(smart contract), 또는 프로그래밍 가능한(programmable) 특징이란, 암호화폐를 거래하는 과정에서 스마트 계약이라는 프로그램을 활용하여 거래를 자동화하고, 신뢰성을 높이는 기능을 가리킵니다. 스마트 계약은 블록체인상에서 암호화폐를 거래하거나 디지털 자산을 전송하는 과정에서 자동으로 실행됩니다. 이를 통해, 거래와 관련된 특정 조건을 프로그래밍하고, 실행 결과를 블록체인상에서 확인할 수 있어 투명하고 안전한 거래를 이룰 수 있습니다. 예를 들어, A와 B가 거래를 하기 위해 스마트 계약을 작성했다고 가정해봅시다. 이 경우, A와 B는 거래 조건을 프로그래밍하고, 이 계약에 따라 디지털 자산을 전송하고, 이를 검증할 수 있습니다. 또한, 스마트 계약은 블록체인상에서 보관되므로, 거래 과정에서 조작이나 사기를 막을 수 있습니다. 스마트 계약을 활용하면, 디지털 자산 거래, 보험, 부동산 매매 등 거래 과정에서 발생하는 문제점을 해결할 수 있으며, 이를 통해 더 안정적이고 투명한 거래가 가능하게 됩니다. 이러한 특징은 기존의 화폐 시스템에서는 구현하기 어렵습니다.

트워크를 이루는 수많은 컴퓨터에 분산하여 보관하고 있습니다. 그리고 새 거래가 진행되면 이들 컴퓨터가 보관하고 있는 블록을 비교해 유효성을 검증합니다. 여기서 검증을 통과해 유효성을 인증받으려면 적어도 네트워크에 참여하는 모든 컴퓨터의 50%에 1대를 더한 컴퓨터들, 즉 과반 이상의 컴퓨터들이 보관하고 있는 기록과 같아야 합니다. 그러므로 이중 지불을 성공시키려고 블록을 조작한다면 최소한 전체 컴퓨터 중 절반 이상의 컴퓨터에 저장돼 있는 장부를 일시에 조작해야 한다는 결론이 나옵니다.

예를 들어 비트코인에 대해 이러한 해킹 공격이 가능하려면 엄청난 노력과 자금, 연산 능력(컴퓨팅 파워)이 필요하기 때문에 가능성은 극히 희박합니다. 그래서 전 세계적으로 퍼져있는 블록체인 네트워크 컴퓨터들의 반 이상을 일시에 해킹하는 것이 사실상 불가능하다고 보는 것, 이것이 바로 블록체인 알고리즘의 대전제입니다.

암호화폐가 위조로부터 안전하다고 해도 비트코인의 경우에는 화폐의 3대 기능 가운데 교환의 매개기능은 없습니다. 최소한 현재까지는 그렇습니다. 그러나 앞으로도 없다고는 말할 수 없는 것이, 언제라도 암호화폐 지갑에서 물건 매매를 목적으로 거래를 할 수 있기 때문입니다. 다만 앞서 살펴봤듯이 거래가 완성되는 데 걸리는 시간이 상당히 길다[60]는 문제가 있습니다.

---

60) 물론 이 문제를 해결하기 위한 방안도 나와 있습니다. 바로 '라이트닝 네트워크(lightning network)'라는 것인데, 이더리움의 레이어 2와 유사한 개념입니다. 라이트닝 네트워크는 비트코인의 확장성과 속도를 향상시키기 위한 레이어 2 프로토콜로 비트코인 거래를 블록체인에서 분리하여 더 빠르고 저렴하게 처리할 수 있게 해주는 기술입니다. 이를 통해 비트코인의 확장성 문제를 해결하고 대량의 거래를 실시간으로 처리할 수 있게 되며, 그 덕분에 거래 수수료도 낮추는 역할을 합니다.

비트코인이 일반 화폐에 비해 뛰어난 또 한 가지 특징은 코인 하나를 매우 잘게 쪼갤 수 있다는 점입니다. 우리가 쓰는 돈은 최대로 쪼개도 소숫점 2자리까지 밖에 되지 않는 반면 비트코인 하나는 최대 8자리의 소수 자릿수로 분할할 수 있습니다. 이렇게 분할된 최소 단위를 '사토시'라고 합니다.[61]

시간이 지나면서 비트코인의 가격이 계속 상승한다면, 사토시 단위로 비트코인을 보유하고 있는 사용자도 거래에 참여할 수 있을 것입니다. 아주 작은 비트코인 부분을 가지고 있는 사용자들도 이 암호화폐로 거래를 할 수 있을 것입니다. '라이트닝 네트워크'와 같은 측면 채널의 발전은 비트코인 경제의 가치를 더욱 향상시킬 수 있습니다.

비트코인은 주로 산업용으로 사용되는 금과 마찬가지로 한정된 효용성을 가지고 있습니다. 비트코인의 기술적인 기반인 블록체인은 결제 시스템으로 사용됩니다. 외국으로 비트코인을 송금하면 전통 화폐보다 거래 속도를 높이고 비용을 줄이는 데에 효과가 있습니다. 엘살바도르와 같은 몇몇 국가는 비트코인을 법정화폐로 선언하고 일상 거래의 매개체가 될 것으로 기대하고 있습니다.

❷ 암호화폐의 희소성

비트코인의 경우 주요 가치는 2,100만개라는 한정된 채굴 총수량

61) 우리 돈인 원화는 1원을 100등분 한 1전(錢)까지, 미국 달러는 1달러를 100등분 한 1센트까지 나눌 수 있습니다. 그러나 비트코인은 1비트코인을 100,000,000(1억)등분 한 1사토시까지 쪼개서 사용할 수 있습니다. 즉 1 비트코인 = 1억 사토시입니다. 만일 비트코인 1개의 가격이 1억 원이라면, 1사토시는 1원이 됩니다. 그러므로 비트코인을 이용해서 몇백 원어치 콩나물도 살 수 있습니다.

에 의한 희소성에 있습니다. 그래서 비트코인의 가치 논쟁은 금에 대한 가치 논쟁과 유사합니다. 비트코인의 가치는 이 희소성에 기인합니다. 공급량이 줄어들면서 암호화폐에 대한 수요가 증가했습니다. 투자자들은 한정된 수량 덕분에 비트코인 가격이 오를 것으로 보고 수익을 기대합니다.

③ 암호화폐의 한계생산비

비트코인이 1개의 비트코인을 채굴하는 데 들어가는 비용, 즉 '한계생산비' 만큼의 내재적 가치를 지닌다고 주장하는 이론도 있습니다. 실제로 비트코인 채굴에는 많은 양의 전기가 소모되며, 이는 채굴자가 부담하는 비용입니다. 경제이론에 따르면, 동일한 제품을 생산하는 생산자들로 구성되는 경쟁 시장에서 그 제품의 판매 가격은 생산의 한계 비용에 근접하게 됩니다. 다음 그림[62]에서처럼 실제로 팬데믹 기간인 2021년~2022년에 과열 양상으로 비트코인 가격이 폭등했던 시기를 제외하고는 지금까지 비트코인의 가격은 생산 비용을 따르는 경향이 있음을 볼 수 있습니다.

2023년 6월 기준으로 비트코인 1개를 채굴하는 데 드는 비용은 평균 34,000달러(약 4,600만원)였습니다. 이 금액은 글로벌 평균이며, 나라마다 전기사용료가 차이가 나므로 국가별로 실제 비용은 다릅니다.

---

62) 대만의 투자연구 스타트업 매크로마이크로(MacroMicro)에서 제공하는 자료입니다.

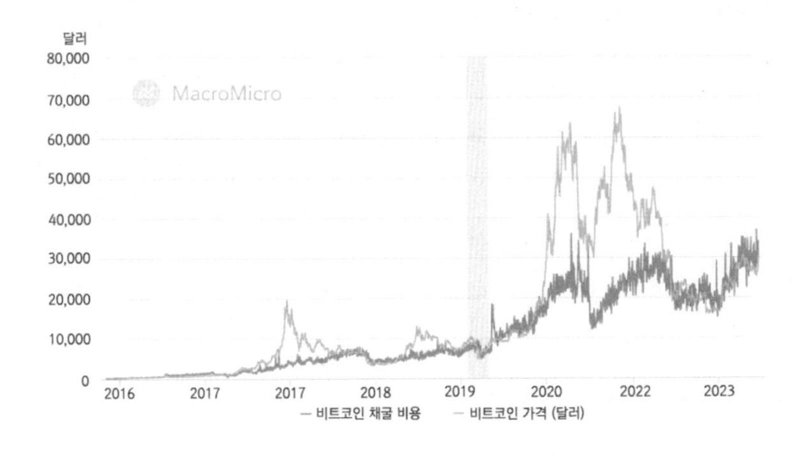

④ 통화주의 이론

통화주의자들은 비트코인이 가진 화폐로서의 가치를 평가하기 위해 통화의 공급량, 통화의 순환 속도, 그리고 경제에서 생산된 상품의 가치를 고려합니다. 이론적으로는 비트코인의 가치는 그것을 사용하는 사람들의 수요와 거래 활동에 의해 결정된다고 주장합니다. 또한, 비트코인의 희소성과 발행량의 제한성을 강조하며, 이러한 특성이 가치를 유지하고 상승시킨다는 주장을 합니다.

통화론자들은 또한 비트코인의 특정 경제 지표와의 연관성을 탐구합니다. 예를 들어, 비트코인의 가격이 주식 시장, 금 시장 또는 경제 성장과 연관되는지를 분석하고 예측합니다. 또한, 통화의 순환 속도와 비트코인 거래의 활발성을 고려하여 비트코인의 가치를 평가합니다.

④ 비트코인 가치 평가의 어려움

가장 큰 문제 중 하나는 비트코인이 가치 저장 수단으로서의 지위입니다. 비트코인의 가치 저장 기능은 교환 매개수단으로서의 효과에 달려 있습니다. 만약 비트코인이 교환 매개수단으로로서 성공하지 못한다면, 가치 저장 수단으로서의 유용성도 잃게 될 것입니다.

비트코인이 세상에 나온 이래 지금까지 사람들의 주된 관심은 투기성 투자에 쏠려 있었습니다. 그 때문에 비트코인 가격은 폭등과 폭락을 거듭했고, 언론 매체의 광적인 표적이 되었습니다. 이런 부정적 현상은 비트코인이 더 많은 주류 경제에 채택된다면 감소할 가능성이 있긴하지만, 그래도 미래는 불투명합니다.

◆ 왜 어떤 사람들은 비트코인이 가치 없다고 생각할까?

사람들은 다른 자산이나 가치 있는 물건들과 마찬가지로 비트코인에 대해 지불하길 원하는 가격은 사회적으로 합의된 수준의 가격이며, 이는 바로 경제학의 대원칙인 수요와 공급의 법칙에 의해 결정됩니다. 즉, 사려는 사람이 많으면 가격이 올라가고 그렇지 않으면 가격이 내려가게 됩니다. 비트코인은 가상의 자산으로 컴퓨터 네트워크 안에서만 존재하기 때문에, 일부 사람들은 비트코인이 희소하고 생산비가 든다는 것을 이해하지 못합니다. 디지털 자산도 현실의 자산과 마찬가지로 희소성과 생산비에 따른 가치를 지닐 수 있다는 것을 받아들이지 않기 때문에, 그들은 비트코인이 가치 없다고 생각하는 것입니다. 물론 비트코인 시스템을 이해하는 다른 사람들은 그 가치가 있다고 믿습니다.

◆ **비트코인 가격은 공정한가?**

비트코인의 시장 가격은 매우 변동성이 높습니다. 그 결과, 특정 시점에서의 시장 가격은 그것의 공정 가치나 내재 가치와 크게 달라질 수 있습니다. 그래도 시간이 지나면, 과(過)공급 시장은 회복하고 과(過)수요 시장은 식으면서 안정을 유지하게 될 것입니다. 따라서, 이러한 시점이 올 때까지는 비트코인이 공정하게 가치 평가됐는지 여부를 말하기는 어렵습니다.

블록체인 활용 분야

블록체인과 분산원장 기술(DLT, Distributed Ledger Technology)은 우리 삶에 영향을 미치는 다양한 문제들을 해결하는데 유용하게 활용될 수 있습니다. 대부분은 투명성, 신뢰성, 데이터 보안 및 거래 정확성과 관련이 있습니다. 또한, 제3자에 의존할 필요가 없어지며 그 이외에도 다양한 이점이 있습니다. 블록체인과 분산원장 기술은 현재 주로 은행 및 금융 산업에서 많이 사용되고 있습니다. 은행과 금융 산업에서는 분산원장 기술을 사용하여 금융 거래의 안전성과 효율성을 높이는 데 집중하고 있으며, 대표적인 예가 비트코인과 이더리움 같은 암호화폐입니다. 또한 DLT는 공급망 관리, 건강 정보 교환, 투명성 있는 투표 등 다양한 분야에서 적용되고 있습니다. 예를 들어, DLT를 사용한 공급망 관리 시스템을 통해 전 세계적인 상품 추적 및 거래의 효율성을 높일 수 있습니다. 또한, DLT를 사용한 건강 정보 교환 시스템은 의료 분야의 빅데이터 분석 및 의료 서비스 제공 효율을 높이는 데 사용될 수 있습니다. 그러나 현재까지는 은행과 금융 산업에서 가장 많이 사용하고 있으며, 앞으로 블록체인 기술의 발전과 함께 다양한 분야에서 더욱 널리 사용될 것으로 예상됩니다.

영국 캠브리지대 대체금융센터가 2017년에 「글로벌 블록체인 벤치마킹 연구」라는 보고서를 통해 132개의 분산원장 기술(DLT) 사용 사례를 산업별로 분석한 결과를 발표했습니다. 이 보고서에 따르면, 목록에 포함된 모든 사용 사례 중 약 1/3이 은행 및 금융 산업에 적용되고 있다는 것을 보여줍니다. 그 뒤를 보험과 무역 금융이 따릅니다. 금융 분야에 많이 사용되고 있지만 그 외에도 공급망, 신원 인증 등 비금융분야의 사용 사례와 응용 프로그램에 대한 관심이 높아지고 있다는 것을 확인할 수 있습니다. 금융 분야의 활용에 관해서는 이미 앞에서 암호화폐를 통해 다뤘으므로, 여기서는 그 밖의 분야에 대해 살펴보겠습니다.

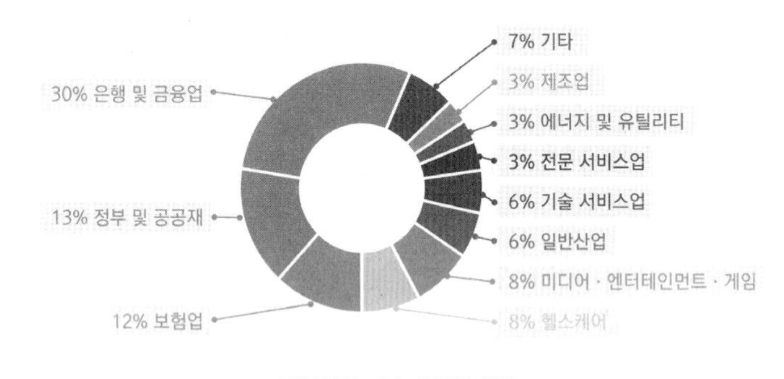

블록체인 기술 산업별 활용

◆ 블록체인 공급망 사용 사례

제조업체는 블록체인 기술을 적용한 공급망 관리 프로세스를 통해 상품의 원산지, 배송, 생산 활동을 확인할 수 있습니다. 이를 통해 일반 소비자들은 구매한 상품의 원산지를 확인할 수 있으며, 짝퉁 상품이나 원산지를 속이는 식품에 대해 효과적으로 대응할 수 있습니다. 스위스는 블록체인 및 암호화폐 기술을 적극적으로 지원하고 있는 국가로 알려져 있습니다. 스위스의 암브로수스(Ambrosus)라는 기업은 블록체인 기술을 활용하여 식품 및 의약품 산업에서 안전성과 원산지 추적을 위한 솔루션을 제공하는 블록체인 선도 기업입니다. 암브로수스가 운영하고 있는 블록체인 기반의 베체인(Vechain) 플랫폼은 제조업체-유통업체-소비자들 간에 신뢰를 구축하고 투명성을 제공하기 위해 설계되었습니다. 이 플랫폼을 이용하면 제품의 생산부터 유통까지 전 과정에서 정보를 투명하게 기록하고 추적할 수 있습니다. 이를 통해 소비자들은 제품의 원산지, 생산 과정, 유통 경로 등을 확인할 수 있으며 위조품이나 위험한 제품으로부터 안전하게 보호받을 수 있습니다. 베체인은 식품, 의류, 럭셔리 상품 등 다양한 산업 분야에서 원산지 추적과 인증을 강화하기 위해 사용되고 있습니다.

◆ **의료 분야와 블록체인**

제약 산업은 블록체인이 제공하는 무결성과 투명성이 꼭 필요한 산업입니다. 의료 처방, 약물 기록, 환자 치료 데이터, 비싼 의료 장비 및 기타 의약품의 운송과 같은 경우 투명성, 정확한 데이터, 보안 및 신뢰는 절대적으로 필요합니다. 블록체인은 이 모든 것을 제공합니다. 이와 관련하여 글로벌 물류 기업인 DHL은 글로벌 경영 및 전문 서비스 기업인 액센처(Accenture)와 협력하여 의약품 산업에서 블록체인 기술을 통합하여 정확도[63]를 높이고 있습니다.

◆ 블록체인과 에너지 관리

호주에 있는 파워 레저(Power Ledger)라는 회사는 사명과 동일한 '파워레저'라는 탈중앙화된 에너지 거래 플랫폼을 구축하고, 에너지 시장을 혁신하며 탄소 배출 감소와 에너지 효율을 촉진하는 데 초점을 맞추고 있습니다. 파워레저는 블록체인 기술을 활용하여 사용자들이 전기 에너지를 서로 교환하고 거래할 수 있도록 지원합니다. 이 플랫폼은 전력 그리드 네트워크에 연결된 개별 에너지 생산자와 소비자들이 서로 에너지 거래를 직접 할 수 있도록 도와줍니다. 예를 들어, 개인이 운영하는 태양광 발전소를 통해 생산된 전기를 블록체인을 통해 전기 소비자들과 직접 거래할 수 있는 것입니다. 이를 통해 중개자의 개입이 줄어들고, 에너지 거래가 투명하고 효율적으로 이루어질 수 있습니다. 또한, 파워레저는 에너지 거래를 암호화폐로 결제하는 방식을 사용하여 보다 간편하고 안전한 거래가 이루어질 수 있도록 합니다.

이외에도 부동산, 음악, 정치, 교육, 자선 기부 등 다양한 분야와 산업에서 블록체인을 활용하고 있습니다.

영국의 아벤투스(Aventus)라는 플랫폼은 공정하고 투명한 티켓 거래를 위해 블록체인 기술을 활용하여 중개자의 개입을 줄이고 보안성

---

63) 여기서 정확도란 '직렬화를 통한 정확도(serialization accuracy)'를 말하는데, 제품이나 데이터를 시리얼 번호 또는 고유한 식별자를 부여하여 식별하고 추적하는 과정에서 발생하는 정확도를 의미합니다. 이는 제품이나 데이터의 신뢰성과 정확성을 보장하기 위해 중요한 요소로 작용합니다. 직렬화 정확도가 높다는 것은 제품이나 데이터의 식별과 추적 과정에서 오류나 중복이 최소화되어 있음을 의미합니다. 이를 통해 정확한 정보를 유지하고 투명성을 확보할 수 있으며, 위·변조된 데이터를 탐지하고 방지하는 데 도움을 줍니다.

을 강화하는 목적으로 설계되었습니다. 이 플랫폼은 이벤트 주최자, 티켓 발행자, 티켓 구매자 등 모든 관계자들 간의 거래를 기록하고 관리할 수 있는 분산형 시스템을 제공합니다. 아벤투스를 사용하면 티켓 판매의 투명성과 신뢰성이 향상되며, 위조나 이중 판매와 같은 문제를 예방할 수 있습니다. 또한, 아벤투스는 스마트 계약을 통해 이벤트 관리와 티켓 발행에 관련된 규칙과 조건을 자동화할 수 있는 기능을 제공합니다. 이를 통해 티켓 판매 과정이 효율적이고 공정하게 이루어질 수 있습니다. 아벤투스는 전 세계적으로 이벤트 산업을 혁신하고 티켓 거래의 투명성과 보안을 강화하는데 기여하고 있는 프로젝트로 알려져 있습니다.

미국의 렌트베리(Rentberry)는 장기 임대 주택을 보다 안전하고 투명하며 비용 효율적으로 얻을 수 있도록 돕는 블록체인 기반의 플랫폼입니다. 이 플랫폼은 세입자와 임대인 간의 임대 계약 체결과 관리 과정을 간소화하고 자동화하는 기능을 제공합니다. 렌트베리 플랫폼을 사용하면 세입자는 온라인으로 임대 주택을 검색하고 신청할 수 있으며, 입찰 시스템을 통해 가격을 제시할 수 있습니다. 임대인은 입찰을 검토하고 선호하는 세입자를 선택할 수 있습니다. 이 과정에서 블록체인 기술은 거래 기록의 투명성과 보안을 보장하며, 중개인의 개입을 줄여줍니다. 렌트베리 역시 파워레저와 마찬가지로 세입자와 임대인 간의 지불을 암호화폐로 처리할 수 있도록 지원하여 보다 안전하고 신속한 거래를 가능하게 합니다. 렌트베리는 장기 임대 주택 시장을 혁신하고 세입자와 임대인 모두에게 이점을 제공하는 블록체인 프로젝트로 알려지고 있습니다.

헬비즈(Helbiz)는 이탈리아에 소재한 회사이자 플랫폼으로, 차량 대여 서비스를 제공하고 있습니다. 헬비즈 플랫폼은 블록체인 기술, 분산 클라우드 서버, 스마트 잠금 하드웨어 등을 활용하여 차량 대여 과정에서 중개인이나 제3자의 개입을 없애고, 보다 효율적이고 안전한 대여 과정을 제공합니다. 이 플랫폼을 사용하면 사용자들은 애플리케이션을 통해 필요한 장소에서 차량을 예약하고, 차량을 잠금 해제하며, 결제를 완료할 수 있습니다. 또한, 스마트 컨트랙트를 활용하여 대여 기간, 가격, 조건 등과 관련된 계약을 자동화하고 보호합니다. 이를 통해 중개인의 개입이 없는 직접적인 대여 과정이 이루어집니다.

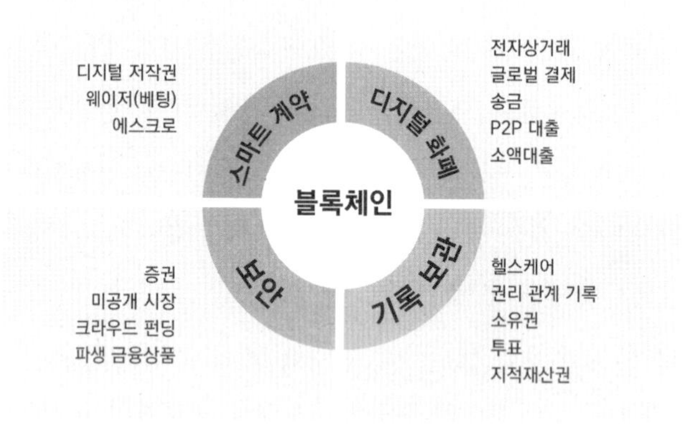

블록체인 활용 가능 분야

블록체인이 현재 활용되고 있는 분야와 앞으로 활용될 분야는 일일이 열거할 수 없을 정도로 무수히 많습니다. 이 가운데는 투명한 사회를 만들기 위해 활용되는 경우도 많습니다. 예를 들어 투표에 블록체인 기술을 도입하면 어떻게 될까요? 블록체인의 위·변조 불가능성이라는 특성으로 인해 부정 투표가 매우 어려워집니다. 예를 들어 유권자들에게 개별 암호화폐 혹은 토큰을 지급하고, 각 후보자들에게는 별도의 전자지갑 주소를 부여한 후 투표자들은 원하는 후보의 전자지갑 주소로 토큰을 보내는 방식으로 투표할 수 있습니다. 사람이 직접 수개표할 필요가 없는 것은 물론이고, 이 모든 과정이 조작 불가능한 형태로 블록체인화 돼 분산 기록되기 때문에 악의적인 행위로 표를 조작하는 것을 100% 방지할 수 있습니다.

부동산 권리 관계 기록에도 블록체인을 적용할 수 있습니다. 매매한 토지에 대한 정보를 효과적으로 저장하고, 소유권 증명서를 기록하며, 부동산 소유자에게 적절한 수준의 법적 및 경제적 안전성을 제공하는 데 도움이 될 수 있습니다. 이를 통해 부동산 사기와 불법행위를 방지하는 데 도움이 됩니다. 또한, 부동산 자산을 토큰화하는 블록체인 프로젝트도 있으며, 이를 통해 개별 투자자가 부동산 자산의 일부를 획득하여 투자 수익을 얻을 수도 있습니다.

분산금융의 미래

분산금융 디파이(DeFi)는 2018년에 만들어진 용어로, 탈중앙화 금융(decentralized finance)을 의미하며, 일부러 '반항'이란 의미를 담도록 만든 것입니다. 영어에 반항을 의미하는 'defy'와 발음이 같은 점을 이용한 것입니다. 분산금융은 출현한 지 몇 년밖에 되지 않았지만, 비트코인과 이더리움 같은 공개 블록체인 위에 구축된 이 대체 금융 시스템은 시작 이래 크게 성장하고 다양해졌습니다. 그렇다면 분산금융 기술이 기존 금융 인프라를 변화시킬 수 있을지 간단히 살펴보겠습니다.

◆ 암호화폐라는 유행어 이상의 의미를 지닌 분산금융

분산금융(DeFi)은 중앙 집중화된 은행 및 금융 분야에 도전하는 새로운 금융 기술로 떠오르고 있습니다. 기존 금융에서는 회사, 은행 또는 펀드가 투자자들의 돈을 관리하지만, 분산금융에서는 투자자 본인만이 책임을 집니다. 디지털 자산, 지갑, 스마트 계약 등 기존 블록체인 관련 기술을 접목해 은행, 중개인 및 거래소 같은 중간 관리자를 배제하는 금융 생태계를 만듭니다.

이러한 분산금융 시스템은 많은 이들에게 큰 매력으로 다가오는데요. 중간 관리자를 제거함으로써 효율성이 향상되기 때문입니다. 간단히 말해 분산금융은 기존에 필요했던 투자 금액의 일부로도 수익을 얻는 방법을 제공합니다. 동시에 금융 거래의 투명성을 높이고, 접근성과 소유권을 민주화하여, 세계적으로 은행 계좌가 없을 것으로 추측되는 약 17억 명의 사람들에게 금융 활동이 가능하도록 도움을 줄 수 있습니다.

◆ 분산금융의 장단점

분산금융 기술은 급속한 성장에도 불구하고 여전히 초기 단계에 있습니다. 아직은 정착 전 단계로 안정화되기 위한 시행착오와 과정을 충분히 거치지 않았기 때문에 자칫 투자금 손실로 이어질 수 있습니다. 게다가 분산금융은 규제가 부족한 상황에서 성장했다는 비판도 있는 만큼 소비자 보호에 미흡할 수 있습니다.

분산금융의 문제점 가운데는 블록체인 거래장부가 불법행위의 대상이 될 수 있다는 우려도 큽니다. 중앙 당국의 심사와 규제가 없는 상태에서 분산금융 프로토콜이 의심스러운 금융 활동의 플랫폼이 될 수도 있기 때문입니다. 예를 들어, 2021년 8월에는 해커들이 스마트 계약의 취약점을 이용하여 분산금융 플랫폼인 폴리 네트워크(Poly Network)로부터 6억 1천만 달러를 탈취한 사례도 있었습니다. 다행히 모든 탈취 자금이 반환되긴 했지만, 앞으로 일어날 사건에서도 반환될 것이라고 기대할 수는 없습니다.

이런 문제점들에도 불구하고 분산금융은 많은 장점을 가지고 있습니다. 전통적인 금융 시스템에서처럼 허가가 필요하지 않고, 포괄적이며, 거래가 실시간이고 투명하고, 스마트 계약으로 여러 가지 분야에 응용할 수도 있습니다. 그러나 이러한 많은 이점에도 불구하고, 전통 금융 기관들은 간편한 분산금융 기술을 수용하고 활용하는 것에 콧방귀를 뀌는 경우가 많습니다.

은행에 대한 신뢰가 점점 떨어지는 상황에서, 어떤 사람들은 분산금융을 금융의 미래를 위한 이상적인 대안이라고 목소리를 높여왔습니다. 2020년 가트너(Gartner)의 한 분석가는 분산금융이 곧 주류가 될 것이라고 예상했습니다. 분산금융과 기존의 금융 시스템은 서로 상반된 듯 하지만 지금까지의 진행 경로로 볼 때 결국에는 두 세력이 협력하여 변화를 이뤄나갈 것으로 보입니다.

◆ 전통적 금융 시스템과 분산금융 시스템의 협력

금융 분야의 혼란은 쉽게 사라지지는 않을 것입니다. 이유는 기술 혁신 속도가 너무 빠르기 때문입니다. 이런 급격한 변화에 대처하려면 민첩성과 개방적 사고, 거시적 사고가 필요하게 됩니다. 처음에는 은행들이 블록체인 기술을 거들떠보지도 않았지만, 이제 많은 주요 은행들이 암호화폐와 블록체인 관련 회사에 투자하고 있습니다. 분산금융 기술도 블록체인과 비슷한 길을 걷게 될 것입니다. 전통적인 금융 기관들이 분산금융이 자리를 잡아가고 있음을 알게 되면 기존의 체계에 이 기술을 도입할 수밖에 없을 것입니다. 대표적인 예로 ING은행을 들 수 있습니다. 이 네덜란드 은행은 최근 분산금융과 관련한 리스크와 기회를 분석하여 「탈중앙화 금융에서 배운 것들(Lessons Learned from Decentralized Finance)」이라는 보고서를 냈습니다. 이 보고서에서 ING은행은 중앙화된 금융 서비스와 탈중앙화 금융 서비스가 서로 협력할 경우 큰 시너지 효과를 얻을 수 있을 것이라고 결론을 지었습니다.

이런 협력은 어떻게 이루어질까요? 우선, 중앙 집중형 금융 기관들은 혁신을 받아들이고 위험 회피적 사고방식에서 벗어날 필요가 있습니다. 분산금융의 주요 장점이 유지될 수 있도록 규제 개발에 적극 이바지해야 합니다. 동시에 기존 금융 기관은 은행 계좌가 없는 이들과 저소득층에게 분산금융 서비스를 제공할 수 있습니다. 기존 은행 서비스를 통해 소비자들이 블록체인 생태계에 더 쉽게 접근할 수 있도록 지원하면, 소상인과 중소기업들이 겪고 있는 금융 서비스 불평등을 줄일 수 있습니다.

분산금융의 기반인 블록체인 원칙이 전 세계 금융 시스템에 통합되면, 우리는 국제 거래가 빨라지고 돈을 더 효율적으로 운용할 수 있는 기회가 생겨나며, 대출에 대한 접근이 간소화될 수 있는 이점을 경험할 수 있을 것입니다.

7 가상현실(VR)과 증강현실(AR)

가상현실과 증강현실의 개념

가상현실(VR, virtual reality)은 컴퓨터로 구현된 가상의 세상에서 사용자가 완전히 몰입할 수 있는 환경을 제공하는 기술입니다. 이를 통해 사용자는 마치 실제 세상처럼 물체를 만지거나 움직일 수 있습니다. 가상현실 기술은 헤드셋, 모션 컨트롤러, 가상현실 장갑 등 다양한 장비를 통해 구현되며, 이러한 기기들을 통해 가상의 세계를 경험할 수 있게 됩니다.

반면, 증강현실(AR, augmented reality)은 말 그대로 '증강된(augmented)' 현실을 말합니다. 실제 세상에 가상의 정보나 이미지를 덧붙이는 증강을 통해 현실과 합성된 세상을 경험하게 하는 기술입니다. 이를 통해 사용자는 현실 세상에 가상의 형상물을 추가하거나, 실시간 정보를 제공받으며 한층 풍부한 경험을 누릴 수 있습니다. 증강현실 기술은 스마트폰, AR 글래스 등의 장비를 통해 이루어지며, 이러한 기기의 디스플레이를 통해 실제 환경에 겹쳐진 가상의 요소들을 확인할 수 있습니다.

가상현실과 증강현실은 그 목적이 다르지만, 모두 디지털 기술을 활용하여 사용자의 경험을 풍부하게 만든다는 공통점이 있습니다. 이 두 기술은 게임과 엔터테인먼트뿐만 아니라 교육, 훈련, 공공 서비스, 의료 등 여러 산업에서 널리 활용되며 기술 발전에 따라 계속해서 더 많은 영역에서 활용될 것으로 예상됩니다.

가상현실(VR)

가상현실은 전자 장비와 소프트웨어를 이용해 사용자가 모니터나 헤드셋을 통해 가상의 세계로 몰입하고 마치 실제 세상처럼 활동할 수 있는 환경을 만드는 기술입니다. 사용자의 움직임과 반응을 실시간으로 반영하며, 이를 통해 사용자는 실제와 가상의 경계를 허물어뜨리게 됩니다.

가상현실 기술은 다양한 하드웨어를 통해 구현되며, 주요 하드웨어로는 VR 헤드셋, 모션 컨트롤러, 장갑, 옴니디렉셔널 트레드밀 등이 있습니다. 헤드셋은 사용자의 머리에 착용되어 공간에 몰입할 수 있도록 모니터와 스피커를 탑재하고 있으며, 모션 컨트롤러와 장갑은 사용자의 손의 움직임을 추적하여 가상 세계에서 물체를 만지거나 조작할 수 있게 합니다.

옴니디렉셔널 트레드밀(Omni-directional Treadmill)은 기존 트레드밀과 달리 사용자가 여러 방향으로 걸을 수 있도록 설계된 특수한 종류의 트레드밀입니다. 가상현실 및 증강현실 기술과 연계하여 사용되며, 특히 가상현실 게임이나 시뮬레이션에서 사용자의 움직임과 이동을 더욱 자연스럽게 구현할 수 있게 합니다.

옴니디렉셔널 트레드밀은 주로 무한한 거리를 이동할 수 있는 느낌을 제공하며, 다중 고무 롤러 방식 혹은 움직이는 벨트로 구성된 표면과 함께 별도의 신발 또는 특수한 소재를 사용하여 미끄러짐을 방지하고 다양한 방향으로 걷거나 뛰는 움직임을 가능하게 합니다.

Virtuix Omni사의 옴니디렉셔널 트레드밀

이러한 옴니디렉셔널 트레드밀은 가상현실 및 증강현실 실내 공간에서의 움직임을 제한 없이 구현하는 데 사용되어, 극도로 현실감 있는 체험을 제공합니다. 또한 군사 훈련, 건강 관리, 스포츠 연습, 건축 및 도시 계획 등 다양한 분야에서 현실적인 시뮬레이션 체험을 위해 활용되고 있습니다.

가상현실이 활용되는 주요 분야는 다음과 같습니다.

◈ **게임 및 엔터테인먼트**

가상현실 기술은 게임 및 엔터테인먼트 산업에서 큰 인기를 끌고 있으며, 사용자의 게임 내 몰입감이 높아지고 공간적인 경험의 향상을 제공합니다.

◈ **교육 및 훈련**

가상현실은 교육적 목적의 시뮬레이션 훈련과 같이 복잡한 상황을 재현하여 학습자에게 가장 현실에 가까운 경험을 제공할 수 있습니다. 가상의 교육 환경에서 학습자는 실제 상황에서 발생할 수 있는 위기 상황도 안전하게 체험하고 극복할 수 있는 방법을 학습할 수 있습니다.

◈ **치료 및 의료**

가상현실은 정신 건강 치료, 특히 불안이나 공포에 관련된 문제에 대한 치료에서 효과적이라고 알려져 있습니다. 또한 의료 분야에서 가상현실은 의사나 간호사가 수술이나 치료 기술을 안전하게 연습할 수 있는 훈련 환경을 제공합니다.

◈ **기타 분야**

가상현실 기술은 건축, 제품 디자인, 관광 및 여행, 천문학, 과학 시뮬레이션 등 여러 기타 분야에서도 다양한 형태로 활용되고 있습니다. 이러한 분야에서 가상현실은 사용자에게 실제와 유사한 경험을 제공하면서 공간, 시간, 비용 등의 제약에서 벗어날 수 있게 해줍니다.

메타버스

메타버스는 가상현실 기술의 한 분야로 컴퓨터 그래픽과 네트워크 기술을 활용하여 구현되는 가상 세계를 의미합니다. 이 가상 세계에서 사용자들은 아바타를 통해 서로 소통하고, 거래를 하며, 다양한 활동을 할 수 있습니다. 메타버스는 가상현실과 기술적으로 상당 부분 겹치지만, 그 목적과 기능이 다릅니다. 가상현실은 주로 사용자가 몰입할 수 있는 독립적인 환경을 제공하는 데 중점을 두는 반면, 메타버스는 사용자들이 함께 참여하고 상호작용할 수 있는 다양한 가상 공간을 제공하는 것이 주된 목표입니다.

❶ 메타버스란?

메타버스(metaverse)는 '가상'이란 뜻의 'meta'와 '세상'이라는 뜻의 'universe'의 합성어이며 '가상의 세계'를 의미합니다. 정치, 경제, 사회, 문화의 전반적 측면에서 현실과 비현실 모두 공존할 수 있는 생활형·게임형 3차원 가상 세계를 뜻합니다. 메타버스가 구현되려면 하드웨어와 소프트웨어, 정보통신 기술, 인공지능 등 4차 산업혁명의 모든 기술을 총동원해야 합니다. 말하자면 4차산업 기술을 총체적으로 융합한 결정체인 것입니다.

메타버스는 사용자들이 공동으로 참여하고 상호작용할 수 있는 가상 공간을 제공하는 것이 큰 특징입니다. 이 공간에서 사용자들은 자유롭게 이동하거나 아바타를 사용해 다른 사용자와 교류할 수 있습니다. 또한 메타버스에서는 가상의 상품 및 자산을 거래하거나, 독창적인 경험을 제공하는 몰입형 컨텐츠를 즐길 수 있습니다.

미국의 기술 연구 단체인 가속연구재단(ASF)은 메타버스를 증강 기술과 시뮬레이션 기술, 개인 관련 기술과 외부적 환경 관련 기술이라는 2개의 축을 중심으로 분류했습니다. 첫 번째 축은 아바타 또는 실제 모습을 통해 사용자의 정체성과 행동을 나타내는 개인 관련 기술과, 사용자를 둘러싸고 있는 세상에 관한 정보와 통제력을 제공하는 외부적 환경 관련 기술로 이루어져 있습니다. 두 번째 축은 실제 환경에서 새로운 제어 및 정보시스템 레이어를 쌓아 올리는 증강 기술과, 상호작용을 위한 공간으로써 완전히 새로운 가상의 기술을 제공하는 시뮬레이션 기술로 이루어져 있습니다.

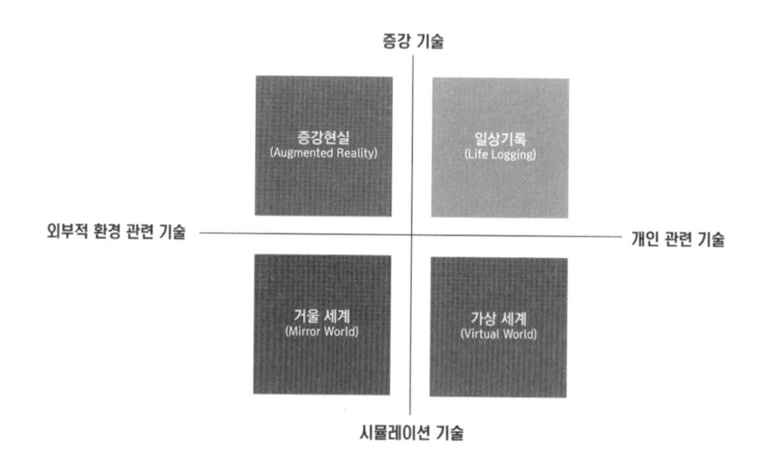

이 두 축이 교차하면서 만드는 4개 분면을 각각 증강현실, 일상 기록인 라이프 로깅, 가상 세계인 버츄얼 월드, 거울 세계인 미러 월드 등 네 가지 범주로 설명하고 있습니다. 증강현실은 실제로 존재하는 환경

에 가상의 사물이나 정보를 합성해 마치 원래의 환경에 존재하는 사물처럼 보이게 하는 컴퓨터 그래픽 기법입니다. 일상 기록을 말하는 라이프 로깅은 일상에서 생성되는 사물과 사람에 대한 일상적인 경험과 정보를 캡처하고 저장하고 묘사하는 기술을 말합니다. 거울 세계인 미러 월드는 현실 세계를 그대로 투영한 상태에서 정보를 추가한 가상 세계를 말하는데, 이는 시시각각 변하는 현실 세계의 데이터를 즉각 반영합니다. 지리정보시스템인 GIS를 이용한 구글 어스가 대표적인 예입니다. 가상 세계인 버츄얼 월드는 현실 세계 공동체의 사회적, 경제적 생활을 지속적으로 증강시키는 것을 말합니다. 가상 영역과 현실 영역을 구분하는 경계는 허물어지게 됩니다. 두 영역 모두에서 가장 중요한 문제는 정체성, 신뢰, 평판, 사회적 역할, 사회적 규칙, 상호작용 등입니다. 사용자들은 아바타를 통해 현실 세계의 경제적, 사회적인 활동과 유사한 활동을 할 수 있습니다.

② 메타버스의 활용분야

메타버스 산업 종사자들은 일반적으로 메타버스를 새로운 기회, 미래를 바꾸는 기술, 미래의 희망, 반드시 따라잡아야 하는 새로운 기술과 가치 등으로 이해합니다. 산업계는 물론, 정부에서도 메타버스를 미래 경쟁력 확보를 위한 새로운 패러다임으로 주목하고 있는 가운데 게임사와 포털, 플랫폼 회사 등 거대 IT 기업들이 각자의 인프라와 강점을 바탕으로 메타버스 미래 전략을 경쟁적으로 내놓고 있습니다. 메타버스가 과거에는 리니지, 싸이월드 등 게임과 IT 산업을 중심으로 소통과 놀이의 창구로 활용됐다면, 오늘날에는 여행, 패션, 교육, 엔터테인먼트, 제조업 등 다양한 산업에 전방위적으로 확대되고 있습니다. 현실과 가상세계를 넘나드는, 이런 익숙한 듯하면서도 한편으로는 이상한 느낌이 들기도 하는, 메타버스를 이용한 경제활동에는 어떤 것이 있을까요?

먼저 우리 주변에서 메타버스를 가장 많이 이용하는 분야는 바로 온라인 게임입니다. 과거 온라인 게임은 혼자 플레이하는 콘솔 게임의 확장 개념으로, 타인과 함께 게임을 할 수 있다는 것에 의의를 두고 있었습니다. 그러나 점차 많은 사람들이 게임을 하게 되자 게임을 통해 돈을 버는 사람들도 생기기 시작하였으며, 게임 아이템이 실제로 경제적 가치를 가지기 시작하였습니다. 과거에는 이러한 게임 아이템의 현금 거래를 규제하고자 하는 움직임도 있었지만, 이제는 가상 세계에서의 아이템 거래도 엄연한 거래라는 사실을 받아들여야 할 만큼 가상 세계의 영향력은 커지고 있습니다. 최근에는 게임 자체가 플랫폼이 되어 이용자들이 자신이 원하는 아이템을 만들어 판매하고 수익을 창출하는 사례도 늘어나고 있습니다. 이러한 경제활동의 기회는 더 많은 사람들이 게임에 몰입하게 합니다. 이용자는 게임회사의 콘텐츠를 소비하는 것 뿐만 아니라 그 이상의 가치를 게임으로부터 만들어 내고 있는 것입니다. 이것이 바로 게임이 메타버스화 되어가는 사례입니다.

경제의 근간인 제조업에도 메타버스가 막대한 영향력을 미치고 있습니다. 업체들은 메타버스 가상공간을 이용하여 회의나 기획, 마케팅, 제조, 생산, 유통 판매, 서비스 등을 미리 실행해서 고객들의 요구

사항에 맞춘 제품을 제작, 판매하고 있습니다. 현실을 그대로 본뜬 거울 세계를 이용하여 실제 공장이나, 건축물, 제품 등을 만들지 않고 가상의 세계에서 공장 등을 만들어 생산라인의 최적화, 건물의 안전도나 활용성, 제품의 품질을 미리 파악할 수 있습니다. 앞서가는 기업들 대다수는 메타버스를 산업현장에 도입하여 신기술 개발과 비용절감 등에 적극 활용하고 있습니다. 예컨대 BMW가 자동차 공장에 메타버스를 결합하여 신차 개발과 생산에 활용함으로써 이전과는 비교할 수 없는 고효율 공장으로 탈바꿈시키고 있는 것이 대표적인 사례라고 볼 수 있겠습니다. 이 밖에도 메타버스가 활용될 분야는 무궁합니다만, 가장 많이 사용될 분야 위주로 정리해 보면 다음과 같습니다.

- 게임 및 엔터테인먼트 : 게임 캐릭터로 많은 사람들과 함께 게임을 즐기거나, 온라인 파티, 공연, 경매 등의 가상 행사에 참여할 수 있습니다.
- 교육 : 가상의 교육 환경에서 학생들이 협동 학습을 할 수 있고, 멀리 있는 전문가들도 강의를 들을 수 있습니다.
- 소셜 네트워킹 : 사용자 간에 다양한 관심사를 공유할 수 있는 커뮤니티 공간을 제공합니다.
- 전자상거래 : 가상의 상점 및 쇼핑몰에서 실제 물건이나 가상 자산을 구매하거나 판매할 수 있습니다.
- 예술 및 창작활동 : 독립적인 창작자들이 자신들의 작품을 전시하거나 판매하는데 활용할 수 있습니다.

③ 메타버스 플랫폼

2004년 설립된 페이스북은 창립 17년 만인 2021년에 처음으로 사명을 '메타'로 바꾸며 "메타버스가 새로운 미래"라고 선언했습니다. 마이크로소프트는 약 82조 원을 투자해서 미국의 게임회사 액티비전 블리자드를 인수하며 "강력한 메타버스 생태계를 만들겠다"는 포부를 밝혔습니다. 우리나라 기업의 움직임 또한 심상치 않습니다. 카카오는 자사의 다양한 콘텐츠를 메타버스로 확장하는 사업을 구상하고 있습니다. 네이버는 인공지능, 로봇, 클라우드 등의 기술을 융합한 메타버스 생태계를 구축하는 사업을 계획하고 있습니다. 이들 기업은 모두 메타버스를 차세대 핵심사업으로 내세우고 있습니다.

메타버스 플랫폼은 잠재력이 높은 사업 아이템 그 이상의 역할을 수행하고 있습니다. 유수 기업의 비즈니스 리더와 인사 담당자 사이에서는 기업의 미래를 책임질 새로운 비즈니스 플랫폼으로 메타버스를 선택하는 경향이 나타나고 있습니다. 비즈니스 플랫폼으로서의 메타버스는 어떠한 이점이 있을까요? '기업 속의 메타버스'가 가져올 미래 비즈니스 혁신 3가지를 살펴보겠습니다.

첫째, 뉴노멀 근무 형태와 메타버스 플랫폼을 결합함으로써 생기는 시너지는 바로 근무환경 혁신입니다. 기업과 조직 구성원은 팬데믹과 함께 갑작스러운 근무 방식의 변화를 맞이했습니다. 사회적 거리 두기가 보편화되면서 집에서 원격으로 업무에 임하는 재택근무가 늘어난 것입니다. 시작은 감염병 확산 방지를 위한 일시적인 도입이었으나, 많은 기업이 코로나19가 종식된 후에도 달라진 근무 환경 방식을 유지할 계획이라고 밝혔습니다. 메타버스는 바로 이러한 뉴노멀의 근무 방식과 결합해서 놀라운 시너지 효과를 냅니다. 메타버스는 단순히 '가상현실'이라는 말로 정의해 낼 수 있는 세계가 아닙니다. 메타버스의 핵심은 마치 실제 현실처럼 '다른 사람과 소통할 수 있는 가상현실'라는 점입니다. 실제 사무실과 같은 업무 공간이 구축된 메타버스에서는 자신의 아바타를 사용해 동료들과 편안한 커뮤니케이션이 가능합니다. 팀원끼리는 물론, 경영진, 파트너사, 고객과도 무리 없이 상호작용할 수 있습니다.

둘째, 아무런 현실적 제약 없이 메타버스 플랫폼으로 자유롭게 출근할 수 있다는 점입니다. 조직 구성원의 업무 공간이 메타버스로 이동하는 순간, 기업은 모든 물리적 제약에서 벗어날 수 있습니다. 현실적으로 물리적 제약이 가장 큰 부분 중 하나가 바로 직원 채용입니다. 너무 먼 거리에 사는 사람은 직원으로 채용하기가 어렵습니다. 그러나 업무 영역에서의 메타버스를 현실화하면, 인재 채용이 가능한 지역은 사무실 근처로 한정되지 않습니다. 국내를 넘어 해외까지도 무한히 확장될 수 있습니다. 메타버스 환경에서 업무를 진행하는 것은 고용된 직원에게도 이롭습니다. 주거 비용이 많이 드는 지역에 굳이 머무르지 않아도 근무가 가능하기 때문입니다. 실제로 코로나 이후, 사무실 출근을 폐지하고 메타버스 근무 제도를 도입한 직방(부동산 중개 정보 제공 플랫폼)은 채용 구조 혁신의 이점을 톡톡히 누리고 있습니다. 직방은 "메타버스로 출근하세요"라는 내용의 광고를 진행하며, 전국에서 직원을 채용하기도 했습니다. 직방은 이미 2021년 2월부터 오프라인 사무실을 없애고 전면 원격근무를 도입했으며, 같은해 7월 자체 개발한 메타버스 오피스인 '메타폴리스'로 본사를 이전했습니다. 상당 기간 동안 대면형 원격근무의 효율성과 생산성을 검증했습니다. 메타폴리스는 현재 글로벌 시장을 타겟으로 하여 소마(Soma)라는 이름으로 업그레이드돼 운영되고 있습니다. 소마에는 직방과 아워홈, AIF 등 20여개 기업들이 입주해 있으며 매일 2천여 명이 출근하고 있습니다. 아워홈의 경우 소마를 통해 24시간 고객상담센터를 구축해 운영하고 있습니다. 오프라인이라면 불가능한 서비스입니다. 이처럼 현실의 제약을 극복하는 메타버스는 모든 사람에게 공평한 기회를 제공한다는 점에서 채용 구조의 혁신, 그 이상의 의미가 있습니다.

셋째, 메타버스 플랫폼을 이용하면 기업 운영에 드는 비즈니스 자원을 줄일 수 있다는 점입니다. 현실 세계의 사무실을 운영하는 데 드는 비용을 대폭 절감할 수 있기 때문입니다. 비즈니스 설명회, 채용 설명회 등 다수의 외부 인원이 참석하는 행사도 메타버스 환경 내에서 쉽게 구현할 수 있습니다. 장소 대관료, 교통비 등의 추가 비용이 전혀 들지 않습니다. 재택근무를 하다 보면 종종 직원 간 정보 불균형 현상이 발생하곤 합니다. 메타버스 환경에서는 비즈니스에 사용되는 데이터를 모두 디지털화하기에 팀원끼리 업무를 공유하는 데 드는 인적 자원도 효율적으로 관리할 수가 있습니다. 기업은 이렇게 절약한 인적·물적 자원을 활용해서 비즈니스 역량을 더욱 강화할 수 있습니다.

메타버스는 정보통신기술 생태계를 뒤바꿀 웹 3.0 플랫폼입니다. 블룸버그 인텔리전스는 메타버스 시장의 규모가 2020년 4,787억 달러

(약 598조원)에서 2024년 7,833억 달러(약 980조원)으로 가파르게 성장할 것으로 전망했습니다. 글로벌 시장조사업체 '프리시던스 리서치'는 메타버스 시장의 성장률을 연평균 44.5%로 전망하며, 2030년에는 1조3,000억 달러(약 1,676조원)를 기록할 것으로 예측하고 있습니다. 메타버스는 기업의 미래도 완전히 바꾸어 놓을 것입니다.

현재 시중에 나와 있는 수많은 베타버스 플랫폼 중 대표적인 것 몇 가지 소개하겠습니다. 먼저, 네이버 제트가 운영하는 증강현실 아바타 서비스이자 국내 대표적 메타버스 플랫폼인 '제페토'입니다. 2018년에 출시된 제페토는 얼굴 인식과 증강현실, 3D 기술을 이용해 '3D 아바타'를 만들어 다른 이용자들과 소통하거나 다양한 가상현실 경험을 할 수 있는 서비스를 제공하고 있습니다.

SK텔레콤이 운영하는 '이프랜드(If-land)'는 동영상이나 문서 등을 공유하면서 가상현실 내에서 소통할 수 있는 플랫폼입니다. 2021년 7월 출시한 후 2023년 1분기 현재 누적 이용자는 3,070만명입니다. 이 수치는 1년 전에 비해 무려 6배 가까이 늘어난 것입니다. 교실, 운동장 등 다양한 맵을 설정할 수 있으며, 파일 공유와 음성 설명 기능 등을 사용할 수 있어서 교육의 목적으로 많이 사용하고 있습니다. 이프랜드 플랫폼을 활용하여 세미나, 특강을 개최할 수 있습니다. 마이크로 러닝 콘텐츠 개발 사례 교육을 위한 메타버스 플랫폼도 제작하였습니다. 이프랜드 플랫폼은 참여자 간 정보를 빠르게 교환할 수 있고, 적극적인 참여를 유도할 수 있다는 점에서 높은 평가를 받고 있습니다. 2023년에는 이용자 개인이 직접 공간을 꾸미고 일상 기록을 남길 수 있는 개인공간 서비스 '이프홈(if home)'을 도입했습니다. '이프홈'은 SK텔레콤이 메타버스 세상에서 소셜 네트워크 활동을 강화하기 위해 선보이는 개인화된 3D 공간 서비스입니다.

LG유플러스는 2023년 초에 3D 가상 체험공간에서 AI 캐릭터들과 재미있게 학습할 수 있는 어린이 특화 메타버스 서비스인 키즈토피아를 론칭했습니다. 어린이들은 키즈토피아에서 나만의 아바타를 만들고, 테마별 체험 공간에서 온라인 친구, 인공지능 친구들과 대화하고 퀴즈를 풀 수도 있습니다. 이런 활동을 하는 가운데 자연스럽게 학습이 이뤄집니다. 인공지능 기술을 적용한 영문 버전 서비스도 있어서 국내뿐만 아니라 말레이시아 등 동남아 지역의 어린이 고객들도 사로잡고 있습니다.

독일에서 교육을 위하여 개발된 가상현실 플랫폼 코스페이시스는 전 세계 수십만 명의 교사들이 사용하고 있는 3D 기반 VR 코딩 프로그램으로, 전문 장비 없이 가상 현실 콘텐츠를 제작할 수 있는 점에서 제페토, 이프랜드와 차별화되고 있습니다. 이는 교사의 교육적 활동 구상에 도움이 됩니다. 코스페이시스는 머리에 착용하는 디스플레이인 HMD[64]를 이용하여 플랫폼에 접근도 가능합니다. 특히 공동 작업과 동료 교사들 및 학생들과의 공유가 편리하다는 점이 장점이며, 교사 수업과 평가 활동에 용이합니다.

기타 해외 플랫폼으로는 게더타운, 로블록스, 마인크래프트, 포트

64) HMD(head mounted display)란 머리에 착용하는 디스플레이 장비를 말합니다. 주로 VR, AR 등 체감형 컨텐츠에 활용되며, 센서와 컴퓨터 그래픽 기술 등을 활용하여 실감나고 현실적인 환경을 제공합니다.

나이트 등이 있습니다. 게더타운은 앱 하나 당 500명까지 동시에 접속이 가능하여, 주로 사무실, 교육 강연 등에 활용되고 있으며, 로블록스, 마인크래프트, 포트나이트는 게임형 플랫폼 성격이 강하지만, 문화산업에서도 빛을 발하고 있습니다. 포트나이트를 이용하여 방탄소년단이 다이나마이트 신곡을 발표하였고, 미국 유명 레퍼 트래버스 스콧은 이 플랫폼을 이용하여 콘서트로 45분 만에 약 220억원의 수익을 올렸습니다. 메타와 마이크로소프트는 머리에 착용하는 HMD와 호환 가능한 호라이존 워크룸과 메쉬를 선보였습니다. 이들은 시각적으로 보다 입체적인 메타버스 세상을 체험할 수 있도록 해주기 때문에 현재 사용 중인 스마트폰 화면이나 컴퓨터 모니터보다 훨씬 더 몰입감 있는 경험을 제공합니다.

④ 메타패션

메타패션(meta fashion)은 패션과 디지털 기술이 만난 패션테크입니다. 현실에서는 옷감의 재질, 색감 등의 제약으로 구현이 어려운 패션을 디지털 이미지 또는 동영상으로 제작하는 것을 말합니다. 특히 MZ세대가 메타패션을 친환경 패션이자 확장 현실 경험으로 보고 있어 글로벌 트렌드로 떠오르고 있습니다. 메타버스+NFT의 융합이 가속화되면서 패션시장에도 새로운 소비의 장이 열리고 있는 것입니다. 특히 럭셔리 브랜드의 NFT는 명품과 아바타를 중시하는 MZ세대를 중심으로 큰 호응을 얻고 있습니다. 미국 투자은행 모건스탠리는 명품 NFT 시장 규모가 2030년 560억 달러(약 63조원)에 이를 것으로 전망하고 있습니다.

메타패션은 기업의 친환경, 사회적 책임 경영, 지배구조 개선 등 투명 경영을 의미하는 ESG 측면에서도 기여도가 크다는 평가를 얻고 있습니다. 통상 청바지 한 벌을 만드는 데 물 7,000리터가 쓰인다고 하는데, 메타패션으로 접근하면 물은 사용할 필요가 없고, 디자이너의 노력, 전기 요금 정도면 해결됩니다. 게다가 여타 산업으로의 확장성도 매우 큽니다. 메타패션 옷을 NFT로 구매하거나 아바타에 입혀 과시용으로 쓸 수 있다 보니 MZ세대 구미에 딱 맞는 상황인 것입니다. 코로나19를 거치면서 명품 브랜드들은 패션쇼를 디지털 온라인 플랫폼 무대에서 진행하게 됐고, 그 후 메타버스 열풍에 힘입어 NFT 시장에 앞다퉈 진출해오고 있습니다.

무한 복제가 가능한 디지털 세상에서 NFT는 디지털화된 다양한 콘텐츠들의 소유권과 희소가치를 높이고 있습니다. 이 희소성이 명품 브랜드의 지향점과도 맞물리고 있는 셈입니다. 실제로 입어볼 수 없음에도 불구하고 디지털 패션에 대한 수요가 증가하는 것은 디지털 세상에서의 자아를 대변하는 아바타와 가상 세계에서의 경험을 중시하는 방향으로 가치가 전환되는 시점에 있기 때문입니다. 돌체 앤 가바나, 구찌 외에도 루이비통, 버버리, 발렌시아가, 자라, 나이키, 아디다스 등 다수의 패션 브랜드들이 컬렉션을 제작해 메타버스의 세계로 뛰어들었습니다. 또한 루이비통, 까르띠에, 프라다는 블록체인 플랫폼인 '아우라(Aura)' 컨소시엄을 구성하고 본격적인 NFT 시장에 진입했습니다. 아우라는 NFT 기술을 활용해서 짝퉁 유통을 방지하고, 메타버스 등 디지털 환경에서 명품 컬렉션을 판매할 수 있는 방안을 마련해가고 있습니다.

⑤ 메타버스의 미래

메타버스는 기술 발달과 더불어 점차 광범위한 영역으로 확장되고 있습니다. 향후 메타버스는 아래와 같은 미래를 가질 것으로 기대됩니다.

- 기술의 진보 : VR, AR, 인공지능 등과 같은 기술이 더욱 성숙해지면서 메타버스의 질적 성장과 함께 접근성도 개선될 것입니다.
- 새로운 비즈니스 모델 : 메타버스의 성장과 함께 기존과 다른 형태의 수익 창출 방식 및 기업들의 경쟁이 더욱 치열해질 것입니다.
- 사회적 영향 : 일상생활의 연장선상에서 메타버스 역시 사회와 그 문화에 영향을 주며 다양한 형태의 가상 세계 경험에 대한 관심이 높아질 것입니다.

앞으로 제조업에서도 BMW와 같이 대부분의 기업들이 메타버스를 적극 활용하게 될 것입니다. 어쩌면 이것은 기업들에게 선택 가능한 하나의 옵션이 아니라 기회를 놓치면 도태될 수밖에 없는 필수불가결한 요소가 될 것입니다.

메타버스라는 용어는 이전에도 있었지만 갑작스럽게 사용 빈도가 잦아진 데에는 코로나19의 영향이 컸습니다. 사회적 거리두기로 교육기관은 메타버스로 인터넷 가상 세계에서 입학식, 학교 행사를 진행하였습니다. 회사는 메타버스 오피스를 만들어서, 회사원들이 가상의 오피스에서 자신의 캐릭터로, 동료와 이야기하거나 사내 미팅을 가집니다. 캐릭터 간 거리가 멀어지면 목소리도 잘 안들린다고 하니 나름 실제 오피스를 구현하기 위해 노력했다는 생각이 듭니다.

이러한 메타버스는 현실을 기반으로 하되 완전히 새로운 세계를 뜻합니다. 그렇기 때문에 이해하기 쉽지 않고 향후 산업계 각 부문에서 어떻게 발전해 나갈지 예측하기도 어렵습니다. 그렇긴 하지만 메타버스가 가상현실을 넘어 차세대 인터넷의 이상형으로 떠오르며 인간의 삶을 혁신시키는 힘을 발휘해 나갈 것은 분명해 보입니다.

증강현실(AR)

증강현실(AR, augmented reality)은 실제 세계의 환경에 가상의 정보나 객체를 덧붙여 사용자가 보다 풍부한 경험을 할 수 있게 하는 기술입니다. 즉, 실제 세계와 가상 세계가 결합된 환경을 만들어낸다고 볼 수 있습니다. 증강현실 기술은 GPS, 카메라, 센서 등 다양한 장치와 소프트웨어를 통해 구현됩니다. 이를 통해 사용자는 실시간으로 현실 환경에 가상의 요소가 추가되어 표시되는 것을 연동한 환경을 제공합니다.

증강현실 기술을 구현하는 주요 하드웨어로는 스마트폰, AR 글래스(증강현실 안경), 헤드셋 등이 있습니다. 스마트폰은 카메라와 센서, GPS 등 내장 장치를 활용해 실제 화면 위에 가상의 데이터나 객체를 띄울 수 있습니다. AR 글래스와 헤드셋은 사용자의 시야에 증강현실

정보를 투영해 현실과 가상의 경계를 모호하게 만들며, 사용자가 자유롭게 환경을 조작할 수 있도록 도와줍니다. 증강현실이 활용되는 분야를 살펴보겠습니다.

◆ **게임 및 엔터테인먼트**

증강현실은 게임 및 엔터테인먼트 산업에서 주요한 이슈로 부각되고 있습니다. 실제 환경에 가상 요소가 추가되어 사용자의 경험을 증대시키는 증강현실 기술을 활용한 게임은 큰 인기를 얻고 있습니다. 대표적으로 '포켓몬 고(Pokémon GO)'와 같은 위치 기반 게임이 있습니다.

◆ **교육 및 훈련**

증강현실 기술의 교육, 특히 학습 환경에서의 활용은 학습자들이 쉽게 이해할 수 있도록 다양한 정보를 제공하고, 실험 환경을 구축해 줄 수 있습니다. 또한 실제 환경에서의 훈련이 어려운 사항에 대해 가상으로 학습할 수 있게 해줍니다.

◆ **공예 및 디자인**

증강현실 기술은 공예 및 디자인 분야에서 큰 도움을 줍니다. 디자이너들이 현실 환경에서 가상의 모델을 확인하고 평가하며 직접 수정할 수 있게 해줍니다. 또한, 인테리어, 패션, 제품 디자인 등 다양한 분야에서 실시간으로 유용한 정보와 시각적 자료를 제공하여 작업의 효율성을 증대시킵니다.

◆ **기타 분야**

증강현실 기술은 여러 가지 분야에 걸쳐 실제 환경에 가상의 정보를 제공하여 다양한 분야에서 활용됩니다. 이러한 기술을 활용하면 건설 현장에서 가상의 구조물을 미리 볼 수 있고, 의료 및 관광, 교통 등의 시뮬레이션과 같은 다양한 영역에서 실용적인 정보를 얻을 수 있습니다. 이를 통해 작업의 정확성과 효율성이 높아질 것으로 기대됩니다.

혼합현실(MR)과 확장현실(XR)

2030년에 우리가 사는 모습을 상상해 봅시다. 현실 세계와 가상 세계를 결합시킨 몰입 환경 기술을 의미하는 확장현실(XR, eXtented reality) 덕분에 쇼핑몰에 가지 않고도 쇼핑몰과 똑같은 환경 속에서 쇼핑을 즐길 수 있고, 해외에 있는 유명 관광지와 똑같은 환경에서 점심을 먹을 수도 있을 것입니다. 확장현실이란 생생한 현실감으로 인해 사용자를 몰입하게 만드는 모든 기술을 포괄하는 개념입니다. 즉, 오늘날 이미 보편적으로 활용되고 있는 증강현실, 가상현실, 혼합현실과 미래에 개발될 기술들을 모두 지칭합니다. 이러한 현실감 있는 기술은 가상과 현실 세계를 융합하거나 완전히 몰입할 수 있는 경험을 제공하여 우리가 경험하는 현실을 확장시킵니다.

먼저 혼합현실(MR, mixed reality)에 대해 간략히 살펴보겠습니다. 혼합현실은 현실 세계와 렌더링된 그래픽(가상 세계)을 완벽하게 통합하여 사용자가 가상 세계와 현실 세계가 결합된 세계와 직접적으로 상호작용할 수 있는 환경을 만들어내는 기술입니다. 혼합현실 기술을 사용하면 실제 물체와 가상의 물체가 혼합되어 하나의 디스플레이 내에서 함께 제시됩니다. 사용자는 헤드셋, 스마트폰 또는 태블릿을 통해 혼합현실 환경을 체험할 수 있으며, 디지털 물체를 움직여서 주변에 배치하거나 물리적 세계에 놓을 수도 있습니다. 혼합현실에는 두 가지 유형이 있습니다. 실제 세계에 가상 객체를 혼합하는 경우입니다. 예를 들어, 가상현실 헤드셋에 장착된 카메라를 통해 사용자가 실제 세계를 보면서 가상 객체가 자연스럽게 보이도록 혼합되는 경우입니다. 또 하나는 가상 세계 속에 실제 세계의 객체를 혼합하는 방식입니다. 예를 들어, 가상현실에 참여하는 실체 참여자의 모습을 영상으로 찍으면서 그 영상을 가상현실에 결합함으로써 마치 이 참여자가 가상현실 속으로 들어가 거기서 진행되고 있는 게임을 지켜보는 듯한 효과를 얻는 경우입니다.

원래 가상현실은 정부 차원에서 시작됐습니다. 비행 시뮬레이터를 통해 사람들을 훈련시키기 위함이었습니다. 에너지 및 자동차 설계 산업도 초기에 이 기술을 활용한 분야입니다. 이러한 시뮬레이션 및 시각화 가상현실은 대규모 슈퍼컴퓨터를 필요로 했습니다. 또한 파워월이나 VR 돔이 설치된 특별한 공간이 필요했습니다. 파워월(powerwall)은 초고해상도 디스플레이이며, VR 돔(VR CAVE)은 벽부터 천장까지 각 표면에 VR 환경이 구현되는 방입니다. 이러한 시설이 필요했던 탓에 수십 년 동안 VR은 소수의 대형 기관과 학술 기관에서나 사용할 수 있었던 기술입니다. 그러나 과거 10년 동안 몇 가지 중요한 부품 기술이 티핑포인트[65] 에 도달하면서, 개인용 헤드셋

---

65) 티핑 포인트(tipping point)란 초기에는 증가나 진전이 미미하거나 불안정한 상태였지만, 어느 순간부터 지속적인 증가나 변화가 몰리게 되는 지점을 의미합니다.

인 HMD가 출시되기에 이르렀습니다. 그리고 개인 PC 또는 워크스테이션에서 강력한 GPU(그래픽 처리 장치)를 사용하여 HMD와 경험을 구동할 수 있었습니다. 그렇게 되자 VR은 갑자기 수백만 명의 개인에게 접근 가능한 기술이 되었고, 혁신과 열정 넘치는 대규모 생태계로 급속하게 발전했습니다. 그래서 최근 몇 년 동안, 전용 디바이스로서 동작하는 새로운 VR 혁신이 시작되었습니다. 이전에는 완전 몰입형 VR 체험을 위해서는 강력한 PC와의 연결이 필요했습니다. HMD는 이미지를 계산할 수 있는 운영체제나 능력이 없었기 때문에 독립적인 장치로 작동할 수 없었습니다. 그러나 올인원(AIO) 헤드셋을 사용하면 사용자는 어디서든 간단한 설정만으로 완전한 VR 환경을 제공하는 전용 디바이스에 접근할 수 있습니다. 심지어 VR 스트리밍 기술의 혁신으로 사용자는 이제 이동 중에도 강력한 VR 환경을 체험할 수 있게 되었습니다.

이제는 XR 기술은 점점 고급화되고 있고, 사용자는 더 사용하기 쉬워지고 있습니다. 전 세계 소비자들은 XR을 경험하기 위해 올인원 디바이스를 구매하고 있습니다. XR은 몰입형 게임부터 원격 학습, 가상 훈련까지 모든 분야에서 사용됩니다. 대규모 기업들도 XR을 워크플로우와 디자인 과정에 도입하고 있습니다. 디지털 트윈[66]을 포함하여 디자인 구현에 큰 도움을 주고 있습니다. 오늘날 XR의 가장 큰 트렌드 중 하나는 클라우드에서 5G를 통해 XR 경험을 스트리밍하는 것입니다. 이를 통해 작업장이나 특정 공간에 제한되지 않고 XR을 경험할

66) 디지털 트윈 기술에 관해서는 본 장 '14. 디지털 트윈'에서 자세히 살펴봅니다.

수 있습니다. 클라우드를 통해 5G로 스트리밍하면, 사용자는 장소와 시간에 관계없이 데이터 센터에서 XR 기기를 사용하기 위한 컴퓨팅 파워를 얻을 수 있습니다. 이런 클라우드 환경 덕분에 AR 기술 보급도 빨라지고 있습니다. 포켓몬 고가 유명세를 탄 후, AR 기술은 다양한 분야에서 새로운 시장을 열어가고 있습니다. 많은 소셜 미디어 플랫폼은 사용자들이 자신의 얼굴에 적용할 수 있는 필터를 추가했습니다. 유통업계에서는 AR을 활용하여 사진 같은 실사로 렌더링된 3D 제품을 소개하고 있으며, 고객들은 이런 제품을 방에 들여놓으면서 새로운 시각화의 세계를 체험해 가고 있습니다.

또한, 건축, 제조, 의료 등의 다양한 분야의 기업들은 이 기술을 사용하여 워크플로우를 크게 개선하고 독특한 상호작용 경험을 제공하고 있습니다. 예를 들어, 건축가와 설계팀들은 AR을 구축하여 프로젝트 모니터링에 통합함으로써 현장의 시공 상황을 보면서 디지털 설계와 비교할 수 있습니다. 또한, MR도 XR 영역에서 서서히 발전하고 있습니다. 바르요(Varjo) XR-3[67]과 같은 MR용 신형 헤드셋이 등장하면서 이 기술의 새로운 트렌드가 되고 있습니다. MR 헤드셋을 사용하면, 엔지니어링, 설계, 시뮬레이션 및 연구 전문가들은 실제 환경에서 자신들의 3D 모델을 개발하고 상호작용할 수 있습니다. XR 기술은 이제 인공지능 기술과 결합되면서 새로운 세계로 나아가고 있습니다. 인

67) 바르요 XR-3은 고성능 VR/AR/MR 기기 개발 회사인 바요르가 만든 MR HMD로서, 산업 및 기업 전용으로 설계되었습니다. 이제까지의 MR 헤드셋과는 달리 뛰어난 고해상도 비주얼 품질을 제공하며, 전문가용 소프트웨어와의 호환성, 선명함, 섬세한 디테일, 위생성 등 초점을 맞춘 기능을 제공합니다. XR-3은 2D 및 3D 콘텐츠를 실제 환경과 결합하여 더욱 직관적인 작업, 향상된 실시간 시뮬레이션, 훨씬 더 높은 생산성을 제공합니다.

공지능은 VR에서 설계자를 돕는 가상 비서부터 DIY 프로젝트를 이끌어주는 지능형 AR 오버레이까지 XR 영역에서 주요한 역할을 하게 됩니다. 예를 들어, 헤드셋을 착용한 채 자연어와 동작을 통해 콘텐츠를 조작할 수 있습니다. 손을 사용하지 않고도 음성으로 조작이 가능한 가상 에이전트가 있으면 비전문가도 완성도 있는 설계를 할 수 있으며, 복잡한 프로젝트를 완료하고 강력한 응용프로그램을 구현할 수 있을 것입니다. 이처럼 XR이 인공지능과 만나면서 그 가능성은 더욱 무궁해 지고 있습니다.

8 자율주행차

자율주행차의 개념과 작동원리

자율주행차란 운전자의 조작 없이 차량 자체의 센서, 카메라, 인공지능, 전자계 기술 등을 통해 스스로 주행이 가능한 차량입니다. 완전 자율주행 자격을 얻으려면 도로가 자율주행차용으로 건설돼 있지 않더라도 인간 운전자의 개입 없이 그 위를 달려 정해진 목적지까지 안전하게 도착할 수 있어야 합니다. 현대차그룹, BMW, 포드, GM, 테슬라, 폭스바겐, 볼보, 토요타 등 대부분의 글로벌 완성차 메이커들은 자율주행 자동차를 개발하거나 테스트를 하고 있습니다. 인텔, 구글, 아마존, 소프트뱅크, 알리바바와 같은 글로벌 IT 기업들도 기술 개발에 뛰어들어 눈부신 성과를 보여주고 있습니다. 구글의 경우 웨이모(Waymo)라는 자회사가 2021년부터 이미 미국 몇 개 도시에서 자율주행 택시 서비스인 '로보택시(robotaxi)' 시범 서비스를 운영하고 있습니다.[68] 이미 총 주행 거리가 수십만km에 이릅니다. 우리나라에서는 경기도와 세종시가 각각 판교와 세종시에서 자율주행 버스를 시험 운행하고 있습니다.

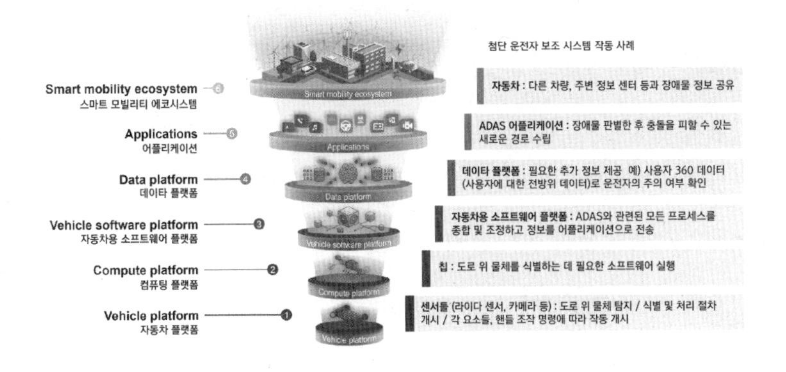

자율주행차 시스템은 인공지능 기술에 의해 구동됩니다. 자율주행차 개발자들은 이미지 인식 시스템에서 얻은 방대한 양의 데이터와 머신러닝, 딥러닝을 활용하여 자율주행이 가능한 시스템을 만듭니다. 딥러닝의 핵심인 인공신경망은 데이터에서 패턴을 인식하고, 이러한 데이터는 머신러닝 알고리즘에 입력됩니다. 이 데이터에는 자율주행차의 카메라로부터 얻은 이미지가 포함돼 있으며, 신경망은 이를 통해 신호등, 나무, 트래픽, 보도, 보행자, 도로 표지판 등 장애물을 식별해냅니다.

68) 2023년 8월 샌프란시스코에서는 정식으로 로보택시 서비스가 개시되었습니다.

웨이모는 센서, 라이다(뒤에 상술), 카메라 등을 사용하며, 이들 시스템이 생성하는 모든 데이터를 결합하여 차량 주변의 모든 사물을 식별하고 이들이 어떤 행동을 할지 예측합니다. 이 예측 과정은 몇 초 안에 이루어집니다. 이러한 시스템에서 중요한 것은 완성도입니다. 자율주행 시스템의 주행거리를 늘려갈수록 딥러닝 알고리즘에 데이터가 누적되면서 시스템의 완성도가 점점 높아져 더 미세한 운전이 가능해집니다. 구글 웨이모 자율주행차가 작동하는 방식을 잠시 살펴보겠습니다.

- 탑승객이 목적지를 설정하면 차량 소프트웨어가 경로를 계산합니다.
- 자동차 지붕에 장착돼 있는 회전식 라이다 센서가 반경 60m 거리까지 차량의 주변환경을 모니터랑하여 동적인 3D 지도를 생성합니다.
- 왼쪽 뒷바퀴에 붙어 있는 센서는 차의 위치를 3D 지도와 비교하여 측면 이동을 모니터링합니다.
- 전방과 후방 범퍼에 있는 레이더 시스템은 장애물까지의 거리를 계산합니다.
- 자동차에 장착돼 있는 인공지능 소프트웨어는 차량의 모든 센서들과 연동돼 있으며, 자동차 내부에 설치돼 있는 구글의 스트리트 뷰와 비디오 카메라로부터 입력 데이터를 수집합니다. 인공지능 소프트웨어는 딥러닝을 활용하여 사람 탐지와 의사결정 과정을 시뮬레이팅하고 핸들(스티어링), 브레이크와 같은 운전 제어 시스템을 작동합니다.
- 차량 소프트웨어는 랜드마크, 교통 표지판, 신호등과 같은 정보를 사전에 구글 지도에 알려줍니다.

• 인간 운전자가 있는 경우 제어권을 인간에게 넘겨주는 기능도 있습니다.

현재 도로 위를 달리는 많은 자동차들은 자율주행 수준이 낮지만, 일부 자율주행 기능은 갖추고 있습니다. 이들 차량은 2022년 기준으로 다음과 같은 자율주행 기능을 지원합니다.

• 핸즈프리 스티어링 : 운전자의 손이 핸들에 없어도 차량을 중앙에 위치시킵니다. 그러나 운전자는 계속해서 주의를 기울여야 합니다.
• 적응형 크루즈 컨트롤(ACC, adaptive cruise control) : 운전자가 지정하는 차간 거리를 자동으로 유지해 줍니다.
• 차선 중앙 스티어링 : 운전자가 차선을 넘어가면 자동으로 반대 차선 방향으로 차량을 돌리는 개입을 합니다.

자율주행 등급

자율주행차에 관한 이야기를 하자면 국제 자동차기술협회(SAE)가 정한 자동차의 자율주행 등급을 이해할 필요가 있습니다. SAE는 자율주행 등급을 6단계로 분류하고 있는데, Level 0에서부터 Level 5 즉, 0등급에서 5등급까지입니다.

레벨 0 : 운전을 보조하는 자동화 장치가 전혀 없는 단계를 말합니다. 운전자가 자동차를 100% 제어합니다.

레벨 1 : 핸들, 브레이크, 악셀레이터 조정 같은, 운전자를 보조하는 자동기능이 탑재된 경우로, 쿠르즈 컨트롤, 차선이탈경보장치 그리고 긴급제동장치 등이 달린 자동차를 뜻합니다. 지정된 속도를 유지하고 차선이탈

시 경보음을 낸다고 하지만 결국은 운전자가 늘 도로 상황과 차량의 주행 상태를 점검하고 운전대에 항상 두 손이 놓여있어야 합니다.

레벨 2 : '부분적 자율주행'이 가능한 경우입니다. 고속도로와 같은 정해진 조건에서 차선과 차량 간격 유지는 가능한 단계입니다. 레벨 1보다 자동화가 강화되어 핸들과 브레이크, 악셀레이터가 자율주행이 가능하도록 자동 조정됩니다. 레벨 1과 다른 점은 핸들과 함께 가속과 감속까지 시스템이 제어합니다. 차선을 벗어나지 않도록 자동차 스스로가 핸들을 움직이고, 앞차와의 간격 등을 고려해 스스로 속도를 낮추거나 높이는 것도 가능합니다. 그러나 운전자가 항상 주변 상황을 주시하고 적극적으로 주행에 개입해야 합니다.

레벨 3 : '조건부 자율주행'을 말합니다. 이 단계부터는 운전 시 차량의 통제권과 모니터링 주도권이 사람에서 시스템으로 넘어갑니다. 그만큼 운전자의 주의가 많이 줄어드는 것입니다. 이 등급에서는 자동차가 스스로 장애물을 감지해 회피하기도 하고 길이 막히면 돌아가기도 합니다. 운전자가 적극적으로 주행에 개입할 필요는 없지만, 자율주행 한계 조건에 도달하면 정해진 시간 내에 대응해야 합니다.

레벨 4 : '고도 자율화' 단계이며, 대부분의 도로에서 자율주행이 가능합니다. 주행 시 제어권과 책임은 모두 자동차의 자율주행 시스템에 있습니다. 복잡한 도심과 골목, 커브 등 돌발 상황이 예상되는 도로에서도 자율주행이 가능하도록 설계돼 있습니다. 다만, 악천후와 같은 일부 조건에서는 운전자의 개입이 요청될 수 있어서 사람이 조작할 수 있는 주행제어장치는 여전히 필요합니다.

레벨 5 : '완전 자율주행' 단계로, 운전자가 불필요하며, 탑승자만으로 목적지까지 주행이 가능합니다. 목적지를 입력하면 자동차의 시스템이 모든 조건에서 주행을 담당합니다. 운전자를 위한 제어장치가 모두 불필요해집니다.

자율주행차 개발 현황

현재 자동차 제조사와 기술 기업들은 자율주행차 개발에 박차를 가하며 다양한 기술적 발전을 이루어내고 있습니다. 아직까지 영업용 자율주행차인 웨이모 외에 개인용 자율주행차는 상용화되지 않았지만, 부분 자율주행 기능이 탑재된 차량들이 시장에 이미 출시되어 있습니다. 이러한 부분 자율주행 기능에는 실내외 주차를 돕는 자동 주차 시스템, 차선 유지 시스템, 고속도로 주행 조향 보조 시스템 등이 있습니다.

또한 자율주행차의 핵심 기술인 인공지능, 센서, 카메라 등의 기술 발전을 통해 차량이 주변 환경을 정확하게 인식하고 적절한 의사결정을 할 수 있는 능력이 높아지고 있습니다. 이를테면 라이다(LiDAR) 등의 센서 발전을 통해 차량이 주변 환경 정보를 더욱 정확하게 인식하게 되었으며, 딥러닝 기반의 인공지능 기술 발전을 통해 알고리즘의 정확성 또한 향상되고 있습니다.

미국 샌프란시스코 거리에서는 운전자가 없는 웨이모 로보택시를 탈 수 있습니다. 자율주행 기술의 획기적인 발전이라고 할 수 있습니다. 이 로보택시 차량은 인터넷이 보편화된 이래로 가장 놀라운 미증

유의 발전을 촉발시키게 될 것입니다. 우리의 일과 삶에 끼칠 영향력으로 말하자면 100여 년 전 헨리 포드가 최초의 조립 라인으로 자동차 공장을 자동화 한 것이나 만큼 엄청난 변화를 초래할 수 있습니다.

자율주행차 기술 개발에 전 세계에서 투자한 금액만도 2023년 현재 이미 2,000억 달러(약 266조원)를 넘어섰습니다. 그리고 상용화 경쟁이 심화됨에 따라 그 액수 또한 빠르게 증가할 것으로 예상됩니다. 동시에, 전 세계의 국가들은 자율주행차 생산과 상용화를 촉진하기 위해 관련 인프라에 투자하고 있습니다. 기존 택시 회사들이 로보택시로 갈아타고 신생 로보택시 회사들이 새롭게 등장하며, 물류회사들이 자율주행 트럭을 도로로 내놓을 날도 머지않았습니다. 자율주행차가 물류산업에서 일으킬 돌풍은 도소매와 같은 유통업에서부터 궁극적으로는 우리 삶의 모든 측면을 변화시키는 도미노 효과를 만들어낼 것입니다.

IT 분야에서 세계 최고 수준에 있는 우리나라가 글로벌 자율주행차 개발 레이스에서는 좀 뒤쳐지고 있다는 느낌이 드는 가운데 국내에서는 오토노머스에이투지(Autonomous A2Z)라는 스타업이 기술에서 가장 높은 평가를 받고 있습니다. 2018년에 설립된 이 신생 벤처기업은 글로벌 시장조사 전문기관인 '가이드하우스 인사이트'가 발표한 2023년 자율주행기술 종합순위에서 13위에 오르며 유수한 글로벌 자율주행차 선두 기업들과 어깨를 나란히 하는 기염을 토하고 있습니다. 이 순위에 오른 기업들은 대부분은 구글과 인텔, GM 등 글로벌 기업의 자회사이거나 파트너사입니다. 1위가 인텔 모빌라인, 2위 구글 웨이모, 3위 바이두, 4위가 GM(제너럴모터스)입니다. 에이투지 뒤로는 15위가 토요타고 16위가 테슬라입니다. 지금까지 이 순위에서는 2019년 현대차가 15위를 기록한 이후 대한민국 기업은 한 번도 이름을 올리지 못했었습니다. 에이투지는 국내에서는 가장 많은 32대의 자율주행차로 실증테스트를 진행하며 이미 26㎞ 이상의 자율주행 거리를 달성했습니다. 가이드하우스는 에이투지 자율주행차가 웨이모, 크루즈 등과 비교해봐도 뒤지지 않을 정도의 긴 거리, 높은 속도, 어려운 구간에서 운행하고 있으며, 앞으로 무서운 속도로 성장할 것이라고 평가하고 있습니다.

자율주행차의 핵심 기술, 라이다 센서

포브스(Forbes)는 1917년에 미국에서 창간된 유서 깊은 경제 전문지로, 기업과 부자들의 순자산, 성공 사례, 리더십 전략 등에 대해 다룹니다. 특히 매년 세계 부자 순위, 미국 부자 순위, 30세 이하 억만장자 30인 등의 목록을 발표하며, 많은 관심을 받고 있습니다. 포브스의 기업가치는 1조700억원 정도 되는데, 2023년에 이 포브스 지를 28살의 젊은 청년이 사들여 세상을 놀라게 했습니다. 그 주인공은 오스틴 러셀(Austin Russell)이라는 청년 기업가입니다. 17살 때 스탠포드 대학에서 물리학을 공부하다가 중퇴하고 루미나(Luminar Technologies)라는 회사를 창업하여 나스닥에 상장, 25세에 세계 최연소 자수성가 억만장자가 됐습니다. 러셀도 물론 포브스가 2022년에 선정한 세계 30세 이하 30인 부자에 당당히 이름을 올렸습니다.

러셀 사장이 부를 일군 것은 센서 개발을 통해서입니다. 그는 자율주행차 센서의 핵심 부품인 '라이다(LiDAR)'의 상용화를 주도해서 시장의 판도를 바꾼 인물입니다. 라이다는 레이저 빛을 목표물에 쏴 사물의 위치, 거리, 운동 특성 등을 파악하는 센서입니다. 과거엔 기술상의 한계로 짧은 거리만 추적할 수 있었기 때문에 자율주행차에 활용하기 어려웠습니다. 하지만 러셀이 라이다의 추적 가능 거리를 최장 250m까지 늘림으로써 자율주행차에도 도입할 수 있게 됐습니다. 그 덕에 그는 2020년 12월 나스닥에 루미나를 상장시키며 단숨에 억만장자 반열에 올랐던 것입니다. 라이다가 얼마나 중요한 센서이길래 이렇듯 젊은 청년을 세계적인 부자로 만들었을까요?

라이다(LiDAR)는 'light detection and ranging'의 약자로 '빛 감지 및 측정'이라는 의미입니다. 레이저 빛을 활용하여 거리를 측정하고 주변 환경의 지도를 작성하는 원격 감지 기술입니다. 라이다의 원리는 기존의 음파탐지기나 레이저와 크게 다르지 않습니다. 음파탐지기는 소리를 측정 대상인 물체에 쏴서 반사돼 돌아오는 시간을 측정하여 거리를 계산합니다. 레이다는 소리 대신 전자기파를 이용합니다. 이와 마찬가지로 라이다는 적외선 기반의 레이저 펄스를 발사하고 그것이 물체에 반사되어 센서로 돌아오는 데 걸리는 시간을 측정함으로써 작동합니다.

이 세 가지 센서는 각각 장단점이 있습니다. 음파탐지기는 단순한 회로 구성으로 가격이 저렴하고 손쉬운 작동이 가능하지만 정확도가 떨어집니다. 레이다는 빠른 속도로 측정되어 실시간으로 물체 감지가 가능하고, 단거리에서부터 원거리까지 감지 범위도 넓습니다. 그리고 날씨나 환경의 영향을 크게 받지 않아 환경 변화에 강하다는 장점이 있습니다. 그러나 정밀한 거리 측정에는 한계가 있어서, 세밀하게 대상 사물의 정보를 얻을 수 없다는 단점이 있습니다.

라이다는 정밀한 거리 및 위치 측정이 가능하고, 360도 주변 환경을 인식할 수 있으며, 적외선 레이저의 직선성 덕분에 레이더에 비해 정밀도가 압도적으로 높습니다. 오차범위가 mm단위일 만큼 정밀합니다. 이 때문에 주변의 지형지물은 물론 사람 얼굴 윤곽도 확인이 가능할 정도의 정밀한 3D 지도를 생성하는 것이 가능합니다. 고도와 방위를 정확히 측정해낼 수 있어서 작은 물체를 감지하는 능력도 레이더에 비해 뛰어납니다. 야간에도 초음파나 카메라보다 안정적으로 주변 환경을 스캐닝할 수 있습니다.

음파탐지기는 자율주행차에 적용할 경우 후방 주차나 예지 경보 등 보조적인 기능으로 사용하기도 하지만, 라이다와 레이다는 차량 전반의 주변 환경 인식에 반드시 필요한 센서들입니다. 자율주행차에서 라이다는 정밀한 거리 측정을 담당하고, 레이더는 보다 넓은 범위의 환경 인식과 속도 측정을 담당하며, 카메라와 함께 데이터를 통합하여 안전한 주행 제어 시스템이 구현됩니다.

라이다가 수집하는 데이터는 주변 환경의 3D 모델을 생성하는 데 사용됩니다. 그래서 라이다는 자율주행차뿐만 아니라 지리학, 고고학, 기상학과 같은 다양한 분야에서 활용되고 있습니다. 1960년대에 개념이 처음 나온 후 1970년대에 발전된 초기의 라이다 기술은 불편하고 비싸며 효율성이 떨어졌습니다. 그러나 지속적인 기술 발전 덕분에 장치의 크기가 줄어들고 측정 거리도 늘어나면서 라이다는 자율주행차를 포함한 다양한 산업에서 더욱 접근 가능하고 중요한 기술이 되었습니다.

이처럼 라이다는 안전한 자율주행차 구현에 핵심이 되는 센서로, 레이저를 이용하여 주변 환경의 거리와 위치를 정밀하게 측정할 수 있어서 자율주행 차량이 주행하는 중에 주변 환경을 인식하고 안전한 주행을 제어하기 위해 사용됩니다.

자율주행차가 라이다 센서를 사용하지 않는다면 카메라나 레이더만으로 주변환경과 정보를 파악해야 하는데 정확도가 많이 떨어져서 안전성을 확보하기 어렵습니다. 예를 들어 장애물과의 거리, 높이 등을 정확히 측정할 수 없게 됩니다.

자율주행차 개념은 라이다 센서가 발전하면서 현실화 가능성이 열렸다고 해도 틀린 말이 아닙니다. 자율주행차의 전단계 기술이라고 할 수 있는 첨단 운전자 지원 시스템(ADAS, advanced driver assistance systems)은 운전 중 발생할 수 있는 상황 일부를 차량이 스스로 인지하고 판단해서 기계 장치를 전자적으로 제어하는 시스템입니다. ADAS는 특정한 기능이 아니라, 운전자가 안전하고 편리하게 주행할 수 있도록 도와주는 모든 기능을 말합니다. 보행자 탐지 및 회피, 자동 긴급 제동 시스템, 차선 이탈 경보 및 자동 복귀 시스템, 교통신호 인식 그리고 능동형 사각지대 감지 등입니다.

ADAS는 1950년대에 잠김 방지 브레이크인 ABS 시스템을 시작으로 운전 중에 발생할 수 있는 상황에 실시간 대응할 수 있는 다양한 종류의 ADAS가 자동차에 탑재돼 안전하게 운전할 수 있도록 보조합니다. '스마트 크루즈 컨트롤(ASCC, advanced smart cruise control)' 기술은 운전자가 사전에 설정해 놓은 속도로 자동 운행하며 차량 전방에 장착된 레이더 센서를 이용해 앞차와의 간격을 자동으로 유지하게 해줍니다. 이밖에 '자동 긴급 제동 시스템(AEB)'은 차량 전방 카메라와 레이더 센서로 전방 차량이나 보행자를 감지해 충돌 위험 시 운전자가 제동 장치를 밟지 않아도 차량이 스스로 속도를 줄이거나 긴급 제동을 합니다.

자율주행차는 이러한 기존의 ADAS 시스템을 더 향상시켜야 가능해집니다. 그러자면 더 정확한 데이터를 효과적으로 전달해야만 포괄적인 차량 안전 솔루션을 만들 수 있습니다. 여기에 중심적인 역할을 하는 것이 라이다 센서입니다.

현재 ADAS는 SAE가 정하는 운전 자동화 척도의 6가지 단계 중 세 번째 단계인 레벨 2에 해당하는 수준으로, 대부분의 차량에서 표준으로 사용되고 있습니다. 자율주행차 또는 준자율주행차에는 고수준의 안전성을 제공할 수 있는 센서가 필요합니다. 자동차 응용 분야에서는 이 센서가 태양, 비, 안개와 같은 기상 조건에 영향을 받지 않고 모든 날씨 상황에서 신뢰성을 가지도록 해야 합니다.

자율주행차 구현을 위한 차량 자동화 레벨 4와 완전자동화 단계인 레벨 5를 달성하려면 비전, 레이더, 라이다 등 세 가지 센서에 의존해야 합니다. 최고 수준의 자율주행은 이 세 가지 센서들이 조화롭게 작동하여 포괄적인 운전자 지원을 제공할 때 가능해집니다. 레이더 기반 시스템은 가시성이 좋지 않은 상황에서 작동하여 다소 넓은 영역을 커버합니다. 비전(카메라) 기반 시스템은 가시성이 좋은 조건에서 더 나은 작동을 수행하며 주차 보조, 교통 신호 인식, 도로 표시물 인식 등에 도움을 줍니다. 반면, 라이다는 차량 주변 환경을 360° 시야각으로 인식하는데 특히 정확도가 높으며, 200미터 이상까지도 3D 객체의 감지와 인식이 가능합니다. 라이다 시스템의 3D 매핑 기능은 차량, 보행자, 나무, 사람 및 기타 객체를 구별할 수 있도록 하며 동시에 실시간으로 그들의 속도에 대한 정보를 계산하고 전송하는 것도 가능합니다.

자율주행차를 위한 도로 위 지능형 시스템 V2X

완전 자율주행차를 향해 자동차들이 점점 더 자동화되고 있습니다. 기술이 발전함에 따라 자동 긴급 제동 시스템, 차선 유지 보조 등과 같은 기능을 갖춘 차량이 점점 더 많아질 것입니다. 그렇지만 미래에는 어떻게 될까요? 도로 위 장애물과 다른 차량을 감지할 수 있는데 그치지 않고, 이들과 통신할 수도 있게 될 것입니다. 자율주행차를 위한 이러한 통신기술이 바로 차량사물통신인 V2X(vehicle-to-everything)입니다. 도로 위에서 같이 달리고 있는 차량들 간의 통신인 V2V(vehicle-to-vehicle), 차량과 도로 위 인프라들과의 통신인 V2I(vehicle-to-infrastructure) 등은 자동차가 다른 자동차들 및 공공 인프라와 도로 주변 환경과 정보를 공유할 수 있는 기술입니다. 이는 자동차 산업에 많은 변화를 가져올 수 있습니다.

V2X는 첨단 운전자 지원 시스템(ADAS)의 하위 범주입니다. V2X는

자동차로 하여금 다른 자동차, 공공 인프라, 보행자, 심지어 글로벌 네트워크와도 통신할 수 있게 해주는 기술입니다. V2X의 독특한 점은 전통적인 ADAS 센서와 달리 주변의 기술과 통신한다는 것입니다. 블루투스 기기와 유사한 개념입니다. 이를 통해 순간적인 데이터 전송과 빠른 응답이 가능합니다. 예를 들어, 보행자를 감지하는 카메라 센서에 의존하는 대신, 이런 통신을 통해 자율주행차가 사전에 보행자가 건널 것을 미리 알게 된다는 것입니다. 이 시스템이 일상화되면 세상은 크게 변화될 것입니다. V2X에는 V2V, V2I, V2P, V2N과 같은 시스템이 있습니다.

- V2V : V2V는 차량간 통신이며, 이 기술을 사용하면 자동차가 근처 차량에 데이터를 전송할 수 있습니다. V2V, 레이더, 카메라 센서 및 GPS의 결합을 통해 차량은 교통 사고 위험을 평가하고 사고를 피할 수 있습니다. 또 차량이 신호등이나 신호에 맞춰 즉시 출발하기도 하고 멈추게도 할 수 있습니다. 이렇게 되면 교통 효율성을 향상시키고 도로 혼잡을 줄일 수 있습니다.
- V2I : V2I는 차량과 인프라 간 통신을 의미합니다. 이 기술을 사용하면 차량이 도로 상에 있는 각종 장치와 통신할 수 있습니다. 이 수준의 상호작용이 가능하다면 가능성은 무궁무진해집니다. 우리 차 앞에 교통사고가 났다거나 공사 구간, 구덩이, 긴급 신호가 있다는 것을 사전에 알 수 있습니다. 그 이상도 가능합니다. 주차장이나 주차 구역이 차량에게 어디에 빈 공간이 있는지를 자동으로 알려줄 뿐만 아니라, 그 자리로 안내해 줄 수도 있습니다.
- V2P : V2P(vehicle-to-pedestrian)는 차량-보행자 통신을 의미하며, 아마도 구현하기 가장 복잡한 시스템이 될 것입니다. V2P를 사용하면

차량이 브레이크의 문제가 있음을 보행자에게 알릴 수 있는 시스템을 만들 수 있습니다. 또 대중교통 관련 보행자가 모이는 위치와, 차량이 양보해야 할 때와 안전하게 출발할 때를 알려줄 수 있습니다. 이 시스템을 구현하는 데 가장 큰 문제는 보행자가 자신의 모바일 기기를 공공 신호나 안전 경보 신호로 사용해야 한다는 점입니다. 그러나 이러한 기술에서 얻을 수 있는 혜택이 워낙 커서 실현 가능성은 높다고 할 수 있습니다.

- V2N : V2N(vehicle-to-network)은 차량-네트워크 통신을 의미합니다. 다른 형태의 V2X는 주로 블루투스 연결처럼 위치에 기반한 연결인데 반해, 이 연결은 인터넷과 같은 외부 네트워크와의 연결입니다. 즉 차량이 중앙 서버와 데이터베이스에 연결되어 자율주행에 필요한 모든 정보를 받게 된다는 뜻입니다.

이러한 V2X 기술은 공공 안전 및 인프라와 관련된 많은 가능성을 열어줄 것입니다. 그러나 V2X 기술이 보편화되기에는 아직 갈 길이 멉니다. V2X가 자동차 산업에 일반적으로 채택되기까지는 시설 투자, 제도 정립 등 극복해야 할 어려움이 많지만, 혜택은 그보다 훨씬 큽니다. 차량과 인프라 간의 실시간 통신을 제공하는 능력을 갖춘 V2X는 ADAS 기술에 혁명을 일으킬 수 있으며, 도로를 훨씬 안전하게 만들 수 있습니다.

자율주행차에 관한 제도와 규제 문제

우리나라를 포함한 세계 선진 국가들 대부분이 자율주행차 시대를 맞을 준비를 서두르고 있습니다. 싫건 좋건 머지않아 우리 모두는 자율주행차를 타게 될 텐데, 무엇보다 자율주행차는 우리가 운전할 필요가 없으므로 운전하는 노고부터 해방되는 기쁨을 맛볼 수 있습니다. 대부분의 운전자들은 교통사고 후 책임 범위를 따지고 보험사와 보험금으로 다투는 불쾌한 경험을 가지고 있습니다. 그런데 앞으로는 운전할 필요가 없어지니 이런 불쾌한 경험은 다시는 하지 않아도 될 것 같습니다. 그렇다면 자율주행차가 운행되는 도중 사고가 나면 어떻게 될까요? 운전자가 없는 자동차이니 누구에게 사고의 책임을 물어야 할까요?

자율주행차를 현실화 시킬 기술들이 급속히 발전하고 있고, 전 세계 국가들이 도로에서 점차 자동화 수준을 높여갈수록 이 역시 현실적인 문제가 되어가고 있습니다. 우리나라에서는 이 문제가 아직 구체적으로 논의되고 있지는 않습니다. 영국의 경우에는 2025년까지 자율주행차를 도입하기 위한 새로운 로드맵을 발표하면서, 자동차가 자율주행 모드에 있을 때 발생하는 사고에 대해 운전자가 아닌 자율주행차 제조업체가 책임을 져야 한다는 것을 분명히 하고 있습니다. 영국의 그랜트 샵스(Grant Colin Shapps) 전 교통부 장관의 말을 들어보겠습니다.

"우리는 영국이 이 환상적인 자율주행 기술을 개발하고 활용하는 데 앞선 나라가 되길 바라고 있습니다. 그렇기 때문에 우리는 안전에 대한 중요한 연구에 수백만 달러를 투자하 것이며, 이 기술이 약속하는 모든 혜택을 확실히 얻을 수 있도록 법률을 제정하고 있는 것입니다."

영국의 자율주행차 상용화 계획은 새로운 법률로 구성될 것이며, 다양한 국가들이 서로 다른 정책 프레임워크를 제정하는 가운데 글로벌 패치워크 시스템[69]이 등장함에 따라 이루어졌습니다. 프랑스는 자율주행차에 대한 전국적인 규제 체제를 승인한 최초의 국가 중 하나입니다. 2023년 9월부터 시행된 이 정책은 차량이 자율주행 할 때 운전자에 대한 책임을 면제해 줍니다. 독일과 일본도 자율주행차 사용자에 대한 다양한 수준의 책임 보호를 법제화했습니다.

미국에서는 정책 수립이 주로 주 정부들로 위임되면서 규제가 통일되지 못하고 있습니다. 이로 인해 어떤 부분에서는 운전자가 책임을 져야 하는 등 책임 소재에 대한 판단이 다소 모호하게 남아 있습니다. 일례로, 2019년에 자율주행차와 관련된 사고로 두 명이 사망한 적이 있었는데, 이 사고와 관련하여 2023년 1월 사고 당시 차량에 타고 있던 남성이 캘리포니아주에서 차량 과실치사 혐의로 기소됐습니다.

자동차 제조업체들도 책임 문제를 해결하기 위한 조치를 취했습니다. 2015년에 볼보는 자동차가 자율 주행 모드로 작동할 때 책임을 인정할 것이라고 발표했습니다. 볼보는 그러한 공약을 한 최초의 자동차 제조사들 중 하나였습니다.

자율주행차가 사람이 운전하는 자동차보다 안전할 것이라는 공감

---

69) 글로벌 패치워크 시스템(global patchwork system)이란 여러 국가에서 발생하는 다양한 문제들에 대해 국제적 협력을 통해 공동으로 해결하는 시스템입니다. 자율주행차 상용화와 같이 각 국가에서 제정되는 정책이 서로 다를 경우, 글로벌 패치워크 시스템은 이를 보완하여 서로 호환 가능한 약속된 기준을 제시하고, 이를 위반하는 경우 패널티를 부과하여 정책이 일관되게 적용될 수 있도록 합니다. 이를 통해 전 세계적으로 자율주행차가 보다 안전하게 운행될 수 있도록 하고, 글로벌 자율주행차 시장의 발전과 확대를 촉진할 수 있습니다.

대가 커지면서, 누가 자율주행차 사고의 책임을 져야 하는가라는 문제에도 영향을 미치고 있습니다. 사실, 오늘날 도로 사고의 거의 80%가 인간의 실수 때문에 발생합니다. 영국의 관련 법제를 지지하는 사람들은 적절한 개발과 안전 가드레일 등의 안전장치를 통해 자율주행차가 운전자와 보행자 모두를 위해 도로가 훨씬 더 안전하게 조성되기를 바라고 있습니다. 영국 자동차협회의 에드먼드 킹 회장은 이렇게 말합니다.

"자율 비상 브레이크와 적응식 정속주행 시스템과 같은 보조 운전 시스템은 이미 수백만 명의 운전자들이 도로에서 안전하게 자동차를 운행할 수 있도록 돕고 있습니다. 자율주행 시스템은 수천 명의 생명을 구하고 노인과 거동이 불편한 사람들의 이동성을 개선한다는 측면에서 추구할 가치가 충분히 있습니다."

운전자에 대한 책임 보호와 마찬가지로 자율주행차 안전 표준도 보다 체계적으로 제정되어야 할 것입니다. 세계경제포럼의 자동차 안전 운행 팀은 '안전한 자율주행 정책 만들기' 보고서에서 자율주행차의 안전과 관련해 이렇게 지적하고 있습니다.

"안전을 정의하는 문제는 필연적으로 자동차 운행 환경과 관련되기 때문에 전 세계적으로 자율주행차의 안전을 위한 기준을 설정하는 데는 합의를 도출하기 쉽지 않습니다."

자율주행차의 상용화가 눈앞에 다가왔지만 아직도 해결해야 할 과제가 산적해 있습니다. 그중에서도 특히 안전과 책임에 관한 각 나라들의 정책과 제도 마련이 국제 표준과 함께 시급히 이루어져야 합니다.

자율주행차가 우리 사회에 미치게 될 영향

◆ 자동차 산업의 변화

자율주행차가 스마트폰 만큼 보편화된다면 우리 사회에 가장 많은 영향을 받게 될 분야는 자동차 산업입니다. 그중에서도 자율주행차 시대가 개막하면서 자동차 산업의 초점이 승용차 제조에서 서비스형 자동차 제조로 이동할 것인가 하는 점이 중요합니다.

과거 유사 사례를 살펴보면, 스마트폰이 통신 분야에 미친 막대한 영향을 생각할 수 있습니다. 자율주행차 역시 이와 마찬가지로 자동차 산업에 상상을 초월할 정도의 영향을 미치게 될 것입니다. 현재 자율주행차 연구는 주로 MaaS[70] 사업 공급에 초점을 맞추고 있습니다. 자율주행차도 개인 승용차 보다는 주로 상업용 차량으로 개발되고 있다는 뜻입니다. 운전자가 없으니 임금이 필요치 않아 훨씬 더 비용 효율적일 것입니다. 기존 택시보다 저렴한 요금으로 로보택시와 같은 자율주행 택시를 이용할 수 있게 되면 개인 승용차는 줄어들게 돼 연료비에서 보험, 심지어 세금에 이르기까지 자동차 산업의 모든 측면에 파급 효과를 일으킬 것입니다.

◆ 도로 위 교통 상황

자율주행차가 보편화되면 도로 위 교통 상황은 어떻게 바뀔까요? 교통 상황이 나아질까요, 아니면 더 악화될까요? 자율주행차 시대가 도래할 경우 자율주행차 기술이 교통 시스템에 미치게 될 영향에 대

70) MaaS는 Mobility as a Service로 '서비스형 이동수단'을 의미합니다. 택시, 대중교통, 대리운전, 도심항공교통 UAM 등 사람에게 필요한 다양한 모빌리티 수단을 하나의 플랫폼에서 제공하는 것을 말합니다. 1장 '구독경제와 서비스형 비즈니스 모델(XaaS)'을 참조하세요.

한 전문가들의 의견은 엇갈리고 있습니다. 낙관론자들은 도로 시스템이 더 정밀해지고 효율적으로 변해 출퇴근에 걸리는 시간이 줄어들 것으로 예상합니다. 교차로와 나들목은 더 이상 교통 정체를 빚는 아코디언 현상을 발생시키지 않으며, 결과적으로 훨씬 원활한 교통 흐름을 가져옵니다. 교통사고의 주된 원인이던 운전자의 실수가 더 이상 없을 것이기 때문에 교통혼잡이 감소하게 되는 것입니다.

반면에 실용주의자들은 더 많은 차들이 도로에 나오게 될 것이므로 교통 혼잡이 증가할 것이라고 예측합니다. 더구나 자율주행차 시대로 전환되는 시간을 고려해야 합니다. 모든 수동 자동차가 도로에서 사라지기까지는 수십 년이 걸릴 수 있습니다. 인간이 운전하는 차와 자율주행차가 공존하는 한 인간의 실수는 완전히 제거될 수 없습니다.

◆ 도심의 유휴 공간 증가와 에너지 소비 감소

자율주행차가 많아지면 도심 내 주차 공간이 영향을 받게 됩니다. 즉, 주차 공간의 필요성이 줄어 도심에 공원과 같은 공간이 늘어날 수 있습니다. 무인 자동차는 특히 혼잡한 도심 지역에서 주차 공간의 필요성을 잠재적으로 줄일 수 있습니다. 자율주행 택시들은 쉼 없이 이동할 테고, 개인용 자율주행차들은 소유자를 출근시킨 후 집으로 되돌아갈 수도 있습니다. 차량 스스로 주차를 수행할 수 있기 때문에 효율적인 주차 공간 활용이 가능하게 됩니다. 이를 통해 도심의 주차 공간에 대한 요구가 줄어들고, 주차장의 변화와 함께 도심의 공간 활용이 개선될 것입니다. 도심에 유휴 주차장들이 늘어나 도시 계획가들은 이 공간들을 공원과 놀이터로 만들어 더 푸른 도시를 만들 것입니다.

자율주행차들은 서로 통신을 하게 되므로 그에 맞춰 도로 건설과 디자인도 바뀌게 될 것입니다. 이러한 통신을 가능하게 하는 새로운 충전소, 이동식 타워 및 도로 센서가 설치돼야 할 것이기 때문입니다. 또한 자율주행차는 더욱 효율적인 주행으로 에너지를 절약하게 되어 전체적인 에너지 소비가 감소할 것으로 예상됩니다.

◈ 물류산업의 변화

자율주행차는 공급망 부문에서 일자리, 안전, 가격 등 모든 것에 영향을 미치게 될 것입니다. 이미 인력 부족으로 어려움을 겪고 있는 물류 회사들은 우리가 생각하는 것보다 더 빨리 자율주행 트럭들을 도입할 것입니다. 그럼에도 불구하고, 장거리 운송 트럭이 운전자 없이 고속도로를 질주하는 것은 당장은 상상하기가 좀 어렵습니다. 보다 현실적인 가정은 장거리 운송 시 운전자가 탑승해 상황에 따라 자율주행 모드와 수동 모드를 번갈아 활용하는 것입니다. 자율주행 모드 운행 시 트럭 운전자는 휴식을 취할 수 있습니다. 이러한 변화에 맞춰 새로운 서비스 산업이 생겨날 수도 있습니다. 트럭에 탑승한 채로 식사를 할 수 있도록 하는 서비스 같은 것들입니다.

◈ 교통약자를 포함한 모든 사람들의 교통생활 편의 증진

자율주행차는 많은 사람들에게 교통생활의 편의를 제공하게 될 것입니다. 뿐만 아니라 현재 운전이 불가능한 사람들의 이동성에 큰 도움이 될 것입니다. 노인, 장애인, 어린이 등 교통약자들은 훨씬 편리하게 교통 수단을 이용하게 할 수 있습니다. 또한, 자율주행차가 보편화될수록 도로 여행이 점점 더 안전해질 것이므로 사고로 인한 부상 가능성도 줄어들 것입니다. 네델란드 잡지인 콤팩트(Compact)에 따르면, "미국에서 도로 안전사고를 1%만 줄여도 연간 80억 달러 이상의 비용 절감 효과를 얻을 수 있다"며, "이런 수치는 자동차 소유자들을 포함한 여러 이해 관계자들이 자율주행차 기술로 상당한 이득을 얻을 수 있음을 의미한다"고 합니다.

그러나 우리 사회에 존재하는 범죄 요소 또한 고려해 봐야 합니다. 범죄자들은 자율주행차를 해킹하여 생명과 재산에 막대한 피해를 입힐 수 있습니다. 이러한 시나리오는 건강과 상해 보험에 파급효과를 일으킬 것입니다. 보험금이 지급되면 누가 책임을 져야 할까요? 보험 혜택을 받는 범위는 어디까지일까요? 이런 문제들은 자율주행차가 보편화되기 전에 반드시 질문하고 합당한 정책이 수립돼야 할 문제입니다.

◆ 고용시장의 변화

신기술이 도입되는 과정에서는 고용시장에 유사한 현상이 발생합니다. 자율주행차의 등장은 특정 작업은 줄어드는 대신에 새로운 일자리 기회와 새로운 기능 습득의 필요성이 생깁니다. 택시나 트럭을 몰던 운전사들은 운전 일자리가 사라지게 될 것이므로, 자율주행차 관리나 MaaS 플랫폼에서 고객 서비스를 제공하는 자율주행차 전문가로 변신할 수 있습니다. 자율주행 기술자, 원격 자율주행 제어 기사, 자율주행차 서비스 관리자와 같은 새로운 일자리가 등장하고, 여기에 맞는 자격 요건도 생기게 될 것입니다. 직업 훈련이 필요해지는 만큼 교육 분야를 활성화할 수도 있습니다.

이외에도 출퇴근 시간에 추가적인 자유 시간이 많아지면, 근로자들의 일상생활은 상당한 변화를 겪게 될 것입니다. 컴팩트 보도에 따르면 "자율주행차는 이전에 자가 운전하던 사람들에게 1인당 하루에 50분까지 자유 시간을 가져다 줄 것"이라고 합니다. 전문가들은 사람들이 이 시간을 경제 활동에 사용할 것이라는 가정하에 경제 성장을 예측합니다. 운전할 필요가 없는 세상이 오면 사람들이 자율주행차를 타는 동안 주로 무엇을 하느냐에 따라 우리 사회의 모습이 많이 변하게 될 것입니다.

이처럼 자율주행차의 상용화는 우리 사회를 큰 폭으로 변화시킬 것으로 기대됩니다. 요약해 보자면, 자동차 운전의 스트레스 감소, 교통사고의 감소로 인한 교통 안전의 향상, 노인 및 장애인 등 교통약자들의 이동 편의 증진 등을 대표적인 이점으로 꼽을 수 있습니다. 또한 자율주행차의 확산으로 인해 도심의 교통체증 및 공간 낭비 문제도 해결될 전망입니다. 도심 주차 공간의 최적화, 공유 자동차 활성화 등을 생각해 볼 수 있습니다.

과거 저속 전기차의 발전이 현재의 고속 주행의 전기차 발전으로 이어졌듯이, 자율주행차 역시 지속적으로 발전할 것입니다. 다만 상용화로 이어지기 위해서는 많은 과제가 남아 있으며, 자율주행 기술의 안전성을 입증하고 그에 따라 법·제도의 정비, 소비자의 수용 등을 동시에 이루어내야 할 것입니다. 이러한 난관들을 극복한다면 우리 사회는 완전한 자율주행 시대를 맞이하게 될 것입니다.

9 드론

드론이란?

드론이란, 항공안전법상 '초경량비행장치' 범위에 포함되는, 사람이 탑승하지 않는 비행장치입니다. 고정익항공기(비행기) 또는 회전익항공기(헬리콥터) 모양의 무인항공기, 무인헬리콥터, 무인멀티콥터, 무인비행선 등 다양한 형태로 존재하며, 공중에서 움직이며 다양한 활동을 수행할 수 있습니다. 흔히 '드론'이라고 할 때는 다중로터형 비행체를 지칭하는 것으로 2개 이상의 다중로터로 양력을 발생시켜 비행하는 무인항공기를 말합니다.

드론이라는 용어는 법적 용어가 아닌 일반적으로 사용되는 표현으로, 무인항공기(UAV, unmanned aerial vehicle) 전체를 지칭하는 용어로 사용됩니다. 드론의 어원에는 여러 가지 설이 있지만, 군사용으로 사용된 무인기에서 표현된 용어로 무인기가 날아다닐 때 꿀벌의 수컷이나 벌처럼 윙윙 거리는 단조로운 소리를 의미하는 말에서 유래했다는 설이 널리 퍼져 있습니다.

◆ 드론의 구조

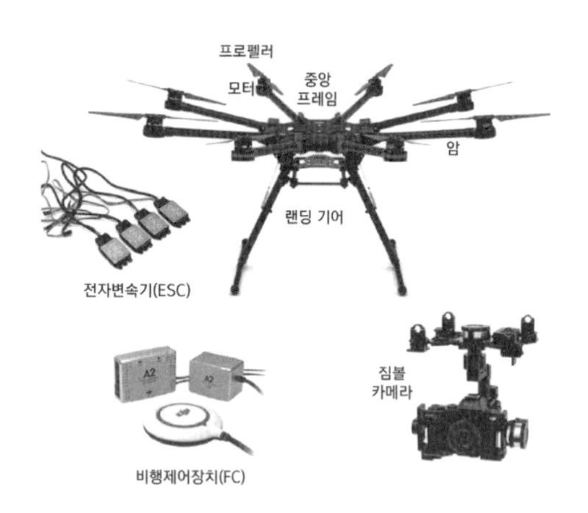

명칭	설명
프로펠러 (Propeller)	무인멀티콥터에 엔진의 회전력을 추진력으로 바꾸는 장치
모터(Motor)	전류가 흐르는 도체가 자기장 속에서 받는 힘을 이용하여 전기 에너지를 역학적 에너지로 바꾸는 장치
암(Arm)	구조물에서 어떤 물체를 지지하는 팔 모양의 부품
중앙 프레임 (Center Frame)	동체의 주요 구조 부분으로서 중심에 위치하고 중요 부품(ESC, FC, 배터리 등)들이 위치하는 곳. 동체의 뼈대
전자변속기(ESC)	각종 모터(엔진)에서 발생하는 동력을 속도에 따라 필요한 회전력으로 바꾸어 전달하는 변속장치
비행제어장치 (Flight Controller)	비행을 위한 제어의 구성 요소로서 비행체를 동작하는 장치(자세 제어)
짐볼(Gimbal)	자이로스코프의 원리를 이용하여 자동으로 수직 및 수평을 잡아 카메라의 진동과 흔들림을 잡아줌으로써 안정적이고 선명한 영상을 얻게 하는 장치

◆ 드론 날리기

드론을 날리기 전에 가장 먼저 해야 할 일은 드론 등록입니다. 사용 용도에 따라 등록여부가 달라집니다. 드론으로 사업을 하려는 영리 목적인 경우 드론의 무게에 상관없이 모두 신고 대상입니다. 드론 용도가 비영리 목적인 경우에는 최대이륙중량 2kg 초과 시 신고 대상이 됩니다. 드론 등록은 드론원스톱민원서비스(https://drone.onestop.go.kr) 에서 할 수 있습니다. 영리목적인 경우에는 기체 등록 전에 보험에 반드시 가입해야 합니다. 가입금액은 대인 1인당 1억5천만원, 대물 건당 2천만원 이상이어야 합니다. 이렇게 드론을 등록했다고 해도 아무 곳에서나 드론을 날릴 수 있는 것은 아닙니다. 비행기가 다니는 지역이나 군사지역에서는 날릴 수가 없기 때문입니다. 또 일정 크기 이상의 드론은 비행 시 반드시 당국의 승인을 받아야 합니다.

초경량비행장치 비행공역(UA)[71]에서는 비행 승인 없이 비행이 가능하며, 기본적으로 그 외 지역은 비행 승인을 받아야 비행이 가능합니다. 최대이륙중량 25kg 이하의 드론은 관제권 및 비행금지 공역을 제외한 지역에서는 150m 미만의 고도에서는 비행 승인 없이 비행이 가능합니다. 비행가능 공역, 비행금지 공역 및 관제권 현황은 국토교통부에서 제작한 스마트폰 어플인 Ready to Fly, V월드 지도서비스에서 확인 가능합니다.

고도 150m 이상으로 비행하거나, 관제권 및 비행금지구역 내에서

71) 공역이란 항공기, 초경량 비행장치 등의 안전한 활동을 보장하기 위하여 지표면 또는 해수면으로부터 일정 높이의 특정 범위로 정해진 공간으로서, 국가의 무형자원 중의 하나로 항공기 비행의 안전, 우리나라 주권 보호 및 방위 목적으로 지정하여 사용합니다.

비행하는 경우, 최대 이륙중량이 25kg을 초과하는 드론, 자체중량(연료제외)이 12kg 초과하고 길이가 7m 초과하는 드론을 날릴 때는 반드시 당국의 승인을 받아야 합니다.

드론 자격증과 취득 방법

◆ 드론 자격증 종류와 시험

드론을 운용할 때는 드론 조종 자격증이 있어야 합니다. 드론 자격증의 정식 명칭은 '초경량비행장치 무인멀티콥터 조종자'입니다. 한국교통안전공단을 통해 국토교통부 장관 명의로 발급 되며 항공종사자 자격증의 일종으로 국가전문자격증으로 분류됩니다.

종류	대상 드론	자격요건	시험	
			이론	실기
1종	최대 이륙중량이 25kg 초과 연료 중량을 제외한 자체중량이 150kg이하	비행경력 20시간	필기시험	실기시험
2종	최대 이륙중량이 7kg 초과, 25kg 이하	비행경력 10시간	필기시험	실기시험 (약식)
3종	최대 이륙중량이 2kg 초과, 7kg 이하	비행경력 6시간	필기시험	없음
4종	250g 초과 2kg 이하	온라인 교육	없음	없음

> **이론시험**

이론시험	항공법규	해당 업무에 필요한 항공법규
통합 1과목 40문항	항공법규	해당업무에 필요한 항공법규
	항공기상	•항공기상의 기초지식
		•항공기상 통보와 일기도의 해독 등(무인비행장치는 제외)
		•항공에 활용되는 일반기상의 이해 등(무인비행장치에 한함)
	비행이론 및 운용	•해당 비행장치의 비행 기초원리
		•해당 비행장치의 구조와 기능에 관한 지식 등
통합 1과목 40문항	비행이론 및 운용	•해당 비행장치 지상활주(지상활동) 등
		•해당 비행장치 이·착륙
		•해당 비행장치 공중조작 등
		•해당 비행장치 비상절차 등
		•해당 비행장치 안전관리에 관한 지식 등

※ 70% 이상 합격

> **실기시험**

실기시험	대상 드론
공통	•기체 및 조종자에 관한 사항
	•기상 · 공역 및 비행장에 관한 사항
	•일반지식 및 비상절차 등
	•비행 전 점검
	•지상활주 (또는 이륙과 상승 또는 이륙동작)
	•공중조작 (또는 비행동작)
	•착륙조작 (또는 착륙동작)
	•비행 후 점검 등
	•비정상절차 및 비상절차 등

※ 채점항목의 모든 항목에서 'S'등급 이상 합격

◆ 드론 자격증 전망 및 취업 분야

> **드론 자격증 전망**

드론은 4차 산업혁명 시대의 가장 유망한 분야 중 하나로, 다양한 산업 분야에서 활용되고 있습니다. 정부는 2026년까지 드론 일자리를 17만개 이상 창출하는 계획을 세우고 있으며, 공직 및 군대 부사관 입대 시 드론 관련 자격증을 우대하고 있습니다. 드론은 교통 통제, 방재 활동, 산불감시, 방송용 항공 촬영, 측량, 농약살포, 택배드론 운용 등 다양한 분야에 적용되며 전문 인력 수요가 급증하고 있습니다.

> **드론 자격증 취업 분야**

드론 자격증을 획득하면 다양한 분야에서 전문적인 직업을 가질 수 있습니다. 주요 취업 분야로는 조종면허 교육기관 강사, 자율주행 등 시스템 공학개발자, 임대사업가, 정비사, 조종 전문가, 엔지니어, 운송업체 장비 관리자 등 민간 부문이 있습니다.

또한, 중학교 자유학기제 강사, 초등학교 방과후 교사, 문화센터 드론 전문강사, 드론 교관, 대학교 평생교육원 외부 강사, 도서관 아동기관 드론 전문 강사와 같은 교육 전문가로도 활동할 수 있습니다. 이외에도 항공 촬영, 방재를 위한 국가 전문 기관 등에서 취업 기회가 있습니다.

이처럼 드론 자격증을 통해 다양한 분야에서 전문성을 인정받고, 높은 수요와 함께 취업 기회를 확보할 수 있습니다.

세계경제포럼이 주목하는 드론 기술

세계경제포럼 산하에는 '4차산업혁명센터'라는 기구가 있습니다. 세계의 지도자들이 기술 변화의 흐름을 예측하고 이해하는 데 도움을 주는 역할을 하고 있는데, 이를 통해 기술의 변화가 인간 중심적이고 사회에 봉사하는 결과로 향하도록 유도하고 있습니다.

세계경제포럼이 기대하는 4차 산업혁명은 인류의 공동 번영을 약속하고 인류가 직면한 가장 어려운 도전과제들에 대한 현명한 해결책이 되는 것입니다. 그러나 4차 산업혁명의 무지막지한 진행 속도는 관련 정부 기구들을 압도해 사회가 통제되지 않는 위험과 건강하지 못한 불균형에 노출되게 하기도 합니다. 이러한 문제에 대응하기 위하여 4차산업혁명센터는 인공지능, 블록체인 및 디지털 자산, 사물인터넷, 자율주행차 등의 분야에서 새로운 정책과 전략을 제시함으로써 세계 여러 나라의 정부 기관들 사이에서 빠르게 형성되는 네트워크를 통해 신속하고 민첩하게 시행될 수 있도록 하고 있습니다.

4차산업혁명센터는 일찌감치 드론을 4차 산업혁명의 핵심 산업으로 선정하여 주요 의제로 다뤄오고 있습니다. 이 센터가 바라보는 드론은 농작물 수확량을 늘리고, 위험한 직업을 더 안전하게 만들며, 멀리 떨어져 있는 사람들에게 생명줄 역할을 하는 능력을 가지고 있는, 인류에 많은 편익을 주는 문명의 이기입니다. 게다가 자율 비행 시스템은 승객과 화물의 운송 방식을 혁신하고 완전히 새로운 경제 사회를 형성시키는 잠재력을 가지고 있는 것으로 보고 있습니다.

드론이 할 수 있는 일은 무궁무진하지만 사생활 침해, 충돌 그리고 다른 잠재적인 위험에 대한 우려로 그 유용성이 가려지고 있습니다. 설상가상으로 정부 규제가 기술혁신 속도를 따라가지 못하고 있는 것도 큰 장애가 되고 있습니다.

4차산업혁명센터는 아프리카, 아시아, 유럽 및 북아메리카의 정부 및 기업들과 협력하여 드론 기술의 모든 사회적, 경제적 이익을 가져오면서도 위험을 최소화하는 민첩한 정책을 공동 설계하고 이를 시범적으로 추진하고 있습니다.

이 센터의 '항공우주드론팀'이 주도하는 시범 프로젝트는 이미 전 세계 자율비행 생태계에 혜택을 주고 있습니다. 드론 운영 평가에, '위험도 정보 활용법'을 시험하기 위하여, 2017년 르완다에서 최초로 '성능 기반 규제(Performance-Based Regulations)'를 발표했습니다. 이 혁신적인 규제 프레임워크는 장비 사양 대신, 최소 안전 요건을 설정하는 성능 기반 접근 방식을 사용하는데, 드론 제조업체들이 다양한 종류의 드론을 설계하고 테스트할 수 있는 유연성을 제공하고 있습니다. 이를 통해 새로운 중요 사례들이 나타날 수 있을 것으로 기대하고 있습니다. 이렇듯 세계경제포럼은 드론이 사회와 경제에 도움이 되는 다양한 방식으로 제조·사용될 수 있는 유연한 규제를 만들기 위해 정부·기업들과 협력하고 있습니다.

'항공우주드론팀'은 4차산업혁명센터의 글로벌 네트워크를 활용하여 '성능 기반 규제'를 확장하고 지역 경제들이 드론 통합을 시작할 수 있도록 선도하고 있습니다. 예를 들어, 4차산업혁명센터는 인도에서 각 주들이 의료 배달용 드론을 그들의 공급망에 통합하는 방안을 찾을 수 있도록 '의약품 공수 프로젝트'를 추진하고 있습니다.

4차산업혁명센터 샌프란시스코 지사는 도심항공교통 UAM을 뜻하는 저고도 항공의 미래에 초점을 맞춰 로스앤젤레스 시정부와 협력을 진행해 오고 있습니다. UAM은 도심과 교외 지역 비행에 필요한 포괄성, 접근성 및 안전성에 대한 새로운 사고를 요구합니다. 항공우주 드론 팀은 이와 관련한 정책 수립 과정을 가속화 하기 위해 파트너가 될 여러 나라의 국가 기관들을 찾고 있습니다.

그렇다면 다보스포럼의 4차산업혁명센터가 바라보는 가장 중요한 드론 활용 분야는 무엇일까요? 센터는 드론과 관련하여 특히 3가지 분야를 주요 아젠다로 설정하고 있습니다. 드론은 빠른 속도로 공급망의 주요한 운송 수단이 되고 있습니다. 의사들은 세계의 오지에도 드론을 이용해 환자들에게 의약품이나 백신을 전달하고 있습니다. 농부들은 드론을 띄워 항공에서 농작물의 생육 상태를 확인하고 있습니다. 최신 드론 중에는 말벌만한 크기의 드론도 개발돼 있는데, 수색이나 인명 구조 활동에 이용되고 있습니다.

코로나19 팬데믹은 드론 제조사들로 하여금 새로운 용도의 드론들을 개발하도록 만들었습니다. 이를테면 아프리카에서 백신을 운반하거나 코로나 봉쇄로 자가격리 상태에 있는 주민들에게 생필품을 전달하는 데 드론을 활용한 사례는 이제는 뉴스거리도 되지 않을 만큼 흔한 이야기가 됐습니다. 최대적재량이 500kg에 이르는 대형 드론도 개발되고 있습니다. 화물 운반용 드론들은 어떤 종류의 수화물에 대해서는 헬리콥터, 트럭 또는 페리보다 더 효과적이고 비용 효율적인 잠재력을 지니고 있습니다.

주요 교통망에서 멀리 떨어진 곳에서 살고 있는 사람들에겐 희소식이 될 수밖에 없습니다. 식료품, 의료품, 산업용 자재들을 훨씬 용이하게 공급받을 수 있기 때문입니다. 교통망이 잘 돼 있는 나라들에서조차 적재량이 큰 드론들은 비상한 관심을 받고 있습니다. 산악이나 사막 지대에 사는 사람들에게 물품을 공급하는 데는 드론만큼 유용한 운송 수단이 없기 때문입니다.

세계경제포럼이 주목하는, 드론 활용 분야의 주요 아젠다 중 하나는 바로 의료품 수송입니다. 드론 덕분에 의료 사각지대에도 큰 돌파구가 마련된 셈입니다. 드론을 이용한 의료품 배송업체인 미국 짚라인(Zipline)은 르완다와 가나의 농촌 지역에 사는 사람들에게 드론을 이용해 의료품을 배송해 왔습니다. 이 회사의 경량 드론은 물류센터에서 최대 85km 떨어진 진료소까지 의료품을 배송할 수 있습니다. 직선거리로 날아가기 때문에 배송 시간 단축은 물론, 시간을 다투는 혈액이나 부패하기 쉬운 의약품을 제시간에 필요한 곳에 전달할 수 있습니다. 가나에서는 짚라인 시스템이 코로나19 확산 방지에 큰 역할을 했습니다. 드론을 활용해 불과 3일 만에 1차 백신 공급량의 13%를 전달한 것입니다. 미국에서는 월마트와 제휴하여 의료품을 소비자들에게 직접 전달하고 있습니다. 미국 아칸소주에서는 주민들이 헬스케어 상품을 온라인으로 주문하면 당일로 드론 배송을 받을 수 있습니다. 일본에서도 마찬가지입니다. 큐슈 서해안에 위치하고 있는 고토제도에 의료품을 배송하고 있습니다.

두 번째 아젠다는 농작물 관리입니다. 농업 분야에서는 농업 현대화의 일환으로 공중으로 드론을 띄우고 있습니다. 네덜란드 드론 스타트업인 코버스 드론즈(Corvus Drones)는 파종 단계에서부터 수확할 때까지 농작물을 모니터링하는 드론 시스템을 개발했습니다. 농부들이 일일이 수작업으로 농작물을 검사하는 대신 지속적으로 드론을 띄워 작물 잎사귀의 크기라든가 각각의 생육단계를 체크해 병충해 발생 가능성을 사전에 진단합니다. 드론에는 다양한 센서와 카메라가 탑재돼 있어 다양한 농작물을 모니터링할 수 있습니다. 드론이 날아다니며 수집하는 데이터는 농부의 컴퓨터로 실시간 전송되어 작물의 생육 상태가 어떤지, 그리고 병충해의 징후는 없는지 체크할 수 있도록 해 줍니다. 드론에 의한 측정은 사람의 육안 검사에 비해 몇 배나 높은 정밀도와 안정성을 제공합니다. 거기다가 육안 검사에 들이는 시간도 획기적으로 줄일 수 있습니다.

세 번째 아젠다는 곤충 크기의 초소형 드론입니다. 대형 드론은 큰 물건들을 실어 나르는 데는 유용하지만 미세한 분야에서는 별 쓸모가 없습니다. 이 부분을 커버하는 것이 바로 곤충 크기의 초소형 드론들입니다. 일례로, MIT의 케빈 첸(Kevin Chen) 교수는 기존의 기기로는 도달할 수 없는 곳으로 날아가는 곤충 크기의 초소형 드론을 개발했습니다. 이 초소형 드론의 무게는 말벌과 비슷한 0.6g입니다. 탄소나노튜브 기술을 사용해 초당 약 500회의 날갯짓을 할 수 있습니다. 이러한 초소형 드론들은 향후 사라져가는 벌들을 대신하여 농작물의 가루받이를 수행한다거나 기계 장치 내부로 들어가 필요한 검사를 수행할 수도 있을 것입니다. 예를 들면, 터빈 엔진을 분해하지 않고 작동하고 있는 상태에서 검사를 할 수 있습니다. 카메라를 장착한 곤충드론이 터빈의 밀폐 공간 속으로 들어가서 부품에 나 있는 크랙 같은 것을 찾아낼 수 있는 것입니다. 그뿐만 아니라 인명 구조에도 사용할 수 있습니다. 드론은 재난 현장에서 사람이나 기계, 사이즈가 큰 드론이 접근하기 어려운 곳에서의 수색 활동에도 제격입니다.

케빈 첸 교수가 개발하고 있는 곤충 드론

드론의 활용 분야

최근 몇 년 사이 현장 감시에서부터 고층 빌딩의 창문 닦이에 이르기까지 사회 곳곳에서 드론을 활용하는 산업이 폭발적으로 확대되고 있습니다. 드론을 개발하는 기술이 발전하면서 무인 비행기가 갖는 장점이 갈수록 더 부각되고 있기 때문입니다. 드론이 우리 산업에 제공하는 가장 큰 이점 중 하나는 프로세스를 자동화하고 다른 전통적인 기계나 인간보다 더 큰 규모와 더 높은 정밀도로 작업을 수행할 수 있다는 것입니다. 그 덕분에 비용 효율성이 향상되고, 생산성이 증가하며, 작업자의 안전도 크게 나아집니다.

그러나, 이렇게 많은 편익을 가져다주는 드론 기술도 산업 부문에 따라 채택되는 수준이 천차만별입니다. 현장 감시, 검사, 모니터링 분야는 상당히 발전한 드론 어플리케이션을 가지고 있는 반면, 전자 상거래, 물류 및 배송 분야에서는 드론이 본격적으로 사용되기에는 아직 해결돼야 할 문제들이 산적해 있습니다. 드론의 응용 분야와 분야별 발전 상황에 대해 살펴보겠습니다.

먼저 하늘의 눈이라고 할 수 있는 서베일런스, 즉 현장 감시 분야입니다. 비행기가 하늘을 나는 과정에서 가장 복잡하고 위험한 부분은 이륙과 착륙인데, 활주로도 없이 수직으로 이착륙하는 드론은 이착륙의 부담이 없습니다. 그 덕분에 필요할 때면 언제든지 날릴 수 있어서 현장 감시 분야에서 맹활약을 펼치는 것은 놀라운 일이 아닙니다. 공장, 숲, 경기장 등 상공에서의 감시가 필요로 하는 곳에서는 어김없이 서베일런스 드론이 임무를 수행합니다.

카메라만 장착하면 드론을 감시 업무에 투입할 수 있으므로 매우 쉽게 드론 감시를 할 수 있습니다. 감시용 드론을 띄우면 넓은 지역을 통제실에서 감시할 수 있습니다. 그러다가 침입이 감지되면 해당 지역에 대응팀을 배치하면 됩니다. 이런 업무를 위해 적용되는 기술은 카메라 기술뿐만 아니라 침입자의 이미지를 캡처하지 않고도 침입을 감지할 수 있는 온도 센서와 같은 센서들입니다. 미국 국경순찰대는 2023년 틸 드론 사를 포함한 5개의 드론 제조사들과 5년간 9천만 달러 규모의 조달 계약을 체결했습니다. 이 계약의 일환으로 틸 드론 사로부터 1백만 달러 이상의 골든 이글 드론을 구매했습니다. 골든 이글 드론은 원격지에 대한 자동 감시 기능이 탑재돼 있는 매우 정밀한 드론입니다.

다음 응용 분야는 검사입니다. 이 분야는 서베일런스의 한 부문이라고도 할 수 있습니다. 사람이 접근하기 어려운 자산이나 인프라에 드론을 날려 보내 근접 촬영을 함으로써 원격으로 검사 및 모니터링을 하는 기능입니다. 예를 들어, 어떤 통신사가 운영하는 높은 타워에 문제가 있다고 해 봅시다. 사람을 위험한 타워 꼭대기로 올려보낼 필요 없이 드론을 띄워 샅샅이 살핀 후 문제점을 찾아내 안전하게 해결할 수 있습니다.

퍼셉토(Percepto)라는 이스라엘 회사는 자율 검사 드론으로 승승장구하고 있습니다. 이 회사는 근래 미국 연방항공청으로부터 텍사스에 있는 고도 60미터 높이의 대형 태양광 발전소에 대해 고도로 자동화된 비가시권 비행기술(HABVLOS)을 이용한 검사 및 모니터링 비행을 승인 받았습니다. 이 회사에 따르면 이것이 "기록적인 고도"이며 이전에 승인된 미국의 비가시권 비행 운영의 두 배라고 말했습니다. 퍼셉토 드론은 또한 작년부터 태국에서 25만 에이커(약 3억평)에 달하는 수상 부유식 태양열 발전소를 모니터링하기 시작했습니다.

다음은 청소 분야입니다. 비용이 많이 들거나 위험한 현장에서의 청소 및 유지보수 작업에도 드론이 활용되고 있습니다. 드론은 위험한 곳에서 사람 대신 작업하는 데 큰 잠재력을 지니고 있습니다. 예를 들어, 비계를 설치하거나 밧줄을 이용해 높은 빌딩 벽면을 위험하게 사람이 청소하는 것보다는 청소용 드론을 투입하는 것이 훨씬 경제적이고 효과적입니다.

2022년 루시드 드론 테크놀로지스(Lucid Drone Technologies)는 장비 렌탈 회사인 선벨트 렌탈과 '루시드 C1 스프레이 드론' 공급 계약을 체결했습니다. 이 드론은 세척에 필요한 물을 공급받기 위해 지상의 수도와 소프트 워시 펌프 시스템으로 연결되어 있으며, 건물 창문이나 벽면 청소 작업 시에는 GPS와 도심 비행 기능을 사용합니다. 이스라엘에서는 UAS드론 사의 자회사인 듀크 로보틱스가 최근 이스라엘 전기 회사와 협력하여 앞으로는 듀크의 'IC 드론 시스템'이 헬리콥터와 크레인 트럭을 대체하여 높은 곳에 있는 원격 전기 절연체를 원격으로 청소 및 유지보수 작업을 수행할 것이라고 발표했습니다.

루시드 청소용 드론

다음은 일반 대중들이 가장 기대하고 있는 분야인 드론 배송입니다. 사람들의 기대와는 달리 아직 이렇다 할 성공을 거두지는 못하고 있습니다. 그간 수많은 시도가 이루어졌지만 아마존이나 월마트 같은 대형 유통 기업들이 수년간의 개발 끝에 이제 겨우 드론 배송 시범 서비스를 내놓기 시작했습니다.

아마존의 드론 배송 서비스인 프라임 에어는 2023년 1월, 개발을 시작한 지 어언 10년 만에 캘리포니아 록포드와 텍사스 칼리지 스테이션에서 서비스를 시작하며 제한적인 운영을 시작했습니다. 아마존 설립자인 제프 베조스(Jeff Bezos)가 2013년에 향후 5년 안에 시작하겠다고 공언했던 드론 배송은 예상보다 훨씬 많은 개발 시간이 소요됐습니다. 드론 배송에서는 월마트가 아마존을 조금 더 앞서가고 있습니다. 2023년 1월 현재, 월마트는 미국 내 7개 주, 36개 매장에서 드론을 운영하고 있으며 2022년에는 6,000건 이상의 드론 배송을 완료했습니다.

드론 배송 서비스가 늦어지는 이유의 상당 부분은 기술 문제가 아닌 제도의 문제입니다. 관계자들에 따르면, 법 제도 및 규제가 드론의 발전 속도를 따라가지 못하고 있다고 합니다. 드론이 산업에서 자유롭게 활용되기 위해서는 발생할 수 있는 수많은 문제를 다룰 수 있는 포괄적인 법적 프레임워크가 마련되어야 하기 때문입니다. 드론 배송에 대한 적절한 법적 규제 없이 드론을 배송에 투입하는 건 위험천만한 일입니다. 드론이 서로 충돌하거나, 건물이나 전력선 같은 시설물, 또는 조류나 다른 동물들과 충돌하거나, 비행금지 공역을 침범하는 것 등을 방지하기 위해서는 드론을 언제, 어디서, 어떻게 운용해야 하는지에 대한 명확한 법규가 필요합니다. 보안 및 개인정보 보호 문제도 해결해야 합니다. 정부는 특수한 공역들을 통제해야 하고, 일반 시민들은 드론이 집과 마당 위를 맴도는 것을 원하지 않습니다.

원래 드론은 군사적 목적으로 개발됐습니다. 그런 드론이 활용범위를 넓혀 상업적 용도로 확장됨에 따라 드론 시장은 기하급수적으로 성장했습니다. 실제로 스트레이츠 리서치 보고서에 따르면 전 세계 상업용 드론 시장은 2021년만 해도 208억 달러(약 2,800억원) 정도로 평가됐었습니다. 그로부터 현재까지 연평균 57%라는 놀라운 성장률을 보이며 급성장해 2030년이 되면 1조2,050억 달러(약 1,600조원) 이상에 달할 것으로 예상되고 있습니다.

실제로, 현재까지 드론이 보여준 상상 이상의 활용성으로 비춰볼 때, 우리가 지금 시점에서 내다보는 드론에 대한 미래는 어쩌면 앞으로 드론이 일으킬 강풍에 비하면 턱없이 약한 수준의 바람에 불과할 수도 있을 것 같습니다. 영어에 "The sky's the limit."라는 표현이 있습니다. 직역하면 "하늘이 한계다."라는 말이지만, 우리가 잘 알다시피 하늘은 무한하므로 실제로는 "한계란 없다."는 말이 됩니다. 드론이 펼칠 미래의 세상을 이보다 더 잘 표현하는 말이 있을까요?

드론 전용 고속항로

무인 드론 활용 분야가 늘어나면서 사고의 위험도 함께 높아지고 있습니다. 기존 항공기와의 충돌을 막기 위해서는 엄격한 규제가 필요합니다. 그런데 규제를 강화하면 할수록 그만큼 드론의 활용도가 줄어드는 건 당연합니다. 이 문제를 해결하기 위해 영국은 좀 특별한 방법을 고안했습니다. 규제를 줄여 드론의 활용을 최대한도로 확장하기 위해 드론 전용 초고속 항로를 만드는 것입니다. 잉글랜드 남부와 중부에 있는 도시들을 연결하는 드론 전용 항로인데, 레딩, 옥스퍼드, 밀톤케인즈, 캠브리지, 코벤트리, 럭비 등의 도시를 거미줄처럼 연결합니다. 총연장은 265km로 계획하고 있습니다.

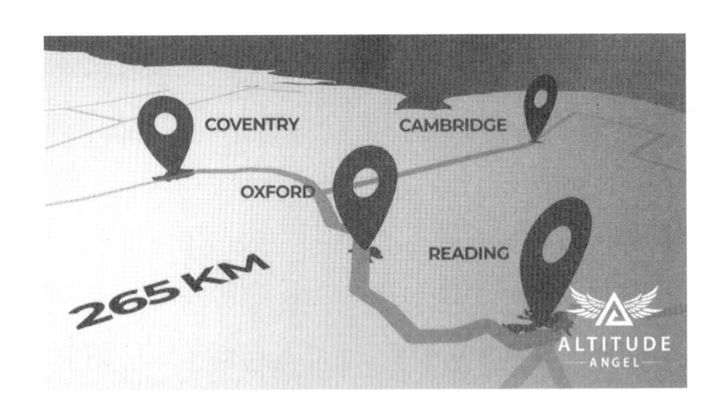

드론 전용항로는 기존 항공기의 비행 항로 보다 낮은 고도로 설정됩니다. 드론 운용자가 드론 항로가 만들어져 있는 곳에서 드론을 날리려면 먼저 드론 전용 초고속 항로의 사용자로 등록해야 합니다. 드론 항로를 따라 지상에 비행체 탐지 센서가 설치되어 드론 항로를 비행하는 비행체들을 실시간으로 탐지하고 관제합니다. 드론과 마찬가지로 저고도 비행이 필요한 헬리콥터나 경비행기들은 지상의 관제 센서를 통해 드론과 충돌하지 않고 안전하게 드론 전용 항로를 통과할 수 있습니다. 드론이 항공기에 너무 가까이 접근할 경우에는 드론 운용자에게 항로를 변경하도록 관제합니다. 드론 전용 초고속 항로는 다양한 용도로 사용될 것입니다. 드론 택배는 물론이고 경찰용 드론 비행, 의료품 및 백신 운송, 혈액 배송 등등 수많은 용도의 드론에 하늘길을 열어주게 될 것입니다.

드론 네비게이션

스포츠 레저용 드론을 날릴 때는 일반적으로 조종사가 드론을 눈에 보이는 범위까지만 날립니다. 그래서 안전에 큰 위험이 따르지 않습니다. 물론 조종 미숙으로 장애물에 부딪혀 추락하는 사고도 많이 발생하지만, 육안으로 장애물을 식별하기 때문에 아무래도 위험성은 덜한 편입니다.

그런데 드론이 조종사의 시야를 벗어나는 비가시권 비행을 하는 때는 문제가 커집니다. 일단 장애물이 조종사의 시야에 들어오지 않기 때문에 드론에 장착된 카메라가 보내오는 영상을 보며 조종해야 합니다. 그렇게 되면 육안으로 바라보는 것보다 시야가 좁아지기 때문에 예측하기 어려운 수직 장애물을 만나 사고를 당할 가능성이 높아집니다. 또 통신 취약 지역에 진입하면 조종사와 통신이 두절돼 추락 사고를 당할 수도 있습니다.

대표적인 드론 비행 장애물로는 도심에서는 고층 건물, 교외에서는 고압송전탑과 송전선 등 수직 장애물과 통신 취약 구역을 들 수 있습니다. 특히 고압송전선은 윤곽이 크지 않기 때문에 충돌 위험이 더 커집니다. 안전한 드론 비행을 위해서는 드론에 장애물 회피 기능을 장착하는 것 외에도 장애물이 없는 안전한 하늘길을 따라 비행할 수 있도록 안내하는 뭔가가 있어야 합니다. 특히 드론이 자율비행 하는 경우라면 더욱 그런 안내자가 필요합니다.

이런 요구를 충족하기 위해 개발되는 것이 바로 드론 내비게이션입니다. 자동차용 내비게이션이 자동차가 안전하고 가장 빠르게 목적지에 도착하는 육상의 길을 찾아 안내하는 것처럼 드론 내비는 항공에서 특히 드론이 주로 비행하는 저고도 항공에서 안전한 하늘길을 안내해 주는 솔루션입니다. 송전탑이나 송전선, 고층 건물, 주변에 비행 중인 다른 비행체의 정보를 알려주며, 장애물을 피해 최단거리로 목적 지점으로 비행할 수 있게 해 줍니다.

미국에서는 한 스타트업이 혜성처럼 등장해 미국 내 드론용 하늘길을 개척해 가며 드론 산업에 활력을 불어 넣고 있습니다. 그 주인공은 2018년에 설립된 스타트업인 에어스페이스 링크(Airspace Link)입니다. 이 스타트업은 그 어렵다는 투자 라운드를 몇 차례나 성공적으로 거친 저력을 지니고 있습니다. 투자 라운드는 벤처기업이 기업 설립에서부터 시작하여 최종적으로 주식거래소 상장에 이를 때까지 필요한 자금을 투자받는 단계를 말합니다. 스타트업으로 시작해 성공하는 기업들은 일반적으로 시리즈 A 라운드, 시리즈 B 라운드, 시리즈 C 라운드라는 투자단계를 거쳐 최종적으로 주식거래소에 상장하는 기업공개 IPO에 도달합니다. 에어스페이스 링크도 창립 4년 만에 이미 시리즈 B 투자를 받았습니다. 이 회사는 어떻게 드론 내비라는 생소한 아이템으로 드론 비즈니스 생태계에 튼튼하게 뿌리를 내리고 있을까요?

이 회사의 설립자이자 CEO인 마이클 힐랜더(Michael Healander)는 드론 애호가입니다. 그는 드론이라는 새로운 기술이 초기 단계부터 문제에 부딪히는 것을 직접 목격하는데, 바로 안전한 드론 비행입니다. 드론이 활용되는 분야가 급격히 늘어나고 그로 인해 하늘을 나는 드론의 수가 폭증함에 따라 경제와 사람들의 삶의 질에 긍정적인 영향을 미치는 이면에는 드론의 비행에 따르는 위험도 함께 증가하기 때문입니다. 드론으로 인한 사고는 주로 장애물에 부딪혀서 발생합니다 물체에 부딪히는 것은 그나마 다행인데, 사람에게 부딪히면 큰 사고로 이어어 질 수 있습니다. 그 외에도 비행금지구역으로 들어간다거나, 기존 항공기 항로로 들어가 비행기나 헬기와 같은 비행체와 충돌하는 아찔한 상황도 발생할 수 있습니다.

그래서 힐랜더 대표는 드론의 안전한 비행에 꼭 필요한 지도를 만들기로 한 것입니다. 이 회사의 주된 임무는 디지털 인프라 구축과 전략적 파트너십을 통해 드론을 영공과 지역사회에 안전하게 통합되도록 하는 것입니다. 간단히 말해서, 드론이 비행할 때 다른 항공기나 지상 구조물의 방해를 받지 않도록 하늘지도 솔루션을 만드는 것입니다. 먼저 힐랜더 대표의 말을 들어보겠습니다.

“드론 내비게이션을 만드는 것은 결코 쉬운 일이 아닙니다. 매우 복잡합니다. 우리 회사는 연방항공청(FAA)과 협력해서 하늘에 고속도로를 건설하고 있습니다. 이제 FAA와 파트너가 된 지 1년이 됐는데, 함께 일하자면 수많은 규칙과 규정을 지켜야 합니다. 더구나 드론 비행과 관련한 모든 것을 영공 및 지역사회와 통합하는 것은 정말 어려운 부분입니다.”

이 회사의 개발팀에는 구글, 리프트(Lyft), GE 항공(GE Aviation)

자회사 에어소스(AiRXOS), 지오메트리(Geometri), GISinc, 포드자동차, 아마존 프라임에어, 미 공군 등의 파트너로부터 온 데이터 과학자, 소프트웨어 엔지니어, 항공 엔지니어, 드론 전문가 등이 함께하고 있습니다. 시리즈 B 라운드에서 투자 유치에 성공한 에어스페이스 링크는 이제 활공 무대를 넓혀 미국을 넘어 세계를 향해 비상하고 있습니다.

2023년 2월 에어스페이스 링크는 차세대 플랫폼인 에어허브 포탈을 출시했다고 발표했습니다. 2022년 가을 드론 통합 프레임워크를 소개한 데 이어, 영공 및 지역사회와의 안전한 드론 통합을 개발하면서 규모를 확장하기 위해 노력해 왔습니다. 에어허브 포털(AirHub Portal)은 중앙정부, 주 정부, 지자체 등 공공 영역 드론 사용자뿐만 아니라 민간 영역에서 공역을 활용하려는 드론 사용자들을 위해 드론 운용 과정을 간소화한 솔루션입니다. 사용자는 에어허브 포털 프로그램을 컴퓨터나 스마트폰에 설치하거나 웹 기반으로 제공되는 서비스를 이용할 수 있습니다. 드론 산업이 확장됨에 따라 특정한 목적을 위해 개발된 애플리케이션은 더 이상 산업의 요구에 부응하기 어려워졌습니다. 그래서 다양한 요구를 한 곳에서 모두 실행할 수 있는 서비스가 필요해졌습니다. 에어허브 포털은 향후 모든 유형의 사용 사례와 기능을 지원하기 위해 사용자를 하나로 묶어가고 있습니다.

과거에는 정부가 민간 드론 운영자들을 지원하는 데 집중했지만, 이제는 공공 안전, 인프라 점검, 조사 등을 보다 안전하고 효율적으로 수행하기 위해 정부가 직접 드론을 구입하여 운영하고 있습니다. 정부에게 영공을 이해하게 하고, 민간 드론 운영자들과 의사소통하며, 정부가 직접 운용하는 드론을 관리할 수 있는 솔루션이 점점 더 중요해지고 있습니다. 에어허브 포털은 이러한 모든 요구 사항을 한 곳에서 충족시키기 위해 만들어진 애플리케이션입니다.

드론 영역이 지리적으로 확장되고, 드론 운용에 대한 당국의 규제가 수립되고 변화됨에 따라 드론을 운용하는 것이 점점 복잡해지게 됩니다. 그에 따라 드론 운용자들은 임무 계획, 비행대 관리, 규제 준수 및 안전과 같은 핵심 기능에 대해 걱정이 점점 많아지고 있습니다. 시간이 흐를수록 드론을 활용한 임무는 더 넓어지고, 더 고급화됩니다. 그러면 드론 운용에 필요한 정보들을 통합, 분석, 전달하는 시스템도 필요해집니다. 이런 요구에 따라, 에어허브 포털 앱은 공역 인식, 라우팅을 포함한 미션 계획, 위험 분석 및 상황 인식, 편대 관리 통합, 드론 트래픽 등 다양한 새로운 기능도 속속 제공할 계획입니다.

드론의 전망

미국의 밴티지 마켓 리서치(Vantage Market Research)는 최근 드론에 대한 분석 보고서를 냈는데, 향후 수년간 매년 56.4%의 초고속 성장을 이룰 것으로 내다봤습니다. 드론은 원래 무인 비행체에 무기를 탑재해서 적을 공격하는 군사용 무기로 개발되었습니다. 그 목적에 걸맞게 현대전에서는 없어서는 안 되는 필수 무기이자 전쟁의 판도를 바꾸는 게임 체인저로 인식될 만큼 그 위상이 높아졌습니다. 우크라이나 전쟁은 군사용 드론의 시험장이자 각축장이라고 해도 될 정도로 엄청난 수의 드론이 동원되고 있습니다. 그리고 전쟁 소식의 많은 부분을 드론이 차지할 만큼 드론의 전과 또한 눈부신 데가 있습니다.

그런데 이런 드론이 군사 부문에서 발전을 거듭하는 사이 다른 분야에서도 드론을 이용하기 시작했습니다. 그리고 지금은 영화 촬영, 응급의료대응, 농업, 건설 등 수많은 분야에서 드론을 활용하며 그 사례가 급격히 확대되고 있고, 그에 따라 수요도 급증하고 있습니다. 좀 더 구체적인 활용 예로는 부동산 및 건설 분야를 들 수 있습니다. 부동산 조사, 안전 검사 및 강화, 건설 현장에서의 위험 탐지 및 사고 방지 등 여러 가지 기능을 수행하고 있습니다.

드론 시장의 확장에 있어 가장 특징적인 현상은 소형 드론에 대한 수요가 꾸준하게 증가하고 있다는 점입니다. 항공사진, 영화제작, 정밀농업, 치안, 야생동물 모니터링, 취미, 재난관리, 인명 구조 작업, 연구개발, 물류 및 운송 등 다양한 용도로 소형 드론 사용이 증가함에 따라 시장도 함께 성장할 것으로 기대됩니다. 이뿐만 아니라 수많은 엔지니어링 분야와 다른 산업에서도 활용 범위를 넓혀가고 있습니다. 예컨대, 심층적인 프로젝트 검사, 유지보수, 송전선 검사, 송유관 검사 등도 중요한 드론 활용 분야들입니다. 향후 몇 년 동안 석유 및 가스, 에너지, 발전 분야의 무인 시스템에 대한 수요 증가 역시 시장 확대를 견인할 것으로 보입니다.

또한 식품 및 전자상거래 플랫폼용 택배 서비스 수요 증가 덕분에 아마존과 UPS, DHL, FedEx 등 거대 물류 기업들이 드론 배송 플랫폼 개발에 많은 투자를 하고 있습니다. 향후 수 년 동안 전 세계적으로 온라인 음식 배달 서비스에 대한 수요가 급증하면서 소형 드론 수요를 부채질할 것으로 예상됩니다. 미국 연방항공청(FAA)은 2020년 8월 아마존 프라임항공에 에어드론 배송 서비스 플랫폼 사용을 허가한 바 있습니다. 아마존은 새로운 드론 배송 시스템을 사용하여 무인 택배 배송을 확대할 계획입니다. 아마존은 고객에게 1시간 30분 이내에 주문상품을 배송하겠다고 약속했습니다.

드론은 정(靜)적인 3D 공간에 첨단 센서를 정밀하게 배치하는 데 특히 적합합니다. 민간용 드론 마켓은 드론의 기동성과 저고도 비행 능력 덕에 바람이 부는 지역에서도 정확한 비행 제어와 운용이 가능합니다. 그래서 인프라 점검, 사진 측량, 산림 모니터링 등에 대한 드론 활용이 인기를 끌고 있습니다. 이러한 활용 시스템은 원격 감지 작업을 중심으로 구축됩니다. ADS-B는 지상 운용자와 다른 드론에게 매우 정확한 위치 정보를 직접 전송하기 위해 GPS와 결합된 트리그 트랜스폰더(신호응답기)를 사용합니다. ADS-B Out[72]으로 알려진 이 정보 전송의 정밀도는 기존 레이더 모니터링의 정밀도보다 높습니다. 결과적으로, ADS-B가 장착된 드론은 항공 교통 관제사에게 드론 간의 거리를 좁혀 운용할 수 있는 이점을 제공합니다. 공랭식 복서 엔진과 연료 분사를 갖춘 장거리 드론은 하이 아이 에어 복서(High Eye Air boxer)라고 불립니다. 이 장거리 드론은 탑재중량이 최대 5kg이어서

72) ADS-B Out(Automatic Dependent Surveillance-Broadcast Out)의 줄임말로, 항공기에서 발신하는 신호를 통해 항공기의 위치, 고도, 속도 등의 정보를 다른 항공기와 지상국에 전송하는 기술입니다. 이를 통해 항공기 간의 정보 업데이트와 세밀한 항공교통 관리가 가능하게 되어 항공사고 발생 가능성을 줄일 수 있습니다.

수많은 탑재물, 센서, 기타 하드웨어를 탑재할 수 있어 전투 작전에 적합한, 적응력이 높은 플랫폼입니다.

우리나라 드론 시장은 정부의 각종 육성정책에 힘입어 2021년 말까지 약 5,000억 규모까지 성장한 것으로 집계됐습니다. 정부는 건설 현장과 택배 배송, 농업, 소방 등 각 산업과 국가안보에 활용 가치가 높은 드론 산업을 집중 육성해서 2025년까지 시장 규모를 1조원으로 끌어올려 세계 7대 드론 강국으로 도약하겠다는 계획입니다.

유인드론(manned drone)

공상과학 영화인 '제5원소'에서 브루스 윌리스가 분한(연기한) 주인공 코벤은 하늘을 나는 택시를 몰고 고층빌딩 사이를 누비며 경찰들과 숨가쁜 추격전을 펼칩니다. 이 영화는 2259년 뉴욕을 배경으로 삼았는데 수많은 자동차가 하늘을 유유히 날아다니는 모습이 특히나 인상적입니다. 2013년 개봉 영화 오블리비언에서, 외계인의 침공이 있었던 지구 최후의 날 이후, 모두가 떠나버린 지구의 마지막 정찰병인 톰 크루즈가 개인용 비행선을 타고 임무를 수행하고 있습니다. 이처럼 이들 공상과학영화에 등장하는 공통 소재는 바로 하늘을 날 수 있는 자동차, '플라잉 카'입니다.

그렇다면 우리는 언제쯤 저런 날아다니는 자동차를 직접 타 볼 수 있게 될까요? 10년 후 쯤? 20년 후 쯤? 아닙니다. 우리가 생활하는 건물의 옥상으로 올라가 드론 택시를 부를 날은 그리 멀지 않았습니다. 우리나라 국토교통부의 로드맵에 따르면 도심 항공 교통을 뜻하는

Urban Air Mobility(UAM)를 핵심 미래 산업으로 선정, 2025년까지 상용화하게 됩니다.

도심항공교통 UAM은 도심 지역을 자유롭게 이동하는 개인용 비행체 기반 단거리 교통 체계를 뜻합니다. 통상 유인 드론과 운행 서비스를 모두 아우르는 용어로 쓰입니다. 대부분 전기와 같은 친환경 동력으로 작동하고, 자율주행, 인공지능, 항법 등 첨단 기술이 집약적으로 적용됩니다. 이착륙을 위한 별도의 활주로가 없어도 되므로 공간 활용에 제약이 없어 도심의 상습적인 교통 혼잡을 줄여 차세대 교통 시스템으로 각광을 받고 있습니다.

UAM이 기존의 항공 교통과 다른 결정적 차이는 바로 수직이착륙이 가능한 유인 드론을 사용한다는 것입니다. 이러한 유인드론을 'eVTOL(electric Vertical Take Off & Landing)이라 부르는데, 말 그대로 전기를 동력으로 하는 수직이착륙기를 말합니다. 흔히 플라잉카라고 합니다. 공상과학영화에서나 볼 수 있던 미래형 이동수단이지만, 지금은 소재, 배터리, 소프트웨어 제어 항법 등 고도의 기술을 구현으로 실현 가능성이 여느 때보다 높아졌습니다. 특히 활주로 없이도 공중에서 자유롭게 정지하거나 이동이 가능하므로 도심에서 특히 유용하게 사용할 수 있는 교통수단이 되는 것입니다. UAM이 차세대 교통수단으로 급부상한 데는 몇 가지 이유가 있습니다.

첫째, 도심에서의 교통 혼잡 비용 증가입니다. 국토교통부가 2020년 6월 발표한 한국형 도심항공교통 K-UAM 로드맵에 따르면, 2019년 기준으로 우리나라는 전체인구의 50%가 수도권에 집중되어 있습니다. 수도권을 포함한 전국 대도시 인구 집중도는 77.4%입니다. 우리나라의 연간 국내 교통 혼잡 비용은 38조 원이 넘는데, 이 가운데 82%가 대도시권에서 발생하는 것으로 나타났습니다.

둘째, 모빌리티 산업의 진화입니다. 자율주행과 인공지능 기술 등의 기하급수적인 발전으로 자율주행 택시, 수요응답형 버스, 하이퍼루프, 스페이스X 등 다양한 교통수단이 동시다발적으로 출현했습니다. 이 덕분에 이동 수단별로 단절된 기존 교통 체계에서 최근에는 끊기지 않는 서비스를 뜻하는 '심리스(Seamless)' 형태로 진화 중에 있습니다. 특히 UAM은 분절된 기존 교통 체계를 통합적·유기적으로 연결시키고 도심 간 이동 시간을 획기적으로 단축할 것으로 기대를 모으고 있습니다.

국토교통부는 도심 권역 30~50㎞의 이동 거리를 UAM 비행 목표로 잡고 있습니다. 예컨대 UAM을 이용할 경우 김포공항에서 잠실까지 약 20분, 잠실에서 여의도는 5분이면 도달할 수 있습니다. 승용차로 이동할 경우 최소 1시간 이상 걸리는 거리를 UAM을 기반으로 버스, 철도, 개인용 이동수단 PM(Personal Mobility) 등과 연계해 환승 시간을 최소화하는 연계교통 서비스를 구현할 복안인 것입니다.

UAM 사업이 활성화되면서 자율주행차와 함께 모빌리티 양대 산업으로 꼽히는 항공 모빌리티 개발에 뛰어든 기업들이 분주하게 움직이고 있습니다. 거의 모든 대기업들이 국토부 주도 'K-UAM' 사업에 참여하고 있습니다. KT, 현대건설, 인천공항공사, 이지스자산운용 등과 컨소시엄을 꾸렸습니다. SK텔레콤은 한화시스템, 티맵모빌리티, 한국공항공사, 한국교통연구원 등과 공동 사업을 벌이고 있습니다. 롯데렌탈은 인천광역시와 UAM 사업을 추진합니다. LG유플러스는 GS칼텍스, 카카오모빌리티, 제주항공 등과 최근 UAM 협력체를 출범했습니다. 각 컨소시엄에는 이동통신사들이 참여하고 있는데, 그 이유는 UAM은 여러 비행체가 충돌하지 않고 운항하려면 안정적인 통신 네크워크가 필수적이기 때문입니다.

이제 이르면 영화에서처럼 우리도 2025년에 드론 택시를 탈 수 있게 될 것입니다. 그렇다면 운임은 얼마나 할까요? 너무 비싸면 그림의 떡이 될 것입니다. 운임은 상용화 초기에는 인천공항에서 여의도까지 거리인 40㎞ 기준으로 11만원 정도 된다고 합니다. 이 금액은 현재의 모범택시보다 다소 비싼 수준입니다만 시장이 확대되고 자율비행이 실현되면 2만원 수준으로 낮아져서 일반택시보다도 저렴해질 것으로 예상되고 있습니다. 조종사가 필요 없는 자율비행 드론 택시의 경우에는 기술 개발과 항공 당국의 안전 인증에 대한 시간이 소요되어서 2035년 이후에나 가능할 것이라고 합니다.

10 3D 프린팅

3D 프린팅과 적층 제조 기술

지금까지 대부분의 물품 제조는 금형을 제작하여 플라스틱 레진을 재료로 사용해 사출하는 방식으로 이루어졌습니다. 금형에 의한 플라스틱 사출은 대량생산에 꼭 맞는 제조방식이지만 금형을 제조하는 데 비용이 많이 든다는 단점이 있습니다. 그래서 몇 개의 샘플이나 개발 시제품을 만들어야 하는 경우에는 금형을 사용하지 않고 일일이 손으로 만들어야 합니다. 그래야 충분히 테스트해 본 후 제품에 문제가 없을 때 금형을 제작해서 대량생산에 들어갈 수 있습니다. 그렇지만 시제품을 수작업으로 진행하게 되면 아무래도 설계대로 정확한 치수로 만들기 어렵고 필요 이상으로 손이 많이 갑니다.

이러한 문제가 제조 방식의 혁신을 불러오게 됩니다. 바로 3D 프린팅인데, 물질을 도자기 빚듯이 차곡차곡 쌓아 올리는 적층(積層) 제조 방식의 기술입니다. 3D 프린팅 개념은 우리가 흔히 쓰는 잉크젯 프린터와 마찬가지로 묽은 상태의 원료 물질을 잉크처럼 활용하여 한 층 한 층 인쇄하면서 쌓아 올려 물건을 만든 방식입니다. 금형을 사용할 수 없는 소량의 부품이나 시제품, 맞춤형 제품을 만들 때 더없이 좋은 기술입니다.

이러한 적층 제조 기술은 제조가 빠르고, 초기 설치 비용이 낮으며, 전통적인 기술보다 훨씬 복잡한 형상들도 만들 수 있어 다양한 분야에서 활용되고 있습니다. 과거에는 플라스틱 계열의 인쇄 원료가 많이 사용됐으나 이제는 알루미늄과 같은 금속 원료나 시멘트 같은 건축 원료도 사용이 가능해지면서 활용 분야가 훨씬 넓어지고 있습니다.

어떤 기업이 새로 상품으로 출시할 신제품을 개발하려면 제품을 설계하고 디자인한 후 시제품을 만들어서 원하는 기능이 제대로 구현되는지, 실제 디자인은 어떤지 확인하는 과정이 필요합니다. 이때 만들어지는 것이 프로토타입 즉 시제품인데, 개발하고자 하는 제품의 종류에 따라 시제품 제작비는 천차만별입니다. 어떤 경우에는 기업에 부담이 될 정도로 비싸기도 합니다. 그런데다 일일이 수작업으로 만들다 보니 시간도 상당히 소요됩니다. 이러한 개발자들의 고민을 3D 프린터가 말끔하게 해결했습니다. 3D 프린터를 이용하면 20% 정도의 비용으로 10배나 더 빨리 시제품을 만들 수 있기 때문입니다.

제품을 설계할 때 사용하는 컴퓨터 프로그램인 CAD나 레이저 커팅 같은 기술이 등장하기 전에는 모델과 프로토타입 제작은 대부분 나무를 이용해 수작업으로 만들었거나 작은 종이나 플라스틱 조각을 붙여 만들었습니다. 이러한 작업은 며칠이나 몇 주가 걸리며 비용도 많이 들었습니다. 변경이나 수정도 어려웠습니다. 그래서 외부 업체에 맡겨 외주로 제작하는 경우에는 "이런 너무 늦었군!"하며 디자이너가 개선을 포기하게 되거나, 최종 아이디어를 반영하지 못하게 되는 경우도 종종 있었습니다.

더 좋은 기술이 등장함에 따라, 이러한 문제를 해결하기 위한 아이디어로 1980년대 급속 프로토타이핑(RP)이 생겨났습니다. 이는 CAD 프로그램을 이용해 많은 공정을 자동화한 방법으로 몇 주 걸리던 전통적인 프로토타입 제작을 며칠 또는 몇 시간 대로 줄인 획기적인 방법이었습니다. 3D 프린팅은 이런 급속 프로토타입 제작 아이디어를 확장한 것으로, 제품 디자이너들이 잉크젯 프린터와 유사한 고급 기계를 사용하여 몇 시간 안에 자체 급속 프로토타입을 제작할 수 있도록 한 것입니다.

3D 프린터 작동 원리

나무를 재료로 하여 전통적인 수작업 방식으로 자동차 프로토타입을 만든다고 해 보겠습니다. 네모난 단단한 나무 블록을 조각가처럼 외부에서부터 깎기 시작하여 내부로 들어가면서 여러 가지 모양을 조각합니다. 모델용 집(하우스)을 만든다면, 카드보드 같은 재료로 벽의 미니어처를 자르고 붙여서 진짜 집처럼 만들 것입니다. 레이저는 나무를 쉽게 조각할 수 있고, 로봇을 훈련시켜 카드보드를 붙일 수도 있지만 3D 프린터는 이렇게 작동하지 않습니다.

일반적인 3D 프린터는 컴퓨터에서 작동하는 잉크젯 프린터와 매우 유사합니다. 한 층씩 차곡차곡 쌓아 올리며, 바닥에서부터 위로 3D 모델을 구축합니다. 이는 융합 적층 모델링(FDM, fused depositional modeling) 방식으로 동일한 영역을 반복 인쇄하기 때문입니다. 완전 자동으로 작동하는 프린터는 3D CAD 도면을 수많은 2차원, 즉 단면층으로 변환하여 몇 시간 내에 모델을 만들어냅니다. 이 모델은 여러 층이 차곡차곡 쌓여있습니다. 프린터는 잉크 대신에 녹인 플라스틱이나 분말로 층층이 인쇄하고, 접착제나 자외선 빛을 이용해 각 층을 붙입니다.

물론 잉크로 사용되는 재질에는 제한이 없습니다. 3D 프린팅 기술은 일반적인 플라스틱이나 파우더 분말 소재를 사용하는 것뿐만 아니라 알루미늄, 스테인리스, 티타늄, 인코넬 등 다양한 금속 혹은 합금 소재까지 활용이 가능한 단계로 발전했습니다. 특히 금속 소재는 일반적인 소재보다 내구성이나 강도 측면에서 우수해 자동차, 항공우주 등

고부가가치 산업 위주로 적용되고 있습니다.

3D 프린팅 기술의 활용

3D 프린터로 만들 수 있는 것에는 어떤 것들이 있을까요? 이 질문은 “종이를 어디에 사용할 수 있을까요?”와 같은 질문입니다. 우리의 상상력 부족이 유일한 한계라고 해야 할 것입니다. 그렇긴 하지만 현실적으로는 인쇄할 모델의 정확도, 프린터의 정밀도, 사용하는 재료의 특성이 한계를 규정합니다. 현대 3D 프린팅은 30년 전에 발명되었지만 지난 수십 년 사이에 본격적으로 발전하기 시작했습니다. 짧은 발전 기간이었음에도 3D 활용 범위의 확장은 매우 놀랍습니다.

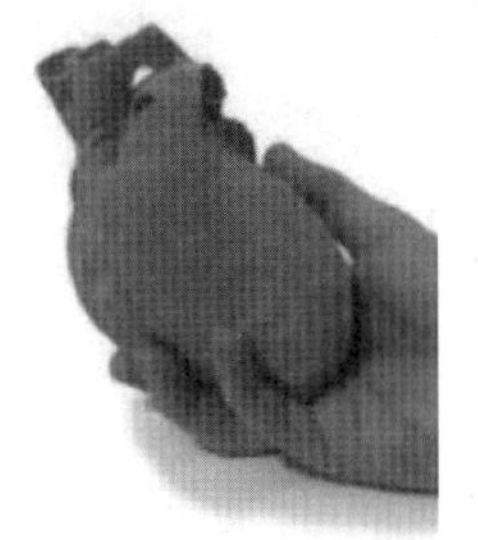
3D 프린팅 된 인공 심장

◆ 의료분야

인생의 시간은 한 방향으로만 흐릅니다. 그러다 보니 한 번 늙어지면 다시 젊어지지는 못합니다. 나이가 들면서 늙어가는 신체를 가진 인간들은 인체 부위와 조직을 갈아 끼울 수 있는 기술이 나오길 고대합니다. 그래서 의사들은 3D 프린팅 기술을 인체 기관 제작에 도입하기 시작합니다. 이미 인도의 노바빈스(NovaBeans)라는 회사는 3D로 프린팅한 귀를 만들고 있고, 림비트리스 솔루션(Limbitless Solutions), 바이오메카니컬 로보틱스 그룹(Biomechanical Robotics Group)

같은 회사들은 팔과 다리를 만들고 있습니다. 또한 코넬 대학에서는 근육을 만들고, 오르가노보(Organovo)와 삼사라 사이언스(Samsara Sciences)에서는 인공 조직과 세포를 제작했습니다. 화장품 회사인 로레알(L'Oreal)과 오르가보노는 협업을 통해 3D 프린팅 기법으로 피부 제작을 시도하고 있습니다. 비록 아직은 완전한 3D 인쇄된 심장, 간 같은 대체 장기를 제작하진 못하지만, 그 목표를 향해 빠르게 나아가고 있습니다. 미국 노스캐롤라이나 웨이크 포레스트(Wake Forest) 재생의학 연구소에서 진행 중인 '칩 위의 신체(Body on a Chip)'라는 프로젝트에서는 작은 인간의 심장, 폐, 혈관을 프린트하여 칩 위에 올린 후 인공 혈액으로 실험을 합니다.

대체 신체 부위 외에도 의료 교육과 훈련에 3D 프린팅이 점점 더 널리 활용되고 있습니다. 미국 플로리다주 마이애미의 닉라우스 어린이 병원에서는 외과 의사들이 소아 심장의 3D 프린트 복제품을 이용해 수술을 연습하고 있습니다. 또한 다른 곳에서는 뇌 수술을 연습하는 데 이 기술이 사용되고 있습니다.

항공우주 및 국방 분야

비행기를 설계하고 시험하는 것은 매우 복잡하고 비용 또한 천문학적으로 드는 일입니다. 보잉이 제조한 항공기 드림라이너(Dreamliner) 기종에는 약 230만 개의 부품이 들어있습니다. 비행기의 여러 기능을 컴퓨터 모델로 시뮬레이션할 수 있지만, 실물 없이는 시험이 불가능한 부분도 있습니다. 대표적인 것으로 풍동 시험이 있습니다. 풍동시험은 공기 중에서 운동하는 물체의 공기저항, 양력(揚力), 횡풍(橫風)의 영향 등을 조사하기 위한 시험으로서, 풍동 즉, 바람 터널이라는 실물 또는 모형을 만들어야 테스트가 가능합니다. 3D 프린팅이라면 모형을 간단하고 효과적으로 만들어 낼 수 있습니다.

상업용 비행기는 대량 생산되지만, 군용 비행기는 보다 맞춤화되기 때문에 3D 프린팅을 통해 소량 또는 단일 부품을 설계, 테스트, 제조하는 것이 빠르고 경제적입니다.

우주선은 비행기보다 더 복잡하며, 때로는 단 한 대만 제작되는 경우도 있습니다. 특수한 공구와 제조 장비를 제작하는 데 드는 비용 대신, 3D 프린팅으로 필요한 부품을 만들어 사용하는 것이 더 효과적일 때가 많습니다. 또 한 가지 중요한 점은 3D 프린터가 있는 이상 우주에서 사용할 부품은 굳이 지구에서 만들지 않아도 된다는 점입니다. 복잡하고 무거운 구조물을 우주로 보내는 것은 어렵고, 비용도 많이 들고, 시간도 오래 걸립니다. 달이나 다른 행성에서 직접 제작할 수 있다면 얼마나 효과적일까요? 우주인이나 로봇이 지구에서 멀리 떨어진 곳에서 필요할 때마다 3D 프린터를 사용하여 필요한 물건이나 부품을 만드는 것이 이제는 공상이 아닙니다.

◆ **건축분야**

심지어 건축 분야에도 3D 프린팅이 기술이 접목되고 있습니다. 이미 많은 건축회사들이 앞다퉈 3D 프린터로 출력한 집과 건물을 선보이고 있습니다. 다양한 플라스틱 재료 뿐만 아니라 콘크리트를 재료도 사용할 수 있어서 2~3층 정도의 저층 건물은 통째로 프린팅할 수도 있습니다. 주택 건축에서 3D 프린팅의 사용은 급속도로 확대될 예정입니다. 집을 지을 때 벽을 3D 프린터로 인쇄하듯 쌓으면, 집 짓는 시간과 비용, 폐기물, 노동력을 모두 줄일 수 있어서 매우 효율적입니다. 2030년이 되기 전까지 전통적인 방식으로 집을 짓는 것보다, 3D 프린터로 짓는 것이 더 보편화될 것으로 전망됩니다.

◆ 맞춤형 제품

플라스틱 칫솔부터 사탕 포장지에 이르기까지 현대 생활은 간편하고 저렴하며 일회용입니다. 그러나 모두가 대량생산을 좋아하는 건 아니라서 비싼 '디자이너 브랜드'가 인기를 끌고 있습니다. 미래에는 우리 중 많은 이들이 정확한 사양에 맞춰 만들어진 저렴하고 매우 개인화된 제품의 혜택을 누릴 수 있게 될 것입니다. 이미 주얼리와 패션 액세서리는 3D 프린팅되고 있습니다. 쉐이프웨이즈(Shapeways)와 같은 간편한 3D 프린팅 온라인 서비스 덕분에 누구나 자신만의 3D 프린트된 소품을 만들 수 있으며, 자신이 직접 3D 프린터를 갖추는 번거로움과 비용 지불을 감수할 필요 없이 다른 사람에게 판매할 수 있습니다.

◆ **음식분야**

'맞춤형 제품'은 일반 물건뿐 아니라 음식에도 해당됩니다. 대부분의 음식은 압출, 즉 노즐을 통해 짜내기가 가능하기 때문에 이론적으로 3D 프린팅될 수 있습니다. 최근 몇 년 동안 3D 음식 프린팅은 식품 산업에서 잠재성을 인정받아 기술이 크게 발전했습니다. 이제는 몇몇 회사들이 상업적 용도로 3D 음식 프린터를 생산하고 있으며, 세이버이트(SavorEat)사는 레스토랑, 항공사, 군사 기지, 그리고 개인 행사를 위한 맞춤형 3D 음식 프린팅 옵션을 제공합니다. 개인화된 식사부터 정교한 디자인, 지속 가능 한 옵션에 이르기까지 식품 프린팅 기술은 미래의 음식을 선도해가고 있습니다.

그러면 어떤 음식들이 3D 프린터로 프린트 될 수 있을까요? 이전에는 초콜릿과 반죽과 같이 점성이 있는 디저트부터 시작했습니다. 그러나 지금은 더 복잡한 재료와 형태로 발전했습니다. 파스타, 피자, 감자 퓨레 제품, 인공 고기, 팬케이크, 고급 초콜릿, 케이크 등 다양한 음식을 만들 수 있습니다.

실례로, 이스라엘에 있는 스테이크홀더 프드라는 회사는 최근 세계 최초로 3D 바이오 프린터로 농어를 인쇄해냈습니다. 이 농어는 장식품이 아니라 실제로 먹을 수 있는 생선입니다. 이 회사는 자신들이 이전에는 전혀 없던 새로운 방식으로 농어를 생산했고, 그 방식은 또한 환경에 전혀 해를 끼치지 않는다고 강조합니다. 인공 농어 필레는 이 회사가 싱가포르의 벤처기업인 우마미 미트라는 회사와 제휴해 만든 인공 생선 요리인데, 인공 생선 살의 질감이나 맛이 실제 농어와 거의 차이가 없다고 합니다.

◈ **시각화**

비행기나 우주 로켓의 프로토타입 제작은 3D 프린팅이 가진 더 광범위한 용도의 한 예인데, 새로운 디자인이 3차원에서 어떻게 보일지 시각화하기 위한 것입니다. 물론 가상현실을 사용할 수도 있지만, 사람들은 볼 수 있고 만질 수 있는 것을 좋아합니다. 이제는 건축에서도 3D 프린터를 사용해 빠르고 정확한 시공을 하고 있습니다. 이와 같이, 3D 프린팅은 현재 산업용 및 소비자 제품의 프로토타이핑과 테스트에도 널리 사용되고 있습니다. 일상적인 많은 물건들이 플라스틱으로 만들어진 것이기 때문에, 3D 프린트된 모델은 완성된 제품과 매우 비슷해 보일 수 있어, 집중 집단 테스트나 시장 조사에 이상적입니다.

3D 프린팅의 미래

많은 사람들은 3D 프린팅이 제조 산업과 이를 주도하는 세계 경제에 혁명을 불러올 것이라고 보고 있습니다. 3D 프린팅의 실질적인 파급 효과는 제조산업에 보편적으로 도입되는 때에 발생하게 될 것입니다. 첫째, 제조사들은 기존 제품의 맞춤화 전략을 세울 수 있게 되어 대량생산의 저렴함과 독특한 한정판 제작의 매력이 결합될 것입니다. 둘째, 3D 프린팅은 본질적으로 로봇 기술이므로 제조 비용을 낮출 것이고, 그 결과 우리나라에서도 비용 효과적인 제조가 가능해져 현재 중국과 베트남 같은 곳으로 빠져나갔던 제조업이 국내로 회귀할 수도 있을 것입니다. 마지막으로, 3D 프린팅은 같은 것을 만드는 데 더 적은 인력이 필요하며, 따라서 생산성을 높여 전반적인 생산 비용을 낮춰줍니다. 그 덕분에 제품의 가격은 더 낮아지고 수요는 더 커지게 될 것이며, 이는 소비자와 제조업체, 그리고 경제에 긍정적인 영향을 미치게 될 것입니다.

3D 프린팅 기술을 활용하는 데는 기존의 일반 프린팅에 비해 확실히 까다로운 기술을 필요로 합니다. 어떤 3차원 형체를 인쇄하자면 CAD 프로그램이나 3D 모델링 전문 프로그램을 다룰 줄 알아야 하기 때문입니다. 그러나 이러한 응용프로그램들의 사용자 인터페이스가 점점 좋아지고 있어서 갈수록 3D 프린팅 기술을 습득하는 것이 쉬워질 것입니다. 3D 프린팅이 지닌 잠재력으로 비추어 볼 때 앞으로 4차 산업혁명 시대에 필요한 인재가 되기 위해서는 이와 관련한 지식과 기능을 반드시 습득하는 것이 필요해 보입니다.

11 사이버 보안

4차 산업혁명 시대에는 인공지능, 빅데이터, 사물인터넷, 로봇 기술 등의 기술 발전이 급속도로 이루어지고 있습니다. 이러한 변화로 인해 사회와 경제에 긍정적인 영향이 있지만, 동시에 새로운 위험과 책임도 몰고 옵니다. 그중 하나가 바로 사이버 보안입니다. 사이버 보안은 정보화 사회와 디지털 기술의 발전에 따라 점점 중요성이 증가하고 있는 분야입니다. 4차 산업혁명 시대에는 정보와 통신 기술이 더욱 복잡하게 얽혀 있으며, 기업, 정부, 개인에 이르기까지 다양한 이해관계자들이 이로 인한 이점과 위험에 직면하게 됩니다.

기업의 경우 사이버 공격으로 인한 경제적 손실과 비즈니스 중단, 기업 이미지의 훼손 등 피해를 입을 수 있습니다. 따라서 기업은 사이버 보안을 강화하고 침입 탐지 시스템, 암호화 기술, 백신 등의 솔루션을 도입해야 합니다. 그리고 직원 교육을 통한 인적 요인에 대한 대비도 이루어져야 합니다.

정부 역시 사이버 보안에 주목해야 하는 주요 이해관계자 중 하나입니다. 국가 기밀 정보와 시민 정보가 유출되지 않도록 하는 것은 물론, 국가 차원의 사이버 테러 대응 및 국가 간 전쟁의 가능성에 대비할 필요가 있습니다. 이를 위해 정부는 강력한 사이버 보안 정책과 제도를 마련하고 사이버 보안 인프라를 구축해야 합니다.

개인의 입장에서도 사이버 보안은 절대 무시할 수 없는 영역입니다. 개인정보가 유출되는 것은 물론, 개인의 소중한 자산이 해킹으로 인해 침해될 수 있기 때문입니다. 개인적인 정보 보호를 위해 개인은 정기적으로 비밀번호를 변경하고 악성코드와 바이러스를 방지할 수 있는 소프트웨어를 설치하는 등 보안 원칙을 철저히 따르는 것이 중요합니다.

암호화폐와 보안

2014년에 발생한 마운트곡스(Mt.Gox) 파산 사건은 비트코인 전자지갑 해킹으로 인한 큰 피해를 입은 대표적인 사례입니다. 마운트곡스는 2010년대에 세상에서 가장 잘 나가던 비트코인 거래소였습니다. 그러나 2014년에 거래소 내부 결함과 관리 소홀 등으로 인해 해킹 공격을 받았고, 그 때문에 약 85만 개의 비트코인을 도난당하게 됩니다. 이 당시 비트코인 가치는 1개당 약 63만 원이었으며, 손실 규모는 약 5,400억 원에 이르렀습니다. 비트코인이 최고점을 찍을 때 개당 8천만원 이상이었으므로 이때의 가치로 따지면 52조 원에 육박하는 어마어마한 자산입니다. 이 사건은 당시 비트코인의 가치에 큰 영향을 끼쳤으며, 전자지갑과 거래소의 보안 문제를 부각시키는 계기가 됐습니다. 그 이후, 거래소 및 전자지갑 서비스 업체들은 보안 인프라와 사용자 계정 관리에 더 많은 투자와 집중을 하게 됩니다. 마운트곡스 사건은 비트코인 전자지갑의 해킹 위험과 발생할 수 있는 큰 피해를 다시금 경계하게 해 줍니다.

암호화폐와 관련된 보안은 전자지갑 해킹으로 인한 도난 외에도 개인키를 잘못 보관하여 분실함으로써 전자화폐를 잃게 되는 경우와도 관련이 있습니다. 제임스 하웰스(James Howells)라는 프로그램 개발자는 2009년 초창기에 비트코인 채굴을 통해 쉽게 약 7,500개의 비트코인을 얻었습니다. 그런데 그 뒤에 구입한 노트북을 사용하면서 이전에 쓰던 하드 드라이브를 덮어써 버렸습니다. 그 결과 전에 그 하드디스크 드라이브에 저장되어 있던 비트코인 개인 키를 모두 잃어버리게 됩니다. 그 당시에는 비트코인 가치가 1개당 20만 원 정도였지만, 이후 가치가 급상승해 손실액은 최고가로 환산하면 무려 6,150억 원에 달했습니다. 그러니 개발자인 하웰스가 그냥 있을 리가 없었습니다.

그는 분실한 비트코인을 되찾기 위해 모든 방법을 시도했습니다. 해커들과 협력해서 암호키 복구를 시도하기도 하고, 내다 버렸던 하드 드라이브를 찾으려고 쓰레기 하치장을 뒤지기도 했지만, 끝끝내 복구하지 못했습니다.

이러한 사례는 전자지갑 암호 및 개인 키의 분실로 인해 발생한 안타까운 손실이며, 암호화폐 사용자들에게 경각심을 심어주어 평소 지갑 관리에 주의를 기울여 비슷한 피해를 입지 않도록 해야겠다는 각성제가 되고 있습니다. 또한 개인 차원에서 사이버 보안이 얼마나 중요한지 알려주는 사례이기도 합니다. 그러므로 다양한 백업 수단과 복구 및 관리 방법을 사용하여 자산을 안전하게 보호하는 것이 필요합니다.

암호화폐 전자지갑은 디지털 자산인 암호화폐를 안전하게 보관하고 관리하는 데 필요한 도구입니다. 암호화폐가 점차 보편화돼 가고 있으므로 암호화폐 전자지갑의 관리에 특히 관심을 가져야 합니다.

◆ 전자지갑의 종류

전자지갑에는 여러 종류가 있으며, 각각의 지갑은 사용 편의성과 보안 수준 면에서 차이가 있습니다.

- 데스크톱 지갑 : PC 또는 노트북에 설치되어 사용되는 전자지갑으로 사용이 편리하지만, 기기가 해킹되거나 감염될 위험이 있습니다.
- 모바일 지갑 : 스마트폰에 설치되어 사용되는 전자지갑으로 휴대성이 좋지만, 스마트폰 장치의 보안 문제에 의해 위험이 있을 수 있습니다.
- 웹 지갑 : 인터넷 브라우저에 접근하여 사용되는 전자지갑으로 여러 기

기에서 쉽게 액세스할 수 있으나 피싱 공격 등의 사이버 위협에 노출될 수 있습니다.

- 하드웨어 지갑 : USB 전자지갑 같이 전용 하드웨어 기기에 개인 키를 저장하는 전자지갑으로, 오프라인 상태에서 키를 보관하므로 보안 수준이 높습니다.
- 종이 지갑 : 개인 키와 공개 주소를 인쇄하여 종이 형태로 보관하는 전자지갑으로, 완전하게 오프라인 상태에서 보관되어 보안 수준이 높습니다.

전자지갑 중 가장 안전한 것은 하드웨어 지갑과 종이 지갑입니다. 이 두 종류의 지갑은 개인 키가 완전히 오프라인 상태에서 보관되기 때문에 사이버 공격의 위협을 크게 줄일 수 있습니다. 하드웨어 지갑의 경우 추가적인 보안 기능(암호화, PIN 코드 등)이 제공되며, 종이 지갑은 완전히 인터넷과 독립적인 공간에서 보관됩니다.

안전한 암호화폐 관리를 위해 하드웨어 지갑이나 종이 지갑을 사용하면서 동시에 보안 및 백업 방법을 철저히 준수하는 것이 좋습니다. 여러 지갑 종류를 조합하여 사용하기도 하는데, 예를 들어 거래를 위한 일부 암호화폐를 웹 지갑에 보관하고, 대부분의 자산을 하드웨어 지갑에 저장하는 방식을 선택할 수 있습니다.

◆ 전자지갑의 관리

전자지갑을 사용할 때 지갑의 백업과 복구 옵션을 잘 활용합니다. 니모닉 구문[73]이나 키 파일 등의 백업 정보를 안전하게 보관하고, 필요

---

73) 니모닉 구문(mnemonic phrase)은 '복구 시드'라고도 하며, 일련의 단어로 이루어진, 전자지갑 암호 구문입니다. 니모닉 구문은 지갑을 복원하거나 다른 지갑으로 이전할 때 사용되며, 지갑을 악의적인 공격으

할 때 복구할 수 있도록 준비해야 합니다. 보안 설정도 중요합니다. 지갑에 2FA(이중 인증) 활성화, 강력한 비밀번호 생성, PIN 코드 설정 등 다양한 보안 설정을 적용합니다. 이를 통해 지갑의 보안 수준을 높입니다. 암호화폐를 전송할 때 주소를 정확하게 확인하고 이중으로 검토하는 것이 좋습니다. 개인 키는 극도의 주의를 기울여 관리해야 합니다. 개인 키가 유출되면 지갑에 있는 암호화폐를 탈취당할 수 있으므로, 개인 키를 암호화하고 절대 다른 사람과 공유해서는 안됩니다. 하드웨어 지갑 또는 종이 지갑 등의 오프라인 방식으로 디지털 자산을 보관하면 해킹으로부터 자산을 안전하게 보호할 수 있습니다. 특히 대규모 자산의 경우, 이러한 방식을 권장합니다. 또 지갑의 업데이트에도 신경을 써서 소프트웨어의 최신 버전을 유지함으로써 새로운 보안 패치와 기능을 활용할 수 있도록 하는 것도 중요합니다.

이처럼 암호화폐 전자지갑 관리에 주의를 기울여 자산을 안전하게 보호하고, 사이버 위협으로부터 멀리할 수 있도록 해야 합니다.

비밀번호 이야기

세상에서 가장 많이 쓰이는 온라인 비밀번호는 뭘까요? 온라인에서 IP를 숨겨 안전하고 프라이빗한 인터넷 접속을 가능하게 하는 가상 사설망 VPN. 전세계를 통틀어 이 분야의 최강자는 단연 노드VPN입니다. 이 회사는 개인정보보호용 VPN 뿐만 아니라 회사 네트워크용

로부터 보호하는 데 중요한 역할을 합니다. 보통 12개 또는 24개의 단어로 이루어져 있으며, 각 단어는 일정한 의미를 가지고 있어서 오타를 방지하고 기억하기 쉽습니다.

VPN, 클라우드 스토리지 암호화, 패스워드 관리 등에도 두각을 나타내고 있습니다. 이 회사는 패스워드 관리 솔루션 팀인 노드패스는 자사 사이트에 매년 사람들이 가장 많이 사용하는 온라인 비밀번호 상위 200개를 발표합니다. 2022년에 발표된 리스트[74]를 보면 많은 사람들이 여전히 누구나 다 알만한 취약한 비밀번호를 사용하고 있다는 것을 알 수 있습니다.

순위	암호	해킹 소요 시간	사용자 수
1	password	1초 미만	4,929,113
2	123456	1초 미만	1,523,537
3	123456789	1초 미만	413,056
4	guest	10 초	376,417
5	qwerty	1초 미만	309,679
6	12345678	1초 미만	284,946
7	111111	1초 미만	229,047
8	12345	1초 미만	188,602
9	col123456	11 초	140,505
10	123123	1초 미만	127,762
11	1234567	1초 미만	110,279
12	1234	1초 미만	106,929
13	1234567890	1초 미만	105,189
14	000000	1초 미만	102,636
15	555555	1초 미만	98,353
16	666666	1초 미만	91,274
17	123321	1초 미만	83,241
18	654321	1초 미만	81,231
19	7777777	1초 미만	74,233
20	123	1초 미만	60,795

세상에서 가장 많이 사용되는 비밀번호 1위는 놀랍게도 'password'입니다. 모르긴 해도 우리나라 사람들 가운데 'qlalfqjsgh'를 비밀번호로 쓰는 사람도 꽤 있을 것 같습니다. '비밀번호'라는 단어를 영어 자판으로 친 것입니다. 아무튼 수많은 사람들이 패스워드라는 단어의 영문자를 그대로 비밀번호로 사용하고 있는 것인데, 해커가 이 비밀번호로 잠겨있는 온라인 계정을 해킹한다면 1초도 채 걸리지 않는다고 합니다. 그렇다면 2022년 비밀번호 2위와 3위는 무엇일까요? '123456'이 2위, '123456789'가 3위를 차지했습니다. 2021년에는 '123456'이 1위였고, 'password'가 2위, '12345'가 3위 순이었습니다.

74) https://nordpass.com/most-common-passwords-list/

이 순위는 노드패스가 30개 국가의 사이버 보안 사고 연구팀들로부터 데이터를 제공받아 분석한 결과입니다. 상위 순위 비밀번호들의 사용 빈도를 보면 1위인 'password'라는 비밀번호는 전 세계에서 분석 대상 데이터 중 무려 500만 명 이상의 사람들이 사용하고 있는 것으로 조사됐습니다. 상위 20위 안에 든 비밀번호 가운데 18개는 해커가 해킹을 시도할 경우 1초도 안 걸리는 것들입니다.

오른쪽 표는 2022년 비밀번호 순위입니다. 이 안에 내가 사용하는 비밀번호나 비슷한 비밀번호가 들어 있다면 당장 비밀번호를 변경해야 합니다. 전문가들은 비밀번호 설정 시 영문자의 대·소문자와 특수문자, 숫자를 섞은 12자리 이상의 비밀번호 사용을 권합니다. 여러 시장 조사기관의 분석을 보면, 사이버 데이터 유출의 81%는 취약한 비밀번호와 탈취된 계정에 의해 발행한다고 합니다.

온라인 상의 필수이긴 하지만 사용자 입장에서 비밀번호는 정말 불편하고 번거롭습니다. 그렇다고 쓰지 않을 수도 없습니다. 많은 인터넷 사용자들이 비밀번호 관리에 힘겨워합니다. 네이버나 다음과 같은 포털사이트의 계정에서부터 다양한 사이트의 로그인 계정 정보를 노트에 적어 놓거나 스마트폰의 메모장에 기록해 놓고 관리하는 경우가 많습니다. 심지어 자신이 주로 사용하는 한 두 가지 비밀번호만 고집해서 사용하며 따로 적어두지 않는 경우도 있습니다. 그렇게 하다가 비밀번호를 잊어서 곤란한 상황을 맞는 때도 많지 않습니까?

골칫덩어리 같은 온라인 계정 비밀번호 관리 문제를 해결하기 위해 등장한 툴, 또는 앱이 '비밀번호 관리자'입니다. 이미 많은 종류의 유·

무료 비밀번호 관리자가 사용되고 있습니다. 그럼에도 불구하고 개인 보안 활동에 대한 경시로 인해 이런 유용한 툴에 대한 관심이 아직은 높지 않은 편입니다. 갈수록 보안의 중요성이 높아지고 있는 이상 오래지 않아 사용자가 급증할 것으로 예상되기는 합니다. 전문가들이 권장하는 12자리 이상의 비밀번호를 스스로 조합해서 만들어내는 것도 여간 고역이 아닙니다. 이럴 때는 '비밀번호 생성기'라는 툴을 사용하면 좋습니다. 대부분의 비밀번호 관리자 툴은 비밀번호 생성기를 지원합니다.

나의 모든 비밀번호를 하나로, 패스키(Passkeys) 기술

번거롭기 짝이 없는 온라인 비밀번호, 정말 어떻게 해볼 방법이 없는 걸까요? 사람들의 그 번거로움을 해결하겠다고 나선 기술 그룹이 있습니다. 구글, 마이크로소프트, 유비코(Yubico) 등의 기업들이 주축이 돼 만든 FIDO(Fast IDentity Online) 그룹입니다. 이들은 웹 브라우저에서 웹사이트에 안전하게 인증을 할 수 있도록 하는 표준 기술인 웹오쓴(WebAuthn)을 만들었습니다. 웹오쓴은 웹 인증(Web Authentication)을 뜻합니다. 이 기술을 이용하면 비밀번호 대신 하드웨어 보안 키나 바이오 인증 정보를 이용하여 사용자를 인증하는 패스키를 만들 수 있습니다.

웹오쓴은 사용자와 인증자 간의 상호작용을 통해 사용자를 인증합니다. 인증자(Authenticator)는 인증 과정에서 사용자의 신원을 확인하는 역할을 하는 장치나 시스템을 의미합니다. 웹오쓴에서 인증자는 사용자가 그들의 신원을 증명할 수 있도록 돕는 구성 요소로, 보안 키, 모바일 장치, 또는 기타 플랫폼에 통합된 지문인식기 같은 장치입니다. 이 방식은 사용자의 비밀번호를 보호하기 위해 여러 방식의 보안 요소를 조합한 것으로 높은 보안성을 갖추고 있습니다.

삼성 갤럭시 스마트폰이나 아이폰을 사용하는 사용자라면 이미 지문인식을 통한 ID 인증 방식에 익숙할 것입니다. 이런 인증방식을 통해 웹사이트에도 로그인 할 수 있으므로 일일이 아이디와 비밀번호를 기억해내 입력하는 것에 비하면 번거로움이 확 줄어듭니다. 기기 종류에 상관없이 얼굴 인식, 지문 인식, 패턴 인식 등 자신이 등록한 인증정보를 이용하여 각종 서비스에 로그인할 수 있는 것입니다.

웹오쓴 기술을 활용하는 패스키를 사용하려면 우선 사용할 서비스에 따라 패스키를 생성해야 합니다. 사용자는 웹 사이트에 처음 로그인할 때 인증자를 등록하게 됩니다. 이 과정에서 인증자는 공개 키인 '서비스 키'와 개인 키인 '사용자 키'라는 쌍을 생성합니다. 서비스 키는 웹 서버에 전송되고 저장되며, 사용자 키는 로컬 인증자에 안전하게 저장됩니다. 키는 사용자가 등록한 지문, 얼굴, 음성과 같은 바이오 정보나 하드웨어 보안 키를 이용하여 생성됩니다. 사용자가 다시 로그인하려고 할 때 웹 서버는 인증을 요청합니다. 인증자는 사용자 키를 사용하여 이 요청에 서명합니다. 웹 서버는 이 서명을 검증하고 사용자를 인증합니다.

패스키의 장점은 기존의 비밀번호를 사용하지 않기 때문에 보안성이 향상된다는 점입니다. 비밀번호는 해커들에게 매우 취약한 정보 유형 중 하나이지만, 패스키는 강력한 기기 인증 방식을 사용하기 때문에 비밀번호의 단점을 보완할 수 있습니다. 무엇보다 비밀번호를 도용하는 일반적인 공격 유형은 원천적으로 불가능해집니다.

가장 흔한 피싱 사이트 방식의 공격도 무력화시킬 수 있습니다. 웹오쓴은 인증 과정에서 원래의 웹 사이트를 검증하기 때문에 사용자가 피싱 사이트에 로그인 정보를 입력하는 것을 방지합니다. 보통 사용자의 아이디와 비밀번호 등 개인정보를 탈취할 목적으로 만드는 사기 사이트인 피싱 사이트는 진짜 웹사이트와 매우 흡사하게 디자인되어, 사용자로 하여금 그 사이트가 진짜인 것으로 착각하게 만듭니다. 사용자가 이런 사이트에 로그인 정보를 입력하면, 공격자는 그 정보를 획득하여 실제 웹사이트에 접속할 수 있게 됩니다.

웹오쓴은 이러한 공격을 방지하기 위해 사용자의 브라우저와 웹사이트 간에 안전한 인증 과정을 수행합니다. 이 과정에서 사용자의 브라우저는 웹사이트가 진짜인지 확인하고, 웹사이트 또한 사용자가 올바른 인증 정보를 제공하고 있는지 확인합니다. 이렇게 함으로써 사용자는 자신이 접속하려고 하는 웹사이트가 진짜 사이트인지 확실하게 알 수 있으며, 피싱과 같은 공격으로부터 보호받을 수 있습니다.

하지만 패스키 역시 보안상의 문제를 야기할 수 있습니다. 예를 들어 기기 자체가 해킹되어 크랙이나 루팅(rooting)[75]된 경우 해당 패스키 정보도 노출될 수 있습니다. 패스키를 클라우드 기반의 저장소에

---

75) '루팅'은 모바일 운영 체제에서 사용자가 기본적으로 허용되지 않는 시스템 수준의 권한을 획득하기 위해 시스템의 보안 장치를 우회하는 과정을 말합니다. 일반적으로 루팅은 안드로이드 시스템에서 사용되는 용어이며, iOS 시스템에서는 이와 유사한 과정을 '탈옥(jailbreaking)'이라고 합니다

저장하면 해커의 공격이 가능합니다. 따라서 보안성을 높이기 위해서는 서로 다른 스토리지에 패스키를 분산해서 저장하는 등의 보안적인 대책이 필요합니다.

많은 기업들이 이미 패스키를 활용하고 있습니다. 마이크로소프트는 윈도우 최신 버전에서 패스키를 지원하도록 하고 있습니다. 애플도 iOS 기기에서 페이스 ID(Face ID)와 터치 ID(Touch ID)를 통해 패스키를 지원하고 있습니다. 구글 역시 안드로이드 기기에서 지문 인식, 얼굴 인식, 패턴 인식을 통해 패스키를 지원합니다. 그 외 보안 키와 인증 기술 개발회사인 유비코(Yubico), 패스워드 관리 솔루션인 대시레인(Dashlane), 원패스워드(1Password), 라스트패스(LastPass), 클라우드 서비스인 드롭박스(Dropbox)와 웹메일 서비스인 Gmail 등이 패스키를 지원하고 있으며, 이 외에도 많은 회사와 서비스에서 패스키를 지원하고 있습니다. 앞으로 더 많은 서비스에서 지원될 것으로 예상됩니다.

사이버 범죄와 예방

해커들은 우리의 개인 정보를 얻기 위해 수단과 방법을 가리지 않습니다. 일단 해킹에 성공해서 개인정보를 탈취하면, 직접 온라인으로 판매하거나 때로는 신분 도용, 협박, 랜섬웨어 공격 등 다른 목적으로 사용합니다. 이런 불법 해킹은 점점 극성을 부리고 있으며, 우리는 스스로 디지털 발자국을 보호하기 위한 조치를 취해야 합니다.

해커들은 데이터베이스 해킹을 통한 데이터 유출, 크리덴셜 스터핑,

피싱, 소셜 엔지니어링, 키로깅, 스푸핑 등 다양한 수법으로 개인 데이터를 탈취합니다. 데이터 유출(data breaches)은 해커들이 개인정보를 저장하고 있는 회사나 기관의 데이터베이스에 침입하여 이름, 이메일, 비밀번호, 신용카드 번호와 같은 정보를 빼내는 것을 말합니다. 해커들은 이렇게 빼낸 정보를 다른 범죄자에게 유출 또는 판매하거나 우리 계정에 접근하는 데 사용하게 됩니다.

크리덴셜 스터핑(credential stuffing)은 다른 곳에서 유출된 로그인 정보를 다른 계정에 무작위 대입해 타인의 개인정보를 빼내는 수법을 말합니다. 즉, 기존에 다른 곳에서 유출된 아이디와 패스워드를 여러 웹사이트나 앱에 대입해 로그인이 될 경우 타인의 개인정보 등을 유출시키는 것입니다. 이는 이용자들이 아이디와 비밀번호를 다르게 설정하는 복잡함을 피해 대다수 서비스에서 동일한 아이디와 비밀번호를 쓴다는 사실을 악용한 것입니다.

피싱(phishing) 공격은 가장 흔한 사이버 범죄로 금융기관 등의 웹사이트나 거기서 보내온 메일로 위장하여 개인의 인증번호나 신용카드번호, 계좌정보 등을 빼내 이를 불법적으로 이용하는 사기 수법입니다. 사기성 이메일, 문자 메시지, 전화, 또는 웹사이트 등을 만들어 사용자를 속여 악성 소프트웨어를 다운로드하게 하거나 민감한 정보나 개인정보를 공유하도록 만드는 것입니다.

소셜 엔지니어링(social engineering)은 인간의 취약한 심리, 감정, 신뢰, 권위 등을 이용해 피해자로부터 개인정보를 빼내거나 시스템에 침입하는 모든 종류의 공격 기술을 통합해 부르는 말입니다. 이를 위해 필요하다면 적절한 기술적 공격이나 악성코드를 조합해 사용하기도 합니다. 소셜엔지니어링은 사이버 보안 분야에서 가장 기만적이고 위험한 공격으로 손꼽힙니다. 피싱도 소셜엔지니어링의 한 예입니다.

키로깅(keylogging)은 '키스트로크 로깅(keystroke logging)'의 합성어로, 말 그대로 사용자의 키보드 입력을 추적·기록한다 뜻입니다. 사용자의 컴퓨터에 악성 소프트웨어를 설치해 사용자가 키보드로 입력하는 키 값을 몰래 가로채는 수법으로, 키보드로 입력하는 모든 내용을 훔칩니다.

스푸핑(spoofing)은 해커가 은행이나 신용카드 회사, 또는 신뢰할 만한 정부 기관처럼 보이는 가짜 웹사이트나 앱을 만드는 수법으로, 이러한 웹사이트나 앱에서 카드 정보나 다른 개인 정보를 입력하도록 속여서 개인정보를 탈취합니다.

개인과 기업이 이러한 사이버 범죄를 당하면 신분 도용, 신용카드 사기, 랜섬웨어 공격, 데이터 유출 등 큰 금전적 손실을 입게 됩니다. 그러므로 사이버 범죄 유형을 알고 사전에 예방하는 것이 개인이 취할 수 있는 가장 기본적이고 중요한 보안조치라고 하겠습니다.

그렇다면 해커가 우리의 기기를 해킹할 때 어떤 데이터를 주로 훔쳐 갈까요? 해커가 우리의 개인 데이터를 탈취하는 방법 중 가장 흔한 것이 온라인 경험을 더 쉽고 빠르게 해주는 기능을 악용하는 것입니다. 여기에는 자동완성 양식, 쿠키, 디지털 지문, 스크린샷 등이 있습니다. 우리가 웹 브라우저에서 텍스트 입력란에 정보를 입력할 때면 한 글자만 쳐도 이전에 입력한 데이터가 쭈욱 나타나는 경우가 있는데, 나머지 데이터를 타이핑하지 않고도 마우스로 선택해서 한 번에 입력할 수 있습니다. 이 기능이 바로 자동완성 기능입니다. 이러한 기능이 가능하다는 것은 컴퓨터 어딘가에 그 정보가 저장돼 있다는 뜻입니다. 해커들은 바로 이렇게 저장돼 있는 데이터를 노리고 악성 소프트웨어를 퍼트립니다.

웹 브라우저와 서버 간에 정보를 주고받는 작은 텍스트 파일인 쿠키(Cookies) 역시 주요 탈취 대상 가운데 하나입니다. 이 파일은 사용자의 컴퓨터에 저장되며, 웹사이트를 다시 방문할 때 서버가 이전에 저장한 정보를 다시 불러올 수 있게 해줍니다. 쿠키는 사용자 편의를 높이기 위해 여러 가지 용도로 사용되며, 일반적으로 웹사이트의 사용성을 향상시키기 위해 사용됩니다. 해커가 쿠키에 접근할 수 있다면 악성 소프트웨어는 우리가 주로 사용하는 플랫폼들과 거기서 무엇을 하는지를 알게 됩니다.

이제는 우리의 거의 모든 온라인 활동이 추적된다는 것을 알아야 합니다. 디지털 지문(digital fingerprint)은 사용자에 대해 수집된 데이터를 말합니다. 이는 보안과 추적, 사용자 인증 등 다양한 분야에서 활용되며, 인터넷 브라우징, 소프트웨어 사용, 하드웨어의 특성 등을 통해 생성될 수 있습니다. 해커가 이 디지털 지문을 탈취하면 사용자의 행동을 상세하게 추적할 수 있게 됩니다.

이외에도 해커는 우리의 기기에 악성 소프트웨어를 심어서 기기 화면을 스크린샷으로 캡처할 수도 있습니다. 스크린샷을 통해 비밀번호 및 로그인 정보, 금융정보, 개인 문서와 메시지 등을 빼내는 것입니다.

사이버 범죄의 표적이 되지 않기 위해서는 다음과 같은 여러 가지 보안 방법과 습관이 필요합니다.

- 안티바이러스 및 방화벽: 안티바이러스 프로그램과 방화벽을 항상 켜두고, 정기적으로 업데이트해야 합니다.
- 소프트웨어 업데이트: 운영 체제, 브라우저, 플러그인 등 모든 소프트웨어의 업데이트를 지속적으로 확인하고 설치해야 합니다.
- 비밀번호 관리: 강력한 비밀번호를 사용하고, 다양한 서비스에 같은 비밀번호를 사용하지 않도록 주의해야 합니다. 가능하면 비밀번호 관리자를 사용하는 것이 좋습니다.
- 2단계 인증: 가능한 경우 2단계 인증을 설정하여 계정을 추가적으로 보호할 필요가 있습니다.
- 안전하지 않은 링크 클릭 금지: 의심스러운 이메일이나 메시지에서 보낸 링크는 클릭하지 않도록 주의해야 합니다.
- 피싱 이메일 조심: 은행이나 다른 중요한 기관에서 온 것처럼 보이는 이메일에는 개인 정보를 입력하지 않도록 주의해야 합니다.
- 보안된 환경에서만 개인 정보 공유: 웹 사이트 주소가 'https://'로 시작하는 곳에서만 개인 정보나 금융 정보를 입력합니다. (http 다음에 's'가 있음에 유의)
- 안전한 결제 방법 사용: 신용 카드나 보안이 강화된 온라인 결제 서비스를 사용해야 합니다.
- 알려진 웹사이트에서만 쇼핑: 알려지지 않은 혹은 의심스러운 웹사이

트에서는 구매를 하지 않도록 합니다.

- SNS 설정: 소셜 미디어 계정의 프라이버시 설정을 철저히 검토하여 불필요하게 개인 정보가 노출되지 않도록 합니다.
- VPN 사용: 공공 와이파이를 사용할 때는 VPN을 통해 안전하게 인터넷을 사용하는 것이 좋습니다.
- 데이터 백업: 중요한 개인 데이터는 외부 저장 매체나 클라우드에 정기적으로 백업하는 습관을 길러야 합니다.
- 디지털 지문에 주의: 브라우저의 인코그니토 모드를 사용하거나, 광고 추적을 차단하는 등의 추가적인 조치를 취합니다.
- 보안 인식 교육: 사이버 보안에 대한 지식을 꾸준히 업데이트해야 합니다.

12 양자 컴퓨팅

양자역학과 양자 컴퓨터

우리는 지금 기술이 고도화되고 있는 시대에 살고 있지만, 아직도 많은 것이 우리 앞에 기다리고 있습니다. 그 가운데는 이제 막 첫발을 내디딘 양자 컴퓨팅이 있습니다. 최근 몇 년 동안 양자 컴퓨팅 분야에서는 작지만 중요한 진전들이 이루어지고 있습니다. 과학 기술에 밝은 사람들은 주저하지 않고 인공지능 다음으로 세상을 혁신시킬 기술로

이 양자 컴퓨팅을 꼽습니다. 양자 컴퓨팅은 모빌리티(교통수단)에서 건강 관리에 이르기까지 수많은 분야에 영향을 미칠 전망입니다.

우리는 이제까지 컴퓨터라는 기계에 크게 의존해 왔습니다. 이 기계의 특징은 0과 1이라는 두 가지 숫자로 이루어진 바이너리(이진법) 세계를 구축해 왔다는 점입니다. 그런데 양자 컴퓨팅에 비하면 기존 바이너리 컴퓨터는 초딩에 불과한 수준입니다. 우리는 양자 컴퓨팅을 통해 컴퓨터 세계의 아인슈타인을 보게 될 것이기 때문입니다. 양자 컴퓨팅은 바이너리 컴퓨터로는 거의 불가능한 작업을 쉽게 수행할 수 있는 탁월한 전자두뇌를 가지고 있습니다. IBM은 2019년에 이미 큐 시스템 원(Q System One)이라는 양자 컴퓨터를 세상에 내놨습니다. 이 컴퓨터는 우리가 흔하게 보고 쓰는 PC 같은 대중적인 컴퓨터가 아니라 주로 연구 분야에 사용되는 특수 컴퓨터입니다.

양자 컴퓨팅을 이해하려면 먼저 양자역학의 기본 개념 몇 가지를 알아야 합니다. 그런데 문제가 있습니다. 양자역학에 기여한 공로로 노벨상까지 수상한 리처드 파인만(Richard Feynman)이 "양자역학을 제대로 이해하고 있는 사람은 이 세상에 아무도 없다. 나도 마찬가지다."라고 할 만큼 양자역학은 난해한 분야이기 때문입니다. 양자역학은 원자와 그 원자를 구성하는 전자와 소립자를 다루는 학문입니다. 원자는 너무 작아서 현미경을 사용해도 눈으로 관찰하기 어렵습니다. 크기가 얼마나 작은가 하면, 지름이 100억 분의 1m입니다. 게다가 그 안에 있는 원자핵은 다시 그 지름의 10만 분의 1 정도입니다. 그러니까 원자라는 것은 원자핵과 전자로 구성돼 있는데, 원자 크기를 야구장만 하게 키우면 원자핵은 야구장 안에 있는 개미 정도의 크기입니다.

사견이긴 합니다만, 양자역학이 우리 인간의 사유 범위를 넘어서는 이유는 이처럼 크기도 극히 작은 데다가 야구장 크기의 원자에서 그 중심 구성 요소인 핵이 개미만큼 작을 정도로 원자 안은 거의 텅텅 비어 있어서 있음과 없음, 무와 유, 물질과 정신의 경계에 놓여있는 분야이기 때문입니다. 경계에 놓여 있다 함은 양쪽의 성질을 동시에 갖고 있다는 뜻입니다.[76] 즉, 양자의 세계는 우리가 오감으로 느끼며 체험하는 현실 세계의 법칙과 전혀 다른 형태의 법칙이 작용한다는 것입니다. 우리는 뉴턴의 고전 역학에 너무도 익숙해져 있어서 그걸 벗어나는 현상은 이해하기 어렵습니다. 고양이는 살아있으면서 동시에 죽어있을 수는 없습니다. 한 지점에 있던 물체가 사라지는 순간 그와는 멀리 떨어진 다른 지점에서 나타나는 순간이동은 있을 수 없는 일입니다. 세상에 빛보다 빠른 것은 없으므로 두 물체 사이의 정보 전달도 빛보다 빠르게 이루어질 수 없는 것이 당연합니다.

그런데 양자의 세계에서는 이런 말도 안 되는 일들이 일어납니다. 먼저 양자역학의 중요한 원리 가운데 하나인 중첩에 대해 생각해 보겠습니다. **양자 중첩**은 여러 상태가 확률적으로 하나의 양자에 동시에 존재하며, 측정하기 전까지는 양자 상태를 정확히 파악할 수 없는 상

76) 양자역학의 선구자 중 한 사람인 볼프강 파울리(Wolfgang Pauli)는 심리학자인 칼 융(Carl Gustav Jung)과 함께 이중측면론에 기반한 파울리-융 추측을 제시하였습니다. 내용인즉, 정신과 물질은 하나의 실체에 대한 두 가지 측면이라는 사상으로, '파울리-융 추측'은 '정신물리학적으로 중립적인 현실'이 있으며 정신과 육체라는 두 측면은 이 현실의 파생물이라고 주장합니다. 즉 물질과 정신은 같은 것이며 따로 분리할 수 없다는 생각인 것입니다. 파울리는 양자 물리학의 요소가 정신과 물질 간극을 설명할 수 있는 더 깊은 실재를 가리킨다고 생각했던 것입니다.

태를 가리킵니다. 둘 이상의 양자 상태가 합쳐진 상태로, 측정하기 전까지는 측정에 의한 여러 결과 상태가 이미 확률적으로 동시에 존재한다는 것입니다. 저 유명한 '슈뢰딩거의 고양이'[77]는 양자의 중첩을 비유적으로 설명하는 사고 실험입니다. 말하자면 고양이가 살아있으면서 동시에 죽어있는 상태로 고양이가 살아있을 확률과 죽어있을 확률이 동시에 존재한다는 것입니다. 그런데 양자 세계에서 죽었는지 살았는지 모르고 오직 확률로 말할 수 있을 뿐이라고 하는 것은 고양이가 죽었나 살았나에 적용되는 원리는 아닙니다. 어떤 대상의 물리적 정보 가운데 위치와 속도(운동량)에 관한 것입니다. 사실 양자라는 것은 어떤 미세한 물체를 의미하는 것이 아니라 크기야 크든 작든 관계없이 어떤 물체의 에너지, 운동량, 위치와 같은 물리적 정보, 즉 물리량의 최소 단위를 나타내는 말입니다. 그래서 양자란 물질이 아니고 상태인 것입니다.

양자 얽힘도 우리가 눈으로 볼 수 있는 거시 세계에서는 불가능한

---

77) 고양이가 반감기가 한 시간인 방사성 물질과 함께 상자 속에 들어 있습니다. 만약 방사성 물질이 붕괴하면 고양이는 죽고 붕괴하지 않으면 고양이는 살아 있게 됩니다. 그렇다면 한 시간 후 고양이는 어떤 상태일까요? 죽었을까요? 살아있을까요? 아니면 죽은 것도, 산 것도 아닌 상태일까요? 방사성 원소의 반감기가 1시간이므로 고양이가 1시간 안에 죽을 확률은 50%입니다. 물론 살아 있을 확률도 50%입니다. 상자를 열어 눈으로 확인(관측)하기 전까지는 1시간 후에 고양이가 살아 있는지 죽었는지 알 수 없습니다. 다만 고양이의 상태는 살아있을 확률 50%, 죽었을 확률 50%라는 상태로 나타낼 수 밖에 없습니다. 그러나 어떤 사람이 상자를 열고 고양이의 상태를 확인하는 순간 고양이는 이런 확률적인 상태에서 벗어나, 살았거나 죽었거나 둘 중 하나의 상태로 결정됩니다. 이에 대해 양자역학은 관찰자가 관측하기 전까지 고양이는 실제로 반은 죽고 반은 살아 있는 상태에 있다가 측정이라는 행위의 영향을 받아 죽거나 살아 있는 상태 중 하나의 상태로 확정된다고 설명합니다. 측정 전의 고양이 상태가 바로 양자의 중첩 상태를 뜻합니다. 슈뢰딩거는 이 사고 실험을 제안한 것은 사실 양자의 중첩 상태를 설명하기 위해서가 아니고 양자역학이 말도 안 된다는 것을 증명하기 위함이었습니다. 그런데 오히려 이 실험에 힌트를 얻어 양자의 중첩 원리가 정립되고 만 것은 아이러니입니다.

현상입니다. 하나의 입자를 둘로 쪼개서 하나는 지구에 두고 다른 하나는 250만 광년이나 떨어진 안드로메다 은하의 한 곳에 갖다 놓더라도 하나의 상태가 변하면 다른 하나의 상태도 동시에 변하는 신기한 현상을 말합니다. 이게 말이 안 되는 게, 이쪽에서 상태가 변했을 때 저쪽의 상태도 변하려면 적어도 이쪽의 상태가 변한 정보를 저쪽에다가 전달해야 하는데, 그러자면 세상에서 가장 빠르다는 빛의 속도로 전달하는 데만도 250만년이 걸리게 됩니다. 그런데도 그런 전달 과정 없이, 아니면 그런 전달 과정을 빛보다 훨씬 빠른 속도로 전달해서 저쪽의 상태를 변화시킨다는 것은 우리의 인식으로는 이해가 불가능한 것입니다. 그래서 이런 현상을 논할 때 아인슈타인조차도 "이 무슨 귀신이 곡할 노릇인가?"[78]라고 말했을 정도입니다.

양자역학의 개척자 중 한 명이자 양자 이론 창립의 공로를 인정받아 노벨물리학상을 수상한 막스 플랑크도 기존의 물리 법칙과는 완전히 다른 양자 세계의 이해하기 힘든 운동에 당혹스러워했습니다. 그는 평생을 물리학자로서 물질에 대해 이렇게 결론을 내렸습니다.

"물질의 본질을 밝히는 일에 일생을 바친 사람으로서 원자에 대한 연구의 결론은 이렇습니다. 한마디로 물질이라는 건 없습니다. 우리가 보고 만지는 물질은 원래 원자를 구성하는 입자들을 진동시키고, 핵과 전자를 묶어 원자의 형태를 유지시키는 그 힘에서 나온 것입니다. 물질이 아닌 힘, 즉 에너지라는 말이죠. 그리고 이 힘 뒤에는 의식과 지적 영혼이 있다는 것을 인정하지 않을 수 없습니다. 이 영혼이 바로 모

78) 아인슈타인은 "귀신 장난 같은 움직임(spooky action at a distance)"이라고 표현했습니다.

든 물질의 모체입니다."[79]

그러므로, 우리가 물질 현상을 손으로 만지고 두 눈으로 관찰해서 그 원리를 찾아내던 종래의 물리학적 방법론으로는 양자물리학의 원리들을 이해하는 것은 불가능하다는 것을 알 수 있습니다. 우리의 통념에 의존해 존재와 비존재(우리의 의식에서 볼 때) 사이를 오고 가는 물질의 양자 상태를 아무리 분석해 봤자 답이 나올 리가 없습니다. 이럴 때는 이해하려고 하지 말고 외우는 것이 상책입니다.

막스 플랑크의 통찰을 빌린다면, 결국 물질이란 무형의 파장 또는 에너지 집합체이며, 어떤 대상의 양자 상태는 그 에너지의 뭉침과 흩어짐이라고 표현할 수 있을 것입니다. 그리고 그 에너지 상태를 관찰자가 관찰하는 순간에는 양자 상태의 뭉침과 흩어짐이 붕괴하면서 우리가 생각해 낼 수 있는 물질의 형태인 입자로 나타나는 것입니다. 이것은 물리 실험을 통해서도 밝혀졌습니다. 양자물리학을 논할 때 빠지지 않고 등장하는 '이중 슬릿 실험'이라는 것이 있습니다. 프로젝터와 같이 빛을 쏘는 장치 앞에 가림막을 설치하는데 거기에 빛이 통과할 수 있는 긴 구멍(슬릿)을 두 개 만듭니다. 이중 슬릿입니다. 그리고 그 뒤에 슬릿을 통과한 빛이 닿을 때 검출할 있도록 스크린을 만듭니다. 아래 그림을 보면 실험장치와 구성을 이해할 수 있을 것입니다.

---

79) 막스 플랑크가 이탈리아 플로렌스에서 1944년에 행한 연설 「물질의 본질(The Nature of Matter)」. 연설 당시 그의 나이는 86세였습니다.

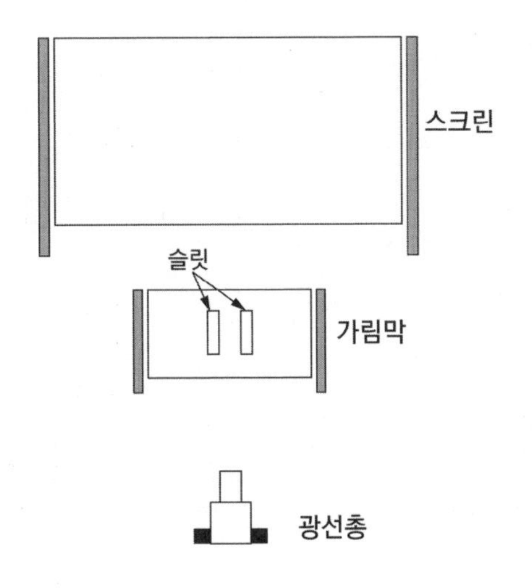

이제 프로젝터 같은 광선총에서 빛을 쏩니다. 그러면 빛은 이중 슬릿을 통과해 스크린에 닿으면서 검출기에 검출됩니다. 처음 연구자들은 이런 상태로 실험을 하면 스크린에 새겨지는 빛의 궤적이 이중 슬릿의 모양대로 두 줄이 생길 것이라고 생각했습니다. 그런데 막상 실험을 해 보니 두 줄이 아니라 여러 줄이 생겼습니다. 빛이 통과하는 구멍은 2개인데 빛이 스크린에 닿은 곳은 두 줄이 아니라 여러 줄이었던 것입니다. 이 줄무늬를 '간섭무늬'라고 합니다. 이것은 이전의 물리학처럼 빛이 입자라고 생각하면 간섭 현상은 도저히 설명되지 않은 결과입니다. 여기서 밝혀진 것이 바로 빛이 입자가 아닌 파동이라는 것입니다. 빛이 파동이라면 간섭무늬는 쉽게 설명이 되기 때문입니다.

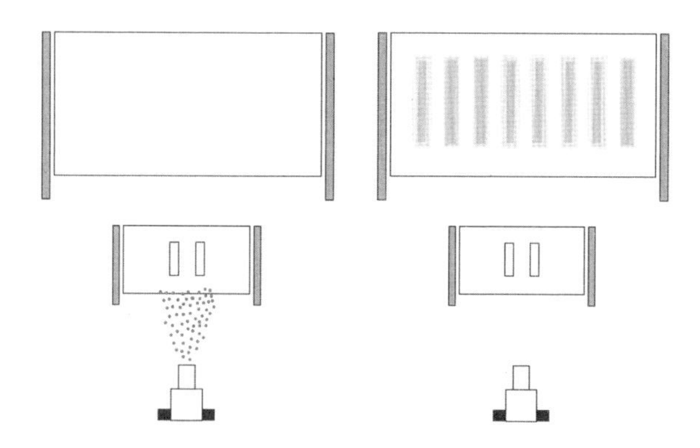

그런데 놀라운 일은 다음 실험에서 일어납니다. 이번에는 똑같은 이중 슬릿 실험을 위해 장치를 세팅하는데, 프로젝터를 빛이 아닌 전자를 하나하나 쏠 수 있는 전자총으로 바꿉니다. 물론 스크린에는 와서 닿는 전자를 검출할 수 있는 전자검출기를 달아놓습니다. 이렇게 세팅한 후 전자를 연속적으로 쏩니다. 그러면 전자들이 전자총에서 나와 가림막에 난 두 개의 구멍 사이를 통과해 스크린에 닿습니다. 결과는 어땠을까요? 빛을 쐈을 때 나타나던 간섭무늬가 그대로 나타났습니다. 차이가 없습니다.

이번에는 전자를 하나하나 쏘면서 전자가 어디로 가는지 살펴보기로 했습니다. 그랬더니 전자는 파동처럼 퍼져서 슬릿을 통과하는 것이 아니라 알갱이로 통과해 스크린의 한 점에 닿는 것이었습니다. 전자 한 개를 더 쏘면 스크린에 또 하나의 점이 생겼습니다. 이때의 전자 행동은 상당히 입자스럽습니다. 그러면 이렇게 전자를 한 개 한 개 쏘면서 일일이 관찰하지 않고 연속적으로 다다다 쏘면 어떤 결과가 나올까요? 생각 같아서는 스크린에 두 줄만 생겨야 할 텐데 아니었습니다. 여러 줄의 간섭무늬가 나타났습니다.

이제 오기가 발동할 때입니다. "그래? 그럼 이번에는 전자 하나하나가 어느 구멍을 통과해서 스크린 어디에 가 닿는지 두 눈으로 지켜보겠다"고 생각하고 전자의 움직임을 추적하는 관찰 장비를 추가로 설치해 발사되는 전자를 일일이 지켜보기로 합니다. 결과는 어땠을까요? 놀랍게도 이번에는 스크린에 간섭무늬 없이 두 줄만 생겼습니다.

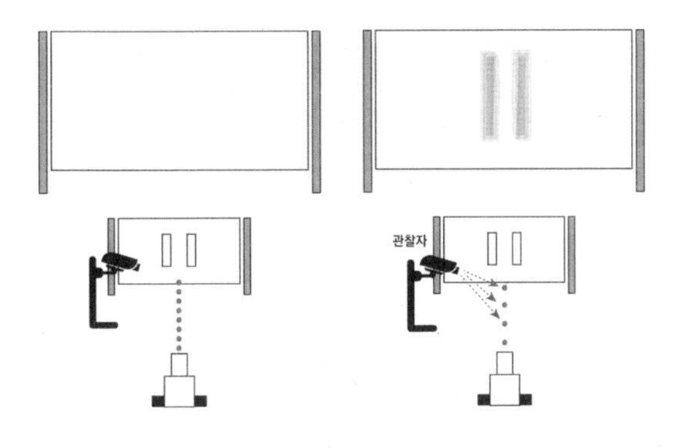

이 모든 실험 결과는 무엇을 말하고 있는 걸까요? 당연히 빛, 전자는 파동이면서 동시에 입자라는 중첩 성질을 가지고 있다는 것입니다. 거기에다 가장 중요한 사실이 한 가지 더 있습니다. 마지막 실험에서 보듯이 관찰자가 없을 때는 파동으로 움직여서 간섭무늬를 만들어내지만, 관찰자가 눈을 똥그랗게 뜨고 지켜보는 순간 입자로 바뀐다는 것입니다. 이런 차이를 만들어내는 요인은 딱 하나, 바로 '본다'는 우리의 행위입니다. 우리가 보는 순간 양자 상태는 무너져 물질의 성질을 띠게 됩니다. 그렇다면 우리가 본다는 것은 무엇을 의미하는 걸까요? 우리의 생각에 따라 대상의 상태가 바뀌는 것, 이것은 철학, 그 가운데서도 특히 인식론의 영역입니다.

어쨌든 세상은 '에너지 총량 보존의 법칙'이 작동합니다. 우리가 학교에서 배운 에너지 보존 법칙이 그것입니다. 그래서 우리가 몸을 움직일 때와 같이 에너지를 사용하는 모든 행위는 사라지지 않고 보존됩니다. 물리학적으로 표현하면 '운동량 보존'이라고 하겠습니다. 우리의 생각도 마찬가지입니다. 생각할 때 뇌에서는 파장 즉 뇌파가 나옵니다. 이 파장은 사라지지 않습니다. 어떻게 작동해서 어떻게 움직이는지 알 수 없지만 어딘가에 남아 있는 것은 확실합니다.

양자 컴퓨터, 왜 필요한가?

우리가 해결해야 하는 문제는 무수히 많습니다. 그 문제들 대부분은 이제 컴퓨터를 이용하여 해결합니다. 그런데 어떤 문제들은 우리가 사용하는 PC의 수만 배에 달하는 성능을 발휘하는 슈퍼컴퓨터조차도 한계를 보입니다. 과학자와 엔지니어들은 어려운 문제에 맞닥뜨리면 슈퍼컴퓨터에 의존합니다. 슈퍼컴퓨터는 클래식 컴퓨터(일반 컴퓨터)가 다루지 못하는 시뮬레이션과 같은 단일 거대 문제들을 계산할 때 사용됩니다. 연산 능력을 향상시키기 위해 수천 개의 고전적인 CPU와 GPU 코어를 갖추고 있습니다. 그러다 보니 단점도 많습니다. 가장 문제가 되는 것이 엄청난 전력 소모입니다.

복잡도가 높은 문제들에 대해서는 슈퍼컴퓨터 역시 해결하기 어렵습니다. 클래식 컴퓨터의 실패는 대부분 풀려고 하는 문제가 너무 복잡하기 때문입니다. 복잡한 문제란 많은 변수들이 얽히고설켜 있는 문제입니다. 예컨대, 분자 내 개별 원자의 행동을 모델링하는 것은 복잡한 문제 중 하나인데, 이유는 모든 전자들이 서로 상호작용 하기 때문입니다. 전 세계적인 화물선 네트워크에서 수백 척의 선박에 대한 이상적인 경로를 파악하는 것도 복잡한 문제입니다. 양자 컴퓨터가 필요한 이유는 이러한 복잡한 문제를 해결하는데 클래식 컴퓨터보다 더 빠르고 더 효율적으로 작동하기 때문입니다. 이처럼 양자 컴퓨터의 빠른 연산과 해결 능력을 필요로 하는 분야는 상당히 많습니다. 몇 가지 유형별 예를 더 들어보겠습니다.

- 소인수 분해 : 매우 큰 숫자를 소수로 분해하는 문제는 클래식 컴퓨터 대비 양자 컴퓨터에서 훨씬 빠르게 해결할 수 있습니다. 이러한 문제는 암호학에서 중요한 역할을 하며, 양자 컴퓨터는 이러한 소인수분해의 어려움을 이용해 보안을 유지하는 RSA 암호화와 같은 알고리즘의 보안을 깨뜨리는 데 사용될 수 있습니다.[80)]

- 최적화 문제 : 많은 변수들이 상호작용하는 복잡한 최적화 문제는 슈퍼컴퓨터에서도 상당한 시간이 소요됩니다. 그러나 양자 컴퓨터는 이러한 문제들을 더 빠르게 해결할 수 있는 가능성이 있습니다. 위에서 말한 선박들의 최적 경로나 항공기의 최적 경로 파악 같은 것입니다.
- 단백질 접힘(protein folding) : 단백질은 20가지의 아미노산으로 구성되어 있습니다. 단백질의 특징 중 하나는 구성 요소의 종류와 순서에 따

80) RSA 암호는 Rivest·Shamir·Adleman이라는 세 사람의 이름을 딴 암호 기법으로, 소인수 분해의 어려움을 기반으로 보안을 유지합니다. 즉, 공개 키를 알고 있더라도 큰 정수를 소인수분해하는 것이 매우 어렵기 때문에 개인 키를 찾아내기 어렵습니다. 그러나 양자 컴퓨터가 실용화되면, 막스 플랑크 알고리즘을 사용하여 소인수 분해 문제를 빠르게 해결할 수 있게 되어 RSA 암호의 보안이 취약해집니다.

라 다른 3차원 구조를 갖는다는 것입니다. 이러한 현상을 단백질 접힘이라 부릅니다. 단백질은 생물학적 시스템에서 중요한 역할을 하는 큰 분자로, 아미노산 서열이라 불리는 빌딩 블록들이 결합한 긴 사슬 형태로 존재합니다. 단백질의 기능은 그들의 3차원 구조에 의해 결정되며, 따라서 단백질이 올바르게 접히지 않으면 바람직한 기능을 발휘하지 못하게 됩니다.[81] 단백질 접힘은 생명과학에서 매우 중요한 연구 주제입니다. 이는 올바른 구조 외에도 잘못된 구조를 만들어내는 경우와 함께 서로 다른 단백질이 함께 응집되어 다양한 질병과 연관된 단백질 응집체를 형성할 수 있기 때문입니다. 알츠하이머병, 파킨슨병 등 신경병증이 이와 관련이 있습니다. 단백질 접힘이 어떻게 이루어지는지에 관한 연구는 단백질 문제 해결, 질병 치료, 약물 개발 등에서 중요한 역할을 합니다. 이러한 과정을 이해할수록 단백질 구조와 기능을 예측하는 능력이 향상되어 학과 생명과학에 획기적인 발전을 이룰 수 있습니다. 그러나 단백질 분자의 공간 구조와 물질 간 상호작용을 정확하게 예측하고 해결하는 것은 현재의 슈퍼컴퓨터에서도 어려운 작업입니다. 양자 컴퓨터는 이러한 계산과 모델링을 더 효율적으로 수행할 수 있을 것으로 기대를 모으고 있습니다.

- 인공지능과 머신러닝 : 머신러닝 및 딥러닝 알고리즘은 클래식 컴퓨터로는 감당하기 어려울 정도로 상당한 연산량이 필요합니다. 양자 컴퓨터는 이러한 연산을 훨씬 효과적이고 빠르게 수행할 수 있습니다.

---

81) 이것은 크리스티안 안핀슨(Christian Anfinsen)이 1960년대에 제시한 단백질 접힘에 관한 중요한 가설인 '안핀슨의 도그마'와 관련이 있는 문제입니다. 이 가설은 단백질의 3차원 구조는 해당 단백질의 일차적인 아미노산 서열에 의해 결정된다는 주장입니다. 단백질은 아미노산 서열에 포함된 정보에 기반하여 자체적으로 자연적인 상태, 즉 에너지가 최소화된 안정적인 3차원 구조로 접힌다는 것입니다. 이로 인해 단백질은 특정 구조로 접힘을 통해 제 기능을 발휘하게 됩니다. 이 가설은 단백질의 3차원 구조가 해당 단백질의 기능에 중요한 역할을 한다는 것을 보여줍니다. 이를 통해 연구자들은 아미노산 서열의 변화가 구조 및 기능 상의 변화를 일으킬 수 있음을 이해할 수 있게 되었습니다.

• 분자 시뮬레이션 : 화학과 소재 과학에서 분자의 행동을 연구하거나 물질의 특성을 추측하려면 상호작용하는 모든 원자와 물질 간의 복잡한 연산이 필요합니다. 양자 컴퓨터를 사용하면 이러한 시뮬레이션을 더 정확하고 빠르게 수행할 수 있습니다.

이외에도 보안, 금융, 군사, 정보, 신약 설계 및 발견, 항공우주 설계, 핵융합, 빅데이터 검색 및 디지털 제조 등 여러 분야에 큰 기여를 할 수 있습니다. 양자 컴퓨터는 정보를 안전하게 공유하는 능력을 향상시키거나, 레이더의 미사일과 항공기 탐지 능력을 개선하는 데 사용될 수 있습니다. 또한, 환경과 관련하여, 양자 컴퓨터를 이용한 화학 센서로 물의 청정도를 유지하는 데 도움을 줄 것으로 기대됩니다.

양자 컴퓨터의 작동 원리

양자 컴퓨터를 이해하려면 먼저 클래식 컴퓨터의 연산 또는 정보의 기본 단위인 비트에 해당하는 큐비트(qubit)의 개념을 알아야 합니다. 클래식 컴퓨터의 비트는 이진수로 표현되는 기본적인 정보 단위입니다. 비트는 두 가지 값을 가질 수 있는데, 이것은 0과 1입니다. 클래식 컴퓨터에서 복잡한 계산 및 처리를 수행하기 위해 이 비트들이 조합되어 더 크고 복잡한 데이터 구조와 알고리즘을 구성합니다. 이진 시스템에서는 0과 1의 두 가지 값만 사용하여 모든 정보를 전달하고 표현할 수 있으며, 컴퓨터의 전자 부품인 트랜지스터는 전기 신호를 통해 이러한 비트 값을 나타냅니다. 비트는 트랜지스터의 상태를 반영하며, 전압이 높으면 '1'로, 낮으면 '0'으로 인식합니다. 클래식 컴퓨터의 비트는 각각 독립적이며, 한 번에 0 또는 1 중 하나의 상태만 가질 수 있습니다. 이를 바탕으로 논리 게이트와 연산을 사용해 기본적인 계산을 수행하고, 이런 계산들이 결합되어 프로그램에서 많은 종류의 작업을 완료합니다.

양자 컴퓨터에서 사용하는 큐비트는 원자의 인공적인 구현체입니다. 이는 원자의 전자 궤도와 관련된 두 개의 에너지 상태를 가지며, 적절한 주파수를 적용하면 전자의 에너지 수준과 스핀[82]을 조절하여 논리적인 1 상태, 논리적인 0 상태, 또는 그사이의 상태인 중첩 상태를 만들 수 있습니다. 큐비트가 중첩된 상태에 있게 되면 동시에 0과 1 상태의 선형 조합 형태로 존재할 수 있습니다. 이는 큐비트가 동시에 여러 개의 정보를 표현하는 것처럼 동작할 수 있게 해 주어 특정 문제에 대한 해답을 찾을 때 클래식 컴퓨터보다 매우 빠른 속도로 계산할 수 있게 됩니다. 큐비트를 구현하는 방법은 다양합니다. 전자의 스핀 상태, 원자의 에너지 상태, 초전도 회로 등 다양한 물리적 시스템에서 큐비트를 구현할 수 있습니다. 이런 다양한 방식의 큐비트는 각각 장점과 단점이 있고, 양자 컴퓨터의 성능과 안정성에 영향을 줍니다.

큐비트의 또 다른 중요한 속성은 얽힘이라는 양자 연관성입니다. 큐비트들이 얽힌 상태에 있을 때, 한 큐비트의 정보를 관측하면 다른 큐비트의 상태도 매우 정확하게 알게 됩니다. 이렇게 얽힌 큐비트들은

82) 양자 스핀은 양자물리학에서 입자의 고유한 속성 중 하나로, 분자, 원자, 전자 등 매우 작은 입자의 회전하는 성질을 나타냅니다. 양자 스핀은 고전적인 회전 운동으로는 설명되지 않는 특성이 있습니다. 스핀-업(spin-up) 상태와 스핀-다운(spin-down) 상태로 구분됩니다. 양자 스핀은 스핀 효과를 포함한 다양한 양자 현상을 이해하는 데 중요한 역할을 합니다. 스핀을 통해 입자 간 상호작용, 자기 역학, 도플러 현상 등 지금까지 모호한 주제를 깊이 분석할 수 있게 되었습니다. 또한 양자 스핀은 양자 컴퓨터 및 기타 양자 기술에서 주요 개념과 기술을 구현하는 데도 중요한 토대가 됩니다.

함께 상태를 공유하고 동시에 정보를 처리할 수 있어, 복잡한 계산 문제를 더 효율적으로 해결할 수 있게 됩니다. 큐비트 쌍은 얽힌 상태로 만들어질 수 있습니다. 이것은 두 개의 큐비트가 하나의 상태에서 존재하게 되는 것을 의미합니다. 이러한 상태에서 한 큐비트를 변경하면 예측 가능한 방식으로 다른 큐비트에 직접 영향을 줍니다. 양자 알고리즘은 복잡한 문제를 해결하기 위해 이러한 관계를 활용하도록 설계되어 있습니다. 양자 컴퓨터에서 양자 얽힘은 복잡한 계산을 효율적으로 처리하는 데 큰 역할을 합니다. 얽힌 큐비트들은 서로의 상태에 따라 결과를 빠르게 계산할 수 있기 때문에, 연산 능력이 기하급수적으로 높아지는 만큼 문제 해결에 걸리는 시간은 기하급수적으로 줄어들게 됩니다. 따라서 양자 얽힘을 이용한 양자 컴퓨터는 타의 추종을 불허하는 속도와 능력으로 많은 종류의 작업이 가능하게 됩니다.

10개의 큐비트로 구성된 양자 컴퓨터는 2의 10승인 1,024개의 중첩 상태를 가질 수 있습니니다. 그러나 큐비트 수가 그 두 배인 20개로 늘어난다면 2의 20승인 1,048,576개의 중첩 상태를 가질 수 있게 됩니다. 큐비트를 늘릴 때마다 기하급수적으로 성능이 높아지는 이유입니다. 그렇다고는 해도 양자 컴퓨터와 클래식 컴퓨터가 서로 다른 원리를 사용해 동작하기 때문에 양자 컴퓨터의 연산 능력을 클래식 컴퓨터와 직접적으로 비교하기는 어렵습니다. 양자 컴퓨터의 연산 능력은 특정한 유형의 계산 문제에 대해 매우 높은 속도를 보여주지만, 다른 일반적인 컴퓨팅 작업에서도 그런 성능을 보여주는 것은 아닙니다. 즉, 일반적인 작업에서는 양자 컴퓨터의 성능을 제대로 발휘하지 못할 수도 있는 것입니다.

양자 컴퓨팅은 물질의 양자 상태, 즉 에너지 상태를 다루고 양자 상태가 변화하는 원리를 이용하는 기술입니다. 이중 슬릿 실험에서도 보았듯이 우리가 본다는 행위 즉, 외부와 상호작용이 있는 순간 양자 상태는 붕괴해 버리고 맙니다. 이처럼 양자 상태는 진동이나 온도 변화 등의 영향으로 순식간에 교란받을 수 있습니다. 양자 컴퓨팅에서는 이것을 '결잃음'이라고 합니다. 큐비트가 결잃음으로 중첩 상태에서 벗어나면 계산 오류가 발생합니다. 그래서 양자 컴퓨팅에서는 결잃음 없이 큐비트들의 양자 상태를 얼마나 오랫동안 유지할 수 있는지가 관건입니다. 큐비트의 양자적 특성을 유지해야 양자 컴퓨팅의 이점을 누릴 수 있기 때문입니다. 그래서 광자나 전자 등의 양자 입자를 슈퍼쿨링 냉장고, 단열재, 진공 챔버와 같은 방법을 통해 외부 요인으로부터 보호하는 것이 중요합니다. 큐비트를 구현하는 데 사용되는 한 가지 방법인 고체 상태 초전도 방식은 초전도 재료를 사용하여 전기 저항이 없는 상태에서 큐비트를 만드는 방식입니다.

고체 상태 초전도 큐비트를 구현하려면 매우 낮은 온도 환경이 필요합니다. 일반적으로 초전도 환경을 만들자면 온도는 절대영도인 −273.15°C에 가깝게 유지되어야 합니다. 양자 컴퓨터를 보호하고 결잃음과 외부 간섭을 최소화하기 위해 슈퍼쿨링 냉장고와 같은 기기를 사용하여 이러한 저온을 유지합니다. 이렇게 극저온에서 고체 상태 초전도 큐비트를 운용할 수 있게 되면, 양자 상태의 안정성을 높이고 양자 컴퓨터의 성능과 신뢰도를 향상시킬 수 있습니다.

양자 컴퓨터를 실용화하기 위해선 결잃음을 최소화하는 기술과 방법을 개발하는 것이 핵심적인 과제 가운데 하나입니다. 연구자들은 이러한 결잃음 문제를 극복하기 위해 많은 노력을 기울이고 있으므로 시간이 흐를수록 더욱 정확하고 성능이 높은 양자 컴퓨팅 기술이 현실화될 것으로 기대됩니다.

영원히 계속되는 창과 방패의 대결, 암호와 해킹

디지털 세상에서는 암호와 해킹이라는 창과 방패의 전쟁이 끊임없이 계속됩니다. 암호는 비밀의 세계를 안전하게 보호하기 위한 방패 역할을 하고, 해커들은 그 방패를 뚫기 위해 끊임없이 새로운 창을 고안해냅니다. 양자 우위의 시대가 도래하면서 특히 금융 산업이 큰 위협을 받고 있습니다. 대부분의 금융 기관은 정보 보호 및 공개 키 암호화를 위해 RSA 알고리즘을 사용합니다. 한국 공인인증서 역시 RSA 방식을 따르고 있습니다. 현재까지 가장 성능이 뛰어난 슈퍼컴퓨터로도 RSA 암호 해독에 100만 년 이상이 소요될 것으로 추산됩니다. 그러나 양자 컴퓨터가 등장하면서 RSA 암호의 안전성이 한순간에 무너질 상황입니다. 양자 컴퓨터는 쇼어 알고리즘[83]과 같은 효과적인 양자 암호 해독법을 활용하여 RSA 암호를 불과 1초 만에 해독할 수 있기 때문입니다. 이러한 위기 상황에서 금융 산업은 더욱 강력한 보안 기술을 개

83) 쇼어 알고리즘(Shor's algorithm)은 양자 컴퓨터를 이용하여 최대공약수 알고리즘(GCD)을 해결하기 위한 알고리즘입니다. 이 알고리즘을 이용하면 큰 정수의 소인수분해 문제를 빠르게 해결할 수 있습니다. RSA 암호는 소인수분해 문제의 어려움에 의해 안전한 암호화 방식으로 알려져 있습니다. 따라서 쇼어 알고리즘을 활용할 경우, RSA 암호를 비롯한 일부 암호화 방식이 빠르게 해독될 수 있습니다.

발하고 도입해야 합니다. 이를 위해 양자 컴퓨터의 암호해독 능력을 이길 수 있는 '포스트 양자 암호(Post-Quantum Cryptography)'[84] 같은 새로운 암호화 기술이 개발되고 있습니다.

양자 컴퓨터와 안보

탁월한 계산 능력으로 인해 양자 컴퓨터는 암호학, 통신, 국방과 관련된 영역에서 혁신적인 변화를 가져올 것입니다. 그러나 이러한 변화와 함께 보안상의 문제와 위협 요인들이 동시에 증가할 것입니다. 따라서 양자 컴퓨터 안보는 국가 간의 경쟁, 사이버 안전, 정보 보호 등과 밀접한 관련이 있습니다. 양자 컴퓨터의 발전은 다음과 같은 국가 안보 및 사이버 보안과 관련된 주요 문제를 야기할 수 있습니다.

- 암호해독 : 위에서 얘기한 것처럼 현재 사용되는 대부분의 암호화 기술인 RSA와 같은 공개 키 암호 체계는 양자 컴퓨터의 쇼어 알고리즘 등으로 쉽게 해독되기 때문에 기존 암호 체계의 안전성이 엄청난 위협을 받게 됩니다. 이를 극복하기 위해, 양자 컴퓨터에 대한 결정론적 해독이 어려운 포스트 양자 암호라는 새로운 암호화 기술이 연구될 것입니다.
- 정보 교환 과정에서의 안전성 : 양자 컴퓨터는 또한 통신 효율성과 보안성을 높일 수 있는 양자 통신 기술을 발전시킬 것입니다. 예를 들어, '양자키 교환'[85] 기술을 이용하면, 정보의 안전성을 높이고 원천적으로 도

84) 양자 컴퓨터를 극복하는 것을 주 목적으로 하는 알고리즘이어서 '양자 내성 암호'라고도 합니다.

85) 양자키 교환(QKD, quantum key distribution)은 양자역학 원리를 이용해 메시지 암호화에 사용되는 암호키를 안전하게 전송하는 방법입니다. 양자키 교환은 특히 '해커'가 암호키를 탈취하려는 시도를 감지하고 이를 막을 수 있는 매우 강력한 보안 방식입니다. 양자키 교환은 양자역학의 중첩과 얽힘의 개념을 활용합니다. 양자키 교환을 사용하면 암호키를 주고받는 두 사용자가 큐비트를 사용하여 키 정보를 교환

청이 불가능한 통신 시스템을 구현할 수 있습니다.

- 국방 : 양자 기술을 통하여 복잡한 시뮬레이션 모델 및 전략의 계산 프로세스를 단축하고, 항공기, 무기 시스템, 지휘 통제 등 군사 시스템의 성능을 향상시킬 수 있습니다. 이것은 국가 간의 군사력 균형에도 영향을 미칠 것입니다.
- 사이버 공격 : 양자 컴퓨터를 활용한 사이버 공격의 가능성이 증가하며, 사이버 세계에서의 위협은 더욱 복잡해질 것입니다. 이에 대비하기 위해 사이버 보안 시스템의 진화가 필요할 것입니다.

따라서 양자 컴퓨터 안보는 국가 레벨의 연구 및 기술 개발 사업에 명확한 국가 지원이 필요하며, 포스트 양자 암호화, 통신 보안, 국방 기술의 업그레이드 등 다양한 분야에서 대응책이 강구되어야 할 것입니다.

그러잖아도 양자 컴퓨터 개발은 기업 간 전쟁을 넘어 국가 간 안보 전쟁으로 이어지고 있습니다. 지금 양자 기술은 미국과 중국이 이끌고 있습니다. 미국 IBM은 2022년 말 'IBM 오스프레이(Osprey)'라는 433 큐비트 양자 컴퓨터를 개발에 한 데 이어, 2023년 1,000큐비트 양자 컴퓨팅 기술로 진화시킨다는 목표를 향해 달려나가고 있습니다. 중국도 양자 컴퓨터 분야에서 빠르게 발전하고 있으며, 이를 통해 세계적인 양자 컴퓨터 기술 경쟁에서 주요 선수로 부상하고 있습니다. 중국에서 관련 연구를 주도하고 있는 중국과학기술대학은 2021년에 이미 66 큐비트 초전도성 양자 컴퓨터인 '쭈충즈(Zuchongzhi) 2.1'을

합니다. 해커가 이 과정에 개입하여 정보를 탈취하려 하면, 입자의 상태가 변경되고 그 영향을 사용자들이 확인할 수 있게 됩니다. 그 결과, 암호키가 불완전하거나 탈취 당했다는 것을 알 수 있어서, 다른 방법으로 교환할 수 있게 해 줍니다.

개발했습니다. 연구팀에 따르면, 쭈충즈 2.1은 구글의 시커모어가 처리했던 문제보다 100배 정도 어려운 문제를 1시간 20분 안에 해결했을 뿐만 아니라, 시커모어보다 대략 100만 배 빠른 속도를 보였다고 주장했습니다. 또 중국과학기술대학은 같은 해에 이와는 다른 모델인 광자 기반 양자 컴퓨터 '지우장(Jiuzhang)'도 개발했습니다. 중국은 이 양자 컴퓨터를 발표하면서 양자 우위를 달성했다고 선언했습니다. 개발자들은 지우장이 구글의 시커모어보다 약 100억 배 빠른 계산 속도를 지니고 있다고 주장합니다. 특히 초전도체를 이용해 양자 우위를 달성한 시커모어와는 달리, 광자 큐비트를 사용하고 있습니다. 이러한 중국의 양자 컴퓨팅 기술 발전을 보며 전문가들은 이르면 2027년 중국 양자 컴퓨터가 암호화된 정보를 풀어낼 것이라고 예측하고 있습니다.

미국은 양자 컴퓨터의 보안 위협을 매우 심각하게 인식하고 있으며, 이에 대응하기 위해 정부 기관과 민간이 협력하고 있습니다. 백악관은 주요 정부 기관, IBM, 구글 등과 함께 민관 협의체를 구성하여 양자 컴퓨터 위협에 대한 대응책을 마련하고 있습니다. 이 협의체의 목적은 중국 등 국가에서 발생할 수 있는 양자 컴퓨터 해킹으로부터 미국의 데이터를 보호하고 안전한 방법을 연구하는 것입니다. 가장 큰 우려는 해커 집단이 금융 기관, 은행, 국가 안보 기관 등에서 암호화된 정보를 탈취해 저장한 다음, 몇 년 이내에 발전된 양자 컴퓨터 기술을 활용하여 암호를 쉽게 해독하는 것입니다. 이렇게 되면 금융 및 국가 안보에 큰 영향을 미칠 수 있습니다. 또한 몇몇 전문가들은 양자 컴퓨터로 비트코인 거래 역시 해독할 수 있다고 주장하고 있습니다. 미국은 양자 컴퓨터의 보안 위협에 적극 대응하기 위해 민관 협의체를 통해 함께 기술 발전을 도모하고 포스트 양자 암호와 같은 새로운 암호화 방식을 연구하여 시행할 계획입니다. 이를 통해 미래의 양자 컴퓨터 위협에 능동적으로 대응하려는 것입니다.[86)]

이처럼 양자 컴퓨터는 인류의 난제를 해결하는 도구가 될 수 있지만, 동시에 현재 사용하는 암호 체계를 쉽게 해킹할 수 있어서 국가 안보의 위협이 될 수도 있습니다. 미국 정부가 중국의 양자 컴퓨터 개발을 심각하게 받아들일 수밖에 없는 이유입니다.

한편, 우리나라에서는 양자 컴퓨터 기술과 관련하여 삼성종합기술원, LG전자, 서울대, 연세대, 성균관대, KAIST 등이 IBM과 협업하고 있습니다. 특히 연세대는 IBM과 양자 컴퓨터 센터 설치 협약을 맺고 2024년 기준 가장 최신형의 양자 컴퓨터를 인천 송도 퀀텀센터에 설치할 예정입니다. 우리 정부는 2024년까지 50큐비트급 한국형 양자 컴퓨터 시스템 구축을 목표로 세워두고 있습니다. 앞선 나라들이 양자 기술을 미래 핵심 유망 기술로 삼고 치열하게 경쟁을 벌이고 있는 상황이어서 더 이상 뒤처져서는 안 된다는 위기감이 작용한 것으로 보입니다.

양자 컴퓨터의 미래

이제 양자 컴퓨터는 거스를 수 없는 대세입니다. 전 세계적으로 양자 컴퓨터에 대한 활발한 연구가 이루어지고 있고, 많은 기업, 연구소,

---

86) 우리나라도 양자 컴퓨터 공격에 안전한 보안체계를 만드는 일에 서둘러야 할 것입니다. 전문가의 설명에 따르면 기술격차를 따라잡기 위해 현재 가장 필요한 것은 전문인력 양성인데, 국내 전문인력이 현재 총 150명 수준인 데 비해 중국은 매년 100명의 박사급 인력을 배출하고 있다고 합니다.

대학 및 정부 기관이 양자 컴퓨터 개발에 참여하고 있습니다. 그 가운데 특히 IBM, 구글, 마이크로소프트, 하니웰(Honeywell), 리게티(Rigetti), 이온큐(IonQ), 디웨이브 시스템(D-Wave System) 같은 회사들이 두각을 나타내고 있습니다. 이 회사들 외에도 스타트업이나 중소기업들도 양자 컴퓨팅 기술을 개발하기 위해 노력하고 있습니다.

세계 양자 컴퓨터 개발 경쟁에서 가장 앞서 나가고 있는 기업은 구글과 IBM입니다. 두 기업은 각자의 연구 및 개발 전략과 기술 우위 전략으로 경쟁력을 높이고 있습니다. 구글은 2019년에 54 큐비트 양자 프로세서인 '시카모어(Sycamore)'를 선보였습니다. 이 프로세서를 사용하여, 구글은 양자 우위(Quantum Supremacy)를 선언했습니다. 양자 우위란 클래식 컴퓨터가 해결할 수 없는 계산 문제를 양자 컴퓨터가 효과적으로 해결했다는 것을 뜻합니다. 이를 통해 구글은 인공지능, 최적화, 재료 과학 등의 분야에 걸쳐 양자 컴퓨터의 가능성을 연구하고 있습니다.

이에 반해, IBM은 큐비트의 개수를 지속해서 늘려가며 양자 컴퓨터 시스템의 성능과 안정성을 지속적으로 개선해 왔습니다. IBM은 또한 연구자들이 온라인에서 그들의 양자 시스템을 사용할 수 있는 기회를 제공하는 데 주력하고 있습니다, 이미 IBM 왓슨 연구소는 127큐비트 이글을 포함해 현재 20개의 양자 컴퓨터를 클라우드 서비스로 제공하고 있습니다. 이는 IBM 양자 컴퓨팅 경험(Quantum Experience)이라 불리는 플랫폼을 구축한 결과입니다. 이를 통해 IBM은 전세계 양자 컴퓨팅 관심층들과 함께 소통하고 협력하여 양자 기술을 더욱 앞서게 하는데 기여하고 있습니다. 이러한 기술을 바탕으로 2023년부터 '양자 우위' 시대가 도래했음을 공식 선언했습니다.

두 기업은 각자 다양한 기술 개발 및 활용에 초점을 맞추고 있습니다. 구글은 양자 컴퓨팅 기술과 인공지능을 융합하고 확장성 있는 양자 엔진을 개발하는 데 중점을 두고 있으며, IBM은 양자 엔터프라이즈 애플리케이션 및 시스템 통합을 통해 양자 컴퓨팅을 실용화하는데 목표를 둡니다. 구글과 IBM은 양자 컴퓨터 기술에서 경쟁하고 있을 뿐만 아니라, 전 세계의 사람들과 협력하며 양자 컴퓨터 발전을 이끌어 나가고 있습니다.

양자 컴퓨터는 만드는 기술만큼이나 활용하는 기술도 중요합니다. 양자 컴퓨터의 활용 분야는 무궁무진합니다. 기후연구와 날씨 예측, 지능형 교통시스템 구축, 물류 관리, 공급망 효율화, 2차전지 신소재 개발, 금융 투자 포트폴리오 최적화 및 부정 거래 판별법 개발, 원유 탐사, 우주선 개발 등 다양한 분야에서 혁신적이고 창의적인 접근 및 기술 개발을 가능하게 할 것입니다. 이는 세상을 보다 지속 가능하고 미래 지향적인 방향으로 이끌어 줄 수 있는 기반이 될 것입니다.

양자 컴퓨터는 전통적인 컴퓨터보다 훨씬 빠른 속도로 복잡한 문제를 해결할 수 있으므로 여러 산업에 걸쳐 정보 처리 및 분석에 혁신을 가져올 것입니다. 이로 인해 기존 일자리의 구조가 변화되고 일부 직업에 대한 수요가 줄어들 수도 있습니다. 그렇지만 양자 컴퓨터가 접목될 수 있는 인공지능, 데이터 분석, 최적화, 재료 과학 등 다양한 분야에서는 양자 컴퓨터의 활용이 더욱 확장되면서 새로운 기회와 직업이 생겨날 것으로 예상됩니다. 이를 통해 전통적인 산업 구조를 혁신하고 경쟁력을 강화할 것입니다. 또 양자 컴퓨터의 성능 향상은 전반적인 기술 산업의 발전을 가속화할 것으로 보입니다. 이에 따라 향후 일자리 시장에서 기술 관련 직업의 중요성이 더욱 증가할 것으로 전망됩니다.

13 클라우드 컴퓨팅과 인지 클라우드 컴퓨팅

클라우드 컴퓨팅의 이해

클라우드 컴퓨팅은 서버, 저장소, 데이터베이스, 네트워킹, 소프트웨어, 분석, 인공지능 등 컴퓨팅 서비스를 인터넷을 통해 제공하는 기술입니다. 클라우드 컴퓨팅의 주요 장점 중 하나는 서비스를 제공하는 업체의 저장소와 컴퓨팅 파워를 원격으로 사용함으로써 사용자가 자신의 컴퓨터에 모든 것을 저장해서 실행할 필요가 없다는 것입니다. 웹하드나 네이버박스 같은 데이터 저장 공간 서비스는 우리가 가장 흔히 사용하는 클라우드 서비스입니다. 클라우드 컴퓨팅은 주로 다음 세 가지 형태로 제공됩니다.[87]

- 인프라 서비스(IaaS, Infrastructure as a Service) : 인프라와 관련된 서비스를 제공하며, 가상 서버, 저장 공간 및 네트워크 기능을 포함합니다.
- 플랫폼 서비스(PaaS, Platform as a Service) : 개발 및 배포에 이용할

87) XaaS 서비스형 모델에 관해서는 1장의 '구독경제와 서비스형 비즈니스 모델(XaaS)'을 참조하세요.

수 있는 플랫폼을 제공하며, 사용자가 소프트웨어 개발을 더욱 신속하게 수행할 수 있도록 지원합니다.

- 소프트웨어 서비스(SaaS, Software as a Service) : 웹 브라우저를 통해 애플리케이션을 사용할 수 있게 해주는 서비스로, 사용자가 각자의 시스템에 설치 및 유지 관리를 할 필요가 없습니다.

클라우드 컴퓨팅을 사용함으로써 사용자는 필요한 자원에 쉽게 접근할 수 있으며, 사용한 만큼만 비용을 지불하면 됩니다. 클라우드 컴퓨팅의 출현은 구독경제를 획기적으로 확장시켰습니다. 구독 경제는 전통적인 일시적 상품 구매와 달리, 고객이 정기적인 비용을 지불함으로써 서비스 및 상품을 지속적으로 사용할 수 있는 권한을 얻는 것을 말합니다. 이러한 구독 기반의 비즈니스 모델은 소프트웨어, 미디어, 식품 배달, 넷플릭스 같은 스트리밍 서비스, 클라우드 서비스 등 다양한 산업에 걸쳐 적용되고 있습니다. 클라우드 서비스의 구독 모델은 고객이 사용한 자원과 서비스에 대해서만 비용을 청구하므로, 사용자에게 비용 효율성을 제공하고 경비가 얼마나 들지 예측할 수 있게 해줍니다. 그러므로 클라우드 서비스와 구독 경제는 사용자 중심의 이용 모델을 제공하면서 기업들에게 더 나은 비용 효율, 빠른 혁신, 그리고 유연한 자원 확장을 가능하게 하는 찰떡 궁합이라고 하겠습니다.[88] 이를 통해 사용자는 자신의 컴퓨터에 직접 데이터를 저장하거나 데이터베이스를 구축하거나, 값비싼 마이크로소프트 오피스, 아도비 포토샵, 오토 캐드 같은 프로그램을 구입하여 설치할 필요가 없고, 유지 관

88) 구독경제에 관해서는 1장의 '구독경제와 서비스형 비즈니스 모델(XaaS)'을 참조하세요.

리도 직접하지 않아도 되므로 초기 비용과 유지 관리 비용을 대폭 절감할 수 있습니다. 이를 바탕으로 사용자들은 더욱 효율적으로 일을 처리하고 네트워크를 확장해 나갈 수 있습니다.

클라우드 컴퓨팅은 사용자들의 유형에 따라 공용 클라우드, 사설 클라우드, 하이브리드 클라우드 등 세 가지 유형이 있습니다.

- 공용 클라우드 : 누구나 유료 또는 무료로 서비스를 이용할 수 있도록 제3자 클라우드 서비스 제공자에 의해 운영되는 클라우드입니다. 인터넷을 통해 컴퓨팅, 저장소, 네트워크 자원을 제공하며, 사용자의 고유한 요구 사항과 비즈니스 목표에 기반한 주문형 공유 자원에 액세스할 수 있게 해줍니다.
- 사설 클라우드 : 사설 클라우드는 단일 기업이나 조직이 소유, 관리 및 구축하고 자체 데이터 센터에 온-프레미스[89]로 호스팅되는 클라우드입니다. 이를 통해 데이터의 보안, 관리 및 제어를 더욱 강화하면서 내부 사용자들이 공유된 컴퓨팅, 저장소, 네트워크 자원에 접근해서 활용할 수 있게 해 줍니다.
- 하이브리드 클라우드 : 하이브리드 클라우드는 공용 클라우드와 사설 클라우드 모델을 결합한 형태입니다. 즉, 인프라 설치와 관리는 다른 기업이 하고 사용은 사용자 기업의 내부자들만 접근할 수 있는 클라우드입니다. 이를 통해 기업은 공용 클라우드 서비스를 활용할 수 있으면서 사설 클라우드 구조에서 흔히 발견되는 보안 및 컴플라이언스 기능을 유지할 수 있게 됩니다. 이는 기업이 클라우드를 이용하면서도 복잡한 보안

89) '온-프레미스(on-premises)'란 기업이나 조직이 컴퓨팅 인프라와 관련된 시설을 자신이 직접 구축하고 유지 보수하는 것을 말합니다.

요구 사항과 규정 준수에 관한 이슈를 해결하는 데 도움을 줍니다.

개인 사용자들은 대부분 공용 클라우드를 이용하는데, 클라우드 컴퓨팅을 활용하는 사례는 다양합니다. 몇 가지 일반적인 사용 사례를 들어보겠습니다.

- 파일 저장 및 공유 : 사용자들은 LG U+ 웹하드, 네이버 마이박스, 구글 드라이브, 드롭박스, 마이크로소프트의 원드라이브 등 클라우드 기반 파일 저장 서비스를 사용하여 사진, 문서, 비디오 등을 저장하고 다양한 디바이스에서 접근할 수 있습니다. 또한 이를 통해 가족이나 친구들과 쉽게 파일을 공유할 수 있습니다.
- 데이터 백업 및 복원 : 사용자들은 클라우드를 활용하여 컴퓨터 또는 모바일 기기에서 중요한 데이터를 자동으로 백업할 수 있습니다. 이를 통해 장치 고장, 도난 또는 데이터 손실의 경우에도, 클라우드에서 복원 작업을 수행할 수 있습니다.
- 클라우드 기반 애플리케이션 사용 : 네이버 메일, 다음 메일, Gmail 등 이메일 서비스, 줌(Zoom) 같은 웹 기반의 화상회의 서비스, 구글 문서, 마이크로소트 오피스 등 문서 작성 및 편집 등의 소프트웨어 서비스 사용하여 다양한 업무를 처리할 수 있습니다.
- 스트리밍 서비스 : 클라우드 기반 스트리밍 서비스(예: 넷플릭스, 페이스북, 트위치)를 통해 영화, 음악, 예능, 게임 등의 멀티미디어 콘텐츠를 실시간으로 감상할 수 있습니다. 이를 통해 개인 사용자들은 자신의 관심사에 맞는 콘텐츠를 편리하게 찾아서 볼 수 있습니다.
- 원격교육 및 e러닝 : 클라우드 기반 교육 플랫폼을 통해 개인 사용자들

은 온라인으로 강의나 워크샵을 듣거나, 과제를 제출하고, 시험을 볼 수 있습니다. 이렇게 함으로써 현장 교육의 장벽인 시간과 장소 문제를 해결할 수 있습니다.

이 모든 것이 우리가 일상적으로 활용하는 클라우드 서비스입니다. 이를 통해 우리 사용자들은 클라우드 서비스가 제공하는 편리성과 효율성을 경험할 수 있으며, 더 나은 생산성과 협업을 추구할 수 있습니다.

인지 클라우드 컴퓨팅 : 클라우드가 인공지능을 만났을 때

4차 산업혁명의 주요한 특징 가운데 하나는 여러 첨단 기술의 결합과 융합입니다. 그중에는 클라우드 컴퓨팅과 인공지능이 결합하여 만들어내는 '인지 클라우드 컴퓨팅(cognitive cloud computing)'이 있습니다. 인지 클라우드 컴퓨팅은 인공지능, 머신러닝, 자연어 처리(NLP), 컴퓨터 비전[90] 등과 같은 고급 분석 및 학습 기술을 클라우드 컴퓨팅 인프라에 통합하여 데이터 처리, 분석 및 판단 능력을 강화하는 혁신적인 기술입니다. 즉, 인간이 하는 것처럼 데이터를 읽고 이해하며, 학습을 통해 더욱 정확하고 빠르게 판단하는 인공지능 기술과 클라우드 컴퓨팅 기술의 장점을 결합한 것입니다. 이를 통해 기업이나 조직은 대량의 데이터를 처리하고 분석하여 경영 의사결정을 더욱 빠르고 정확하게 내릴 수 있게 됩니다. 또 머신러닝과 인공지능 기술을 활용하여 작업 과정의 자동화와 최적화를 수행함으로써 업무의 효율

90) 컴퓨터 비전(computer vision)은 컴퓨터가 디지털 이미지와 비디오로부터 정보를 추출하고, 이해하고, 분석할 수 있도록 하는 인공지능 및 컴퓨터 과학의 한 분야입니다. 컴퓨터 비전의 목표는 사람의 시각 인식 능력과 유사한 수준의 이미지 인식을 컴퓨터로 달성하는 것입니다.

성을 향상시키고, 비용을 절감할 수 있습니다. 서비스 측면에서는 자연어 처리, 음성 인식, 컴퓨터 비전 등의 인공지능 기술을 통해 사용자와 대화하거나 작업을 지원할 수 있습니다. 이를 통해 더 나은 사용자 경험과 새로운 차원의 차별화된 서비스를 제공할 수 있습니다.

글로벌 리서치 전문기관 스태티스타(Statista)의 최근 보고서에 따르면, 2025년까지 인공지능 시장의 글로벌 가치는 연간 890억 달러(약 117조원) 이상으로 증가할 것이며, 이 중 상당 부분은 클라우드 컴퓨팅을 지원하는 인공지능에 대한 수요가 급증하는 데서 창출될 것이라고 합니다. 이미 인공지능과 클라우드 컴퓨팅은 매일 수많은 사람들의 생활에 영향을 주고 있습니다. 삼성 빅스비, 애플 시리, 구글 홈, 아마존 알렉사와 같은 디지털 개인 비서는 매일 인공지능과 클라우드 컴퓨팅의 놀라운 역량을 보여주고 있습니다. 말로 명령하면 잘 알아듣고 그대로 실행하는 것이나, 이메일을 통한 데이터 백업, 클라우드 드라이브 등은 인공지능과 클라우드 기반 기술이 우리의 일상 생활을 눈부시게 변화시키고 있다는 것을 보여줍니다.

비즈니스 측면에서는 인공지능 기술과 클라우드 컴퓨팅의 결합으로 기업은 더 효율적이고 전략적이며 통찰력 있게 업무를 할 수 있습니다. 클라우드를 통해 업무의 유연성과 민첩성을 높이고 비용을 절감합니다. 인공지능을 통해서는 데이터 관리를 용이하게 하고 프로세스 및 경영 분석·통찰력을 높이며, 소비자 경험과 업무 흐름을 최적화 시킵니다. 우리는 인공지능이 사람처럼 생각하고 행동하는 것을 목표로 하여 작동하는 것을 알고 있습니다. 이 능력을 클라우드 컴퓨팅과 결합하면 기업이나 조직은 상당한 이점을 얻을 수 있습니다.

인공지능은 클라우드 컴퓨팅 솔루션을 혁신할 수 있는 기술입니다. 클라우드 기술을 인공지능과 통합하는 것은 현대 세계에서의 비즈니스 환경에서 중요한 부분입니다. 이를 통해 데이터 관리, 저장, 구조화, 최적화 및 실시간 통찰력에 도움을 받을 수 있으므로 효율적인 비즈니스 의사결정을 가능하게 하는 유연한 비즈니스 환경이 구축됩니다. 또한, 더 나은 일상 경험을 제공할 뿐만 아니라 인프라 관리의 범위를 크게 줄임으로써 기업이 보다 민첩하고, 유연하며, 비용 효율적으로 운영될 수 있도록 해 줍니다. 결론적으로 클라우드와 통합된 인공지능 인프라는 비용 효율성, 강화된 데이터 관리, 생산성 향상, 지능형 자동화, 통찰력 강화, 보안 강화, 신뢰성 증대와 같은 많은 이점을 낳습니다.

인지 클라우드 컴퓨팅의 미래

미래에는 인공지능과 클라우드 컴퓨팅의 결합이 산업 전반에서 비즈니스를 한층 더 혁신시키게 될 것입니다. 딥러닝에서 핵심 프로세스의 자동화까지 이 둘의 결합이 가져올 잠재력은 무한합니다. 인지 클라우드 컴퓨팅의 지평이 나날이 넓어지고 있으므로 활용 범위 또한 기존의 경계를 뛰어넘어 무한히 확장될 것입니다. 한마디로 인지 클라우드 컴퓨팅은 모든 산업에 걸쳐 마이다스 손이 될 것입니다. 즉, 이 결합을 채택하는 곳마다 비즈니스의 규모가 확장되고 통합되며, 그 덕분에 비즈니스 성장에서 큰 도약을 경험하게 될 것입니다.

인지 클라우드 컴퓨팅의 발전은 미래의 일자리에도 큰 영향을 미칠 것으로 보입니다. 다른 어떤 기술보다도 특히 클라우드와 인공지능의 결합은 산업의 자동화 속도를 높이고 범위를 넓힘으로써 기존 일자리를 파괴시키고, 동시에 새로운 기술과 서비스 개발로 많은 새로운 기회를 가져다줄 것입니다. 이 문제는 제5장에서 더 자세히 살펴볼 것입니다.

14 디지털 트윈(digital twin)

디지털 트윈과 제품 생산 과정

요즘 대부분의 기업들은 아이디어를 제품으로 만들어내기 위해 디지털 도구를 활용합니다. 과거에는 제품에 대한 아이디어가 나오면 그걸 그림으로 스케치하고, 제품의 기능을 설정한 후 마케팅 대상을 정해 시장조사를 실시합니다. 그렇게 해서 시장에 대한 반응을 사전에 파악하여 예측하고, 그 상품에 대한 잠재 고객들의 요구 사항이 무엇인지 확인합니다. 모든 데이터를 종합해서 그 상품을 출시하는 것이 좋다는 결론이 나면 제품 설계에 착수해야 합니다. 컴퓨터가 보편화되기 전에는 설계자가 직접 손으로 제도했지만, 지금은 모두 컴퓨터 기반 설계라는 의미의 CAD(캐드) 툴을 사용합니다. 이 CAD 프로그램이 디지털 도구입니다.

크기가 작은 공산품은 필요한 기능을 정리하여 부품의 조립도와 같은 설계를 하는데, 이를 '기구설계'[91]라고 합니다. 전자 회로나 전자 부품, 일반 부품을 분야별로 설계하고, 제품의 외관인 디자인은 디자인 부서에서 형상화하여 각 부품의 크기와 똑같은 모형을 만듭니다. 이런 모형을 '더미 모형(dummy model)'이라고 합니다. 모형의 외관은 디자인 컨셉에 따라 만듭니다. 그러고 나서 이 모든 것들을 조립해서 완전한 모형을 만드는데, 이것을 '목업(mockup)'이라고 합니다. 이 목업은 더미 목업입니다. 더미 목업이 완성되면 대량으로 상품을 만들어낼 제조 과정을 설계합니다. 플라스틱으로 찍어내야 하는 부분은 금형을 만들고, 전자 부품이 들어가는 부분은 전자회로를 설계하여 PCB와 같은 판 위에 부품을 탑재할 수 있도록 설계합니다. 이제는 제품의 부분별로 실제 부품을 써서 실물과 똑 같은 크기의 샘플을 몇 개 만듭니다. 이 부품 샘플들을 조립하면 실제로 작동되는 제품 샘플, 즉 '워킹 목업(working mockup)'이 됩니다. 워킹 목업을 작동시켜보면 제품의 기능에 문제가 있는지 없는지 확인할 수 있고, 부족하면 수정 보완하여 기능에 문제가 없는 완성된 샘플을 만들 수 있습니다. 더미 목업이나 워킹 목업을 만드는 데는 제품에 따라 상당한 비용이 들기도 합니다.

샘플이 잘 작동하는 것이 확인되면 양산하는 과정에 들어갑니다. 플라스틱 금형을 만들어 플라스틱 부품을 찍어내고, 전자기판을 제작하며, 소프트웨어를 짜고, 그 외 필요한 부품들을 조달하여 필요한 부분품

91) 기구설계란 제품 디자인을 실물로 제작할 수 있도록 정밀한 치수가 정리된 2D 또는 3D CAD 설계를 통해 구체화하는 것을 말합니다. 요즘은 대부분 3D 모델링까지 진행합니다. 각각의 부품이 외부 디자인을 유지하면서 기능과 내구성, 작동, 제작, 조립, 생산, 제작 원가 등을 고려하여 각 부분별로 설계하는 것입니다. 기구 설계는 다이캐스팅, 사출, 프레스, 기계가공, 표면처리, 등의 방법으로 제품을 생산할 수 있는 기초가 됩니다.

들을 모두 만들어냅니다. 그다음엔 조립 라인을 구축하여 준비된 부분품들을 조립해 상품을 생산하게 됩니다. 이것이 일반적인 제품 생산 절차입니다. 제품의 생산과정을 이렇듯 조금 상세하게 이야기하는 것은 이 과정이 디지털 트윈의 개념과 잠재력을 이해하는 데 꼭 필요하기 때문입니다. 제품 설계와 생산과정을 일일이 사람이 손으로 하면 인건비도 엄청날 뿐만 아니라 정밀도에서도 떨어지기 때문에 제품의 완성도가 좋을 수 없습니다. 그래서 현대에는 제품의 아이디어 구상, 상품화 및 마케팅 기획, 제품 설계, 생산 라인 구축 등 일련의 제품 생산 프로세스에서 가능한 한 많은 부분을 컴퓨터나 기계를 활용해 자동화합니다. 즉, 아이디어를 형상화는 과정부터 디지털 도구를 사용하는 것입니다.

이러한 도구들은 1960년대와 1970년대에 컴퓨터가 설계 사무실에서 도면판을 대체하기 시작한 이후로 점점 더 강력하고 유연하며 정교해졌습니다. 더구나 과거와는 달리 지금은 소비자 경험이 매우 중요해져서 제품 생산 후 사후 관리에도 철저하게 임해야 합니다. 이와 같이 제품의 고안에서부터 생산, 판매, A/S, 업그레이드에 이르는 전 과정을 체계적으로 관리하는 것을 '제품 수명주기 관리(PLM)'[92]라고 합니다. 디지털과 인터넷 세상이 되기 전까지만 해도 제품의 수명주기 관리는 생산 후 판매까지가 대부분이었습니다. 판매되고 나면 A/S 외에 제품에 대한 피드백을 얻기 어려웠기 때문입니다. 그러나 지금은 제품을 구

92) 제품 수명주기 관리(PLM, product lifecycle management)는 제품을 개발, 제조, 유통, 유지보수 및 폐기하는 전 공정을 통합적으로 관리하는 방법론입니다. PLM 시스템을 적용하면 제품 개발의 초기 단계부터 제품의 폐기까지의 모든 수명주기 과정을 효과적으로 관리할 수 있습니다. PLM에는 디자인, 시뮬레이션, 생산, 조달, 판매, 유지보수 및 서비스 등 다양한 요소들이 포함됩니다. 이러한 모든 요소를 통합적으로 관리함으로써 제품 수명을 연장하고 제품 생산의 효율성을 높이는 등의 이점을 가져올 수 있습니다.

입하여 실제로 사용하는 소비자들과 직접 소통이 가능해졌기 때문에 제조사가 관리해야 하는 제품의 수명주기는 제품의 업그레이드와 신모델 출시까지 늘어났습니다. 그래서 제품을 기획하고 설계하는 엔지니어들에게 가장 중요한 고려 요소는 제품 수명주기 관리가 되었습니다.

제품 수명주기 관리 시스템은 기업이 제품에 관한 지식과 시장성에 관한 데이터를 수집하여 체계화하고, 이를 처리하여 실제로 제품을 생산하며, 소비자들을 포함하여 모든 이해 당사자들과 소통하는 데 핵심적인 역할을 합니다. 많은 제품들이 점차 하드웨어와 소프트웨어의 조합으로 기능을 향상시키고 있습니다. 센서와 통신 기능을 통해 제품은 더 많은 기능을 제공하고 변화하는 운영 조건과 사용자 요구에 더 효과적으로 대응할 수 있게 되었습니다. 더욱 고급화되고 유연해지는 사용자 인터페이스는 복잡하고 정교한 기계의 작동을 간단하게 만들어 주었습니다.

비즈니스 모델의 진화로 인해 디자인과 사용 사이의 경계가 흐려지고 있습니다. 이제는 제품이 만들어지고 사용되는 과정이 하나의 통합된 생태계로 이어지는 것이 보통입니다. 이전에는 명확하게 분리됐던 디자인 단계와 사용자 이용 단계가 이제는 서로 연결되어 상호작용하게 되었습니다. 이러한 변화로 인해 기업들은 디자인과 사용자 경험을 함께 고려하여 제품을 생산하고 사업을 전개하고 새로운 가치를 창출할 수 있게 되었습니다. 예를 들어, 제품의 디자인 단계에서 사용자의 피드백이 수시로 반영되고, 이를 통해 제품의 기능이나 사용성을 개선하는 과정이 자연스럽게 이루어지는 것입니다. 이렇게 디자인과 사용자의 이용이 상호작용하며 진행되는 비즈니스 모델은 보편적인 추세가 되었습니다.

고객들은 제품의 기능과 성능이 수명주기 동안 개선되는 것을 기대하고 있으며, 이는 소프트웨어 업데이트를 통해 가능하거나 필요에 따라 새로운 기능에 대한 잠금 해제를 통해 이루어질 수도 있습니다. 많은 제품들은 이제 관련된 제품과 서비스 생태계의 일부로 작동합니다. 고객들은 제품을 완전하게 구매하는 것이 아닌 필요에 따라 사용한 만큼 돈을 내거나 구독 방식으로 사용료를 지불합니다.

디지털 트윈은 이러한 제품의 수명주기를 가상의 세계로 옮겨 현실 세계와 똑같이 디지털로 구현하는 것을 말합니다. 즉, 현실 세계에 있는 물체를 거울에 비추는 것처럼 모방해 가상 세계에 그대로 구현하는 기술입니다. 제품에 대한 아이디어가 도출되면 그 디자인과 기구설계를 실물과 똑같이 컴퓨터로 그리고 설계합니다. 3차원 그래픽이 발달하기 전에는 평면 차원의 설계만 가능했기 때문에 3차원 형태로 구성되는 가상 세계로의 전환은 불가능했습니다. 그러나 3D 모델링과 같은 3차원 그래픽이 발달하면서 더미 목업과 워킹 목업을 실제로 만들지 않고 3D 모델링과 시뮬레이션을 통해 가상으로 구현할 수 있게 됐습니다. 이렇게 만들어지는 것이 바로 디지털 트윈입니다. 이 가상 공간 상의 목업을 이용해서 제품을 작동시키고 기능을 테스트하며 큰 비용을 들이지 않고도 샘플 작업을 할 수 있습니다. 여기서 필요한 모든 시험을 해 볼 수 있으며, 그 결과 완벽한 제품이 구성됐다고 판단되면 실제 제품 생산에 착수하면 됩니다. 이렇게 하면 일의 효율도 높아지고 비용도 크게 절감되며, 첫 생산부터 최상의 완성도를 갖춘 제품을 만들어 낼 수 있어서 최소 일석삼조의 효과를 노릴 수가 있습니다.

지금까지는 하나의 제품이 디지털 트윈 기술을 활용해 효과적으로 생산되는 과정을 살펴보았지만, 디지털 트윈이 빛을 발할 수 있는 분야는 수없이 많습니다. 예를 들어 제품을 생산하는 공장 자체를 디지털 트윈으로 구축하면 앞에서 말한 단일 제품은 그 공장에서 생산되는 여러 제품 가운데 하나가 되며, 가상 세계에 구축된 디지털 트윈 공장에서 생산과정을 시뮬레이션해 볼 수 있습니다. 그러다 보면 제품 자체에도 수정 보완해야 하는 부분을 찾을 수 있을 뿐만 아니라 생산에 사용되는 공장의 기계설비에서도 신설이 필요한 장비나 유지보수가 필요한 장비를 찾아낼 수 있습니다. 생산 공정에 따라 생산 라인 변경도 사전에 시뮬레이션해 볼 수 있기 때문에 현실 세계의 공장에서 직접 설치해 확인하는 것보다 시행착오와 그에 따르는 비용을 줄일 수 있습니다. 이제는 생산, 판매, 고객서비스, 제품 업그레이드 등 모든 수명주기를 디지털 트윈에 통합하여 관리할 수 있습니다.

디지털 트윈이 주는 이점을 정리해보면 이렇습니다. 첫째, 더 나은 연구개발(R&D) 결과물을 얻을 수 있습니다. 디지털 트윈을 이용하면 제품의 가능한 성능 결과에 대한 다량의 데이터를 수집할 수 있습니다. 이를 통해 제품 제작에 앞서 제품의 완성도를 높이는 통찰력을 얻을 수 있습니다. 둘째, 효율성을 높일 수 있습니다. 새로운 제품이 생산된 후에도 디지털 트윈은 제조 시스템을 모방하고 모니터링하여, 제조 과정 전체에서 최고의 효율성을 달성하고 유지할 수 있도록 도와줍니다. 셋째, 제품 수명주기의 끝에 이른 제품을 처리하는 데도 도움이 됩니다. 제품의 수명이 다해 더 이상 사용할 수 없을 때, 제조업체는 그것들을 어떻게 처리할지를 결정해야 합니다. 디지털 트윈을 사용함으로써 제조업체는 이러한 제품들을 처분할 때 재활용이 가능한 재료가 무엇인지를 판단할 수 있습니다. 그러므로 디지털 트윈은 최종 처리단계에서 자원의 효율적인 활용을 도와줍니다.

디지털 트윈 기술이 4차 산업혁명에서 얼마나 중요한 위치를 차지하는지 알기 위해서는 확장된 최신 정의를 이해할 필요가 있습니다. 디지털 트윈은 물리적 세계의 물체나 자산뿐만 아니라 사람의 행위, 일의 과정도 포함하는 가상 표현입니다. 디지털 트윈은 여러 소스에서 수집된 데이터, 데이터를 통해 파악되는 사람들의 행위 유형에 대한 레이어, 그리고 이것들을 눈으로 볼 수 있도록 시각화한 3차원 그래픽으로 구성됩니다. 그러나 간단한 3D 시각화 또는 독립형 시뮬레이션은 디지털 트윈으로 간주되지 않습니다. 디지털 트윈은 한 번 구축된 3D 모델링 위에 인공지능을 접목하여 얻을 수 있는 예측 기능, 시뮬레이션, 새로운 시각화 작업을 추가할 수 있습니다. 예를 들어, 디지털 트윈은 영업부서와 온라인 사이트 등을 통해 수집하는 고객 데이터, 즉 온·오프라인 구매 행동, 개인정보, 지불 방법, 고객서비스에 대한 반응 등 고객에 대한 모든 것을 보여줄 수 있습니다. 디지털 트윈에 인공지능을 접목할 경우 얻을 수 있는 효과는 이탈 가능성이 높은 고객을 사전 예측하고, 고객들이 앞으로 구매할 가능성이 높은 제품이 무엇인지 예측할 수 있습니다.

한편으로 디지털 트윈은 공장 생산 라인 또는 핵심 장비와 같은 실제 자산이나 업무·생산 공정을 그대로 복제할 수 있습니다. 이렇게 구축된 디지털 트윈을 통해 장비의 평균 작동 중단 시간, 제품 조립 완료 시간 같은 정보를 얻을 수 있습니다. 인공지능과 결합해서 예측 유지보수와 프로세스 자동화 및 최적화를 이뤄낼 수도 있습니다. 디지털 트윈은 개발팀이 새로운 제품을 생산하여 출시할 때 매번 원시 데이터를 가공하고 재구성하는 데 드는 시간을 줄여주기 때문에 제품 개발 속도를 획기적으로 향상시켜 줍니다. 연구 결과에 따르면 디지털 트윈이 구축돼 있으면 새로운 인공지능 기반의 기술을 비즈니스에 접목시키는 데 필요한 시간을 60%나 줄여주며, 도입 비용과 운영 비용도 15% 정도 줄여주는 것으로 나타났습니다. 또한 업무 효율을 높여 비즈니스 수익을 10% 향상시킬 수 있습니다. 그래서 기업들은 점점 디지털 트윈의 효용과 중요성과 인식하고 있으며, 실적 발표 시에 점점 더 자주 언급하고 있습니다. 대기업의 기술 임원 중 70%가 디지털 트윈을 공부하고 투자하고 있다는 조사 결과도 있습니다.

디지털 트윈 기술의 역사

1970년 4월 11일, 세 명의 우주비행사가 우주선을 타고 시속 38,624km 속도로 달을 향해 날아가고 있었습니다. 계획대로 달에 성공적으로 착륙한다면 NASA의 3번째 유인 달착륙이 되는 거였습니다. 그런데 갑자기 '펑!' 하는 폭발음이 들려왔습니다. 그것은 아폴로13호의 옆구리에 달려 있던 구조물이 떨어져 나가면서 산소공급 시스템을 망가뜨린 소리였습니다. 그러자 우주인들이 호흡해야 하는 산소가 공중으로 날아가기 시작했습니다. 큰 위기에 봉착한 우주인들은 살아남을 수 있는 방법을 찾아야만 했습니다. 달 탐사 모듈[93]을 구명정처럼 활용하기 위해 옮겨탔습니다. 달 착륙은 취소됐습니다. 케네디 우주센터는 우주인들을 지구로 무사 귀환시키기 위해 모든 수단을 강구했습니다. 그 결과 4일 만에 수천만 명이 TV로 생중계 화면을 시청하는 가운데 남태평양 한가운데로 떨어져 무사 귀환에 성공했습니다.

이때 케네디 우주센터에서 이들을 구할 수 있었던 것은 세상에 유일하게 존재하고 있던 원시적인 '디지털 트윈' 덕분이었습니다. 당시 아폴로13호 디지털 트윈은 15개의 시뮬레이터로 구성돼 있었습니다. 이 시뮬레이터들은 우주인 훈련 및 다양한 테스트에 사용되었습니다. 아폴로13호에 사고가 터지자 NASA 엔지니어들은 이 시뮬레이터의 컴퓨터 시뮬레이션 능력을 사용하여 무엇이 잘못되었는지 파악하고, 가능성 있는 방법은 모두 시험해 본 후 가장 좋은 방법을 선택해서 아폴로13호 우주인들에게 전달할 수 있었던 것입니다. 이 개념은 매우 성공적이어서 이후 NASA는 시뮬레이터 이외에도 우주선 '디지털 트윈'을 따로 만들기도 했습니다.

디지털 트윈 기술에 대한 아이디어는 1991년 데이비드 겔런터(David Gelernter)가 쓴 『거울 세계(Mirror Worlds)』에 처음 등장합니다. 그러나 이 개념을 제조에 처음 적용한 것은 미시간대 마이

93) 달 탐사 모듈(LM, Lunar Module) 은 아폴로13호 우주선의 몇 가지 모듈 가운데 하나이며, 모선이 달 궤도에 안착하여 궤도를 따라 돌게 되면, 모선에서 떨어져나와 달에 착륙하여 임무를 수행한 뒤 다시 모선으로 돌아갈 수 있도록 설계된 작은 우주선이었습니다.

클 그리브스(Michael Grieves) 교수였습니다. 그는 2002년에 디지털 트윈 소프트웨어 개념을 공식적으로 발표했습니다. 그러다가 2010년에 NASA의 존 비커스(John Vickers)가 '디지털 트윈'이라는 새로운 용어를 만들면서 세상에 디지털 트윈 기술이 구체적으로 개발되기 시작했습니다.

디지털 트윈과 시뮬레이션

디지털 트윈 기술과 시뮬레이션은 모두 가상 모델을 기반으로 하는 시뮬레이션이지만 같은 것은 아닙니다. 우리가 흔히 시뮬레이션이라고 하는 전통적인 컴퓨터 지원 설계 및 엔지니어링(CAD-CAE)의 시뮬레이션 능력은 디지털 트윈에 비해 제한적이기 때문입니다. 일단 제품이나 자산이 만들어지고 나면 가상 모델은 사물인터넷을 통해 디지털 트윈이 됩니다. 즉, 사물인터넷 센서를 통해 자산과 디지털 트윈 간의 데이터 교류가 빠르게 이루어지므로 사용자는 증강현실과 같은 기능을 활용하여 실시간으로 제품이 작동하는 방식을 확인할 수 있습니다. 중요한 것은, 시뮬레이션과 달리 디지털 트윈을 사용하면 운영 효율성 향상, 적극적인 검증방식, 데이터 분석 증대, 훈련과 검증 등을 통해 비즈니스 전략을 수립할 수 있다는 점입니다.

시뮬레이션은 제품, 시스템, 공정, 아이디어를 테스트하는 데 사용됩니다. 대개 설계 단계에서 사용되며, CAD 소프트웨어를 사용한 디지털 모델로 수행됩니다. 이러한 모델은 과정이나 제품의 일부분을 나타내기 위해 2D 또는 3D로 생성될 수 있지만, 컴퓨터 기반 모델 대신 수학적 개념을 사용하여 생성되기도 합니다. 시뮬레이션은 디지털 환경이나 인터페이스에 다양한 변수를 도입하고 테스트하여 결과를 평가하는 방식으로 이루어집니다.

반면, 디지털 트윈은 제품이나 시설과 같은 현실 세계의 물체를 정확하게 반영하는 가상 모델입니다. 예를 들어 풍력터빈은 여러 측면에서 성능을 측정하는 다양한 센서들을 갖추고 있으며, 여기서 수집되는 데이터는 디지털 트윈으로 실시간 전달되어 처리됩니다. 디지털 트윈은 이 데이터들을 활용하여 시뮬레이션을 실행하거나 현재의 성능을 점검하고, 개선해야 할 사항이 발견되면 풍력터빈에 즉시 적용하거나 성능 개선 자료를 생성해 낼 수 있습니다. 디지털 트윈은 물체가 아닌 프로세스나 업무 시스템에 대해서도 만들 수 있으며, 실시간 데이터를 기반으로 시뮬레이션을 실행할 수 있도록 거울에 비추는 것처럼 실제 과정이나 시스템과 유사한 형태로 가동됩니다. 디지털 트윈에서 사용하는 데이터는 대개 사물인터넷을 통해 수집됩니다. 이를 통해 가상 모델에 통합할 수 있는 정보를 포착할 수 있습니다. 디지털 트윈은 제한이 거의 없는 가상 환경으로, 아이디어를 테스트할 수 있는 환경입니다. 사물인터넷 플랫폼을 통해 통합적인 폐쇄루프(closed-loop)[94] 트윈이 되어, 기업 전반에 걸쳐 정보를 제공하고 전략 수립에 도움을 줄 수 있습니다.

---

94) 폐쇄루프(closed-loop)란 한 번 설정된 값을 향상시키거나 유지하기 위해 반복적인 조정과 모니터링이 이루어지는 시스템을 의미합니다. 즉, 일정한 작업이 수행되면 사용되는 데이터를 분석하여 시스템의 성능을 조절하고 개선시키는 방식입니다. 디지털 트윈에서는 사물인터넷 플랫폼을 사용하여 가상 모델과 현실 시스템 간의 데이터를 주고받으면서 반복적으로 조정하고 개선하는 것을 말합니다.

시뮬레이션과 디지털 트윈은 모두 디지털 모델을 사용하여 제품 및 공정을 복제합니다. 하지만 둘 사이에는 몇 가지 주요 차이점이 있습니다. 가장 두드러진 차이점은 디지털 트윈이 실시간 데이터를 수집하는 센서와 디지털 트윈이 서로 실시간으로 양방향 통신을 하면서 정보를 주고 받는 가상환경을 만든다는 것입니다. 이를 통해 예측 분석 모델이 더욱 정확해지며, 제품, 정책, 프로세스의 관리와 모니터링에 대한 이해도가 높아집니다. 이 차이점을 좀 더 자세히 살펴보겠습니다. 먼저 모델이 정적이냐 아니면 동적이냐 하는 차이입니다. CAD 기반 시뮬레이션은 다양한 변수나 설계 요소를 가지고 제품이나 공정을 테스트하는 디지털 모델을 만듭니다. 이러한 모델은 설계자가 실시간 데이터를 결합시키는 등 더 많은 요소들을 갖다 붙이지 않는 한 변경되거나 발전하지 않습니다. 그러나 디지털 트윈은 시뮬레이션 모델과 비슷하지만, 실시간 데이터의 도입으로 인해 더 동적인 시뮬레이션을 제공할 수 있습니다. 디지털 트윈은 데이터가 수집되고 분석됨에 따라 제품 수명주기는 점점 개선되어 정적인 시뮬레이션으로는 얻을 수 없는 차원이 다른 정보를 제공해 줍니다.

또 다른 차이점은 가능성이냐 실제로 구현되느냐 하는 것입니다. 시뮬레이션은 제품 전체에서 일어나는 것들을 복제하지만, 디지털 트윈은 현실 세계에서 특정한 하나의 제품에 발생하는 것들을 복제합니다. 시뮬레이션을 통해 드러나는 새로운 사항은 설계자의 구상에만 영향을 주기 때문에, 설계자가 직접 어떤 변경이나 개선 사항을 입력해야 합니다. 예를 들어 어떤 제품을 설계하는데 디지털 모델을 만들어 시뮬레이션해 보니 한 가지 문제가 발생하는 것을 알게 됐다면, 설계자는 그 문제를 해결하기 위해 직접 설계를 수정해야 합니다. 그러나 수정된 설계가 현실에서도 잘 작동한다는 보장은 없습니다. 그러나 디지털 트윈은 그 단계를 지나 실제 존재하는 제품에 대해 트윈을 만들고 그 제품을 실제로 사용하는 과정에서 피드백을 받게 되므로 디자이너는 의도한 대로 작동하는지 확인한 후 개선 사항을 결정할 수 있습니다. 디지털 트윈은 제조 공정 등에서 실시간 데이터를 수집하여 평가함으로써 비즈니스 요구 사항, 요건 또는 상황 변화에 대응할 수 있습니다. 이러한 데이터는 다른 공정에서도 활용될 수 있으며, 생산성 향상과 효율성 개선을 위한 의사결정에 중요한 정보가 됩니다. 이 차이는 한마디로 이론과 실제의 차이라고 할 수 있겠습니다.

마지막으로 시뮬레이션과 디지털 트윈의 차이는 사용 범위가 다르다는 것입니다. CAD 기반 시뮬레이션은 제품 설계 단계에서 제품이 생산되기 전에 다양한 시나리오를 바탕으로 이리저리 시험해, 생산될 제품의 완성도를 높일 수 있다는 장점이 있습니다. 그러나 디지털 트윈의 범위는 제품 수명주기의 모든 단계를 포함하므로 해당 데이터를 비즈니스 워크 플로우의 영역에 매칭시키는 한, 활용할 수 있는 영역은 무한합니다. 이를 통해 디지털 트윈은 단순히 생산 공정에서 사용되는 것을 넘어 다양한 영역에 활용될 수 있습니다. 제품 설계부터 유지보수 및 서비스 관리 등 모든 단계에서 활용이 가능합니다. 이러한 활용은 비즈니스의 생산성과 효율성을 높일 뿐만 아니라, 제품의 성능과 안정성을 향상시키는 데 도움이 됩니다.

실제로 항공기 제조사인 보잉(Boeing)은 자사의 항공기 설계와 생산 과정에 디지털 트윈을 통합하여 항공기 사용 주기 동안 항공기 재료들의 성능을 평가할 수 있었습니다. 이를 통해 보잉은 일부 부품의 품질을 40% 향상시켰습니다. 테슬라(Tesla)도 디지털 트윈을 사용하여 자동차 내부 공간에 최적화된 디자인을 적용하고, 자율주행차 개발에 필요한 필수적인 정보와 유지보수 및 예측적 분석을 위한 데이터를 수집합니다. 이를 통해 자동차의 손상된 부품, 수리가 필요한 부분 등을 쉽게 파악할 수 있게 해주기 때문에 정비사가 차량 검사를 하는데 필요한 시간과 비용을 절약할 수 있도록 하면서, 사용자는 자동차의 최신 정보를 얻을 수 있게 됩니다.

디지털 트윈과 BIM

건축이나 도시공학 분야에서는 건축 정보 모델링(BIM)이라는 디지털 기술이 사용되고 있습니다. BIM은 건축 정보 모델링(building information modeling)의 약어로, 건축 분야에서 사용되는 디지털 기술입니다. 건축물의 설계, 건설, 운영 및 유지보수에 필요한 모든 정보를 디지털 모델로 생성하여 관리하는 방식입니다. BIM은 건물의 구성 요소, 재료, 크기, 위치 및 성능과 같은 상세한 정보를 포함하여 건물의 3D 모델을 만들고 이를 시뮬레이션하며, 건물을 건축하기 전에 다양한 시나리오를 비교할 수 있게 해주기 때문에 최적의 건축 설계에 절대적인 도움을 줍니다. 디지털 모델링이 돼 있으므로 건축가나 건설업체, 건축주 등 각 이해관계자들이 언제든지 필요한 정보에 접근할 수 있으며, 설계 및 시공 과정에서 발생할 수 있는 문제를 사전에 탐지하여 해결할 수 있습니다. BIM은 건축 및 건설 산업에서 프로젝트 관리에 큰 도움이 됩니다. 이는 건물 건설에 필요한 자재 및 장비 구매, 예산 계획과 실행, 일정 관리, 작업자 및 협력업체의 업무 분담 등을 효율적으로 수행할 수 있게 도와줍니다. 그 덕분에 비용과 시간을 단축시켜 건설 프로젝트를 성공적으로 실행할 수 있습니다. 또 BIM은 건물 운영 및 유지보수 과정에서도 유용하게 사용됩니다. 디지털 기술을 적용하므로 환경친화적인 건물 설계와 함께 디지털 데이터를 활용한 인공지능 기술과의 연계도 가능합니다.

디지털 트윈이 건축 분야에 활용될 경우 건축물의 설계와 시공 단계뿐만 아니라 완공된 후에도 건축물의 현재 상태를 실시간으로 파악하고, 이를 활용하여 최적화된 건축물 운영과 유지보수를 가능하게 해줍니다. 건축물에 설치된 센서와 사물인터넷 기술을 통해 건축물과 주변 환경의 데이터를 수집하고, 이를 분석하여 건축물의 현재 상태를 체계적으로 모델링합니다. 이를 통해 건축물의 온도, 습도, 공기 흐름, 구조물의 변화, 에너지 소비패턴 등을 파악하고 최적화할 수 있으며, 지진, 화재와 같은 이상징후를 사전에 감지하여 건물 운영 및 유지보수에 대한 효율성을 높일 수 있습니다.

디지털 트윈과 BIM의 차이를 정리해보면, 둘 다 건축물과 관련된 정보의 관리와 최적화를 목표로 하지만 각각의 특징과 목적, 방식, 구조가 다릅니다. BIM은 건물의 구조 정보를 포함한 고정된 디지털 모델로, 건축물의 주변 환경이나 사용자와 무관하게 건축물 설계와 시공을 위한 목적으로 사용됩니다. 반면 디지털 트윈은 디지털 모델에 더하여 건축물의 주변 환경, 사용자들의 움직임 등 각종 실시간 데이터 및 알고리즘을 즉시 적용함으로써 건축물 유지와 보수에 필요한 정보를 제공해 줍니다. 즉, 디지털 트윈은 거의 실제 상황과 일치하는 동적인 디지털 환경을 제공하며, BIM은 건물의 구조적 정보를 다루는 정적인 모델로 한정된 범위 내에서 사용된다는 차이가 있습니다. 그렇지만 건축물을 대상으로 하는 디지털 트윈을 구축하려면 3D 모델링이 필수적인데, 이 과정은 BIM에서 축적된 설계와 데이터를 그대로 활용하면 간단하게 완성할 수 있습니다. 따라서 둘은 서로 불가분의 관계에 있다고 하겠습니다. 현재 건설업계에서는 BIM을 꽤 많이 사용하고 있지만, 디지털 트윈으로까지 발전시키는 경우는 아직 드뭅니다. 디지털 트윈 기술이 지니고 있는 혁신성에 비추어 볼 때 머지않아 건축분야에서도 보편적으로 적용될 것으로 예상됩니다.

우리는 자동차를 운행할 때 2차원 지도 형태의 내비게이션으로 단순히 목적지까지 도달하는 데만 사용합니다. 여기에서 내비게이션 개념을 확장하여 우리가 가고자 하는 목적지에 디지털 트윈이 연동돼 있다고 상상해 봅시다. 예를 들어, 가고자 하는 건물의 주차장이 트윈화돼 있어서 모든 정보가 실시간으로 업데이트된다고 한다면, 목적지에 도착해 주차 문제로 어려움을 겪는 일은 많이 줄일 수 있을 것입니다. 또 고속도로 휴게소들이 모두 디지털 트윈으로 구축돼 있다면 내비를 조작하면서 우리가 원하는 서비스를 제공하는 휴게소가 어느 곳인지, 서비스는 되고 있는지, 얼마나 붐비는지 쉽게 확인할 수 있을 것입니다. 이런 모습은 디지털 트윈 기술이 가져올 우리의 가까운 미래입니다.

BIM과 디지털 트윈 사이에 경계란 없습니다. 두 기술은 각기 다른 목적을 위해 만들어졌기 때문에 결합하면 따로 사용하는 것보다 훨씬 강력한 시너지를 발휘할 할 수 있습니다. BIM 모델은 건물 설계 및 건설, 계획 및 실행에 대한 정확한 정보를 제공하는 데 뛰어납니다. 반면에 디지털 트윈은 일상적인 운영, 동적인 프로세스, 건물 유지 관리에서 빛을 발합니다. 여기에 앞으로는 인공지능과 가상현실 기술이 융합되게 될 것입니다. 그렇게 되면 아마도 우리는 현실 세계와 완전히 똑같은 가상 세계를 메타버스 형태로 갖게 될 것입니다.

디지털 트윈 기술의 활용과 미래

디지털 트윈 기술은 제품을 제조하는 제조업뿐만 아니라 이처럼 건축분야에서도 혁신적으로 활용될 수 있으며, 이외에도 적용할 수 있는 분야가 무궁무진합니다.

- 대형 프로젝트 : 건축물, 다리 및 기타 복잡한 구조물은 엄격한 공학적 요구 사항을 필요로 합니다. 디지털 트윈은 이러한 대형 프로젝트에서 효율성을 향상시키는 데 도움이 됩니다.
- 복잡한 기계장비 프로젝트 : 디지털 트윈을 활용하면 자동차, 제트 터빈, 항공기와 같은 복잡한 기계 및 대형 엔진의 효율성 개선에 큰 도움을 받을 수 있습니다.
- 자동차 산업 : 자동차에는 다양한 복잡한 시스템이 함께 작동합니다. 테슬라의 예에서 보듯이 디지털 트윈은 자동차 설계에 사용되어 차량 성능

을 최적화하고 생산 효율성을 높이며, 유지보수를 최적화하는 데 유용하게 사용됩니다. 운전자 경험 개선에도 활용할 수 있습니다. 디지털 트윈을 활용하면 자동차 내부 및 외부의 센서 데이터를 수집하고 분석할 수 있어서 운전자의 편의성과 안전을 개선할 수 있습니다. 예를 들어, 차량 내부의 온도, 조명 및 안전 시스템에 대한 최적 조건 설정, 운전 습관 분석 등이 이에 해당합니다.

- 발전 설비 : 풍력발전, 수력발전, 원자력 발전 등 대규모 발전소에 디지털 트윈 모델을 구축하면 안전한 가동과 최고의 성능, 최적화된 유지보수가 가능해집니다.
- 도시 계획 : 디지털 트윈의 사용은 3D 공간 데이터를 실시간으로 표시하고 증강현실 시스템도 통합할 수 있습니다. 또 4D 공간 시스템도 구축할 수 있습니다. 4D 공간 시스템은 3D 공간 데이터에 시간의 변화를 추가하여 동적인 시뮬레이션, 시계열 데이터 분석 등을 수행할 수 있습니다. 3D 공간 데이터는 일반적으로 X, Y, Z 좌표로 이루어져 있으며, 이는 세 가지 축을 기반으로 공간을 표현합니다. 이에 시간의 요소를 추가하면 4D 공간 시스템이 형성됩니다. 시간의 요소를 추가함으로써 공간 데이터를 특정 시점에서 다른 시점으로 변화하는 동적인 모습으로 표현할 수 있게 되는데, 이는 실제 환경에서 시간에 따른 변화를 모니터링하고 예측하는 데 유용합니다. 이러한 디지털 트윈 기능을 활용하여 도시의 변화를 시간에 따라 시뮬레이션하여 효율적인 도시 디자인과 교통 시스템을 구축하는 데 도움을 얻을 수 있습니다.
- 의료 서비스 : 디지털 트윈 기술은 의료 서비스 분야에서 환자 관리, 진단과 예방, 의료 기기 개발 및 테스트, 연구 및 교육 등 다양한 측면에서

적용될 수 있습니다. 이를 통해 의료 분야는 효율성과 정확성을 향상시키고, 개인화된 치료와 예방을 제공하는 데 도움을 받을 수 있습니다. 특히 의료 연구 및 교육 분야에서는 가상 환경을 통해 정밀한 모델링과 시뮬레이션을 수행하여 의학적인 지식과 기술을 연구하고 개발할 수 있습니다. 또한, 학생들은 가상 환경에서 실제 환자와 유사한 시나리오를 체험하며 의료 실습을 할 수 있습니다.

디지털 트윈 기술의 발전 가능성은 한계가 없습니다. 이 기술은 인공지능, 빅데이터 분석, 사물인터넷 등과의 융합을 통해 더욱 높은 수준의 실시간 모니터링, 데이터 분석, 예측 분석 등을 실현할 수 있게 될 것입니다. 또한, 통신 기술이 갈수록 발전함에 따라 대규모 데이터의 실시간 처리와 고속 통신이 가능해지면서 디지털 트윈 기술의 활용 범위가 확대될 것으로 예상됩니다. 가상 환경과 현실 환경의 경계를 더욱 희석시키는 홀로렌즈 디스플레이[95], 가상현실, 증강현실 등과의 결합으로 디지털 트윈 기술은 더욱 직관적이고 현실적인 경험을 제공할 수 있게 될 것입니다. 이를 통해 다양한 산업 분야에서 높은 수준의 협업, 시뮬레이션, 분석 등을 수행할 수 있고, 효율성, 안전성, 편의성을 더욱 향상시킬 수 있을 것입니다.

95) 마이크로소프트 홀로렌즈(Microsoft HoloLens)는 혼합 현실 기술을 사용한 스마트 안경으로, 사용자의 주변 환경에 디지털 콘텐츠를 추가하여 현실 세계와 상호작용할 수 있습니다. 이를 통해 사용자는 손의 동작이나 음성 명령을 사용하여 HoloLens를 제어하고, 가상 객체와 상호작용하며, 다양한 작업을 수행할 수 있습니다. HoloLens는 게임, 교육, 의료, 제조 및 건설 등 다양한 분야에서 활용됩니다.

디지털 정글에서 살아남는 법 1

발행 1쇄 2023년 10월16일
지은이 임정혁
펴낸이 임정혁
디자인 전혜민
펴낸곳 포아이알미디어
주소 서울특별시 영등포구 국회대로 800, 422호
출판등록 2023. 6. 26. 제2023-000079호
홈페이지 4irmedia.kr
블로그 imioim.com
이메일 imioim@naver.com

ISBN 979-11-984260-1-7